金属焊接技术基础

刘 斌 编著

国防工业出版社

·北京·

内 容 简 介

本书主要内容包括：金属焊接冶金及其焊接性基础、焊接方法、焊接结构及工艺装备等三大部分。金属焊接冶金基础和材料焊接性主要介绍金属焊接冶金的基础理论和金属材料（钢及有色金属）的焊接性；金属材料焊接方法基础主要介绍常见熔化焊方法、压力焊方法以及钎焊与微连接方法等；金属焊接结构及工装主要介绍焊接的应力与变形基础知识、焊接结构装配及焊接工艺装备等内容。

本书可作为材料成型及控制工程专业本专科教材，同时兼顾其他同层次的专业技术教育培训等需求，还可作为教学和相关工程技术人员的参考书。

图书在版编目（CIP）数据

金属焊接技术基础/刘斌编著. —北京：国防工业出版社，2012.7
ISBN 978-7-118-08158-9

Ⅰ. ①金… Ⅱ. ①刘… Ⅲ. ①金属材料－焊接工艺 Ⅳ. ①TG457.1

中国版本图书馆 CIP 数据核字（2012）第 134591 号

※

国防工业出版社 出版发行
（北京市海淀区紫竹院南路 23 号 邮政编码 100048）
北京奥鑫印刷厂印刷
新华书店经售

*

开本 787×1092 1/16 印张 17 字数 389 千字
2012 年 7 月第 1 版第 1 次印刷 印数 1—3000 册 定价 39.00 元

（本书如有印装错误，我社负责调换）

国防书店：（010）88540777 发行邮购：（010）88540776
发行传真：（010）88540755 发行业务：（010）88540717

前　言

　　金属材料焊接技术是材料加工和制备的一种重要手段，近年来得到了快速发展，在各行业的应用越来越广泛，许多新工艺新方法应运而生。材料成型及控制工程是一个宽口径、多方向的本科专业，针对宽专业口径的学生培养要求，大多院校均设有"焊接技术基础"或"材料焊接概论"类的专业课或选修课程，使这一传统"热加工成型"专业的学生掌握焊接方向的基础知识，扩充专业知识面。为了满足本专业本专科学生教学和工程技术人员的需要，同时兼顾其他层次的专业技术教育培训等需要，国防工业出版社组织编著了此书。

　　本书主要内容包括金属材料焊接冶金基础及其焊接性、焊接方法、焊接结构及工艺装备等三篇。第一篇金属焊接冶金基础和材料焊接性主要介绍金属焊接冶金的基础理论和金属材料（钢及有色金属）的焊接性；第二篇金属材料焊接方法基础主要介绍常见熔化焊方法、压力焊方法以及钎焊与微连接方法等；第三篇金属焊接结构及工艺装备主要介绍焊接的应力与变形基础知识、焊接结构装配及焊接工艺装备等内容。

　　本书由刘斌副教授、李志勇教授、丁京滨高级工程师、张英乔副教授、杨亚琴博士合作编著，刘斌负责本书的统稿和第一章、第四章部分内容的编写，李志勇负责第四章第七节、第五章的编写，张英乔负责第六章的编写，杨亚琴负责第二章、第三章、第四章前四节内容的编写，丁京滨负责第四章部分内容和第三篇的编写。

　　本书在编写过程中得到国防工业出版社的大力支持，同时向本书援引参考文献的作者表示诚恳的谢意和致敬。

　　本书可作为工程技术人员的参考书，也可作为高等院校本专科学生相关课程的教材。

　　由于作者水平有限，疏漏难免，恳请各位读者批评指正。

编著者

2012 年 4 月

目　　录

第一篇　金属焊接冶金及焊接性基础

第二篇　金属焊接方法基础

第三篇　焊接结构生产及工艺装备基础

第一篇　金属焊接冶金及焊接性基础

第一章　焊接冶金基础

焊接化学冶金过程，主要是指熔焊时焊接区内各种物质之间在高温条件下的相互作用。其中不仅包括化学变化，而且包括物质在各个参加反应物（如气体、熔渣、液体金属）间的迁移和扩散。

第一节　焊接化学冶金过程

焊接化学冶金过程对焊缝金属的成分、组织、力学性能、某些焊接缺陷（如气孔、结晶裂纹）以及焊接工艺性能都有很大影响。因此，了解焊接冶金过程及其特点，对控制焊缝质量具有极其重要的意义。

一、焊缝金属的组成

焊件经焊接后所形成的结合部分就是焊缝。熔焊时，焊缝金属是由熔化的母材与填充金属组合而成，其组成的比例取决于具体的焊接工艺条件。所以，有必要了解焊条金属与母材在焊接中加热和熔化的特点以及影响其组成比例的因素。

1. 焊条的熔化与过渡

1）焊条的加热与熔化

焊条电弧焊时焊条是电弧放电的电极之一，加热熔化进入熔池，与熔化的母材混合而构成焊缝。焊条的加热与熔化，对焊接工艺过程的稳定性、化学冶金反应、焊缝质量以及焊接生产率都有直接影响。

（1）加热和熔化焊条的热量。焊条电弧焊时，加热与熔化焊条的热量来自于三方面：焊接电弧传给焊条的热能；焊接电流通过焊芯时产生的电阻热；化学冶金反应产生的反应热。一般情况下化学反应热仅占 1%～3%，可忽略不计。

①焊接电弧传给焊条的热量。这部分热量占焊接电弧总功率的 20%～27%，它是加热熔化焊条的主要能量。电弧对焊条加热的特点是热量集中，沿焊条轴向和径向的温度场非常窄。电弧热主要集中在焊条端部 10mm 以内。

②焊接电流通过焊芯所产生的电阻热。电阻热与焊接电流密度、焊芯的电阻及焊接时间有关。当电流密度不大、加热时间不长时，电阻热对焊条加热的影响可不考虑。当

焊接电流密度很大、焊条伸出长度太长时需考虑电阻热的影响。

电阻热为

$$Q_R = I^2 R t \qquad (1-1)$$

式中：I 为焊接电流（A）；R 为焊芯的电阻（Ω）；t 为电弧燃烧时间（s）。

电阻热过大，会使焊芯和药皮升温过高引起以下不良后果：产生飞溅；药皮开裂与过早脱落，电弧燃烧不稳；焊缝成形变坏，甚至引起气孔等缺陷；药皮过早进行冶金反应，丧失冶金反应和保护能力；焊条发红变软，操作困难。为保证焊接正常进行，焊条电弧焊时，对焊接电流与焊条长度需加以限制。

由实验可得出如下结论：

①在其他条件相同时，电流密度越大，焊芯的温升越高，因此，调节焊接电流密度是控制焊条加热温度的有效措施。

②在电流密度相同的条件下，焊芯电阻越大，其温升越高，故电阻较大的不锈钢芯焊条应比碳钢焊条短，相同直径的焊条选用的电流也要低些。

③在相同的条件下，焊条的熔化速度越高，由于被加热的时间缩短，则其温升越低。

④随药皮厚度的增加，药皮表面与焊芯的温差增大，加大了药皮开裂的倾向。

⑤调整药皮成分，使焊条金属由短路过渡变为喷射过渡，可以提高焊条的熔化速度而降低焊接终了时的药皮温度。

（2）焊条的熔化速度。焊条的熔化速度是不均匀的。电阻热对焊芯的强烈预热作用，使焊条后半段的熔化速度高于焊条的前半段。焊条金属的熔化过程是周期性的，因而其熔化速度也作周期性变化。焊条的熔化速度一般用焊条金属的平均熔化速度来衡量。在正常工艺条件下，焊条的平均熔化速度与焊接电流呈正比，即

$$v_m = \frac{m}{t} = \alpha_p I \qquad (1-2)$$

式中：v_m 为焊条的平均熔化速度（g/h）；m 为熔化的焊芯金属质量（g）；t 为电弧燃烧时间（h）；α_p 为焊条的熔化系数（g/（A·h）），

$$\alpha_p = m / It \qquad (1-3)$$

熔化系数 α_p 反映了熔焊过程中，单位电流、单位时间内，焊芯（或焊丝）的熔化量。但是，焊接时由于金属蒸发、氧化和飞溅，熔化的焊芯（或焊丝）金属并不是全部进入熔池形成焊缝，而是有一部分消耗掉了。单位电流、单位时间内，焊芯（或焊丝）熔液在焊件上的金属量，称为溶敷系数（α_H）。可表示为

$$\alpha_H = \frac{m_H}{It} \qquad (1-4)$$

式中：m_H 为熔敷到焊缝中的金属质量（g）；α_H 为熔敷系数。

可见，熔化系数并不能确切的反映对焊条金属的利用率和生产率的高低，而真正反映对焊条金属利用率和生产率的指标是熔敷系数。

2）熔滴过渡的作用力

熔滴是指电弧焊时，在焊条（或焊丝）端部形成的向熔池过渡的液态金属滴。在熔滴的形成和长大过程中，作用在其上的作用力主要有以下几种。

（1）重力：熔滴因自身重力而具有下垂的倾向。平焊时，重力促进熔滴过渡；立焊和仰焊时，重力阻碍熔滴过渡。

（2）表面张力：焊条金属熔化后，在表面张力的作用下形成球滴状。平焊时，表面张力阻碍熔滴过渡；在立焊、仰焊时，表面张力促进熔滴过渡。表面张力的大小与熔滴的成分、温度、环境气氛和焊条直径等有关。

（3）电磁压缩力：焊接时，把熔滴看成由许多平行载流导体组成，这样在熔滴上就受到由四周向中心的电磁力，称为电磁压缩力。电磁压缩力在任何焊接位置都促使熔滴向熔池过渡。

（4）斑点压力：电弧中的带电质点（电子和正离子）在电场作用下向两极运动，撞击在两极的斑点上而产生的机械压力，称为斑点压力。斑点压力的作用方向是阻碍熔滴过渡，并且正接时的斑点压力较反接时大。

（5）等离子流力：电磁压缩力使电弧气流的上、下形成压力差，使上部的等离子体迅速向下流动产生压力，称为等离子流力。等离子流力有利于熔滴过渡。

（6）电弧气体吹力：焊条末端形成的套管内含有大量气体，并顺着套管方向以挺直而稳定气流把熔滴送到熔池中。无论焊接位置如何，电弧气体吹力都有利于熔滴过渡。焊接时焊条末端形成的套管如图 1-1 所示。

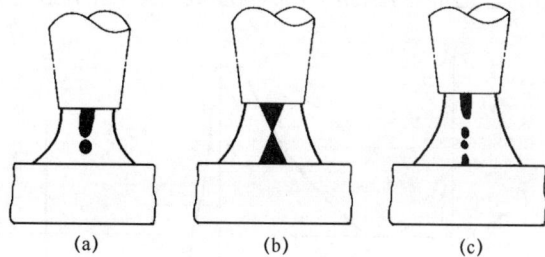

3）熔滴过渡的形式

熔滴通过电弧空间向熔池的转移过程称为熔滴过渡。熔滴过渡分为粗滴过渡、短路过渡和喷射过渡 3 种形式，如图 1-2 所示。

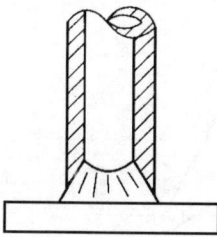

(a)　(b)　(c)

图 1-1　焊接时焊条末端形成的套管　　图 1-2　熔滴过渡形式

（1）粗滴过渡（颗粒过渡）：熔滴呈粗大颗粒状向熔池自由过渡的形式，如图 1-2（a）所示。

粗滴过渡会影响电弧的稳定性，焊缝成形不好，通常不采用。

（2）短路过渡：焊条（焊丝）端部的熔滴与熔池短路接触，由于强烈过热和磁收缩作用使其爆断，直接向熔池过渡的形式，如图 1-2（b）所示。短路过渡时，电弧稳定，飞溅小，成形良好，广泛用于薄板和全位置焊接。

（3）喷射过渡：熔滴呈细小颗粒，并以喷射状态快速通过电弧空间向熔池过渡的形式，如图 1-2（c）所示。产生喷射过渡除要有一定的电流密度外，还要有一定的电弧长度。其特点是熔滴细、过渡频率高、电弧稳定、焊缝成形美观及生产效率高等。

4）熔滴过渡时的飞溅

熔焊过程中，熔化金属颗粒和熔渣向周围飞散的现象称为飞溅。引起飞溅的原因主要有以下两方面。

（1）气体爆炸引起的飞溅。由于冶金反应时在液体内部产生大量 CO 气体，气体的析出十分猛烈，造成熔滴和熔池液体金属发生粉碎性的细滴飞溅。

（2）斑点压力引起的飞溅。短路过渡的最后阶段在熔滴和熔池之间发生烧断开路，这时的电磁力使熔滴往上飞去，引起强烈飞溅。

2．母材的熔化及熔池

熔焊时，当焊接热源作用于母材表面，母材金属瞬时被加热熔化，母材的熔化程度主要由焊接电流决定。

熔焊时在焊接热源作用下，焊件上所形成的具有一定几何形状的液态金属部分称为熔池。不加填充材料时，熔池由熔化的母材组成；加填充材料时，熔池由熔化的母材和填充材料组成。

（1）熔池的形状与尺寸。熔池的形状如图 1-3 所示，其形状接近于不太规则的半个椭球，轮廓为熔点温度的等温面。熔池的主要尺寸是熔池长度 L，最大宽度 B_{max}，最大熔深 H_{max}。熔池存在的时间与熔池长度成正比，与焊接速度成反比。

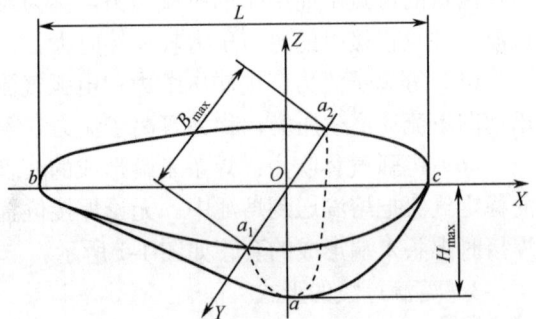

图 1-3　熔池示意

（2）熔池的温度。熔池的温度分布是不均匀的，边界温度低，中心温度高。熔池的温度分布如图 1-4 所示。

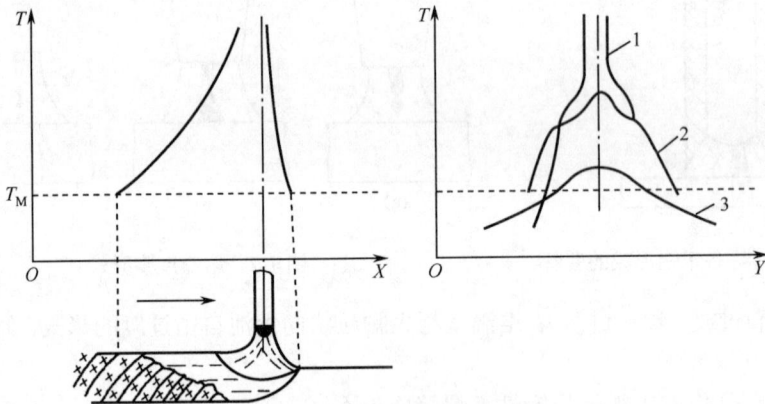

图 1-4　熔池的温度分布
1—熔池中部；2—头部；3—尾部。

（3）熔池金属的流动。由于熔池金属处于不断的运动状态，其内部金属必然要流动。熔池金属运动如图 1-5 所示。引起熔池金属运动的力分为两大类：一是焊接热源产生的电磁力、电弧气体吹力、熔滴撞击力等；二是由不均匀温度分布引起的表面张力差和金属密度差产生的浮力。

3．母材金属的稀释

除自熔焊接和不加填充材料的焊接外，焊缝均由熔化的母材和填充金属组成。填充金属受母材或先前焊道的熔入而引起化学成分含量的降低称为稀释。通常用母材金属或先前焊道的焊缝金属在焊道中所占的质量比来确定，并称为稀释率。

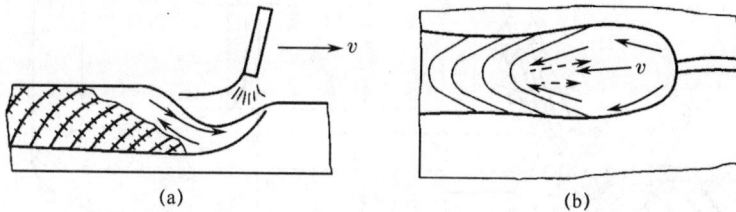

图 1-5　熔池中液态金属的运动
（a）纵剖面；（b）横剖面。

稀释率与焊接方法、焊接工艺参数、接头形状和尺寸、坡口尺寸、焊道数目、母材金属的热物理性质等有关。

因母材金属的稀释，即使用同一种焊接材料，焊缝的化学成分也不相同。在不考虑冶金反应造成的成分变化时，焊缝的成分只取决于稀释率。

二、焊接化学冶金特点

焊接化学冶金过程，实质上是金属在焊接条件下再熔炼的过程。与炼钢相比，无论在原材料方面还是在冶炼条件方面都有很大不同。

1. 焊接时焊缝金属的保护

熔焊时，由于熔化金属和周围介质的相互作用，使焊缝金属的成分和性能与母材和焊接材料有较大的不同。因此，为保证焊缝质量，焊接过程中需对熔化金属进行保护，而且还需进行必要的冶金处理。不同焊接方法有不同的保护方式，熔焊时各种保护方式与焊接方法如表 1-1 所列。

表 1-1　熔焊时各种保护方法与焊接方法

保护方法	焊接方法	保护方法	焊接方法
熔渣保护	埋弧焊、电渣焊、不含造气物质的物质	气—渣联合保护	具有造气物质的焊条或药芯焊丝焊接
		真空	真空电子束焊接
气体保护	在惰性气体或其他气体保护中焊接	自保护	用含有脱氧剂、脱硫剂的"自保护"

2. 焊接冶金的特点

（1）焊接冶金反应分区域连续进行。焊条电弧焊时，焊接冶金反应区分为：药皮反应区、熔滴反应区和熔池反应区，如图 1-6 所示。埋弧焊和熔化极气体保护焊分为熔滴反应区和熔池反应区，钨极氩弧焊只有熔池反应区。

（2）焊接冶金反应具有超高温特征。普通冶金反应温度在 1500℃～1700℃，而焊接弧柱区的温度可达 5000℃～8000℃。焊条熔滴的平均温度达 2100℃～2200℃，熔池温度高达 1600℃～2000℃，与熔融金属接触的熔渣温度也高达 1600℃。所以，焊接冶金反应在超高温下进行，反应过程必然快速和剧烈。

（3）焊接冶金反应界面大。焊接冶金反应是多相反应，熔滴和熔池金属的比表面积大，能与熔渣、气相充分接触，促使冶金反应快速完成。

5

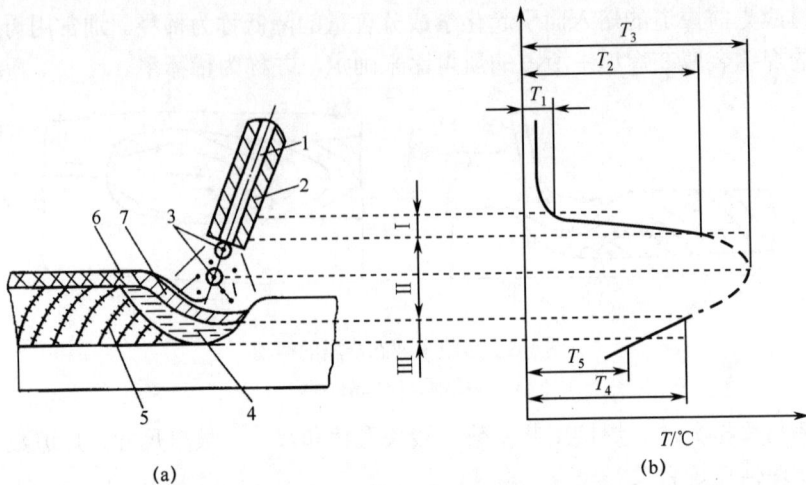

图 1-6 焊接冶金反应区（以药皮焊条为例）

(a) 焊接区纵剖面；(b) 焊接反应区温度变化特性示意。

Ⅰ—药皮反应区；Ⅱ—熔滴反应区；Ⅲ—熔池反应区。

1—焊芯；2—药皮；3—包有渣壳的熔滴；4—熔池；5—已凝固的焊缝；

6—焊壳；7—熔渣；T_1—药皮反应开始温度；T_2—焊条熔滴表面温度；

T_3—弧柱间熔滴表面温度；T_4—熔池表面温度；T_5—熔池底部温度。

（4）焊接冶金过程时间短。熔焊时，焊接熔池的体积极小，焊条电弧焊熔池的质量通常只有 0.6g～16g，同时，加热和冷却的速度很快。因此，熔滴和熔池的存在时间很短。熔滴在焊条端部停留时间只有 0.01s～0.1s；熔池存在时间最多也不超过几十秒，因此，不利于冶金反应的充分进行。

（5）熔融金属处于不断运动状态。熔滴和熔池金属均处于不断运动状态，有利于提高冶金反应的速度，促使气体和杂质的排除，使焊缝成分均匀化。

3．焊接冶金各反应区的特点

现以焊条电弧焊为例，说明各反应区的特点。

1）药皮反应区

药皮反应区主要在焊条端部的套筒附近（图 1-6 中的Ⅰ区），最高加热温度不超过药皮的熔点，反应的物质是药皮的组成物，反应的结果是产生气体和熔渣。反应的主要种类如下。

（1）脱水反应。当药皮温度超过 100℃，药皮中的水分开始蒸发，药皮温度超过 350℃～400℃，药皮中的结晶水和化合水开始逐步分解。蒸发和分解的水分一部分进入电弧区。

（2）有机物的分解反应。药皮温度超过 200℃～280℃时，有机物就开始分解，产生气体。有机物一般是碳氢化合物，分解成 CO 和 H_2。

（3）矿物质的分解反应。药皮温度超过 400℃，药皮中的矿物质（碳酸盐、高价氧化物等）发生分解。反应式为

$$CaCO_3 \Longrightarrow CaO + CO_2 \tag{1-5}$$

$$2Fe_2O_3 \longrightarrow 4FeO + O_2 \tag{1-6}$$

（4）铁合金的氧化。药皮分解产生的自由氧、二氧化碳和水蒸气等，将使药皮中的

6

铁合金发生一定的氧化，例如：

$$2Mn+O_2 =\!\!=\!\!= 2MnO \tag{1-7}$$

$$Mn+CO_2 =\!\!=\!\!= MnO+CO \tag{1-8}$$

$$Mn+H_2O =\!\!=\!\!= MnO+H_2 \tag{1-9}$$

（5）气体间的反应。药皮反应阶段产生的气体之间也会产生反应，例如：

$$CO_2+H_2 =\!\!=\!\!= CO+H_2O \tag{1-10}$$

药皮反应区是整个冶金过程的准备阶段，其产物就是熔滴和熔池反应区的反应物，对冶金过程有一定的影响。

2）熔滴反应区

熔滴反应区（图 1-6 中的 II 区）是冶金反应最剧烈的区域，对焊缝的成分影响最大。这个区域的主要反应有以下几种。

（1）气体的高度分解。进入和生成的气体在电弧区被加热分解。这些气体有空气、水蒸气、二氧化碳、氢气、氮气、一氧化碳等，最后两种气体发生部分分解。

（2）氢气和氮气的溶解。分解的氢气和氮气将溶解到熔融金属中。

（3）熔融金属的氧化反应。电弧气氛中的氧化性气体和熔滴金属产生氧化反应，熔渣中的 MnO、SiO_2 与熔滴产生置换氧化，熔渣中的 FeO 向熔滴扩散氧化。

（4）金属的蒸发。由于熔滴的温度接近钢的沸点，一些低沸点的元素，如锰、锌等将发生蒸发，产生金属蒸气。

（5）熔滴合金化。药皮、药芯中的合金剂使熔滴强烈的合金化。

3）熔池反应区

熔池反应区（图 1-6 中的 III 区）是对焊缝成分起决定性作用的反应区。虽然其温度、比表面积比熔滴反应区低，但冶金反应还是相当剧烈的。熔池中的温度分布不均匀。熔池前部处于升温阶段，有利于吸热反应；熔池尾部处于降温阶段，有利于放热反应。熔池的前部主要发生金属的熔化、气体的吸收及硅锰的还原反应；熔池的尾部主要发生气体的析出、脱氧、脱硫及脱磷反应。

三、焊接熔渣

焊接过程中，焊（钎）剂和非金属夹杂经化学变化形成覆盖于焊（钎）缝表面的非金属物质称为熔渣。

1. 熔渣的作用

（1）机械保护作用。焊接时，液态熔渣覆盖在熔滴和熔池表面，使之与空气隔开，阻止了空气中有害气体的侵入。熔渣凝固后形成的渣壳覆盖在焊缝上，可防止焊缝高温金属被空气氧化。同时也减缓了焊缝金属的冷却速度。

（2）改善焊接工艺性能。熔渣中的易电离物质，可使电弧易引燃和稳定燃烧。熔渣适宜的物理、化学性质可保证不同位置进行操作和良好的焊缝成形，并可减少飞溅，降低焊缝气孔的产生。

（3）冶金处理。焊接熔渣与液态金属之间可进行一系列的冶金反应，从而影响焊缝金属的成分和性能。通过冶金反应，熔渣可清除焊缝中的有害杂质，如氢、氧、硫、磷等，通过熔渣可向焊缝过渡合金元素，调整焊缝的成分。

2．熔渣的种类

熔渣是一个多元化学复合体系，按成分不同可分为三大类：

（1）盐型熔渣。主要由金属的氯盐、氟盐组成，如 CaF_2—NaF、CaF_2—$BaCl_2$—NaF 等。盐型熔渣的氧化性很弱，主要用于焊接铝、钛和其他活性金属及其合金。

（2）盐—氧化物型熔渣。主要由氟化物和碱金属或碱土金属的氧化物组成，如 CaF_2—CaO—Al_2O_3、CaF_2—CaO—SiO_2 等。这类熔渣氧化性较弱，主要用于焊接各种合金钢。

（3）氧化物型熔渣。主要由各种氧化物组成，如 MnO—SiO_2、FeO—MnO—SiO_2、CaO—TiO_2—SiO_2 等。这类熔渣氧化性较强，主要用于焊接低碳钢和低合金钢。

3．熔渣的物理性质与碱度

熔渣的物理性质主要是指熔渣的粘度、熔点、相对密度、脱渣性和透气性等。这些性质对焊缝金属的成形、电弧的稳定性、焊接位置的适应性、焊接缺陷的产生等都有较大的影响。

熔渣的碱度是判断熔渣碱性强弱的指标。熔渣的碱度对焊接化学冶金反应，如元素的氧化与还原、脱硫、脱磷及液态金属气体的吸收等都有重要的影响。熔渣的碱度主要有两种表达方式。

1）分子理论表达式

将熔渣中的氧化物分成三大类。

（1）酸性氧化物：SiO_2、TiO_2、P_2O_5 等。

（2）碱性氧化物：K_2O、Na_2O、CaO、MgO、BaO、FeO 等。

（3）两性氧化物：Al_2O_3、Fe_2O_3、Cr_2O_3 等。

熔渣的碱度 B 定义为

$$B = \frac{\sum 碱性氧化物\%}{\sum 酸性氧化物\%} \tag{1-11}$$

碱度的倒数为酸度。理论上将 $B>1$ 时为碱性渣，但由于未考虑各种氧化物酸碱性的强弱及酸碱性氧化物间的复合情况，因而与实际有较大偏差，通过试验修正为

$$B_1 = [0.018CaO + 0.015MgO + 0.006CaF_2 + 0.014（Na_2O + K_2O）+$$
$$0.007（MnO + FeO）]/[0.017SiO_2 + 0.005（Al_2O_3 + TiO_2 + ZrO）] \tag{1-12}$$

式中各种成分以质量分数计算，$B_1 > 1$ 时为碱性渣；$B_1 = 1$ 时为中性渣；$B_1 < 1$ 时为酸性渣。

但是，有些焊条如钛铁矿型和氧化铁型焊条的熔渣的碱度大于 1，而实际上呈酸性熔渣。产生这种现象的原因时上述公式中没有考虑不同氧化物碱性或酸性的强弱不同，也没有考虑在某些复合盐中，少量的酸性较强的氧化物比有较多的碱性氧化物对复合物的碱性影响更大，如（CaO）$_2 \cdot SiO_2$，以致与实际情况有出入。所以根据经验确定 $B_1 > 1.3$ 时为碱性熔渣。

国际焊接学会（ⅡW）推荐采用下式计算熔渣的碱度，即

$$B_3 = \frac{CaO + MgO + K_2O + Na_2O + 0.4(MnO + FeO + CaF_2)}{SiO_2 + 0.3(TiO_2 + ZrO_2 + Al_2O_3)} \tag{1-13}$$

式中各种氧化物均以质量分数计算，$B_3 > 1.5$ 为碱性熔渣；$B_3 < 1$ 为酸性熔渣；$B_3 = 1 \sim 1.5$ 为中性熔渣。

2）离子理论表达式

离子理论可以更准确地计算熔渣的碱度。离子理论把液态熔渣中自由氧离子的浓度（或氧离子活度）定义为碱度。渣中自由氧离子浓度越大，碱度越大。目前广泛采用下式计算，即

$$B_2 = \sum_{i=1}^{n} \alpha_i M_i \tag{1-14}$$

式中，α_i 为第 i 种氧化物碱度系数，如表 1-2 所列；M_i 为第 i 种氧化物的摩尔分数。

一般，$B_2 > 0$ 为碱性渣；$B_2 = 0$ 为中性渣；$B_2 < 0$ 为酸性渣。根据熔渣的酸碱性，将熔渣及对应的焊条（剂）分为酸性和碱性两大类。

表 1-2　氧化物的碱度系数及相对分子质量

氧 化 物	CaO	MnO	MgO	FeO	Fe$_2$O$_3$	Al$_2$O$_3$	TiO$_2$	SiO$_2$
碱度系数 α_i	6.05	4.8	4	3.4	0	−0.2	−4.97	−6.32
相对分子质量	56	71	40.3	72	160	60	80	102
酸碱性	碱性				两性		酸性	

第二节　气体对焊缝金属的影响

一、焊接区的气体来源

在焊接过程中，熔池周围充满着各种气体，这些气体主要来自以下几个方面：

（1）焊条药皮或焊剂中造气剂产生的气体。

（2）周围的空气。

（3）焊芯、焊丝和母材在冶炼时残留的气体。

（4）焊条药皮或焊剂中残留的结晶水在高温下分解成的气体。

（5）母材表面未清除的铁锈、水分、涂装涂料等在电弧作用下分解出的气体。

这些气体都不断地与熔池金属发生作用，有些还进入到焊缝金属中去，其主要成分为一氧化碳、二氧化碳、氢气、水蒸气、氧气、氮气等，以及少量金属与熔渣的蒸气。这些气体中以氧、氮、氢对焊缝的质量影响最大。

二、氧对焊缝金属的影响

焊接区的氧气主要来自电弧中氧化性气体（CO$_2$、O$_2$、H$_2$O 等）、药皮中的高价氧化物和焊件表面的铁锈、水分等的分解产物。

氧在电弧高温作用下分解为原子，原子状态的氧比分子状态的氧更活泼，能使铁和其他元素氧化。例如：

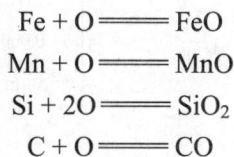

$$Fe + O \rule[0.5ex]{2em}{0.4pt} FeO$$
$$Mn + O \rule[0.5ex]{2em}{0.4pt} MnO$$
$$Si + 2O \rule[0.5ex]{2em}{0.4pt} SiO_2$$
$$C + O \rule[0.5ex]{2em}{0.4pt} CO$$

其中 FeO 能溶解于液体金属，由于有 FeO 存在，还使其他元素进一步氧化，即

$$FeO + C \Longrightarrow CO + Fe$$
$$FeO + Mn \Longrightarrow MnO + Fe$$
$$2FeO + Si \Longrightarrow SiO_2 + 2Fe$$

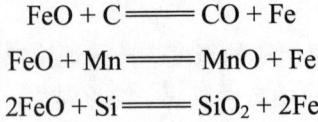

由于氧化的结果，使焊缝中有益元素大量烧损，氧化的产物一般漂浮到熔渣中去，有时也会以夹杂形式存在于焊缝中。

焊缝金属中的含氧量增加，就会使其抗拉强度、屈服点、塑性和冲击韧度降低，尤以冲击韧度降低更为明显（图1-7）。此外，还会使焊缝金属的抗腐蚀性能降低，加热时有晶粒长大趋势，冷脆的倾向增加。

氧与碳、氢反应，生成不溶于金属的气体 CO 和 H_2O，若这种反应是在结晶温度时进行的，那么，由于熔池已开始凝固，CO 和 H_2O 不能顺利逸出，便形成气孔。

由于氧有这些危害，所以焊接时必须脱氧。焊条电弧焊焊缝中氧的含量除与焊条的成分有关以外，还和焊接电流、电弧长短有关。焊接电流越大，熔滴越细，则增大了熔滴与氧的接触面积；电弧越长，使熔滴过渡的路程越长，从而增加了熔滴与氧的接触机会与时间，结果都使焊缝金属的含氧量增加，如图1-8所示。

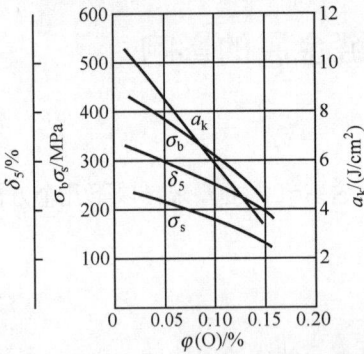

图 1-7 氧含量对焊缝力学性能的影响

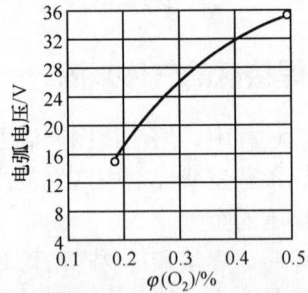

图 1-8 焊缝金属含氧量与电弧电压的关系

三、氢对焊缝金属的影响

焊接区的氢主要来自受潮的药皮或焊剂中的水分以及焊条药皮中的有机物、焊件表面的铁锈、油脂、油漆等。

通常情况下，氢不和金属化合，但是它能够溶解于 Fe、Ni、Cu、Cr、Mo 等金属，氢在铁中的溶解度如图 1-9 所示。氢在铁中的溶解度与温度和铁的同素异构体有关，还与氢的压力有关。氢在铁中的溶解，只能以原子状态或离子状态溶入金属。

由图 1-9 可以看出，温度越高，氢溶解在金属中的数量也越多，而在相变

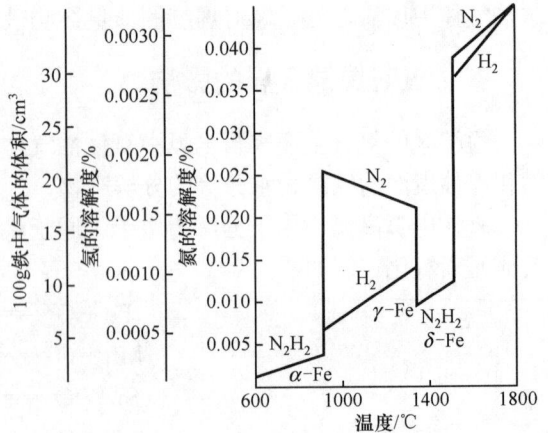

图 1-9 压力为 0.1MPa 时氮和氢在铁中溶解度

时气体的溶解度发生突变。焊接时的冷却速度很快，容易造成过饱和的氢残余在焊缝金属中，当焊缝金属的结晶速度大于它的逸出速度时，就形成气孔。

氢是还原性气体，它在电弧气氛中有助于减少金属的氧化，但是，在大多数情况下，这种好作用不仅完全被抵销，而且还产生许多有害的作用，如引起氢脆性，白点，硬度升高，使钢的塑性严重厂降，严重时将会引起裂纹的产生。

四、氮对焊缝金属的影响

焊接区中的氮主要来自空气。焊接时虽有造气剂和造渣剂的机械保护，但总难保护得十分严密，氮还会从空气中侵入。

氮在焊接熔池中既可以溶解于 Fe，又能形成稳定的化合物，还可以气态存在。氮在熔池中的溶解有 3 种形式，即原子形式、氧化氮形式和离子形式，在不同的条件下，常以一种形式为主或几种形式同时存在。

氮是提高强度、降低塑性和韧性的元素，它在 $\alpha-Fe$ 中的溶解度很小，熔池中大量的氮，由于冷却速度很大，一部分以过饱和的形式存在于固溶体中；还有一部分则以针状氮化物的形式析出，分布在晶界和固溶体内，因而使焊缝金属的强度、硬度升高，而塑性和韧性急剧下降。

氮是促使时效的元素，焊缝中过饱和的氮处于不稳定的状态，随着时间的延长，过饱和的氮逐渐析出，形成稳定的针状氮化物，这样就会使焊缝塑性和韧性大大下降。

在碳钢焊缝中，氮与氢相似，都是使焊缝产生气孔的原因之一。

由上述可知，焊接时必须设法使焊接熔池的含氮量越小越好。可以用钛、铝、锆、稀土等元素脱氮，但元素脱氮方法尚不能用来焊接重要结构，最好的办法是加强保护，防止氮的侵入。

第三节　焊缝金属的合金化

焊缝金属的合金化是指通过焊接材料向焊缝金属过渡一定合金元素的过程，又称合金过渡。

一、焊缝金属合金化的目的

（1）补偿焊接过程中由于蒸发、氧化等原因造成的合金元素的损失。

（2）消除焊接工艺缺陷，改善焊缝的组织与性能。例如在焊接低碳钢时，为消除因硫引起的结晶裂纹，需向焊缝中加入锰。在焊接某些结构钢时，向焊缝中过渡 Ti、Al、B、Mo 等元素，以细化晶粒，提高焊缝金属的塑、韧性。

（3）获得具有特殊性能的堆焊金属。为使工件表面获得耐磨、耐热、红硬、耐蚀等特殊要求的性能，生产中常用堆焊的方法过渡 Cr、Mo、W、Mn 等合金元素。

二、合金化的方式

1．应用合金焊丝

把所需要合金元素加入焊丝，配合碱性药皮或低氧、无氧焊剂进行焊接，使合金元素随熔滴过渡到焊缝金属中。这种方法优点是合金元素的过渡效果好，焊缝成分均匀、稳定，但制造工艺复杂、成本高。

2. 应用合金药皮或陶质焊剂

将所需合金元素以纯金属或铁合金的方式加入到药皮焊剂中，配合普通焊丝使用。此法的优点是制造容易、简单方便、成本低，但合金元素氧化损失大、合金利用率低。

3. 应用药芯焊丝或药芯焊条

药芯焊丝的结构各式各样。药芯中合金成分的配比可以任意调整，可以得到任意成分的堆焊熔敷金属，合金元素损失少，但不易制造，成本较高。

4. 应用合金粉末

将需要过渡的合金元素按比例制成一定粒度的粉末，将合金粉末输到焊接区或撒在焊件表面，在热源作用下与母材熔合成合金化的焊缝金属。此法的优点是合金成分比例调配方便、合金损失少，但焊缝成分的均匀性差。

5. 应用置换反应

在药皮或焊剂中加入金属氧化物，如氧化锰、二氧化硅等。焊接时通过熔渣与液态金属的还原反应，使硅锰合金元素被还原，从而提高焊缝中的硅锰含量。此法合金化效果有限，且易增加焊缝的氧含量。

三、合金元素过渡系数及影响因素

焊接过程中，合金元素不能全部过渡到熔敷金属中去。为说明合金元素利用率高低，常用合金过渡系数来表达。合金过渡系数是指焊接材料中的合金元素过渡到焊缝金属中的数量与其原始含量的百分比，即

$$\zeta = \frac{c_d}{c_e} \times 100\% \tag{1-15}$$

式中：ζ 为合金元素过渡系数；c_d 为某元素在熔敷金属中的浓度；c_e 为某元素的原始浓度。

合金过渡系数大，表示该合金元素的利用率高。影响合金过渡系数的因素有很多，主要有合金元素与氧的亲和力、合金元素的物理性质，焊接区的氧化性及合金元素的粒度等。合金元素与氧的亲和力越大，越易烧损，其过渡系数越小；合金元素的沸点越低，饱和蒸气压越高，越易蒸发，其过渡系数也越小。介质氧化性越大，合金元素氧化越多，过渡系数越小，故高合金钢要求在弱氧化性介质或惰性气体中进行焊接。增加合金元素的粒度，其表面积减少，氧化损失量减小，过渡系数提高。以稀土元素的过渡为例，在焊接条件下，尤其是手弧焊的情况下，在电弧空间内有大量的氧气以及氧化性较强的二氧化碳气体。当以稀土单质和稀土合金的形式作为添加剂时，由于稀土元素非常活泼，在焊接电弧高温下极易与氧发生反应，过渡时氧化损失非常大，同时会对电弧的稳定性造成一定影响。

这里要说明的是在焊条药皮中的合金剂和脱氧剂两者常无明显的区分。同一种合金元素，有时既起脱氧剂的作用，又起合金剂的作用。如 E4303 焊条药皮中的锰铁，虽然主要作用是作为脱氧剂，但也有部分作为合金剂渗入焊逢，改善焊缝性能。

第四节　焊接接头的组织与性能

焊接接头由焊缝、熔合区和热影响区三部分组成。熔池金属在经历了一系列化学冶金反应后，随着热源的远离温度迅速下降，凝固后成为牢固的焊缝，并在继续冷却中发生固态相变。熔合区和热影响区在焊接热源的作用下，也将发生不同的组织变化。很多焊接缺陷，如气孔、夹杂物、裂纹等都是在上述这些过程中产生。因此，了解接头组织与性能变化的规律，对于控制焊接质量、防止焊接缺陷有重要的意义。

一、熔池的凝固与焊缝金属的固态相变

随着温度下降，熔池金属开始了从液态到固态转变的凝固过程（图 1-10），并在继续冷却中发生固态相变。熔池的凝固与焊缝的固态相变决定了焊缝金属的结晶结构、组织与性能。在焊接热源的特殊作用下，大的冷却速度还会使焊缝的化学成分与组织出现不均匀的现象，并有可能产生焊接缺陷。

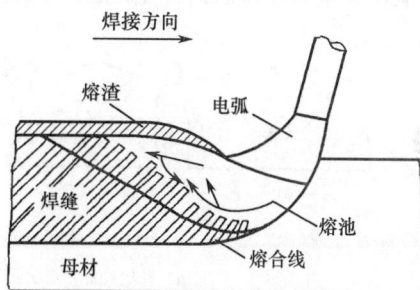

图 1-10　熔池的凝固过程

1. 熔池凝固（一次结晶）

焊缝金属由液态转变为固态的凝固过程，即焊缝金属晶体结构的形成过程，称为焊缝金属的一次结晶。焊接熔池的凝固过程服从于金属结晶的基本规律。宏观上，金属结晶的实际温度总是低于理论结晶温度，即液态金属具有一定的过冷度是凝固的必要条件。微观上，金属的凝固过程是由晶核不断形成和长大这两个基本过程共同构成。此外，这个过程还受到焊接热循环特殊条件的制约。因此，研究焊接熔池的凝固过程，必须结合焊接热循环的特点与具体施焊条件。

1）熔池凝固（一次结晶）的特点

（1）熔池体积小，冷却速度大。单丝埋弧焊时熔池的最大体积约为 $30cm^3$，液态金属质量不超过 100g。由于熔池体积小，周围又被冷金属包围，故熔池的冷却速度很大，平均冷却速度约为 4℃/s～100℃/s，比铸锭大几百倍到上万倍。

（2）熔池中液态金属处于过热状态，合金元素烧损严重，使熔池中作为晶核的质点大为减少，促使焊缝得到柱状晶。

（3）熔池是在运动状态下结晶。熔池随热源的移动，使熔化和结晶过程同时进行，即熔池的前半部是熔化过程，后半部是结晶过程。同时随着焊条的连续给进，熔池中不断有新的金属补充和搅拌进来。另外，由于熔池内部气体的外逸，焊条摆动，气体的吹力等产生搅拌作用使熔池处于运动状态下结晶。熔池的运动，有利于气体、夹杂物的排除，有利于得到致密而性能良好的焊缝。

2）熔池凝固的过程

焊接熔池的结晶由晶核的产生和晶核的长大两个过程组成。熔池中生成的晶核有两种，即自发晶核和非自发晶核。熔池的结晶主要以非自发晶核为主。熔池开始结晶时的

非自发晶核有两种：一种是合金元素或杂质的悬浮质点，这种晶核一般情况下所起的作用不大；另一种是熔合区附近加热到半熔化状态的基本金属的晶粒表面形成晶核。后者是主要的，结晶就从这里开始，以柱状晶的形态向熔池中心生长，形成焊缝金属同母材金属长合在一起的"联生结晶"，如图1-11所示。

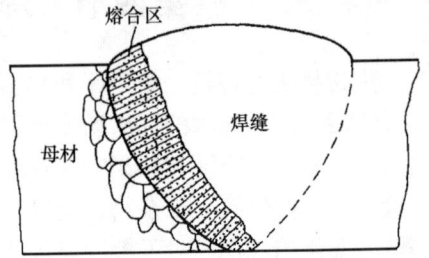

熔池中的晶体总是朝着与散热方向相反的方向长大。当晶体的长大方向与散热最快的反方向一致时，则此方向的晶体长大最快。由于熔池最快的散热方向是垂直于熔合线的方向指向金属内部，所以晶体的成长方向总是垂直于熔合线而指向熔池中心，因而形成了柱状结晶。当柱状结晶不断地长大至互相接触时，熔池的一次结晶宣告结束。焊接熔池的结晶过程如图1-12所示。

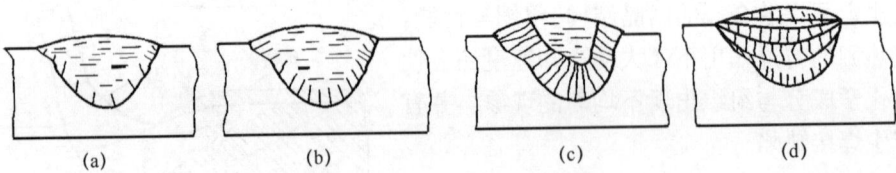

图1-11 联生结晶

图1-12 焊接熔池的结晶过程

(a) 开始结晶；(b) 晶体长大；(c) 柱状结晶；(d) 结晶结束。

总之，焊缝金属的一次结晶从熔合线附近开始形核，以联生结晶的形式呈柱状向熔池中心长大，得到柱状晶组织。

2. 焊缝金属的化学不均匀性

在熔池结晶过程中，由于冷却速度很快，已凝固的焊缝金属中化学成分来不及扩散，因此，合金元素的分布是不均匀的，这种现象称为偏析。偏析对焊缝质量影响很大，这不仅因化学成分不均匀而导致性能改变，同时也是产生裂纹、气孔、夹杂物等焊接缺陷的主要原因之一。

根据焊接过程特点，焊缝中的偏析主要有显微偏析、区域偏析和层状偏析3种。

1）显微偏析

在一个晶粒内部和晶粒之间的化学成分不均匀现象，称为显微偏析。熔池结晶时，最先结晶的结晶中心的金属最纯，而后结晶部分含合金元素和杂质略高，最后结晶的部分，即晶粒的外缘和前端含合金元素和杂质最高。

影响显微偏析的主要因素是金属的化学成分，金属的化学成分不同，其结晶区间大小就不同。一般情况下，合金元素的含量越高，结晶区间越大，就越容易产生显微偏析。对低碳钢而言，其结晶区间不大，显微偏析并不严重，而高碳钢、合金钢焊接时，因其结晶区间大，显微偏析很严重，常会引起热裂纹等缺陷。所以，高碳钢、合金钢等焊后常进行扩散及细化晶粒的热处理来消除显微偏析。

2）区域偏析

熔池结晶时，由于柱状晶体的不断长大和推移把杂质推向熔池中心，使熔池中心的杂质比其他部位多，这种现象称为区域偏析。

14

影响区域偏析的主要因素是焊缝的断面形状。对于窄而深的焊缝，各柱状晶的交界在焊缝中心，如图 1-13（a）所示，这时极易形成热裂纹。对于宽而浅的焊缝，杂质聚集在焊缝的上部，如图 1-13（b）所示，这种焊缝具有较强的抗热裂纹能力。因此，可利用这一特点来降低焊缝产生热裂纹的可能。如同样厚度钢板，用多层多道焊比一次深熔焊产生热裂纹的倾向小得多。

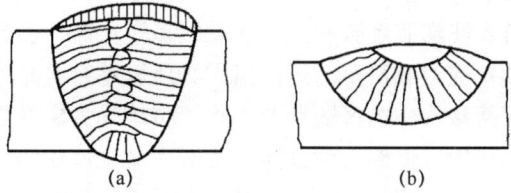

图 1-13　焊缝断面形状对区域偏析的影响

另外，焊缝末端的弧坑处，因熔池杂质的聚集以及断弧点的搅拌不够强烈等综合作用的结果，使火口处有较多的杂质，出现严重的火口偏析现象，这也是一种区域偏析。火口偏析易在火口处引起裂纹，称为火口裂纹。

3）层状偏析

焊接熔池始终处于气流和熔滴金属的脉动作用下，所以无论是金属的流动或热量的供应和传递，都具有脉动性。同时，结晶潜热的释出，造成结晶过程周期性停顿。这些都使晶体的成长速度出现周期性增加和减少，晶体长大速度的变化可引起结晶前沿液体金属中杂质浓度的变化，从而形成周期性的偏析现象，即层状偏析。层状偏析不仅造成焊缝性能不均匀，而且由于一些有害元素的聚集，易于产生裂纹和层状分布的气孔。图 1-14 所示为层状偏析所造成的气孔。

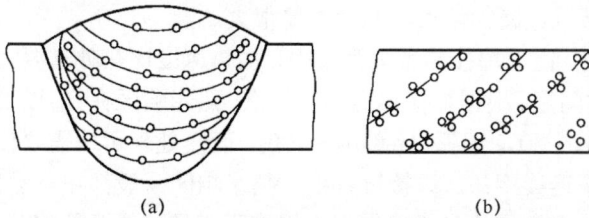

图 1-14　层状偏析分布气孔
（a）焊缝横断面；（b）焊缝纵断面。

3．焊缝金属的固态相变

熔池凝固以后，焊缝金属从高温冷却到室温还会发生固态相变。焊缝金属的固态相变过程称为焊缝金属的二次结晶。二次结晶的组织主要取决于焊缝金属的化学成分和冷却速度。对于低碳钢来说，焊缝金属的常温组织为铁素体和珠光体。由于焊缝冷却速度大，所得珠光体含量比平衡组织中的含量大。冷却速度越大，珠光体含量越多，焊缝的强度和硬度也随之增加，而塑性和韧性则随之降低。

二、熔合区的组织和性能

熔合区是焊接接头中焊缝与母材交界的过渡区。即熔合线处微观显示的母材半熔化区。该区范围很窄，甚至在显微镜下有时也很难分辨。

熔合区最高加热温度在固、液相线之间。焊接时部分金属被熔化，通过扩散方式使液态金属与母材金属结合在一起。因此，该处化学成分一般不同于焊缝，也不同于母材

15

金属。当焊接材料和母材都为成分相近的低碳钢时，该区化学成分无明显变化，但该区靠近母材的一侧为过热组织，晶粒粗大，塑性和韧性较低。当焊缝金属与母材的化学成分、线膨胀系数和组织状态相差较大时，会导致碳及合金元素的再分配，同时产生较大的热应力和严重的淬硬组织。所以熔合区是产生裂纹、发生局部脆性破坏的危险区，是焊接接头中的薄弱环节。除了传统的力学性能外，一些特殊使用场合，如高温腐蚀介质的作用，低温力学性能，都对焊缝金属的组织性能提出特殊要求，研究者已经尝试通过选用合适焊接方法，加入合金元素（如稀土元素）等，来提高相关性能。

三、焊接热影响区的组织和性能

熔焊时，不仅焊缝在热源的作用下要发生从熔化到固态相变等一系列的变化，而且焊缝两侧未熔化的母材也要经历一定的热循环而发生组织的转变。焊接过程中，母材因受热的影响（但未熔化）而发生金相组织和力学性能变化的区域，称为焊接热影响区。一般认为，焊接接头由焊缝、熔合区和热影响区三部分组成。实践表明，焊接质量不仅决定于焊缝，同时还决定于熔合区和焊接热影响区。

1. 热影响区加热时组织的转变

对一定的材料来说，焊接热影响区在加热时的组织转变，主要取决于热影响区各点所经历的焊接热循环。

1）焊接热影响区的加热特点（与热处理相比）

（1）加热温度高。热处理的加热温度一般略高于A_{c3}，而焊接热影响区靠近熔合线附近的最高加热温度接近金属的熔点，二者相差很大。

（2）加热速度快。由于焊接热源强烈集中，加热速度比热处理要大几十倍到几百倍。

（3）高温停留时间短。根据焊接热循环的特点，热影响区在A_{c1}以上的停留时间很短。如焊条电弧焊约为4s～20s，埋弧焊约30s～100s。而热处理可按需要任意控制保温时间。

（4）自然条件下连续冷却。焊接过程中，热影响区一般都在自然条件下连续冷却。

（5）局部加热。焊接加热一般只集中于焊接区，且随热源的移动，被加热区也随之移动。因此，造成焊接热影响区的组织不均匀和应力状态复杂。

2）焊接加热时的组织转变特点

（1）使相变温度升高。钢加热温度超过A_1时将发生珠光体、铁素体向奥氏体转变，其转变过程是一个扩散重结晶过程，需要一定的时间。在快速加热条件下，相变过程来不及在理论相变温度完成，从而使相变温度提高，加热速度越快，相变温度升高得越多。当钢中含有碳化物形成元素时，随加热速度的提高，相变温度升高更明显。

（2）影响奥氏体均质化程度。奥氏体均质化过程属于扩散过程。加热速度快、相变温度以上停留时间短都不利于扩散，使奥氏体均质化程度下降。

2. 焊接热影响区冷却过程的组织转变

焊接热影响区在焊接条件下的热过程与热处理条件下有显著不同，其冷却过程的组织转变也有很大差异。现以45钢和40Cr钢为例，说明两种不同冷却过程的组织转变特点。图1-15所示为焊接和热处理时加热及冷却过程的示意图。

图1-15中两种情况的冷却曲线1、2、3彼此具有各自相同的冷却速度。在同样冷却速度条件下，其组织不同，见表1-3所列。由表1-3可知，45钢在相同冷却速度下，焊

接热影响区淬硬倾向比热处理条件下大。这是因为一方面45钢不含碳化物合金元素，不存在碳化物的溶解过程，另一方面热影响区组织的粗化，增加了奥氏体的稳定性。相反，40Cr钢在同样冷却速度下，焊接热影响区淬硬倾向比热处理时小。这是因为焊接加热速度快，高温停留时间短，碳化物合金元素铬不能充分溶解于奥氏体中，削弱了奥氏体在冷却过程中的稳定性，易先析出珠光体和中间组织，从而降低了淬硬倾向。

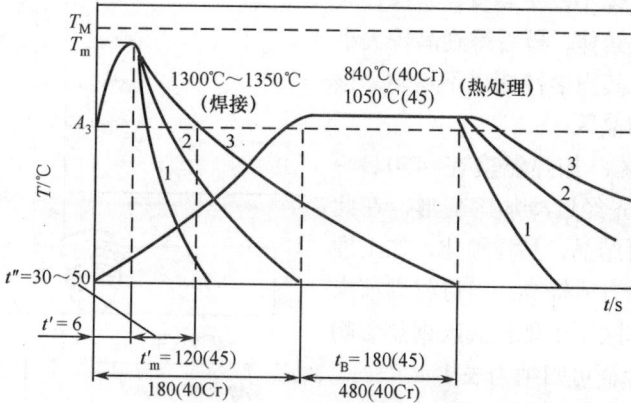

图 1-15　焊接和热处理时加热及冷却过程示意图

T_M—金属熔点；T_m—峰值温度；t'—热处理加热温度；t_B—热处理保温时间。

表 1-3　焊接及热处理条件下的百分比

钢种	冷却速度/（℃/s）	组织/%			钢种	冷却速度/（℃/s）	组织/%		
		铁素体	马氏体	珠光体及中间组织			铁素体	马氏体	珠光体及中间组织
45钢	4	5（10）	0（0）	95（90）	40Cr	4	1（0）	75（95）	24（5）
	48	1（3）	90（27）	9（70）		14	0（0）	90（98）	10（2）
	30	1（1）	92（69）	7（30）		22	0（0）	95（100）	5（0）
	60	0（0）	98（98）	2（2）		36	0（0）	100（100）	100（100）

3．焊接热影响区的组织与性能

母材的成分不同，热影响区各点经受的热循环不同，焊后热影响区发生的组织和性能的变化也不相同。

1）不易淬火钢热影响区的组织和性能

不易淬火钢有低碳钢和低合金高强钢（如 Q345、Q390）等，其热影响区可分过热区、正火区、部分相变区和再结晶区4个区域。如图1-16所示，现以低碳钢为例说明。

（1）过热区：加热温度范围为1100℃～1490℃。在这样的高温下，奥氏体晶粒严重长大，冷却后呈现为晶粒粗大的过热组织。该区塑性很低，尤其是冲击韧性比母材金属低20%～30%，是热影响区中的薄弱环节。

（2）正火区：加热温度范围900℃～1100℃。加热时该区的铁素体和珠光体全部转变为奥氏体。由于温度不高，晶粒长大较慢，空冷后得到均匀细小的铁素体和珠光体，相当于热处理中的正火组织。该区也称相变重结晶区或细晶区，其性能既具有较高的强度，又有较好的塑性和韧性。力学性能略高于母材，是热影响区中综合力学性能最好的区域。

17

（3）部分相变区：加热温度在 $A_{c1}\sim A_{c3}$ 之间，对低碳钢为 750℃～900℃。该区母材中的珠光体和部分铁素体转变为晶粒比较细小的奥氏体，但仍留部分铁素体。冷却时，奥氏体转变为细小的铁素体和珠光体，而未溶入奥氏体的铁素体不发生转变，晶粒长大粗化，变成粗大铁素体，最后得到晶粒大小极不均匀的组织，其力学性能也不均匀。该区又称不完全重结晶区。

（4）再结晶区：加热温度在 450℃～750℃。当母材事先经过冷加工变形，在此温度区内就发生再结晶，晶粒细化，加工硬化现象消除，塑性有所提高；当母材焊前未经塑性变形，则本区不出现。低碳钢热影响区各部分的组织特征可归纳为表1-4。

2）易淬火钢热影响区的组织和性能

易淬火钢包括中碳钢、低碳调质钢、中碳调质钢等。其热影响区的组织分布与母材焊前的热处理状态有关。如果母材焊前是退火或正火状态，则焊后热影响区的组织分为完全淬火区和不完全淬火区；如果母材焊前是调质状态，则热影响区的组织还要多一个回火区，如图1-16所示。

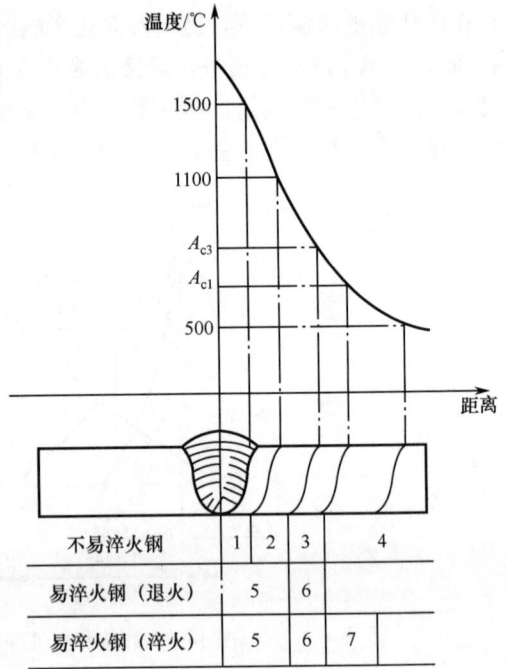

图 1-16　热影响区划分示意

1—过热区；2—正火区；3—部分相变区；
4—再结晶区；5—淬火；6—不完全淬火区；
7—回火区。

表 1-4　低碳钢热影响区各部分的组织特征

热影响区部位	加热温度范围/℃	组织特征及性能
过热区	1490～1100	晶粒粗大，形成脆性组织，力学性能下降
相变重结晶区（正火区）	1100～900	晶粒变细，力学性能良好
不完全重结晶区（不完全正火区）	900～750	粗大铁素体和细小珠光体、铁素体、力学性能不均匀
再结晶区	750～450	对于经过冷变形加工的材料，其破碎了的晶粒再结晶，晶粒细化，加工硬化现象消除，力学性能提高

（1）完全淬火区：加热温度超过 A_{c3} 以上的区域。由于钢种的淬硬倾向大，故焊后得到淬火组织马氏体，靠近焊缝附近得到粗大马氏体，离焊缝远些地方得到细小马氏体。当冷却速度较慢或含碳量较低时，会有马氏体和托氏体同时存在。用较大线能量焊接时，还会出现贝氏体，从而形成以马氏体为主的共存混合组织。该区由于产生马氏体组织，故其强度、硬度高，塑性和韧性下降，且易产生冷裂纹。

（2）不完全淬火区：加热温度在 $A_{c1}\sim A_{c3}$ 的区域。由于焊接时的快速加热，母材中的铁素体很少溶解，而珠光体、贝氏体、托氏体等转变为奥氏体，在随后的快速冷却中，奥氏体转变为马氏体，原铁素体保持不变，只是有不同程度的长大，最后形成马氏体和铁素体组织，故称为不完全淬火区。该区的组织和性能不均匀，塑性和韧性下降。

（3）回火区：加热温度低于 A_{c1} 的区域。由于回火温度不同，所得组织也不同。回火温度越低，则淬火金属的回火程度降低，相应获得回火托氏体、回火马氏体等组织，其强度也逐渐下降。

焊接热影响区除了组织变化而引起的性能变化外，热影响区的宽度对焊接接头中产生的应力和变形也有较大影响。一般来说，热影响区越窄，则焊接接头中内应力越大，越容易出现裂纹；热影响区越宽，则变形越大。因此，在焊接生产工艺过程中，应在接头中的应力不足以产生裂纹的前提下，尽量减少热影响区的宽度。热影响区的宽度大小与焊接方法、焊接工艺参数、焊件大小与厚度、金属材料热物理性质和接头形式等有关。焊接方法对热影响区宽度的影响如表 1-5 所列。

表 1-5　各种焊接方法对热影响区尺寸的影响

焊 接 方 法	各区平均尺寸/mm			总宽度/mm
	过热区	正火区	不完全重结晶区	
焊条电弧焊	2.2	1.6	2.2	6
埋弧自动焊	0.8～1.7	0.8～1.7	0.7	2.5
电渣焊	18	5	2	25
气焊	21	4	2	27

四、焊接接头组织和性能的调整与改善

1．焊接接头的特点

焊接接头是母材金属或母材金属和填充金属在高温热源的作用下，经过加热和冷却过程而形成不同组织和性能的不均匀体。焊接接头是焊缝、熔合区及热影响区的总称。

因为焊接接头各部位距离焊接热源中心的距离不同，其温度分布也不相同，所以焊接接头各部位在组织和性能上存在着很大差异。焊缝金属基本上是一种铸造组织，化学成分与母材金属不同。近缝区金属受焊接热循环的影响，其组织与性能都发生了不同程度的变化，特别是熔合区更为明显。这说明了焊接接头具有金属组织和力学性能极不均匀的特点。焊接接头还会产生各种焊接缺陷，存在残余应力和应力集中，这些因素对焊接接头的组织与性能也有很大影响。

2．影响焊接接头组织和性能的因素

影响焊接接头组织和性能的主要因素有：焊接材料、焊接方法、焊接规范与线能量、焊接工艺、操作方法及焊后热处理等。

1）焊接材料

焊接材料对焊缝的化学成分和力学性能起着决定性的作用。因此，焊接材料的选择应以母材金属的化学成分和力学性能要求为前提，结合结构和接头的刚性、母材金属材料的焊接性等来进行。

2）焊接方法

不同焊接方法有其不同特点，因而对焊接接头的组织与性能的影响也不同。常用的焊接方法有：气焊、焊条电弧焊、埋弧焊、CO_2 气体保护焊和钨极氩弧焊等。

（1）气焊：气焊的热源温度较低，加热速度慢，对熔池的保护差，故合金元素烧损较大；焊缝金属易产生过热组织，热影响区较宽，因此，焊接接头性能较差。

（2）焊条电弧焊：焊条电弧焊采用气渣联合保护，焊接线能量不大，故合金元素烧损较少，热影响区较窄，焊接接头性能较好。

（3）埋弧自动焊：埋弧自动焊也采用气渣联合保护，焊接线能量较焊条电弧焊大，故合金元素烧损较多，焊缝金属也较粗大，焊接接头性能较好。

（4）CO_2 气体保护焊：CO_2 气体保护焊采用氧化性气体 CO_2 进行保护，对合金元素烧损较多，故需采用含硅、锰较多的焊丝。CO_2 气体对热影响区有冷却作用，故热影响区窄，焊接接头性能好，尤其是接头的抗裂性能好。

（5）手工钨极氩弧焊：采用氢气保护，合金元素基本无烧损，焊缝结晶组织较细，热影响区窄，接头性能好，尤其是单面焊双面成形好。

在选择焊接方法时，应根据对焊接接头组织和性能的影响及其他要求综合考虑。

3）焊接规范与线能量

焊接线能量综合体现了焊接规范对接头性能的影响。

当采用小电流、快速焊时，可减少热影响区的宽度，减小晶粒长大倾向，消除过热组织的危害，提高焊缝的塑性和韧性。

当采用大电流、慢速焊时，则熔池大而深，焊缝金属得到粗大柱状晶，区域偏析严重，接头过热区宽，晶粒长大严重，接头的塑性和韧性差。但对某些焊接接头，线能量大些有利于焊缝中氢的逸出，减少裂纹倾向。所以，对每种焊接方法都存在一个最佳的焊接规范或线能量。

4）操作方法

操作方法上区分有单道焊和多层多道焊。

（1）单道大功率慢速焊：此法焊接线能量大，操作时在坡口两侧的高温停留时间长，热影响区加宽，接头晶粒粗化，塑性和韧性降低。同时易在焊缝中心产生偏析，导致热裂纹。此法在焊接性好的材料焊接时可采用，以提高生产率。

（2）多层多道、小电流、快速小摆动焊法：此法线能量小，后焊焊道对前一焊道焊缝及热影响区起热处理作用。因此，焊接热影响区窄、晶粒较细、综合力学性能好。此法普遍用在焊接性较差的材料焊接上。

3. 焊接接头组织和性能的调整与改善

调整和改善焊接接头组织与性能的主要方法如下。

1）变质处理

变质处理是指通过焊接材料，向焊缝金属中添加不同的合金元素来改善焊缝的组织与性能。如向熔池中加入细化晶粒的合金元素钛、钒、铌、钼及稀土元素等，可以改变结晶形态，使焊缝金属晶粒细化，提高焊缝的强度和韧性，同时又可改善抗裂性。稀土元素会改变焊缝熔敷金属的组织，大量的研究表明，加入稀土元素后晶粒的大小有明显改变，随着稀土元素含量的增加，组织趋于细化。

2）振动结晶

振动结晶是指通过不同的途径使熔池产生强烈振动，破坏正在成长的晶粒，从而获得细小的焊缝组织，消除夹杂、气孔和改善焊缝金属的性能。振动结晶的方式有低频机械振动、高频超声波振动和电磁振动等。

3）多层焊

多层焊一方面由于每层焊缝变小而改善了凝固结晶条件；另一方面更主要的是后一层焊缝的热量对前一层焊缝具有附加热处理（相当于正火或回火）作用，前一层焊缝对后一层焊缝有预热作用，从而改善焊缝的组织与性能。

4）预热和焊后热处理

预热可降低焊接接头区域的温差，减小焊接热影响区的淬硬倾向。预热也有利于焊缝中氢的逸出，降低焊缝中的氢含量，防止冷裂纹的产生。

焊后热处理是指焊后为改善焊接接头的组织与性能或消除残余应力而进行的热处理。按热处理工艺不同，焊后热处理可分别起到改善组织、性能、消除残余应力或消除扩散氢的作用。焊后热处理的方法主要有高温回火、消除应力退火、正火和调质处理。

5）锤击焊道表面

锤击焊道表面可使前一层焊缝表面的晶粒破碎，使后层焊缝凝固时晶粒细化，改善焊缝的组织与性能。此外，逐层锤击焊缝表面可减少或消除接头的残余应力。锤击焊缝的方向及顺序如图 1-17 所示。

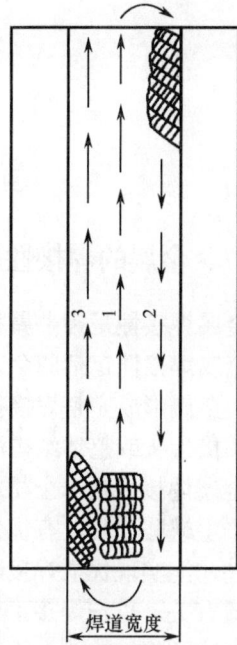

图 1-17　锤击焊缝的方向和顺序

复习思考题

1．焊接接头由哪几部分构成？

2．焊接熔渣有哪些作用？

3．焊接冶金的特点是什么？

4．焊接区的气体来源有哪些？

5．如何使焊缝金属合金化？具体办法有哪些？

6．影响焊接接头组织和性能的因素有哪些？

7．调整焊接接头组织和性能的措施有哪些？

第二章 钢的焊接性

第一节 金属的焊接性概述

一、金属的焊接性及其类别

金属焊接性是指金属材料对焊接加工的适应性和形成焊接接头后满足使用要求的程度。金属焊接性包括两个方面的内容：一是焊接工艺性，即在一定的工艺条件下焊接加工时，金属形成完整焊接接头的能力及对焊接缺陷的敏感性；二是焊接使用性，即所焊成的焊接接头或整体结构满足使用性能的程度，以及在使用条件下安全运行的能力。

金属焊接性是一个相对的概念，对于一定的金属，在简单的焊接工艺条件下就能保证不产生缺陷，且具有优异的使用性能，则认为焊接性优良；若必须采用复杂的焊接工艺条件才能实现优质焊接时，则认为焊接性相对较差。因此，金属焊接性既与金属自身的材质有关，也与焊接工艺条件密切联系。如低碳钢采用焊接加工时，很容易获得完整而无缺陷的焊接接头，不需要复杂的工艺措施，所以它的焊接工艺性很好。若用同样的焊接工艺来焊接铸铁则得不到完整的焊接接头，往往会产生裂纹、断裂和剥离等严重缺陷，所以铸铁的焊接工艺性不好或不如低碳钢。然而，如能采用特殊的焊接材料，并采用预热、锤击和缓冷等工艺措施，那么焊接铸铁时也可以获得完整的焊接接头。

总之，焊接工艺性不仅与母材本身的化学成分和性能有关，且还与焊接材料和工艺方法相关。随着新的焊接方法、焊接材料、工艺措施的不断出现，某些原来不能焊接的或不易焊接的金属材料，现在可能变成能够焊接或容易焊接了。

另外，完整的焊接接头并不一定具备满足要求的使用性能。如铬镍奥氏体不锈钢较易获得完整的焊接接头，但如果焊接方法和工艺措施不合适，则焊接接头可能不耐腐蚀，造成焊接使用性不合格。焊接铸铁时，即使焊接接头未发生裂纹等缺陷，也常常会由于熔合线附近存在脆硬的白口组织，不能进行切削加工而无法使用，这也是焊接使用性不合格的例子。

综上所述，分析研究金属焊接性的目的，在于查明一定的金属材料在给定的焊接工艺条件下可能产生的问题及其原因，以确定焊接工艺的合理性及金属材质的改进方向。为此，必须对整个焊接过程中金属的化学成分、组织和性能的变化规律，各种焊接缺陷的形成本质及其影响因素进行详尽的研究。由于金属焊接性是焊接生产中极为重要的课题之一，为此，掌握金属焊接性的基础理论，并用来指导生产实践是非常重要的。

二、碳当量及其计算方法

1. 碳当量

通过对金属焊接性的分析得出，影响焊接性的因素可归纳为材料、设计、工艺和加工条件等 4 个因素。其中材料因素对钢来说，有钢的化学成分（包括杂质的分布）、冶炼轧制状态、热处理条件、组织状态和力学性能等。其中化学成分是主要的影响因素，对于焊接性影响较大的有碳、硫、磷、氧、氢和氮等；为提高钢的某种性能加入一些合金元素，如锰、硅、铬、镍、钒、钼、钛、铌、铜、硼和稀土元素等，但却不同程度地增大了钢的淬硬倾向和产生焊接裂纹的敏感性。

为了便于分析和研究各种合金元素对金属焊接性的影响，把碳和各种合金元素对钢的淬硬、脆性和冷裂等影响折合成碳的影响，建立了"碳当量"的概念。这样，把钢中合金元素（包括碳）的含量按其作用换算成碳的相当含量，称为该种钢材的碳当量，作为评定钢材焊接性的一种参考指标。

2. 钢的碳当量计算方法

钢的碳当量计算方法可采用国际焊接学会推荐的和日本标准规定的以下公式：

$$CE（ⅡW）=C+\frac{Mn}{6}+\frac{Cu+Ni}{15}+\frac{Cr+Mo+V}{5}$$

$$C_{eq}（JIS）=C+\frac{Mn}{6}+\frac{Si}{24}+\frac{Ni}{40}+\frac{Cr}{5}+\frac{Mo}{4}+\frac{V}{14}$$

式中：CE（ⅡW）公式主要适用于中高强度的非调质低合金高强钢（σ_b = 500MPa～900MPa）；C_{eq}（JIS）公式主要适用于含碳调质低合金高强钢（σ_b=500MPa～1000MPa），但它们都属于含碳量偏高的钢种（含碳量不小于 0.18%）。

预测焊接冷裂纹，可采用上述两公式作为判断依据，其数值越高，被焊钢材的淬硬倾向越大，热影响区越容易产生冷裂纹。为防止冷裂纹，应确定是否预热和采取其他工艺措施。如板厚小于 20mm，CE（ⅡW）<0.4%时，钢材的淬硬倾向不大，焊接性良好，不需预热，当 CE（ⅡW）=0.4%～0.6%时，特别是大于 0.5%时，钢材易于淬硬，焊接时必须经预热才能防止裂纹。随着板厚及 CE（ⅡW）的增加，预热温度也相应增高，一般可在 70℃～200℃。

20 世纪 60 年代以后，为改进钢的性能和焊接性，各国大力发展了低碳微量合金高强钢，对于这类钢，上述两式已不适用。适用于含碳量为 0.07%～0.22%，σ_b = 400MPa～1000MPa 的低碳微量合金高强钢的碳当量计算公式如下所示：

$$P_{cm}=C+\frac{Si}{30}+\frac{Mn+Cu+Cr}{20}+\frac{Ni}{60}+\frac{Mo}{15}+\frac{V}{10}+5B$$

式中：P_{cm} 为低碳微量合金高强钢的碳当量。

从 20 世纪 80 年代起为适应工程上的需要，通过大量试验，把钢中含碳量的范围扩大到 0.034%～0.254%，建立了一个新的碳当量公式 CEN。即：

$$CEN=C+A（C）\left(\frac{Si}{24}+\frac{Mn}{16}+\frac{Cu}{15}+\frac{Ni}{20}+\frac{Cr+Mo+V+Nb}{5}+5B\right)$$

式中：A（C）为碳的适应系数。

A（C）与钢中的含碳量关系如表 2-1 所列。

CEN 式是新日铁公司近年建立的，是目前应用最广、精度最高的碳当量公式，特别在确定防止冷裂纹的预热温度方面更为可靠。

表 2-1 A（C）与钢中的含碳量的关系

含碳量/%	0	0.08	0.12	0.16	0.2	0.26
A（C）	0.5	0.584	0.754	0.916	0.98	0.99

三、常用焊接用钢的碳当量

常用的低合金高强度钢的碳当量及允许的最高硬度如表 2-2 所列。

表 2-2 常用低合金高强度钢的碳当量及允许最大硬度

钢 种		σ_s/Mpa	σ_b/Mpa	H_{max}/HV		P_{cm}		CE（ⅡW）	
GB/T 1591—1994	GB 1591—1988			非调质	调质	非调质	调质	非调质	调质
Q345	16Mn	353	520~637	390		0.2485		0.415	
Q390	15MnV	392	559~676	400		0.2413		0.3993	
Q420	15MnVN	441	588~706	410	380（正火）	0.3091		0.4943	
	14MnMoV	490	608~725	420	390（正火）	0.285		0.5117	
	18MnMoNb	549	668~804		420（正火）	0.3356		0.5782	
	12Ni3CrMoV	617	706~843	435		0.2787			0.6693
	14MnMoVNbB	686	784~931	450		0.2658			0.4591
	14Ni2CrMoMnVCuB	784	862~1030	470		0.3346			0.6794
	14Ni2CrMoMnVCuN	882	961~1127	480		0.3246			0.6794

注：空白表示不推荐，无合适项

第二节　碳素钢的焊接

碳素钢是以铁为基体，以碳为主要合金元素的铁碳合金，碳素钢是工业中应用最广的金属材料。

一、低碳钢的焊接

1. 低碳钢的焊接特点

碳的质量分数 ω（C）< 0.25% 的钢称为低碳钢。由于低碳钢中含碳及其他合金元素少，焊接性比其他类型的钢好，低碳钢焊接具有下列特点：

（1）可装配成各种不同接头，适应各种不同位置施焊，且焊接工艺和技术比较简单，容易掌握。

（2）焊前一般不需预热。若在寒冷地区焊接，始焊处在 100mm 范围内预热到手能感觉温暖的程度（约 15℃）。

（3）塑性较好，焊缝产生裂纹和气孔的倾向小，可制造各类大型的构架及受压容器。

（4）不需要使用特殊和复杂的设备，交流直流弧焊机都可焊接。

（5）焊接熔池可能受到空气中氧和氮的侵袭，使焊缝金属氧化和氮化。

（6）在焊接沸腾钢时，由于沸腾钢脱氧不完全，其含氧量较高，同时，硫、磷等杂质分布很不均匀，以致局部区域会大大超过平均含量，所以，焊接时裂纹倾向也较大，厚板焊接时还有层状撕裂的倾向。

2．低碳钢焊接的工艺方法

低碳钢几乎可采用所有的焊接方法来进行焊接，并都能保证焊接接头的良好质量。用得最多的焊接方法是焊条电弧焊、埋弧焊、电渣焊及 CO_2 气体保护焊（简称 CO_2 焊）等。

（1）焊条电弧焊：低碳钢的焊条选择主要是根据母材的强度等级以及焊接结构的工作条件，如表 2-3 所列。

表 2-3　焊接低碳钢用的材料

焊 接 方 法	焊 接 材 料	应 用 情 况
焊条电弧焊	E4303（J422）、E4315（J427）	焊接强度等级低的低碳钢或一般的低碳钢结构
	E5016（J506）、E5015（J507）	焊接强度等级高的低碳钢、重要的低碳钢结构或低温下工作的结构
埋弧焊	H08、H08A、HJ430、HJ431	焊接一般的机构件
	H08MnA、HJ431	焊接重要的低碳钢结构件
电渣焊	H10Mn2、H08Mn2Si、HJ431、HJ360	焊接大厚度低碳钢结构件
CO2 气体保护焊	H08Mn2Si H08Mn2SiA	焊接不规则焊缝的低碳钢结构件

焊接参数的确定，主要考虑焊接过程的稳定、焊缝成形的良好及在焊缝中不产生缺陷。当母材的厚度较大，或周围气氛温度较低时，由于焊缝金属及热影响区的冷却速度很快，也有可能出现裂纹，这时需要对焊件进行适当预热，预热温度一般为 100℃～150℃。

（2）埋弧焊：低碳钢埋弧焊接头的等强度，主要靠选择相应的焊丝和焊剂来获得。焊丝和焊剂如表 2-3 所列。

比起焊条电弧焊，埋弧焊可以采用较大的热输入，生产效率较高，熔池也较大。在生产实践当中，采用埋弧焊焊接较厚焊件时，可以用一道或多道焊来完成。在多层埋弧焊时，焊第一道焊缝是值得注意的。因为焊第一道时，母材的熔入比例较大，若母材的含碳量处于规定范围的上限，焊缝金属的含碳量就略有升高，同时，第一道的埋弧焊容易形成不利的焊缝断面形状（如所谓 O 形截面），易产生热裂纹。因此在多层埋弧焊焊接厚板时，要求在坡口根部焊第一道焊缝时采用的焊接热输入要小些。如采用焊条电弧焊打底的埋弧焊，上述情况可基本避免。

（3）电渣焊：大厚度焊件的焊接可采用电渣焊。低碳钢的电渣焊，等强度一般借助于采用低合金钢焊丝来获得。焊丝和焊剂如表 2-3 所列。

由于电渣焊方法本身的特点所决定，焊接熔池体积大，焊缝金属冷却速度慢，焊缝金属的组织往往比较粗大，热影响区组织有过热现象，显著地降低了焊缝及热影响区的强度和韧性。为使焊接接头的性能满足产品使用要求，一般焊后接头需进行正火加回火的热处理。

（4）CO_2 气体保护焊：低碳钢采用 CO_2 气体保护焊，为使焊缝金属具有足够的力学性能及良好的抗晶间裂纹和气孔的能力，采用含锰和硅的焊丝，如 H08Mn2Si、

H08Mn2SiA 等。除选择适当的焊丝外，起保护作用的 CO_2 气体质量也很重要，若在 CO_2 气体中，氮和氢的含量过高，焊接时即使焊缝被保护得很好，以及锰和硅的数量也足够，还是有可能在焊缝中出现气孔。CO_2 气体保护焊时，为使电弧燃烧稳定，要求采用较高的电流密度，但电弧电压不能过高，否则焊缝金属的力学性能会降低，焊接时会出现飞溅和电弧燃烧不稳等情况。

低碳钢的焊接，一般不会遇到什么特殊困难，焊后是否进行热处理，应根据母材牌号、焊件厚度、焊件的刚度大小，以及焊件是否低温使用等条件来决定。例如锅炉锅筒，即使采用如 20g 和 22g 等焊接性能良好的低碳钢板材，由于板厚较大，仍要进行 600℃～650℃ 的焊后热处理。

二、中碳钢的焊接

1. 中碳钢的焊接特点

碳的质量分数 ω（C）为 0.25%～0.60% 的钢称为中碳钢。中碳钢与低碳钢相比较，由于含碳量较高，因此其强度也较高，常见的有 35 钢、45 钢及 55 钢等。其焊条电弧焊的主要特点如下：

（1）热影响区容易产生低塑性的淬硬组织。含碳量越高，板厚越大，这种淬硬倾向也越大。焊件刚度较大和焊条选用不当时，容易产生冷裂纹。

（2）由于在一般情况下，焊条电弧焊焊缝的熔合比为 30%～40% 左右，所以焊缝的含碳量比较高，其结果是容易产生热裂纹。

2. 中碳钢焊接工艺

为了保证中碳钢焊后不产生裂纹和得到满意的力学性能，通常采取以下措施：

（1）尽可能选用碱性低氢型焊条：这类焊条的抗冷裂及抗热裂能力较高，个别情况下，通过严格控制预热温度和尽量减小熔深（即减小熔合比以减少焊缝中的含碳量）等工艺措施，采用钛钙型焊条也可能得到满意的效果。

当焊接接头的强度不要求与母材相等时，应选用强度低的碱性低氢型焊条，如 E4316（J426）、E4315（J427）。表 2-4 可供选用焊条时参考。

表 2-4　中碳钢焊接及补焊用焊条的选择

钢　号	母材含碳量 ω（C）/%	焊接性	选用焊条牌号	
			不要求强度或不要求等强度	要求等强度
35	0.32～0.40	较好	E4303（J422）、E4301（J423）	E5016（J506）
ZG270-500（ZG35）	0.32～0.42	较好	E4316（J426）、E4315（J427）	E5015（J507）
45	0.42～0.50	较差	E4303（J422）、E4301（J423）	E5516-G（J556）
ZG310-570（ZG45）		较差	E4316（J426）、E4315（J427）	
	0.42～0.50	较差	E5016（J506）、E5015（J507）	E5515-G（J557）
55	0.52～0.60	较差	E4303（J422）、E4301（J423）	E6016-D1（J606）
ZG340-640（ZG55）		较差	E4316（J426）、E4315（J427）	
	0.52～0.62	较差	E5016（J506）、E5015（J507）	E6015-D1（J607）

特殊情况下，可采用铬镍不锈钢焊条如 E309-16（A302）、E309-15（A307）、E310-16

（A402）、E310-15（A407）等焊接或焊补中碳钢。其特点是焊前可不预热，不易产生冷裂纹。但焊接电流要小，焊接层数要多，熔深要浅，由于焊条成本高，一般不常采用。

（2）预热：预热是焊接和焊补中碳钢的主要工艺措施。尤其焊件的厚度、刚度较大时，预热有利于减低热影响区最高硬度，防止产生冷裂纹，并能改善焊接接头的塑性。整体预热和恰当的局部预热还能减小焊后残余应力。各种含碳量的中碳钢焊接和焊补的预热温度不仅由焊件的含碳量来决定，而且还受很多其他因素的影响，例如焊件大小及厚度、焊条类型、焊接参数以及结构的刚度等。

一般情况下，35 钢和 45 钢（包括铸钢）预热温度可选用 150℃～250℃。含碳量再高或者因厚度和刚度很大，裂纹倾向大时可将预热温度提高到 250℃～400℃。

局部预热的加热范围为焊口两侧 150mm～200mm 左右。

（3）焊接坡口：最好开成带钝边的 U 形坡口。坡口外形应圆滑，以减少母材熔入焊缝金属中的比例，防止产生裂纹。

（4）焊接要点：

①焊条使用前要按规定烘干，烘干温度等详见本书相关内容。

②焊接第一道焊缝时，应尽量采用小的焊接电流，慢的焊接速度。

③在焊接中，可以采用轻敲焊缝金属表面的方法，以减少焊接残余应力，细化晶粒。

④每层焊缝应清理干净，特别是粘附在焊缝周围的飞溅，必须铲除。

⑤如焊件几何形状复杂或焊缝过长，可分成若干小段，分段跳焊，使其热量分布均匀。

⑥收尾时，电弧慢慢拉长，将熔池填满防止收尾处裂纹。

⑦焊后，焊件要注意缓慢冷却，并根据需要及时进行消氢处理或消除应力热处理。

第三节　合金结构钢的焊接

一、合金结构钢概述

用于制造工程结构和机器零件的钢统称为结构钢。合金结构钢是在碳钢的基础上加入一种或几种合金元素冶炼而成的。在研究焊接结构用合金结构钢的焊接性和焊接工艺时，在综合考虑化学成分、力学性能及用途等因素的基础上，将合金结构钢分为高强度钢（强度用钢）（GB/T13304—1991 规定，屈服点 $\sigma_s \geqslant 295MPa$、抗拉强度 $\sigma_b \geqslant 390MPa$ 的钢均称为高强度钢）和专业用钢两大类。

1. 高强度钢

高强度钢的种类很多，强度差别也很大，在讨论焊接性时，按照钢材供货的热处理状态将其分为热轧及正火钢、低碳调质钢和中碳调质钢 3 类。采用这样的分类方法，是因为钢的供货热处理状态是由其合金系统、强化方式、显微组织所决定的，而这些因素又直接影响钢的焊接性与力学性能，所以同一类的钢其焊接性是比较接近的。

1）热轧及正火钢

以热轧或正火供货和使用的钢称为热轧及正火钢。这类钢的屈服点 $\sigma_s = 295MPa \sim 490MPa$，主要包括 GB/T1591—1994《低合金结构钢》中的 Q295～Q460 钢。这类钢通过合金元素的固溶强化和沉淀强化而提高强度，属非热处理强化钢。它的冶炼工艺比较简单，价格低廉，综合力学性能良好，具有优良的焊接性，同时也是品种和质量发展最快的一类钢。

2）低碳调质钢

这类钢在调质状态下供货和使用，属于热处理强化钢。它的屈服点$\sigma_s = 441MPa \sim 980MPa$，具有较高的强度、优良的塑性和韧性，可直接在调质状态下焊接，焊后不需再进行调质处理。在焊接结构中，低碳调质钢越来越受到重视，是具有广阔发展前途的一类钢。

3）中碳调质钢

这类钢属于热处理强化钢，其碳含量较高，屈服点$\sigma_s=880MPa \sim 1170MPa$，与低碳钢相比，合金系统比较简单。碳含量高可有效地提高调质处理后的强度，但塑性、韧性相应下降，而且焊接性变差。一般需要在退火状态下进行焊接，焊后要进行调质处理。这类钢主要用于制造大型机器上的零件和要求强度高而自重小的构件。

2．专业用钢

把满足某些特殊工作条件的钢种总称为专业用钢。按用途的不同，其分类品种很多，常用于焊接结构制造的有如下几种。

（1）珠光体耐热钢：这类钢主要用于制造工作温度在500℃～600℃范围内的设备，具有一定高温强度和抗氧化能力。

（2）低温用钢：用于制造在-196℃～-20℃低温下工作的设备。主要特点是韧脆性转变温度低，具有良好的低温韧性。目前应用最多的是低碳的含镍钢。

（3）低合金耐蚀钢：主要用于制造在大气、海水、石油、化工产品等腐蚀介质中工作的各种设备，除要求钢材具有合格的力学性能外，还应对相应的介质有耐蚀能力。耐蚀钢的合金系统随工作介质不同而不同。

二、合金结构钢的焊接

1．热轧及正火钢的焊接

热轧及正火钢属于非热处理强化钢，其冶炼工艺简单，价格较低，综合力学性能良好，具有优良的焊接性，应用广泛。但是受其强化方式的限制，这类钢只有通过热处理强化，才能在保证综合力学性能的基础上进一步提高强度。

热轧及正火钢包括热轧钢和正火钢。正火钢中的含钼钢需在正火+回火条件下才能保证良好的塑性和韧性。因此，正火钢又可分为在正火状态下使用和正火+回火状态下使用两类。

1）热轧及正火钢的焊接性

热轧及正火钢属于非热处理强化钢，碳及合金元素的含量都比较低，总体来看焊接性较好。但随着合金元素的增加和强度的提高，焊接性也会变差，使热影响区母材性能下降，产生焊接缺陷。

（1）粗晶区脆化。热影响区中被加热到1100℃以上的粗晶区是焊接接头的薄弱区。热轧及正火钢焊接时，如热输入过大或过小都可能使粗晶区脆化。

（2）冷裂纹。热轧钢虽然含少量的合金元素，但其碳当量比较低，一般情况下其冷裂倾向不大。

（3）热裂纹。一般情况下，热轧及正火钢的热裂倾向小，但有时也会在焊缝中出现热裂纹。

（4）层状撕裂。大型厚板焊接结构如在钢材厚度方向承受较大的拉伸应力，可能沿钢材轧制方向发生阶梯状的层状撕裂。

2）热轧及正火钢的焊接工艺

热轧及正火钢的焊接性较好，表现在对焊接方法的适应性强，工艺措施简单，焊接缺陷敏感性低且较易防止，产品质量稳定。

（1）焊接方法的选择。热轧及正火钢可以用各种焊接方法焊接，不同的焊接方法对产品质量无显著影响。通常根据产品的结构特点、批量、生产条件及经济效益等综合效果选择焊接方法。生产中常用的焊接方法有焊条电弧焊、埋弧焊、CO_2 气体保护焊和电渣焊等。

热轧及正火钢可以用各种切割方法下料，如气割、电弧气刨、等离子弧切割等。强度级别较高的钢，虽然在热切割边缘会形成淬硬层，但在后续的焊接时可熔入焊缝而不会影响焊接质量。因此，切割前一般不需预热，割后可直接焊接而不必加工。

热轧及正火钢焊接时，对焊接质量影响最大的是焊接材料和焊接参数。

（2）焊接材料的选用。热轧及正火钢主要用于制造受力构件，要求焊接接头具有足够的强度、适当的屈强比、足够的韧性和低的时效敏感性，即具有与产品技术条件相适应的力学性能。因此，选择焊接材料时，必须保证焊接金属的强度、塑性、韧性等力学性能指标不低于母材，同时还要满足产品的一些特殊要求，如中温强度、耐大气腐蚀等，并不要求焊缝金属的合金系统或化学成分与母材相同。常用的热轧及正火钢常用焊接材料见表 2-5。

（3）预热温度的确定。焊前预热可以控制焊接冷却速度，减少或避免热影响区淬硬马氏体的产生，降低热影响区硬度，降低焊接应力，并有助于氢从焊接接头中逸出。但预热常常恶化劳动条件，使生产工艺复杂化，尤其是不合理的、过高的预热还会损害焊接接头的性能。预热温度受母材成分、焊件厚度与结构、焊条类型、拘束度以及环境温度等因素的影响。因此，焊前是否需要预热以及合理的预热温度，都需要认真考虑或通过实验确定。

（4）焊后热处理。热轧及正火钢常用的热处理有消除应力退火、正火或正火＋回火等。通常要求热轧及正火钢进行焊后热处理的情况较多，如母材屈服点≥490MPa，为了防止延迟裂纹，焊后要立即进行消除应力退火或消氢处理。

厚壁压力容器为了防止由于焊接时在厚度方向存在温差而形成三向应力场所导致的脆性破坏，焊后要进行消除应力退火；电渣焊接头为了细化晶粒，提高接头韧性，焊后一般要求进行正火或正火+回火处理；对可能发生应力腐蚀开裂或要求尺寸稳定的产品，焊后要进行消除应力退火。同时焊后要进行机械加工的构件，在加工前还应进行消除应力退火。

在确定退火温度时，应注意退火温度不应超过焊前的回火温度，以保证母材的性能不发生变化。对有回火脆性的钢，应避开回火脆性的温度区间。

表 2-5 热轧及正火钢焊接材料选用举例

钢号	焊条型号	埋弧焊 焊丝	埋弧焊 焊剂	电渣焊 焊丝	电渣焊 焊剂	CO_2气体保护焊
Q295	E43××型	H08，H10MnA	HJ430			H10MnSi
			SJ301			H08Mn2Si
Q345	E50××型	不开破口对接 H08A	HJ431	H08MnMoA	HJ431 HJ360	H08Mn2Si
		中板开破口对接 H08MnA H10Mn2	SJ101 SJ102			
		厚板深破口对接 H10Mn2	HJ350			
Q390	E50××型 E50××-G型	不开破口对接 H08MnA	HJ431	H08Mn2MoVA	HJ431 HJ360	H08Mn2SiA
		中板开破口对接 H10Mn2 H10MnSi	SJ101 SJ102			
		厚板深破口对接 H08MnMoA	HJ250 HJ350			
Q420	E55××型	H08MnMoA	HJ431	H10Mn2MoVA	HJ431	
	E60××型	H04MnVTiA	HJ350		HJ350	
18MnMo Nb	E60××型	H08Mn2MoA	HJ431	H08Mn2MoA	HJ431	
	E70××型	H08Mn2MoVA	HJ350	H08Mn2MoVA	HJ360	
X60	E4311型	H08Mn2MoVA	HJ431			
			SJ101			
			SJ102			

注：空白表示不推荐，无合适项

2．低碳调质钢的焊接

低碳调质钢属于热处理强化钢。这类钢强度高，具有优良的塑性和韧性，可直接在调质状态下焊接，焊后不需再进行调质处理。但低碳调质钢生产工艺复杂，成本高，进行热加工（成形、焊接等）时对焊接参数限制比较严格。然而，随着焊接技术的发展，在焊接结构制造中，低碳调质钢越来越受到重视，具有广阔的发展前景。

1）低碳调质钢的焊接性

焊接性问题包括：由于冷却速度较高引起的冷裂纹；由于成分（如 Cr、Mo、V 等元素）引起的消除应力裂纹；在焊接热影响区，还会产生脆化和软化现象；一般而言，热裂纹的倾向较小。

2）低碳调质钢的焊接工艺

低碳调质钢多用于制造重要焊接结构，对焊接质量要求高。同时，这类钢的焊接性对成分变化与[H]都很敏感，如同一牌号钢而炉号不同时，合金成分不同，所需的预热温度不同；当[H]上升时，预热温度亦需相应提高。为了保证焊接质量，防止焊接裂纹或热影响区性能下降，从焊前准备到焊后热处理的各个环节都需进行严格控制。

（1）接头与坡口形式设计。对于$\sigma_s \geqslant 600MPa$的低碳调质钢，焊缝布置与接头的应力集中程度都对接头质量有明显影响。合理的接头设计应使应力集中系数尽可能小，且具有好的可焊性，便于焊后检验。一般来说，对接焊缝比角焊缝更为合理，同时更便于进行射线或超声波探伤。坡口形式以 U 形或 V 形为佳，单边 V 形也可采用，但必须在工艺规程中注明要求两个坡口面必须完全焊透。为了降低焊接应力，可采用双 V 形或双 U 形坡口。对强度较高的低碳调质钢无论用何种形式的接头或坡口，都必须要求焊缝与母材交界处平滑过渡。低碳调质钢的坡口可用气割切制，但切割边缘的硬化层，要通过加热或机械加工消除。板厚小于 100mm 时，切割前不需预热；板厚不小于 100mm，应进行 100～150℃预热。强度等级较高的钢，最好用机械切割或等离子弧切割。

（2）焊接方法选用。为了使调质状态的钢焊后的软化降到最低程度，应采用比较集中的焊接热源。对于$\sigma_s \geqslant 600MPa$的钢，可用焊条电弧焊、埋弧焊、钨极或熔化极气体保护焊等方法焊接，其中$\sigma_s \geqslant 686MPa$的钢最好用熔化极气体保护焊；$\sigma_s \geqslant 980MPa$的钢，则必须采用钨极氩弧焊或电子束焊等方法。如果由于结构形式的原因必须采用大焊接热输入的焊接方法（如多丝埋弧焊或电渣焊），焊后必须进行调质处理。

（3）焊接材料的选用。低碳调质钢焊接材料的选用，一般按等强原则。低碳调质钢在调质状态下进行焊接时，选用的焊接材料应保证焊缝金属与调质状态的母材具有相同的力学性能。在接头拘束度很大时，为了防止冷裂纹，可选用强度略低的填充金属。具体焊接材料选用举例如表 2-6 所列。

表 2-6　低碳调质钢焊接材料选用举例

牌　号	焊条电弧焊	埋 弧 焊	气体保护焊	电 渣 焊
14MnMVN	J707	H08Mn2MoA	H08Mn2Si	
		H08Mn2NiMoVA		
		配合 HJ350	H08Mn2Mo	
	J857	H08Mn2NiMoA		
		配合 HJ350		
14MnMoNbB	J857			H10Mn2MoA
				H08Mn2Ni2CrMoA
				配合 HJ360、HJ431
WCF-62	新 607CF		H08MnSiMo	
	CHE62CF（L）		Mn-Ni-Mo 系	
HQ70A	E7015		H08Mn2NiMo	
			Mn2-Ni2-Cr-Mo 系	
HQ70B			CO2 或 Ar+20%CO2	
注：空白表示不推荐				

焊接低碳调质钢时，氢的危害更加突出，必须严格控制。随着母材强度的提高，焊条药皮中允许的含水量降低。如焊接$\sigma_b \geqslant 850MPa$的钢所用的焊条，药皮中允许的含水量≤0.2%，而焊接$\sigma_b \geqslant 980MPa$的钢，规定含水量≤0.1%。因此，一般低氢型焊条在焊前必须按规定烘干，烘干后放置在保温筒内。耐吸潮低氢型焊条在烘干后，可在相

对湿度 80%的环境中放置 24h 以内，药皮含水量不会超过规定标准。

（4）预热温度。对低碳调质钢预热的目的主要是防止冷裂，对改善组织没有明显作用。为了防止高温时冷却速度过低而产生脆性组织，预热温度不宜过高，一般不超过 200℃。预热温度过高，将使韧性下降。

3．中碳调质钢的焊接

中碳调质钢也是热处理强化钢，虽然其较高的碳含量可以有效提高调质处理后的强度，但塑性、韧性相应下降，焊接性能变差，所以这类钢需要在退火状态下焊接，焊后还要进行调质处理。为保证钢的淬透性和防止回火脆性，这类钢含有较多的合金元素。

中碳调质钢在调质状态下具有良好的综合性能，常用于制造大型齿轮、重型工程机械的零部件、飞机起落架及火箭发动机外壳等。

1）中碳调质钢的焊接性

（1）焊接热影响区的脆化和软化。中碳调质钢由于碳含量高、合金元素多，钢的淬硬倾向大，在淬火区产生大量脆硬的马氏体，导致严重脆化。

（2）冷裂纹。中碳钢的淬硬倾向大，近缝区易出现的马氏体组织，增大了焊接接头的冷裂倾向，在焊接中常见的低合金钢中，中碳调质钢具有最大的冷裂纹敏感性。

（3）热裂纹。中碳调质钢的碳及合金元素含量高，偏析倾向也较大，因而焊接时具有较大的热裂纹敏感性。

2）中碳调质钢的焊接工艺

由于中碳调质钢的焊接性较差，对冷裂纹很敏感，热影响区的性能也难以保证。因此，只有在退火（正火）状态下进行焊接，焊后整体结构进行淬火和回火处理，才能比较全面的保证焊接接头的性能与母材相匹配。中碳调质钢主要用于要求高强度而对塑性要求不太高的场合，在焊接结构制造中应用范围远不如热轧及正火钢或低碳调质钢那样广泛。

（1）中碳调质钢在退火状态下的焊接工艺要点。

①焊接材料的选用。为了保证焊缝与母材在相同的热处理条件下获得相同的性能，焊接材料应保证熔敷金属的成分与母材基本相同。同时，为了防止焊缝产生裂纹，还应对杂质和促进金属脆化元素（如 S、P、C、Si 等）更加严格限制。对淬硬倾向特别大的材料，为了防止裂纹或脆断，必要时采用低强度填充金属，常用焊接材料如表 2-7 所列。

②焊接工艺要点。在焊接方法选用上，由于不强调焊接热输入对接头性能的影响，因而基本上不受限制。采用较大的焊接热输入并适当提高预热温度，可以有效地防止冷裂。一般预热温度及层间温度可控制在 250℃～300℃。

为了防止延迟裂纹，焊后要及时进行热处理。若及时进行调质处理有困难时，可进行中间退火或在高于预热的温度下保温一段时间，以排除扩散氢并软化热影响区组织。中间退火还有消除应力的作用。对结构复杂、焊缝较多的产品，为了防止由于焊接时间过长而在中间发生裂纹，可在焊完一定数量的焊缝后，进行一次中间退火。

Cr-Mn-Si 钢具有回火脆性，这类钢焊后回火温度应避开回火脆性的温度范围（250℃～400℃），一般采用淬火+高温回火，并在回火时注意快冷，以避免第二类回火脆性。在强度要求较高时，可进行淬火+低温回火处理。

表 2-7　中碳调质钢焊接材料举例

牌　号	焊条电弧焊	气体保护焊		埋　弧　焊		备　注
		CO$_2$焊丝	氩弧焊焊丝	焊丝	焊剂	
30CrMnSiNi2A	HT-3（H18CrMoA 焊芯）		H18CrMoA	H18CrMoA	HJ350-1	HJ350-1 为 80%～82%的 HJ350 与 18%-20% 粘结焊剂 1 号的混合物
	HT-4（HGH41 焊芯）				HJ260	
	HT-4（HGH30 焊芯）					
30crMnSiA	E8515-G	H08Mn2SiMoA		H20CrMoA	HJ431	HT 型焊条为航空用牌号，HT-4（HGH41）和 HT-4（HGH30）为用于调质状态下焊接的镍基合金焊条
	E10015-G					
	HT-1（H08A 焊芯）		H18CrMoA			
	HT-3（H08CrMoA 焊芯）					
	HT-3（H08A 焊芯）	H08Mn2SiA		H18CrMoA	HJ431	
	HT-4（HGH41 焊芯）				HJ260	
	HT-4（HGH30 焊芯）					
40CrMoA	J107-Cr					
	HT-3（H18CrMoA 焊芯）					
	HT-2（H18CrMoA 焊芯）					
35CrMoA	J107-Cr		H20CrMoA	H20CrMoA	HJ260	
35CrMoVA	E5515-B2-VNb					
	E8818-G		H20CrMoA			
	J107-Cr					
34CrNi3MoA	E8515-G		H20Cr3MoNiA			
	E11MoVNb-15					

注：空白表示不推荐

（2）中碳调质钢在调质状态下的焊接工艺要点。在调质状态下焊接，要全面保证焊接质量比较困难，而同时解决冷裂纹、热影响区脆化及软化三方面的问题，互相间有较大矛盾。因此，只有在保证不产生裂纹的前提下尽量保证接头的性能。

一般采用热量集中、能量密度高的焊接热源，在保证焊透的条件下尽量用小焊接热输入，以减小热影响区的软化，如选用氩弧焊、等离子弧焊或电子束焊效果较好。预热温度、层间温度及焊后回火温度均应低于焊前回火温度 50℃以上。同时为了防止冷裂纹，可以用奥氏体不锈钢焊条或镍基焊条。

4. 珠光体耐热钢的焊接

高温下具有足够强度和抗氧化性的钢称为耐热钢。珠光体耐热钢是以铬、钼为主要合金元素的低合金钢，由于它的基体组织是珠光体（或珠光体+铁素体），故称珠光体耐热钢。

1）珠光体耐热钢的性能

（1）高温强度。普通碳素钢长时间在温度超过 400℃情况下工作时，在不太大的应力作用下就会破坏，因此不能用来制造工作温度大于 400℃的容器等设备。铬和钼是组成珠光体耐热钢的主要合金元素，其中钼本身的熔点很高，因而能显著提高金属的高温强度，就是在 500℃～600℃时仍保持有较高的强度。衡量高温强度的指标有蠕变强度和持久强度。

（2）高温抗氧化性。在钢中加入铬，则由于铬和氧的亲和力比铁和氧的亲和力大，高温时，在金属表面首先生成氧化铬，由于氧化铬非常致密，这就相当于在金属表面形成了一层保护膜，从而可以防止内部金属受到氧化，所以耐热钢中一般都含有铬。

耐热钢中还可加入钨、铌、铝、硼等合金元素以提高高温强度。

2）珠光体耐热钢的焊接性

（1）淬硬性。主要合金元素铬和钼等都显著地提高了钢的淬硬性，在焊接热循环决定的冷却条件下，焊缝及热处理区易产生冷裂纹。

（2）再热裂纹。由于含有铬、钼、钒等合金元素，焊后热处理过程中易产生再热裂纹，再热裂纹常产生于热影响区的粗晶区。

（3）回火脆性。铬钼钢及其焊接接头在 350℃～500℃温度区间长期运行过程中发生剧烈脆变的现象称为回火脆性。

3）珠光体耐热钢的焊接工艺

（1）焊接方法。一般的焊接方法均可焊接珠光体耐热钢，其中焊条电弧焊和埋弧自动焊的应用较多，CO_2 气体保护焊也日益增多，电渣焊在大断面焊接中得到应用。在焊接重要的高压管道时，常用钨极氩弧焊封底，然后用熔化极气体保护焊或焊条电弧焊盖面。

（2）焊接材料。选配低合金耐热钢焊接材料的原则是焊缝金属的合金成分与强度性能应基本上与母材相应指标一致或应达到产品技术条件提出的最低性能指标。焊条的选择如表 2-8 所列。使用焊条时应严格遵守碱性焊条的各项规则。主要是焊条的烘干、焊件的仔细清理、使用直流反接电源、用短弧焊接等。另外焊件焊后不能进行热处理，而铬含量又高时，可以选用奥氏体不锈钢焊条焊接。

表 2-8　常见珠光体耐热钢的焊条的选用及预热、焊后热处理

材料牌号	焊接工艺		焊后热处理/℃
	预热温度/℃	电焊条	
16Mo	200～250	E5015-A1	690～710
12CrMo	200～250	E5515-B1	680～720
15CrMo	200～250	E5515-B2	680～720
20CrMo	250～350	E5515-B2	650～680
12Cr1MoV	200～250	E5515-B2-V	710～750
13Cr3MoVSiTiB	300～350	E5515-B3-VNb	740～760
12Cr2MoWVB	250～300	E5515-B3-VWB	760～780
12MoVWBSiRe（无铬 8 号）	250～300	E5515-B2-V	750～770

铬钼耐热钢埋弧焊时，可选用与焊件成分相同的焊丝配焊剂 HJ35 进行焊接。

（3）预热。焊接珠光体耐热钢一般都需要预热。预热是焊接珠光体耐热钢的重要工艺措施。为了确保焊接质量。不论是在点固焊或焊接过程中，都应预热并保持在 150℃～300℃温度范围内，如表 2-8 所列。

（4）焊后缓冷。这是焊接珠光体耐热钢必须严格遵循的原则，即使在炎热的夏季也

必须做到这一点。一般是焊后立即用石棉布覆盖焊缝及近缝区，小的焊件可以直接放在石棉灰中。覆盖必须严实，以确保焊后缓冷。

（5）焊后热处理。焊后应立即进行焊后热处理，其目的是为了防止冷裂纹、消除应力和改善组织。对于厚壁容器及管道，焊后常进行高温回火，即将焊件加热至 700℃～750℃。保温一定时间，然后在静止空气中冷却，如表 2-8 所列。

另外，在整个焊接过程中，应使焊件（焊缝附近 30mm～100mm 范围）保持足够的温度。实行连续焊和短道焊，并尽量在自由状态下焊接。

5. 低温用钢的焊接

1）低温用钢的成分和性能

低温用钢主要用于低温下，即在-273℃～-20℃之间工作的容器、管道和结构，因此要求这种钢低温下有足够的强度，特别是它的屈服点；低温下具有足够的韧性；对所容纳物质有耐蚀性；低温用钢的绝大部分是板材，都要经过焊接加工，所以焊接性十分重要。此外，为保证冷加工成形，还要求钢材有良好的塑性，一般碳钢中低温用钢的伸长率不低于 11%，合金钢不低于 14%。

低温用钢大部分是接近铁素体型的低合金钢，因此从化学成分来看，其明显特点是低碳或超低钢（＜0.06%），主要通过加入铝、钡、铌、钛、稀土等元素固溶强化，并经过正火、回火处理获得细化晶粒均匀的组织，从而得到良好的低温韧性。为保证低温韧性，还应严格限制磷、硫等杂质含量。

低温用钢可按韧性可达到的最低使用温度分类。低温韧性与合金化及显微组织密切相关，因此也常按显微组织来分类。低温用钢按显微组织又可分为铁素体型、低碳马氏体型和奥氏体型等多种。

2）低温用钢的焊接性

低温用钢的碳含量低，硫磷含量也限制在较低范围内，其淬硬倾向和冷裂倾向小，具有良好的焊接性。焊接主要问题是防止焊缝和过热区出现粗晶过热组织，保证焊缝和过热区（粗晶区）的低温韧性；其次由于镍能促成热裂，所以焊接含镍钢，特别是 9%Ni 钢要注意液化裂纹问题。

3）低温用钢的焊接材料

低温用钢对焊接材料的选择必须保证焊缝含有害杂质硫、磷、氧、氮最少，尤其含镍钢更应严格控制杂质含量，以保证焊缝金属良好的韧性。由于对低温条件要求不同，应针对不同类型低温钢选择不同的焊接材料。焊接低温用钢的焊条如表 2-9 所列，焊-40℃级 16Mn 低温用钢可采用 E5Q15-G 或 E5015-G 高韧性焊条。

表 2-9　低温用钢焊条

焊条牌号	焊条型号	焊缝金属合金系统	主 要 用 途
W707		低碳 Mn-Si-Cu 系	焊接-70℃工作的 09Mn2V 及 09MnTiCuRE 钢
W707Ni	E5515-C1	低碳 Mn-Si-Ni 系	焊接-70℃工作的低温钢及 2.5%Ni 钢
W907Ni	E5515-C2	低碳 Mn-Si-Ni 系	焊接-90℃工作的 3.5%Ni 钢
W107Ni		低碳 Mn-Si-Ni-Mo-Cu 系	焊接-100℃工作的 06MnNb、06AlNbCuN 及 3.5%Ni 钢

注：空白表示不推荐

埋弧焊时，可用中性熔炼焊剂配合 Mn-Mo 焊丝或碱性熔炼焊剂配合含 Ni 焊丝；也可采用 C-Mn 钢焊丝配合碱性非熔炼焊剂，由焊剂向焊缝渗入微量 Ti、B 合金元素，以保证焊缝金属获得良好的低温韧性。

4）低温用钢的焊接工艺要点

（1）焊前预热。板厚和刚性较大时，焊前要预热，3.5%Ni 钢要求 150℃，9%Ni 钢 100℃～150℃，其余低温用钢均不需预热。

（2）严格控制热输入。焊接热输入如过大，会使焊缝金属韧性下降，为最大限度减少过热应采用尽量小的热输入。

（3）适当增加坡口角度和焊缝焊道数目。采用无摆动快速多层、多道焊，控制层间温度，减轻焊道过热，通过多层焊的重热作用细化晶粒。

（4）在焊接结构制造过程中减少应力集中。采取种种措施，尽量防止在接头的过热区和工件上应力集中，例如填满弧坑、避免咬边、焊缝表面圆滑过渡、产品各种角焊缝必须焊透等；工件表面装配用的定位块和楔子去除后所留的焊疤均应打磨。

（5）焊后消除应力处理。镍钢及其他铁素体型低温用钢，当板厚或其他因素造成残余应力较大时，需进行消除应力热处理，有利于改善焊接接头的低温韧性，其余不考虑。

6. 低合耐腐蚀钢的焊接

低合耐腐蚀钢包括的范围很广，根据用途可分为耐大气腐蚀钢、耐海水腐蚀钢和石油化工中用的耐硫和硫化物腐蚀钢。这里只对前两种耐腐蚀钢的焊接作简单介绍。

1）耐大气腐蚀钢、耐海水腐蚀钢的成分和性能

许多建筑、桥梁、铁路、车辆、矿山机械等结构长期暴露在室外，受自然大气和工业大气作用，特别是受潮湿空气侵蚀，因此要求它们应有良好耐大气腐蚀性能，也称为耐候钢；又如船舶、码头建筑、海上勘探设备、海上石油平台、海底电缆设施等，则要求耐海水浸蚀和耐海洋性气氛腐蚀。这两种耐蚀钢既要有足够的强度，又要良好耐大气、海水腐蚀的性能，这就需要在低合金高强钢的基础上添加能提高抗腐蚀能力的元素。铜和磷是提高钢材耐大气、海水腐蚀最有效的合金元素，加入铬也能有效提高钢耐海水腐蚀的能力。为了降低含磷钢的冷脆敏感性和改善焊接性，要限制钢中的碳含量（C≤0.16%）。

2）耐大气腐蚀钢、耐海水腐蚀钢的焊接特点

铜、磷耐蚀钢对焊接热循环不敏感，焊接性良好，其焊接工艺与强度较低（σ_s = 343MPa～392MPa）的热轧钢相同。

焊接耐候腐蚀钢和耐海水腐蚀钢的焊条如表 2-10 所列，埋弧焊时，采用 H08MnA、H10Mn2 焊丝配合 HJ431 焊剂。

表 2-10　焊接耐候及耐海水腐蚀用钢的焊条

牌　号	型　号	药皮类型	焊接电流	主要用途
J422CrCu	E4303	钛钙型	交流电	焊接 12CrMoCu 等
J502CuP		钛钙型	交流电	焊接 Cu-P 系耐候耐海水腐蚀剂 10MnPNbRE、08MnP、09MnCuPTi 等
J502NiCu	E5003-G	钛钙型	交流电	焊接耐候铁道 09MnCuPTi 及日本 SPA 钢

牌　号	型　号	药皮类型	焊接电流	主要用途
J502WCr	E5003-G	钛钙型	交流电	焊接耐候铁道车辆 09MnCuPTi
J502CrNiCu	E5003-G	钛钙型	交流电	焊接耐候及近海工程结构
J506WCu	E5016-G	低氢钾型	交流电	焊接耐候钢 09MnCuPTi
J506NiCu	E5016-G	低氢钾型	交流电	焊接耐候钢
J507NiCu	E5015-G	低氢钾型	直流反接	焊接耐候钢
J507CrNi	E5015-G	低氢钾型	直流反接	焊接耐海水腐蚀钢的海洋重要结构

注：空白表示不推荐

第四节　不锈钢、耐热钢的焊接

一、不锈钢、耐热钢的类型及性能特点

这里只涉及高合金钢，并且只简要归纳一下与焊接性有关的某些要点。详见金属学与热处理教材或有关手册。

1. 不锈钢及耐热钢类型

1）按用途分类

（1）不锈钢：包括高铬钢（Cr13 类）、铬镍钢（Cr18Ni9Ti，Cr18Nil2Mo3Ti 等）、铬锰氮钢（Cr17Mn13Mo2N）。主要用于有侵蚀性的化学介质（主要是各类酸），要求能耐腐蚀，对强度要求不高。

（2）热稳定钢：主要用于高温下要求抗氧化或耐气体介质腐蚀的一类钢，也称为抗氧化不起皮钢。对于高温强度并无特别要求。常用的有铬镍钢（Cr25Ni20、Cr25Ni20SiZ 之类）、高铬钢（Cr17、Cr25Ti 等）。

（3）热强钢：在高温下既要能抗氧化或耐气体介质腐蚀，又必须具有一定的高温强度。主要是高铬镍钢（Cr18Ni9Ti、4Cr25Ni2O、4Cr14Nil4W2Mo）。多元合金化的以 Cr12 为基的马氏体钢（如 1Cr12MoWV）也用作热强钢。

习惯上将热稳定钢和热强钢称为耐热钢。

2）按组织分类

各种不锈钢都具有良好的化学稳定性，将不锈钢加热到 900℃～1100℃淬火后，按空冷后室温所得到的组织不同，可分为五大类。

（1）奥氏体钢：是应用最广的一种。高铬镍钢及高铬锰钢均属此类，其中，铬镍奥氏体钢是最通用的钢种。以 Cr18Ni8 为代表的系列（简称 18-8），主要用于耐蚀条件下；以 Cr25Ni20 为代表的系列（简称 25-20），则主要用作热稳定钢，提高碳含量则可用作热强钢。

（2）双相钢：主要是指奥氏体—铁素体双相钢，如 Cr21Ni5Ti、00Cr18Ni5Mo3Si2，具有很优异的耐蚀性能，尤其是耐应力腐蚀开裂性能。

（3）铁素体钢：含 Cr13 为 17%～28%的高铬钢属此类，主要用作热稳定钢，也可用作耐蚀钢。

（4）马氏体钢：Cr13 系列及以 Cr12 为基的多元合金化的钢均属马氏体钢。

（5）沉淀硬化型不锈钢：将 18-8 钢的 Ni 量适当降低并稍加调整成分，可获得一种

能够经沉淀强化处理的不锈钢，不仅具有很好的耐蚀性，而且具有很高的强度。有代表性的钢号有 00Cr17Ni7Al（17-7PH）及 00Cr17Ni4Cu4Nb（17-7PH）。

2. 不锈钢的耐腐蚀性

不锈钢的耐腐蚀性是基于其主加元素铬在钢表面形成致密氧化膜对钢的钝化作用。金属受介质的化学及电化学作用而破坏的现象称为腐蚀，不锈钢的腐蚀形式主要有以下几种。

1）均匀腐蚀

接触腐蚀介质的金属整个表面产生腐蚀的现象，称为均匀腐蚀，也称整体腐蚀。它是一种表面腐蚀。不锈钢具有良好的耐腐蚀性能，它的均匀腐蚀量并不大。

2）晶间腐蚀

奥氏体不锈钢在 450℃～850℃加热时，会由于沿晶界沉淀出铬的碳化物，致使晶粒周边形成贫铬区，在腐蚀介质作用下即可沿晶粒边界深入金属内部，产生在晶粒之间的一种腐蚀，称为晶间腐蚀。此类腐蚀在金属外观未有任何变化时就造成破坏，因此是不锈钢最危险的一种破坏形式。

3）点状腐蚀

腐蚀集中于金属表面的局部范围，并迅速向内部发展，最后穿透。不锈钢表面与氯离子接触时，因氯离子容易吸附在钢的表面个别点上，破坏了该处的氧化膜，就很容易发生点状腐蚀。不锈钢的表面缺陷，也是引起点状腐蚀的重要原因之一。

4）应力腐蚀开裂

应力腐蚀开裂是一种金属在腐蚀介质和表面拉伸应力联合作用下产生的脆性开裂现象。它的一个最重要的特点是腐蚀介质与金属材料的组合有选择性，即一定的金属只有在一定的介质当中才会发生此种腐蚀。奥氏体钢焊接接头最易于出现这一问题。

3. 耐热钢的高温性能

1）抗氧化性

耐热钢中一般均含有 Cr、Al 或 Si，可形成致密完整的氧化膜，因而均具有很好的抗氧化性能。稀土元素及其氧化物在焊条药皮的加入，可以明显改善焊缝高温抗氧化腐蚀性能。

2）热强性

所谓热强性，指在高温下长时工作时对断裂时的抗力（即持久强度），或在高温下长期工作时抗塑性变形的能力（即蠕变抗力）。

3）高温脆性

耐热钢在热加工或长期高温工作中，可能产生脆化现象。除了如 Cr13 钢在 550℃附近的回火脆性、高铬铁素体钢的晶粒长大脆化以及奥氏体钢沿晶界析出碳化物所造成的脆化之外，值得注意的还有所谓 475℃脆性及 σ 相脆化。

二、不锈钢的焊接

焊接不锈钢时，如果焊接工艺不当或焊接材料选用不正确，会产生一系列的缺陷。这些缺陷主要有耐蚀性的下降和焊接裂纹的形成，这将直接影响焊接接头的力学性能和焊接接头的质量。

1. 奥氏体不锈钢的焊接

1）奥氏体不锈钢的焊接性

不锈钢中以奥氏体不锈钢最为常见，奥氏体不锈钢的塑性和韧性很好，具有良好的焊接性，焊接时一般不需要采取特殊的工艺措施。如果焊接材料选用不当或焊接工艺不合理时，会使焊接接头产生如下问题。

（1）晶间腐蚀。受到晶间腐蚀的不锈钢，从表面上看来没有痕迹，但在受到应力时即会沿晶界断裂，几乎完全丧失强度。奥氏体不锈钢在焊接不当时，会在焊缝和热影响区造成晶间腐蚀，有时在焊缝和基本金属的熔合线附近发生如刀刃状的晶间腐蚀，称为刃状腐蚀。

（2）应力腐蚀。不锈钢在静应力（内应力或外应力）作用下，在腐蚀性介质中发生的破坏。

（3）热裂纹。是奥氏体不锈钢焊接时比较容易产生的一种缺陷，特别是含镍量较高的奥氏体不锈钢更易产生。因此，奥氏体不锈钢产生热裂纹的倾向要比低碳钢大得多。

（4）焊接接头的脆化。奥氏体不锈钢的焊缝在高温（375℃～875℃）加热一段时间后，常会出现冲击韧性下降的现象，称为脆化。常见的脆化有475℃脆化、σ相脆化。

对奥氏体不锈钢结构，多数情况下都有耐蚀性的要求。因此，为保证焊接接头的质量，需要解决的问题比焊接低碳钢或低合金钢时要复杂得多，在编制工艺规程时，必须考虑备料、装配、焊接各个环节对接头质量可能带来的影响。此外，奥氏体钢导电、导热性差，线膨胀系数大等特殊物理性能，也是编制焊接工艺时必须考虑的重要因素。

奥氏体不锈钢焊接工艺的内容，包括焊接方法与焊接材料的选择、焊前准备、焊接参数的确定及焊后处理等。由于奥氏体不锈钢的塑性、韧性好，一般不需焊前预热。

2）焊接方法的选择

奥氏体不锈钢具有较好的焊接性，可以采用焊条电弧焊、埋弧焊、惰性气体保护焊和等离子弧焊等熔焊方法，并且焊接接头具有相当好的塑性和韧性。因为电渣焊的热过程特点，会使奥氏体不锈钢接头的抗晶间腐蚀能力降低，并且在熔合线附近易产生严重的刀蚀，所以一般不应用电渣焊。

3）焊接材料的选择

奥氏体不锈钢焊接材料的选用原则，应使焊缝金属的合金成分与母材成分基本相同，并尽量降低焊缝金属中的碳含量和 S、P 等杂质的含量。奥氏体不锈钢焊接材料的选用如表 2-11 所列。

表 2-11　奥氏体不锈钢焊接材料的选用

钢 的 牌 号	焊条型号（牌号）	氩弧焊焊丝	埋弧焊焊丝	埋弧焊焊剂
1Cr18Ni9	E308-16（A101）	H1Cr9Ni9		
	E308-15（A107）			
1Cr18Ni9Ti	E308-16（A101）	H1Cr9Ni9	H1Cr9Ni9	HJ260
	E308-15（A107）		HOCr20Ni10 Ti	HJ172
Y1Cr18Ni9Se	E316-15（A207）	H0Cr9Ni12Mo2		
1Cr18Ni9Si3	E316-16（A202）			
00Cr17Ni14Mo2	E316-16（A202）	HOOCr19Ni12Mo2	HOOCr19Ni12Mo2	HJ260
注：空白表示不推荐				

4）焊前准备

（1）下料方法的选择。奥氏体不锈钢中有较多的铬，用一般的氧—乙炔切割有困难，可用机械切割、等离子弧切割及碳弧气刨等方法进行下料或坡口加工，机械切割最常用的有剪切、刨削等。

（2）坡口的制备。在设计奥氏体不锈钢焊件坡口形状和尺寸时，应充分考虑奥氏体不锈钢的线膨胀系数会加剧接头的变形，应适当减小 V 形坡口角度。当板厚大于 10mm 时，应尽量选用焊缝截面较小的 U 形坡口。

（3）焊前清理。为了保证焊接质量，焊前应将坡口两侧 20mm～30mm 范围内的焊件表面清理干净，如有油污，可用丙酮或酒精等有机溶剂擦拭。对表面质量要求特别高的焊件，应在适当范围内涂上用白垩调制的糊浆，以防飞溅金属损伤表面。

（4）表面防护。在搬运、坡口制备、装配及定位焊过程中，应注意避免损伤钢材表面，以免使产品的耐蚀性降低。如不允许用利器划伤钢板表面，不允许随意到处引弧等。

5）焊接工艺参数的选择

焊接奥氏体不锈钢时，应控制焊接热输入和层间温度，以防止热影响区晶粒长大及碳化物析出。下面对几种常用焊接方法的工艺参数加以说明。

（1）焊条电弧焊。由于奥氏体不锈钢的电阻较大，焊接时产生的电阻热较大，同样直径的焊条，焊接电流值应比低碳钢焊条降低20%左右。焊接工艺参数如表 2-12 所列。焊条长度亦应比碳素钢焊条短，以免在焊接时由于药皮的迅速发红而失去保护作用。奥氏体不锈钢焊条即使选用酸性焊条，最好也采用直流反接施焊，因为此时焊件是负极，温度低，受热少，而且直流电源稳定，也有利于保证焊缝质量。此外，在焊接过程中，应注意提高焊接速度，同时焊条不进行横向摆动，这样可有效地防止晶间腐蚀、热裂纹及变形的产生。

表 2-12　不锈钢焊条电弧焊工艺参数

焊件厚度/mm	焊条直径/mm	焊接电流/A		
		平焊	立焊	仰焊
< 2	2	40～70	40～60	40～50
2～2.5	2.5	50～80	50～70	50～70
3～5	3.2	70～120	70～95	70～90
5～8	4	130～190	130～145	130～140
8～12	5	160～210		
注：空白表示不推荐				

（2）钨极氩弧焊。对于钨极氩弧焊一般采用直流正接，这样可以防止因电极过热而造成焊缝中渗钨的现象。钨极氩弧焊工艺参数如表 2-13 所列。

（3）熔化极氩弧焊。一般采用直流反接法。为了获得稳定的喷射过渡形式，要求电流大于临界电流值。焊接工艺参数如表 2-14 所列。

（4）埋弧焊。由于埋弧焊时热输入大，金属容易过热，对不锈钢的耐蚀性有一定的影响。因此，在奥氏体不锈钢焊接中，埋弧焊的应用不如在低合金钢焊接中那样普遍。

表 2-13　不锈钢钨极氩弧焊工艺参数

板厚/mm	钨极直径/mm	焊接电流/A	焊丝直径/mm	氩气流量/(L/mm)
0.3	1	18～20	1.2	5～6
1	2	20～25	1.6	5～6
1.5	2	25～30	1.6	5～6
2	2	35～45	1.6～2	5～6
2.5	3	60～80	1.6～2	6～8
3	3	70～85	1.6～2	6～8
4	3	75～90	2	6～8
6～8	4	100～140	2	6～8
>8	4	100～140	3	6～8

表 2-14　奥氏体不锈钢熔化极氩弧焊工艺参数

板厚/mm	焊丝直径/mm	焊接电流/A	电弧电压/V	焊接速度/(m/h)	氩气流量/(L/min)
2	1	140～180	18～20	20～40	6～8
3	1.6	200～280	20～22	20～40	6～8
4	1.6	220～320	22～25	20～40	7～9
6	1.6～2	280～360	23～27	15～30	9～12
8	2	300～380	24～28	15～30	11～15
10	2	320～440	25～30	15～30	12～17

（5）等离子弧焊。对于等离子弧焊焊接参数调节范围很宽，可用大电流（200A 以上），利用小孔效应，一次焊接厚度可达 12mm，并实现单面焊双面成形。用很小的电流，也可焊很薄的材料，如在微束等离子弧焊时，用 100mA～150mA 的电流可焊厚度为 0.01mm～0.02mm 的薄板。

6）奥氏体不锈钢的焊后处理

为增加奥氏体不锈钢的耐蚀性，焊后应对其进行表面处理，处理的方法有表面抛光、酸洗和钝化处理。

（1）表面抛光。不锈钢的表面如有刻痕、凹痕、粗糙点和污点等，会加快腐蚀。将不锈钢表面抛光，就能提高其抗腐蚀能力。表面粗糙度值越小，抗腐蚀性能就越好。因为粗糙度值小的表面能产生一层致密而均匀的氧化膜，这层氧化膜能保护内部金属不再受到氧化和腐蚀。

（2）酸洗。经热加工的不锈钢和不锈钢热影响区都会产生一层氧化皮，这层氧化皮会影响耐蚀性，所以焊后必须将其除去。

酸洗时，常用酸液酸洗和酸膏酸洗两种方法。酸液酸洗又有浸洗和刷洗两种。酸液和酸膏的配方见相关资料。

（3）钝化处理。钝化处理是在不锈钢的表面用人工方法形成一层氧化膜，以增加其耐蚀性。钝化是在酸洗后进行的，经钝化处理后的不锈钢，外表全部呈银白色，具有较高的耐蚀性。钝化液的配方见相关资料。

7）焊后检验

奥氏体不锈钢一般都具有耐蚀性的要求，所以焊后除了要进行一般焊接缺陷的检验外，还要进行耐蚀性试验。

耐蚀性试验应根据产品对耐蚀性能的要求而定。常用的方法有不锈钢晶间腐蚀试验、应力腐蚀试验、大气腐蚀试验、高温腐蚀试验、腐蚀疲劳试验等。不锈耐酸钢晶间腐蚀倾向试验方法已纳入国家标准，可用于检验不锈钢的晶间腐蚀倾向。

2．铁素体、马氏体钢的焊接

1）铁素体不锈钢的焊接工艺

铁素体不锈钢焊接时热影响区晶粒急剧长大而形成粗大的铁素体。由于铁素体钢加热时没有相转变发生，这种晶粒粗大现象会造成明显脆化，而且也使冷裂纹倾向加大。此外，焊接时，在温度高于 1000℃ 的熔合线附近快速冷却时会产生晶间腐蚀，但经650℃～850℃加热并随后缓冷就可以加以消除。

铁素体不锈钢的焊接工艺要点如下。

（1）铁素体不锈钢只采用焊条电弧焊进行焊接，为了减小 475℃脆化，避免焊接时产生裂纹，焊前可以预热，预热温度为 70℃～150℃。

（2）焊接时，尽量缩短在 430℃～480℃之间的加热或冷却时间。

（3）为防止过热，尽量减少热输入，例如焊接时采用小电流、快速焊，焊条最好不要摆动，尽量减少焊缝截面，不要连续焊，即待前道焊缝冷却到预热温度时再焊下一道焊缝，多层焊时要控制层间温度。

（4）对于厚度大的焊件，为减少焊接应力，每道焊缝焊完后，可用小锤轻轻敲击。

（5）焊后常在 700℃～750℃之间退火处理，这种焊后热处理可以改善接头韧性及塑性。

焊接铁素体不锈钢用焊条如表 2-15 所列。

表 2-15　焊接铁素体不锈钢用焊条

钢的牌号	对接头性能的要求	选用焊条型号（牌号）	预热及热处理
00Cr12	耐硝酸及耐热	E430-16（G320）	预热 120℃～200℃，焊后 750℃～800℃回火
1Cr15	提高焊缝塑性	E308-15（A107）	不预热，不热处理
1Cr17Mo		E316-15（A207）	
Y1Cr17	抗氧化性	E309-15（A307）	不预热，焊后 760℃～780℃回火
1Cr17	提高焊缝塑性	E310-16（A402）	不预热，不热处理
		E310-15（A407）	
		E310Mo-16（A412）	

2）马氏体不锈钢的焊接工艺

马氏体不锈钢在焊接时有较大的晶粒粗化倾向，特别是多数马氏体钢其成分特点使其组织往往处在马氏体—铁素体的边界上。在冷却速度较小时，近缝区会出现粗大的铁素体和碳化物组织，使其塑性和韧性显著下降；冷却速度过大时，由于马氏体不锈钢具有较大的淬硬倾向，会产生粗大的马氏体组织，使塑性和韧性下降。所以，焊接时冷却速度的控制很重要。并且因其导热性差，马氏体不锈钢焊接时的残余应力也大，容易产生冷裂纹。有氢存在时，马氏体不锈钢还会产生更危险的氢致延迟裂纹。钢中碳含量越高，冷裂纹倾向也越大。此外，马氏体不锈钢也有 475℃脆化，但马氏体不锈钢的晶间腐蚀倾向很小。

预热和控制层间温度是防止裂纹的主要手段，焊后热处理可改善接头性能。

马氏体不锈钢的焊接工艺要点如下。

（1）为保证马氏体不锈钢焊接接头不产生裂纹，并具有良好的力学性能，在焊接时，应进行焊前预热，一般预热温度在 100℃～400℃之间。

（2）焊后热处理是防止延迟裂纹和改善接头性能的重要措施，通常在 700℃～760℃之间加热空冷。

（3）常用的焊接方法是焊条电弧焊，焊条的选用如表 2-16 所列。

表 2-16　焊接马氏体不锈钢用焊条

钢　种	对接头性能的要求	选用焊条型号（牌号）	预热及热处理
1Cr13	抗大气腐蚀及油蚀	E410-16（G202）	焊前预热 150℃～350℃，焊后 700℃～730℃回火
		E410-15（G207）	
1Cr13Mo	耐有机酸腐蚀、耐热	E410-16（G202）	焊前预热 150℃～350℃，焊后 700℃～730℃回火
	要求焊缝有良好的塑性	E308-15，E308-16	焊前不预热（对厚大件可预热至 200℃）
		E316-15，E316-16	
		E310-16，E310-15	

第五节　异种钢的焊接

在化工、电站、航空、矿山机械等行业制造中，有时为了满足不同工作条件下对材料的要求，常需要将不同种类的金属焊接起来。工程上常见的异钢焊接可归纳为：不同珠光体钢间的焊接（低碳钢 Q235 与中碳调质钢 40Cr 焊接）；不同奥氏体钢焊接（如奥氏体不锈钢 00Cr18Ni10 与奥氏体耐热钢 0Cr23Ni18 焊接）；珠光体钢与奥氏体钢焊接（如珠光体耐热钢 15CrMo 和奥氏体不锈钢 0Cr18Ni9 焊接）。其中以珠光体钢与奥氏体钢的焊接最为常见。常温受力构件由珠光体钢制造，高温或与腐蚀介质接触的部件采用奥氏体钢制造，然后再将二者焊接起来。这样不仅可以节约大量的高合金钢，而且能够最大限度地发挥材料的潜力，全面满足产品的使用要求，做到物尽其用。

一、珠光体钢与奥氏体钢的焊接

1．珠光体钢与奥氏体钢的焊接性

珠光体钢与奥氏体钢由于成分差异大，所以它们之间的焊接实际上是异种材料的焊接。异种材料的焊接，除了金属本身物理、化学性能对焊接带来影响外，两种材料在成分与性能上的差异，更大程度上会影响其焊接性，所以异种材料的焊接时存在以下几个主要问题。

1）稀释和合金化

稀释是异种金属焊接的普遍问题。在异种钢中，由于珠光体钢与奥氏体钢化学成分差异大，因此低合金的珠光体钢母材对焊缝的冲淡（即稀释作用）是最为突出的。

2）在熔合区会生成马氏体脆化层

即使采用奥氏体化能力强的高铬—镍型焊接材料，使焊缝可获得韧性很好的全部奥氏体组织，但在熔合区还是不可避免会生成马氏体组织。由于马氏体硬度高，在焊接时或使用中可能形成裂纹。

焊接时采用镍含量较高的填充金属，提高焊缝金属的镍含量，可以使脆化层的宽度明显降低。此外，在其他条件不变时，熔合比越小脆化层越窄。

3）熔合区碳的扩散

除了熔合区会产生低塑性的马氏体组织外，在焊接时还会由于焊缝与母材成分差异较大而导致元素扩散的现象，尤其是碳的扩散。碳从珠光体母材通过熔合区向焊缝扩散，从而在靠近熔合区的珠光体母材上形成了一个软化的脱碳层，而在奥氏体焊缝中形成了硬度较高的增碳层。

焊缝中碳化物形成元素（如铬、铁、铌等）的含量越多，碳的扩散越严重；相反，适当增加珠光体母材中的碳化物形成元素，可有效地抑制珠光体钢中碳的扩散。此外，镍是石墨化元素，能降低碳化物的稳定性，因此，适当增加焊缝中镍的含量，有助于抑制碳的扩散。

4）接头复杂的应力状态

在珠光体钢与奥氏体钢焊接时，接头在焊后除了产生由于局部加热而引起的热应力外，还有因两种材料线膨胀系数不同而产生的附加残余应力，这种由于线膨胀系数不同所产生的残余应力，经过热处理是无法消除的。由于接头应力的增加，降低了高温持久强度和塑性，易导致沿熔合线断裂。

2．珠光体钢与奥氏体钢的焊接工艺

1）焊接方法的选择

焊接方法对珠光体钢与奥氏体钢焊接接头最主要的影响是熔合比，亦即稀释率。通常，珠光体钢与奥氏体钢焊接时，希望稀释率越低越好，应注意选用熔合比小的焊接方法，如焊条电弧焊、钨极氩弧焊、熔化极气体保护焊都比较合适。目前，焊条电弧焊以其操作方便、成本低和可获得较小的稀释率而广泛应用于异种钢的焊接。

2）焊接材料的选用

由焊接性分析可知，为了减少熔合区马氏体脆性组织的形成，抑制碳的扩散，应选用含镍较高的填充金属。但随着焊缝中镍含量的增加，使焊缝热裂倾向加大。为了防止热裂纹的形成，最好使焊缝中含有体积分数为 3%～7% 的铁素体组织或形成奥氏体+碳化物的双相组织。焊条电弧焊时通常选用 A302 焊条。

3）焊接工艺要点

为了减小熔合比，珠光体钢与奥氏体钢焊接时坡口角度应大一些，焊接时采用小直径的焊条或焊丝，小电流、长弧、快速焊的方法。如果为了防止珠光体钢产生冷裂纹而需要预热，则其预热温度应比珠光体钢同种材料焊接时略低一些。

珠光体钢与奥氏体钢焊接接头，焊后一般不进行热处理。因为焊后热处理不但不会消除由于两种材料线膨胀系数不同而引起的附加应力，而且焊后的加热还会使扩散层加宽，因此，异种材料焊后一般不宜进行热处理。

二、不锈钢复合钢板的焊接

1．不锈钢复合钢板简介

不锈钢复合钢板由复层（不锈钢）和基层（碳钢、低合钢）组成。由复层不锈钢保证耐腐蚀性，基层保证结构钢获得强度。复层只占总厚度的 10%～20%，比单体不锈钢可节省 60%～70%的不锈钢，具有很大的经济意义。不锈钢复合钢板热导率比单体不锈钢高 1.5 倍～2 倍，因此特别适用于既要求耐腐蚀又要求传热效率高的设备，可用来制造化工、石油等工业部门的容器和管道。由于焊接时存在珠光体钢与奥氏体钢（也可是铁素体钢或马氏体钢）两种母材，因此，不锈钢复合钢板的焊接属于不同组织异种钢的焊接。

2．不锈钢复合钢板的焊接性

为保证复合钢板原有的性能，对复层和基层应分别进行焊接。

当用结构钢焊条焊接基层时，可能熔化到不锈钢复层，由于合金元素渗入焊缝，焊缝硬度增加，塑性降低，易导致裂纹产生；当用不锈钢焊条焊接复层时，可能熔化到结构钢基层，使焊缝合金成分稀释而降低焊缝的塑性和耐蚀性。

为防止上述两种不良后果，在基层和复层的焊接之间必须采用施焊过渡层的方法。

3．焊接工艺

1）坡口形式和尺寸

不锈钢复合钢板焊接接头的坡口形式如图 2-1 所示。较薄的复合钢板（总厚度小于 8mm）可以采用 I 形坡口，如图 2-1（a）和（b）所示。较厚的复合钢板则可采用 U 形、V 形、X 形或组合坡口，如图 2-1（c）～（h）所示。为防止第一道基层焊缝中熔入奥氏体钢，可以预先将接头附近的复层金属加工掉一部分，如图 2-1（b）、（d）、（f）、（g）和（h）所示。

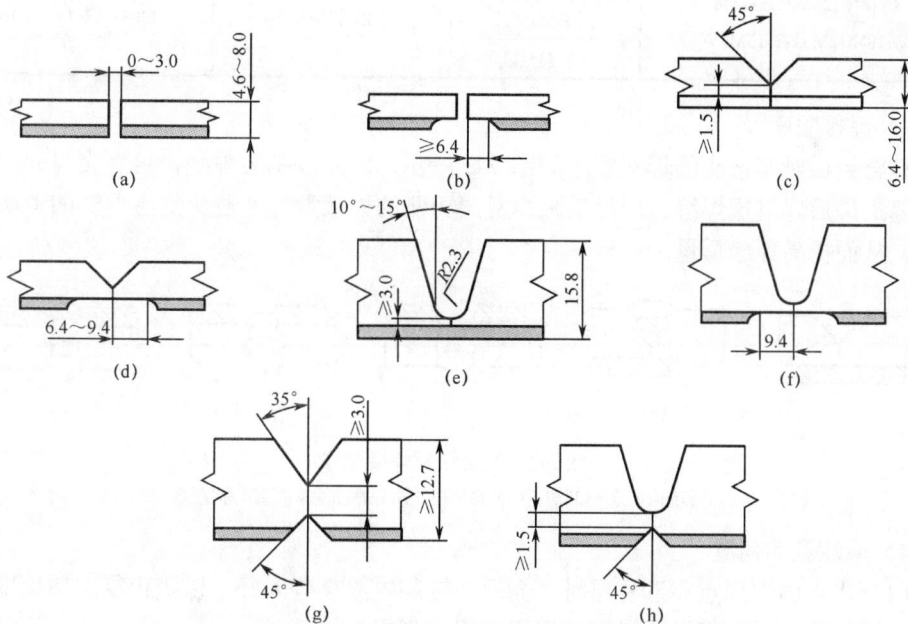

图 2-1 不锈钢复合钢板焊接接头的坡口形式与尺寸

2）焊接材料的选用

基层和复层各自的焊接属于同种金属焊接，而只有过渡层的焊接属于不同组织异种钢的焊接。因此，过渡层焊接材料的选择，就成为不锈钢复合钢板焊接的关键，通过使用一些计算机开发的相关软件（一般为基于舍夫勒图），可以方便地选择相关材料。为了防止基层对过渡层焊缝金属的稀释作用造成脆化，过渡层应采用合金含量（尤其是镍含量）比较高的奥氏体钢填充金属。不锈钢复合钢板焊接材料选用如表 2-17 所列。

表 2-17　不锈钢复合钢板焊接材料选用

复合钢板的组合	基　层	交　界　处	复　层
0Cr13+Q235A	E4303	E1-23-13-16	E0-19-10-16
	E4315	E1-23-13-15	E0-19-10-15
0Cr13+16Mn 0Cr13+15MnV	E5003	E1-23-13-16	E0-19-10-16
	E5015	E1-23-13-15	
	（E5515G）		E0-19-10-15
0Cr13+12CrMo	E5515-B1	E1-23-13-16	E0-19-10-16
		E1-23-13-15	E0-19-10-15
1Cr18Ni9Ti+Q235A	E4303	E1-23-13-16	E0-19-10Nb-16
	E4315	E1-23-13-15	E0-19-10 Nb-15
1Cr18Ni9Ti+16Mn 1Cr18Ni9Ti+15MnV	E5003	E1-23-13-16	E0-19-10Nb-16
	E5015	E1-23-13-15	E0-19-10 Nb-15
	（E5515G）		
Cr18Ni12Mo2Ti+Q235A	E4303	E1-23-13Mo2-16	E0-18-12Mo2Nb-16
	E4315		
Cr18Ni12Mo2Ti+16Mn Cr18Ni12Mo2Ti+15MnV	E5003	E1-23-13Mo2-16	E0-18-12Mo2Nb-16
	E5015		
	（E5515G）		

3）焊接顺序

复合钢板对接接头的焊接顺序如图 2-2 所示，即先焊基层焊缝，再焊交界处的过渡层焊缝，最后焊复层焊缝。应尽量减少复层一侧的焊接量，并避免复层焊缝的多次重复加热，从而提高焊缝质量。

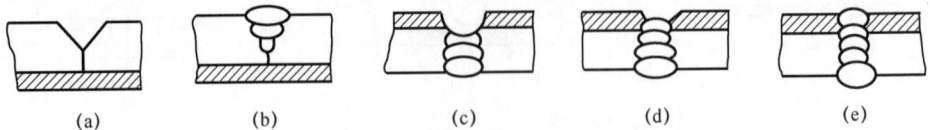

(a)　　　　　(b)　　　　　(c)　　　　　(d)　　　　　(e)

图 2-2　复合钢板焊接顺序

（a）装配；（b）焊基层；（c）修焊根；（d）焊过渡屋；（e）焊复屋。

4）应注意的问题

（1）当点固焊焊点靠近复层时，需适当控制电流小些为好，以防止复层增碳现象。

（2）严格防止碳钢焊条或过渡层焊条用于复层焊接。

（3）碳钢焊条的飞溅落到复层的坡口面上时，要仔细清除干净。

（4）焊接电流应严格按照工艺参数中的规定，不能随意变更。

复层不锈钢焊接时，宜采用小电流，直流反接，多道焊。焊接时焊条不宜进行横向摆动。焊接后仍要进行酸洗和钝化处理，或对复层焊缝区进行局部酸洗，进行去掉氧化膜的化学处理。

复习思考题

1. 什么是碳当量？其计算式如何表示？
2. 试述低碳钢、中碳钢的焊接工艺。
3. 试述低合金结构钢焊接时的主要工艺措施。
4. 珠光体钢与奥氏体钢焊接时应注意哪些问题？

第三章　有色金属的焊接

第一节　铝及铝合金的焊接

铝是银白色的轻金属，具有良好的塑性，较高的导电性和导热性，同时还具有抗氧化和耐各种介质腐蚀的能力。由于铝合金的强度较好，重量轻（密度约为钢的 1/3），加工性能好，适宜压制、焊接、锻造、铸造等多种工艺加工，可制造电缆、化工耐蚀容器、油箱以及家用器皿。

一、铝及铝合金的特点及焊接

1. 容易氧化

铝和氧的亲和力很大，在常温下，铝表面就能被氧化成氧化铝薄膜。这层氧化铝薄膜比较致密，能防止金属的继续氧化，对自然防腐有利，但是给焊接带来困难。这是由于氧化铝的熔点（2050℃）远远超过铝合金的熔点（一般为600℃左右），而且密度大，在焊接过程中，会阻碍金属之间的熔合，容易形成夹渣，而且氧化铝薄膜还吸附了较多的水分，焊接时会促使焊缝生成气孔。

为了保证焊接质量，必须除去表面的氧化物，并防止在焊接过程中再氧化，这是铝和铝合金熔化焊的重要特点。解决的办法有：用机械或化学法去除工件坡口和焊丝表面的氧化物；采用氩气保护焊接；气焊时采用熔剂，并在焊接过程中不断地用焊丝挑破熔池表面的氧化膜。

2. 容易烧穿

当提高温度时，铝的力学性能降低，在370℃时抗拉强度仅为1MPa，加之铝熔化后，表面颜色无明显变化，所以不易判断熔池温度变化情况，极易因熔池温度过高，导致烧穿，采用垫板的方法可以防止烧穿。

3. 容易产生气孔

氮不溶于液态铝，铝也不含碳，因此不会产生氮和一氧化碳气孔。焊接铝合金时，使焊缝产生气孔的气体是氢气，氢能大量地溶于液态铝，但几乎不溶于固态铝，因此熔池结晶时，原来溶于液态铝中的氢几乎全部析出，形成气泡。同时铝和铝合金的密度小，气泡在熔池里的浮升速度较小，加上铝的导热性强，冷凝快，因此在焊接铝时，焊缝产生气孔的倾向很大。

焊接时为了减少氢的来源，焊前对焊件、焊丝、焊条等都应认真清除氧化膜、潮气和油污。焊接过程尽可能少中断，以防止气孔的形成。另外在选择工艺参数时采用较强的热输入，则使氢以过饱和状态固溶在固体铝中，减少了氢气孔的产生。

4．焊接的热裂倾向

纯铝及大部分非热处理强化铝合金在熔焊时，很少产生裂纹，只有在杂质含量超过规定或刚性很大的不利条件下，才会产生裂纹。而对热处理强化的铝合金熔化焊时，经常会产生热裂纹问题，尤其是在焊接刚性夹紧的焊件或大厚度焊件时，产生热裂倾向更大。

铝和铝合金产生热裂纹的原因与焊接应力有关，由于铝的线胀系数比铁将近大一倍，而其凝固时的收缩率又比铁大两倍，因此铝焊件的焊接应力大。此外合金的成分对热裂纹的产生有很大的影响，当合金的液相线和固相线的距离大或杂质过多形成低熔点共晶时，都容易造成热裂纹。

焊接铝及铝合金时防止热裂纹的措施，仍然是从减少焊接应力，调节熔池金属成分，改善熔池结晶条件，正确选择焊接方法及控制焊接参数等几方面来考虑。

二、铝及铝合金的焊接工艺

1．气焊

由于气焊设备简单，使用灵活方便和较经济，故常用于焊接铝和铝合金构件，并特别适用于薄板（0.5mm～2.0mm）构件的焊接和铸铝件的焊补。

（1）气焊工艺。气焊铝时采用中性焰，氧化焰会使熔池氧化严重并使焊缝出现气孔。

焊嘴大小应根据焊件厚度来选择，焊接薄铝时为防止烧穿，要选择比焊碳钢时小一些的焊嘴，对于大厚度的焊件由于散热快，要选择比焊接碳钢大一些的焊嘴。

当焊接 3mm 以下的薄板时，采用左焊法，当焊接大于 5mm 的焊件时，采用右焊法，以便于观察熔池的温度和流动情况。焊嘴倾角一般为 30°～50°，焊薄板时较小，焊厚板时较大。焊丝的倾角为 40°～50°。

（2）气焊熔剂和焊丝。铝及铝合金气焊时必须使用熔剂，溶解和消除覆盖在熔池表面的氧化膜并在熔池表面形成一层较薄的熔渣，保护熔池金属不被氧化，排除熔池中的气体、氧化物及其他夹杂物，改善熔池的流动性。

目前常用的熔剂为"CJ401"，熔点为 560℃，为白色粉状混合物，极易吸潮和氧化，使用时用水调成糊状涂于焊丝和焊件表面。焊丝一般可选用与母材化学成分相同的焊丝和切条。常用铝及铝合金焊丝如表 3-1 所列。

表 3-1　铝及铝合金焊丝

牌 号	名 称	化学成分（质量分数）/%					熔点/℃
		镁	锰	硅	铁	铝	
HS301	纯铝焊丝					99.6	660
HS311	铝硅合金焊丝			4～6		余量	580～610
HS321	铝锰合金焊丝		1～1.6			余量	643～654
HS331	铝镁合金焊丝	4.5～5.7	0.2～0.6	0.2～0.5	≤0.4	余量	638～660
注：空白表示不推荐							

2．焊条电弧焊

一般铝板厚度在 4mm 以上采用焊条电弧焊。由于铝焊条药皮成分中有氯、氟，焊条稳弧性不好，要求使用直流反接电源。铝焊条极易吸潮，为防止气孔，必须严格烘干（150℃左右烘 1h～2h）。国产铝及铝合金电焊条牌号、焊芯成分、力学性能及用途如表 3-2 所列。焊接时焊条不宜摆动，焊接速度比钢焊条快 2 倍～3 倍，并在保持稳定燃烧的前提下采用短弧焊，以防止金属氧化，减小飞溅和增加熔深。焊后应仔细清除焊渣，以防焊件被腐蚀。

表 3-2　铝及铝合金焊条

型　号	焊条牌号	焊芯成分（质量分数）/%			接头抗拉强度	用　途
		硅	锰	铝		
E1100（TAI）	AL109			约 99.5	≥65	焊接纯铝及一般接头强度要求不高的铝合金
E3003（TAISi）	AL209	约 5		余量	≥120	焊接铝板、铝硅铸件、一般铝合金及硬铝
E4003（TAIMn）	AL309		约 1.3	余量	≥120	焊接纯铝、纯锰合金及其他铝合金
注：空白表示不推荐						

3. 氩弧焊

对质量要求高的铝及铝合金构件常用氩弧焊焊接。由于氩弧焊焊接时在氩气的保护作用下，以及使用适当的电源极性，对熔池表面氧化膜产生"阴极破碎"作用，故在焊接时可以不用熔剂。

钨极氩弧焊一般适用于焊接薄板，厚板一般用熔化极氩弧焊。

钨极氩弧焊的电源应采用交流电源，这样既对熔池表面铝的氧化膜有"阴极破碎"作用，又可采用较高的电流密度。

熔化极氩弧焊适用于焊接厚度大于 8mm 以上的铝或铝合金板材，可选用大的电流密度和高的焊接速度，因此生产率比钨极氩弧焊提高 3 倍～5 倍，焊件越厚，生产率提高越显著。

熔化极氩弧焊应采用直流反接电源，对熔池表面的氧化膜有"阴极破碎"作用；焊接时电弧比较稳定，电弧的自身调节作用强，焊接电流应尽量选大些，以达到射流过渡。焊接电弧不宜过短，否则会引起严重飞溅；但也不宜过长，以致出现电弧飘移和氩气的保护作用变差的情况。

第二节　铜及铜合金的焊接

根据所含的合金元素，铜及其合金可分为纯铜、黄铜、青铜及白铜。

一、铜及铜合金的焊接特点

1. 铜及其合金焊接的主要问题

（1）铜的氧化。铜在常温时不易被氧化，但当超过 300℃时，其氧化能力很快增大，当温度接近熔点时，其氧化能力最强，氧化的结果生成氧化亚铜。焊缝金属结晶时，氧化亚铜与铜形成的低熔点共晶，分布在铜的晶界上，大大降低了焊接接头的力学性能，所以，铜的焊接接头性能一般低于母材，耐腐蚀性能也有所降低。

（2）气孔。焊缝和熔合区常出现大量的气孔，其原因有如下两点。

①氢气熔入量大。铜在液态时能溶解较多的氢，而在凝固和冷却过程中，氢在铜中的溶解度会大大降低，如果焊缝金属冷却较快，过剩的氢来不及逸出，便会在焊缝和熔合区产生大量气孔。

②溶解在熔池中的氢会与氧化亚铜产生反应，生成水蒸气，而水蒸气不溶于铜液中，在焊缝金属凝固时，如果未能及时逸出，便会在焊缝中形成气孔。

（3）焊缝和热影响区易产生裂纹。产生裂纹的原因主要有以下几点。

①铜及铜合金的线胀系数几乎比低碳钢大 50% 以上。由液态转变到固态时的收缩率也较大，对于刚度大的工件，焊接时会产生较大的内应力。

②由于铜的氧化，在焊缝结晶过程中，晶界易形成低熔点的氧化亚铜—铜的共晶物。

③由于氢的熔入，焊缝金属在凝固和冷却过程中，过饱和氢向金属微晶隙中扩散，造成很大的压力。另外，熔池中氢与氧化亚铜生成的水蒸气，也会造成很大的压力。

④母材中的铋、铝等低熔点杂质易在晶界上形成偏析。

（4）未焊透。焊接纯铜及某些铜合金时，由于铜的导热性能极好，所以如果采用与焊接低碳钢相同的焊接参数，则焊件难以熔化，填充金属和母材不能良好熔入坡口，造成未焊透。

2．解决上述问题的途径

根据上述分析，除针对铜及其合金的导热性强，采用较强的热源，以及针对热胀冷缩性大、高温时强度及塑性低等特点，采用焊前预热，适当的焊接顺序及焊后锤击等工艺措施，以减小应力，防止变形外，在焊接纯铜时，还应解决铜的氧化和氢的溶解问题。在焊接铜合金时，还应解决合金元素的烧损问题。

（1）防止铜的氧化。一方面焊前彻底清理坡口，除去氧化物以及焊件表面和焊接材料中吸附的水分，以减少氧的来源；另一方面，在焊接过程中，对熔池进行脱氧。

（2）防止氢的溶解。主要途径是，去除焊件表面和焊接材料中吸附的水分；保持焊接区有适宜的气氛；在焊条药皮中加入适量的氟石增强去氢作用；降低熔池冷却速度，以利氢的析出。

（3）防止合金元素的氧化和蒸发。焊接黄铜时，可采用含硅的填充金属。焊接时在熔池表面会形成一层致密的氧化硅薄膜，阻碍锌的蒸发和氧化，并有效地防止氢的溶入。工艺上可适当地降低焊接时的温度，提高焊接速度，尽量减少熔池处于高温的时间，以减少锌的蒸发和氧化；焊接锡青铜时，为防止锡的氧化，可采用含硅、磷等脱氧剂的焊丝，并用硼砂和硼酸作熔剂，或在焊条电弧焊焊条药皮中加入脱氧剂；焊接铝青铜时，可采用由氯化盐和氟化盐组成的熔剂，为防止黄铜铸件焊补后"自裂"现象，必须在焊后进行 350℃～400℃ 的退火。

二、纯铜的焊接

1．气焊

纯铜气焊为了获得优质焊缝，可采用两种焊丝，一种为含有脱氧剂的 HSCu（纯铜焊丝）或 HSCuZn-l；另一种为一般纯铜丝或母材的剪条，而把脱氧剂放到熔剂中去。熔剂可采用"CJ301"。

焊前应仔细清理焊丝表面及焊件坡口的脏物，清理的方法可用钢丝刷或砂纸打。

火焰应选用中性焰。氧化焰会使熔池氧化，在焊缝中生成脆性的氧化亚铜，碳化焰会使焊缝产生气孔。

由于纯铜的导热性高，因此气焊时应选择较大的火焰功率，即焊嘴的号码比焊接碳钢选得大些。

在气焊过程中，可以通过改变焊矩和焊件的高度及倾斜角度来控制好熔池温度。为了保证焊缝成形，可以采用垫板。纯铜气焊前，一般必须预热。厚度较小的中小焊件，预热温度为 400℃～500℃，厚大焊件的预热温度为 600℃～700℃，预热可以采用局部预热，也可以在炉中整体预热，根据结构大小及形状而定。

焊接时为了防止热量散失，焊件最好放在绝热材料（如石棉板之类）的衬垫上焊接。由于高温的铜液容易吸收气体，而且热影响区晶粒容易长大，变脆，所以焊接的遍数越少越好，最好进行单道焊。另外，为了改善接头的性能，焊后用平头锤敲击焊缝和进行热处理。

2．焊条电弧焊

焊条可选用 T107 或 T227，其中 T107 的焊条芯是纯铜的，T227 焊条芯的成分是磷青铜，T237 则为铝青铜焊条，焊条药皮都是低氢型的，电源用直流反接。

焊接前应清理焊接边缘。纯铜焊件厚度大于 4mm 时，焊前必须预热。随着焊件厚度和外形尺寸的增大，预热温度应当相应提高，预热温度一般在 400℃～500℃之间。

焊接时采用短弧，焊条不作横向摆动，而作直线往返形运动，以改善焊缝成形。长焊缝应采用逐步退焊法，焊接速度尽可能大。多层焊时，必须彻底清除层间的熔渣。

焊接操作应当在空气流通的地方进行，或者采用人工通风，防止铜中毒现象。

焊后锤击焊缝，消除应力和改善焊缝质量。

3．钨极氩弧焊

手工钨极氩弧焊（手工 TIG 焊）焊接纯铜，可以获得高质量的焊接接头，并有利于减小焊接变形。

焊缝两侧边缘和焊丝表面的氧化膜、油等脏物，在焊前必须用机械法或化学法清除干净，以免引起气孔、夹渣等缺陷。根据板厚的情况，焊前可不开坡口，或开 V 形坡口及双 V 形坡口，并进行装配。定位焊时力求焊透，为防止裂纹需适当预热。焊丝的选择应保证焊接接头的力学性能、致密性和产品的具体要求，一般用 HSCu。焊接电源用直流正接。为了保证根部可靠的熔合和焊透，常采用大电流高速度进行焊接，以减少氩气消耗，并预热焊件。预热温度不宜过高，否则不仅使劳动条件恶化，并使焊接热影响区扩大，降低焊接接头的力学性能。

三、黄铜的焊接

1．气焊

由于气焊的火焰温度底，焊接时黄铜中锌的蒸发要比电弧焊时少，所以气焊是最常用的焊接方法。焊丝可采用 HSCuZn-2、HSCuZn-3、HSCuZn-4 等。这些焊丝中含有硅、锡、铁等元素，能够防止和减少熔池中锌的蒸发和烧损，有利于保证焊缝的力学性能，防止焊缝中产生气孔。也可用母材剪条作填充金属。焊前必须仔细清理焊件坡口及焊丝表面。黄铜气焊所用熔剂为CJ301。焊接较厚大的焊件应预热到400℃～500℃，厚度15mm以上的焊件应预热到 500℃左右，黄铜铸件焊补前必须局部或整体预热。焊接时采用轻微的氧化焰，可使熔池表面覆盖一层氧化锌薄膜，防止了锌的蒸发。

气焊后可在 500℃～650℃温度下进行退火，以消除焊接应力和改善接头的性能。

2. 焊条电弧焊

焊接黄铜时一般不用黄铜芯焊条，因其工艺性能差，焊接时锌会大量蒸发和随之引起的严重飞溅，故一般采用青铜芯的焊条，如 ECuSn-B 及 ECuAl-C。对补焊要求不高的黄铜铸件可采用纯铜焊条 ECu。

焊前表面应作仔细清理。焊件厚度超过 14mm，为改善焊缝成形，要预热 150℃～250℃。操作时用短弧，不作横向摆动，此外，焊接时会产生严重烟雾，为避免影响焊工健康和妨碍操作，必须有通风装置。

3. 钨极氩弧焊

黄铜的手工钨极氩弧焊和焊纯铜相似，但是由于黄铜的导热性和熔点比纯铜低，以及含有容易蒸发的元素锌等特点，所以在焊丝和焊接参数等方面有所不同。

由于HSCuZn-2、HSCuZn-3 和 HSCuZn-4 的含锌量较高，焊接过程中烟雾很大，不仅影响焊工健康，而且还妨碍焊接操作的顺利进行。故一般采用 HSCuSi 青铜焊丝。

焊接电源可以用直流正接，也可以用交流。用交流时，锌的蒸发量较少，焊接通常不预热，但对板厚大于 12mm 的焊件和焊接边缘厚度相差比较大的接头仍需预热。焊接速度应尽可能快些，板厚小于 5mm 的接头最好一次焊成。焊件在焊后应进行 300℃～400℃消除应力热处理，防止在使用时产生断裂。铜及铜合金焊丝、焊条参数见表3-3 和表 3-4。

表 3-3　铜及铜合金焊丝

牌　号	名　称	主要成分质量分数/%	熔点/℃	用　途
HSCu	特制铜焊丝	Sn-1.1，Si-0.4，Mn-0.4，其余为 Cu	1050	适用于纯铜的氩弧焊及氧乙炔气焊
HSCuZn-1	低磷铜焊丝	P-0.3，其余为铜	1060	适用于纯铜的氧乙炔气焊
HSCuZn-2	锡黄铜焊丝	Cu-60，Su-1，Si-0.1，其余为 Zn	890	适用于黄铜氧乙炔气焊及碳弧焊
HSCuZn-3	铁黄铜焊丝	Cu-58，Su-0.9，Si-0.1，Fe-0.8，其余为 Zn	860	适用于黄铜氧乙炔气焊及碳弧焊
HSCuZn-4	硅黄铜焊丝	Cu-62，Si-0.5，其余为 Zn	905	适用于黄铜氧乙炔气焊及碳弧焊

表 3-4　铜及铜合金焊条

型　号	牌　号	药皮类型	焊接电源	焊缝主要成分质量分数/%	用　途
TCu	T107	低氢型	直流	纯铜 Cu > 99	主要用来焊接导电铜排，铜制热交换器，船舶用海水导管等铜制结构件，也可以用于耐海水腐蚀的碳钢零件的堆焊
TCuSnB	T227	低氢型	直流	磷青铜 Sn-8，P≤0.3 Cu 余量	使用于焊接纯铜、黄铜、磷青铜等同种及异种金属，也可用于堆焊磷青铜轴衬，船舶推进器叶片等，还用于铸铁焊补及堆焊
TCuAl	T237	低氢型	直流	铝青铜 Al-8，Mu≤2 余量	广泛用于铝青铜及其他铜合金，铜合金和钢的焊接及铸铁的焊补

第三节 钛及钛合金的焊接

钛及钛合金是一种优良的结构材料，它具有密度小、强度高、高低温性能良好及耐蚀性强等特点，目前已被广泛地应用在航空航天、化工及仪表制造等工业部门。

钛在885℃时具有同素异晶变化（α相-β相），按照室温的结晶组织可分为：α钛合金、β钛合金、$\alpha+\beta$钛合金。

一、钛及钛合金的焊接特点

1. 焊接时易吸收气体使接头变脆

钛是化学性质非常活泼的元素，不仅在熔化状态、即使在400℃以上的固态，也极易被空气、水分、油脂、氧化皮等污染，吸收氧、氮、氢气体，使接头的塑性及韧性明显下降、产生脆化。因此焊接时对熔池、焊缝及温度超过400℃的热影响区都要妥善保护。

2. 热物理性能特殊，晶粒粗大

由于钛及钛合金的熔点高，导热性差，热容量小，电阻率大，因此焊接时，焊接熔池具有积累的热量多、尺寸大，高温停留时间长和冷却速度慢等特点。这种情况容易使焊接接头出现过热组织，晶粒粗大，尤其是β钛合金，塑性明显降低。此外，还会使焊接时高温的区域增大。因此，在选择焊接参数时要特别注意，既要保证不过热，又要防止淬硬现象。由于晶粒粗大很难改善，所以应选择较小的焊接热输入，以防止晶粒粗大。

3. 冷裂倾向大

400℃时，氢在钛中具有很大的溶解度，并与钛发生共析转变，使钛及其合金的塑性和韧性降低。同时因体积膨胀而引起较大的应力，以致产生冷裂纹。

4. 易产生气孔

钛及其合金焊接时产生气孔的主要元素是氢。熔池在冷却过程中，由于氢的溶解度变化很大，使析出的氢来不及排出而形成气孔。钛及其合金常在熔合线附近形成气孔。

5. 变形大

钛的弹性模量比钢小1/2，所以焊接残余变形较大，焊后矫正困难。

二、钛及钛合金的焊接工艺

由于钛易与氧、氢、氮及碳等元素作用，并会使性能显著下降，所以在焊接时，必须对焊接区域采取有效的保护措施。钛及钛合金焊接时不能采用氧乙炔气焊、焊条电弧焊及二氧化碳气体保护焊等方法，只能用氩弧焊、真空电子束焊、接触焊等方法焊接。目前应用较多的是钨极氩弧焊和熔化极氩弧焊。

1. 钨极氩弧焊

钛和钛合金，目前应用最广的焊接方法是钨极氩弧焊，主要用于厚度为3mm以下的薄板焊接。

（1）氢气保护装置。钛与钛合金氩弧焊的关键是对 400℃以上区域的保护问题。因此需要用保护效果良好的焊枪，一般除了在焊枪后面加拖罩，以加强正面的保护外，还须在焊件的背后单独通入氩气，防止接头背面在高温时的氧化，常用的保护装置如图 3-1所示，钨极自动氩弧焊装置如图 3-2 所示。

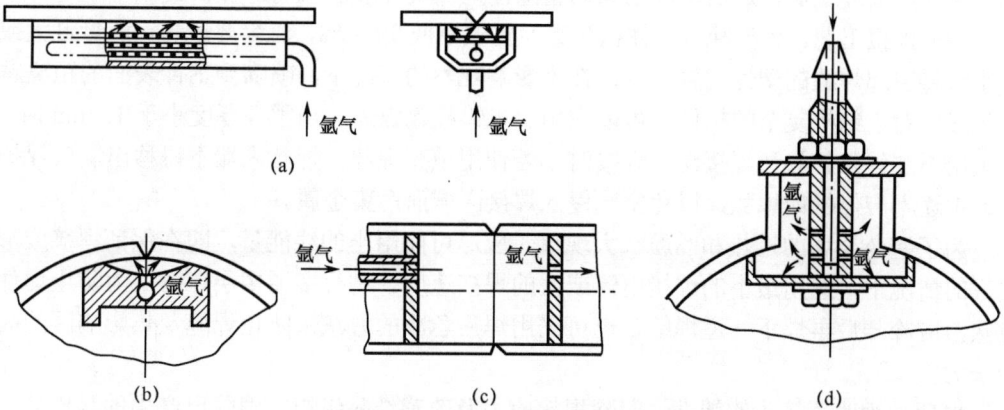

图 3-1　常见的焊缝背面氩气保护装置

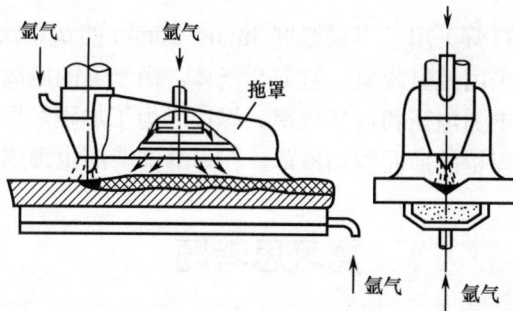

图 3-2　钛合金钨极自动氩弧焊保护装置

焊接时如果焊缝表面保护良好，焊缝呈洁亮的银白色，焊缝就具有良好的质量和性能。如果保护不好，焊缝颜色就呈黄色、蓝色、青紫色、甚至暗灰色。氩气保护效果对焊缝的影响如表 3-5 所列。

表 3-5　氩气保护效果对焊缝的影响

焊缝表面颜色	焊缝保护情况	焊缝质量
银白色	良好	良好
黄色（麦色）	尚好	对焊缝质量没有影响
蓝色	一般	焊缝表面氧化，塑性稍有下降，但不影响整体质量
青紫色（花色）	较差	焊缝氧化严重，显著地降低焊缝的塑性
暗灰色（灰白色）	极差	焊缝完全氧化，焊接区完全脆化，易产生裂纹、气孔及夹渣等缺陷

（2）焊接电源。钛和钛合金的焊接应采用直流正接电源。电极选用铈钨极，电流易引燃，电极损耗小，焊接时应提前送氢气，焊接结束时应延时断气（10s～20s），以保证

尚未冷却的焊缝、近缝区和钨极得到继续保护而不被氧化。

（3）焊前清理。焊前清理对焊接质量的影响很大，如材料表面氧化皮、油脂、污物及富集气体的金属层等，在焊接过程中易产生气孔和非金属夹杂，使接头的塑性及耐腐蚀性显著下降。因此，焊前必须对焊件及焊丝表面进行仔细清理。方法可用机械清理或化学清理，清理之后，还需用丙酮或酒精擦净焊丝及焊接区域的焊件表面。

（4）焊接工艺。氩气纯度（体积分数）要求不低 99.98%，流量要适当，流量过大或过小都将引起焊缝的塑性急剧下降，在不影响观察的情况下，喷嘴到工件表面的距离越小越好。对于结构复杂的构件，可以应用手工钨极氩弧焊。当零件厚度小于 1.5mm 时，可采用不加焊丝的卷边焊接法。焊接时，若使用填充焊丝，焊丝末端不得移出氢气保护区，中途不应停顿或熄弧，以免空气侵入焊接区域而污染金属。

为了避免金属的过热和晶粒长大现象，应尽可能用小的线能量，即在保证焊缝成形良好的情况下，选用最小的焊接电流或大的焊接速度。进行多道多层焊时，为防止焊件过热，应冷却后再焊下一道焊缝，也可采用焊后急冷的方法来防止焊缝及热影响区的晶粒长大。

焊后，为改善接头的塑性，消除焊接应力及改善结晶组织，消除已产生的马氏体，通常要进行低温退火处理。

2．熔化极氩弧焊

熔化极氩弧焊（MIG 焊）用于焊接厚度 3mm～20mm 的钛和钛合金，一般采用直流反接电源。保护气体可采用纯氩或氩、氦混合气体。由于氦的电离电位比氩高，因此用氩、氦混合气体能提高电弧电压和焊接效率。焊接时为了加强对焊缝及近缝区的保护，与钨极氩弧焊相同，在焊枪的后面须加拖罩，在焊缝的背面也须用氩气保护。

复习思考题

1．试述铝及铝合金气焊的焊接工艺。

2．焊接铜及铜合金时，采取哪些措施可减少焊接缺陷？

3．试述钛及钛合金焊接时焊接方法的选择。

第二篇 金属焊接方法基础

第四章 常用弧焊方法

目前在工业中应用的焊接方法很多,据它们的焊接过程特点通常分为熔化焊、压力焊及钎焊三大类。每大类又可分为若干小类。如熔化焊可分为电弧焊、电渣焊、激光焊、电子束焊、螺柱焊等。压力焊可分为电阻焊、摩擦焊等。本章主要介绍常用的电弧焊接方法。

电弧焊是目前应用最广的一种焊接方法,它利用电弧作为热源,主要由焊条电弧焊、埋弧焊、气体保护电弧焊等方法组成。根据一些工业发达国家的统计,电弧焊在各国焊接生产劳动总量中所占比例一般都在 60%以上,其重要的原因就是电弧能有效而简便地把电能转换成焊接过程所需要的热能和机械能。

第一节 焊 接 电 弧

焊接电弧是所有电弧焊方法的热源,但电弧并不是一般的燃烧现象。实质上,电弧是在一定条件下带电粒子通过两电极间气体空间的一种导电过程(图 4-1),或者说是一种气体放电现象。借助这种特殊的气体放电过程,电能转换为热能、机械能和光能。

一、电弧的形成和组成区域

电弧是一种气体导电现象。而通常状态下气体是由中性分子或原子组成,不能导电。为了使气体导电,必须使两电极间的中性气体中产生带电粒子,同时还要有促使带电粒子做定向运动的电压。电弧稳定燃烧时,参与导电的带电粒子主要是电子和正离子。这些带电粒子是通过电弧中气体介质的电离和电极的电子发射这两个物理过程而产生的。在电弧现象中,气体的电离主要有热电离、电场电离和光电离 3 种方式,而且在电弧温度下是以一次电离为主。电极的电子发射主要有热发射、电场发射、光发射和碰撞发射4 种方式。由于电子和正离子所带的电量相同,故所受到的电场力相同。但是,由于电子的质量远远小于正离子的质量,其运动速度要远远大于正离子的运动速度。所以,电弧电流中约 99.9%是电子流,正离子流只占约 0.1%。值得注意的是,在每一瞬间,电弧中的正、负电荷数是相等的,电弧对外界呈现的是电中性。在两电极间产生电弧放电时,在电弧长度方向电场强度的分布是不均匀的。沿弧长方向测定的电压，其分布如图 4-2 所示。由图可以看出，在阴极和阳极附近很小的区域里电压变化比较大，中间部分电压变化较小，而且比较均匀。由此可以把整个电弧分成 3 个区域：靠近阴极附近电压变化较大的区域称为阴极压降区，其电压降用 U_K 表示；靠近阳极附近电压变化较大的区域称为阳极压降区，其电压降用 U_A 表示；中间的区域称为弧柱区，其电压降用 U_C 表示。总的电弧电压 U_a 是这三部分电压降之和，即

$$U_a = U_A + U_C + U_K$$

阴极压降区和阳极压降区在长度方向的尺寸均很小，只有 10^{-6}cm～10^{-2}cm，其余为弧柱区。由于弧柱区的长度占电弧长度的绝大部分，可以认为电弧的长度等于弧柱区的长度。电弧的温度一般较高，可达 5000K～50000K，其温度的高低主要受电弧电流的大小、电弧周围气体介质的种类以及电弧的状态等因素的影响。

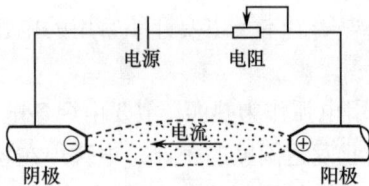

图 4-1　电弧导电

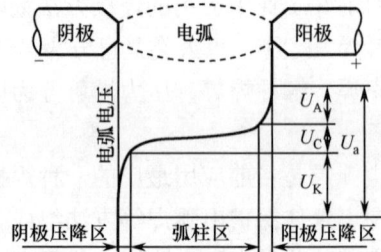

图 4-2　电弧各区域的电压分布

二、焊接电弧的静特性

电弧的静特性是指在电极材料、气体介质和弧长一定的情况下，电弧稳定燃烧时，两极间稳态的电压与电流之间的变化关系，也称为电弧的伏—安特性。

1. 电弧静特性曲线的形状

电弧的静特性曲线如图 4-3 所示，有 3 个不同的区域。在电流较小时，电弧的温度较低，电离度较小，电弧电压较高；随着电流的增加，电弧的温度升高，电离度迅速增加，电弧的等效电阻迅速降低，电导率增大，电弧电压反而降低。这就是电弧的负阻特性区，即图 4-3 中的 A 区。当电弧电流提高到中等电流范围内时，随着电流增加或温度升高，电导率的增长速度变缓，弧柱的导电截面随电流的增加而增大，在一定范围内保持电流密度不变或增加不多，电弧电压不随电流的增加而增加，表现为平特性区，即图 4-3 中的 B 区。在大电流范围内，电导率随温度增长而增长的速率大大减小，电弧的电离度基本上不再增加，电弧的导电截面也不能再进一步扩大，这样，随着电流增加，电弧电压也要升高，表现为上升特性区，即图 4-3 中的 C 区。

2. 影响电弧静特性的因素

1）电弧长度的影响

电弧电压 U_a 由阴极区压降 U_K、阳极区压降 U_A 和弧柱压降 U_C 所组成。弧长的变化主要影响到弧柱的压降（$U_C = L_C E_C$，L_C 为弧长），从而影响到电弧电压 U_a。一般弧长增加，电弧电压增加，电弧的静特性曲线要平行上移。如图 4-4 所示。

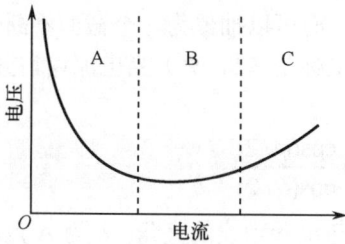

图 4-3　电弧的静特性曲线图

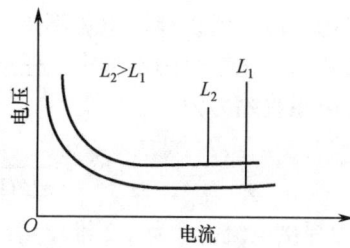

图 4-4　电弧长度对电弧静特性的影响

2）电弧周围气体介质的影响

电弧周围的气体介质对电弧静特性的影响，主要是由气体的热物理性能所决定的。例如，气体的热导率大、多原子气体在高温下分解时吸收大量的解离能等都对电弧产生较强的冷却作用，使热损失增加，必然使电弧的产热增加，以保持能量平衡。当焊接电流 I 一定时，E_C 必然增加，从而引起电弧电压升高。图 4-5 所示为不同保护气体时电弧电压的差别，由图可知，$Ar+H_250\%$ 的混合气体比纯 Ar 的电弧电压高得多，这主要是因为 H_2 的热导率要比 Ar 大得多，对电弧的冷却作用强所造成的。不同气体的热导率与温度的关系如图 4-6 所示。

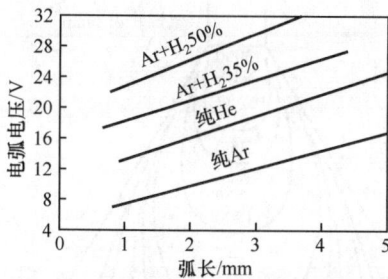

图 4-5　不锈钢 TIG 焊时弧压与弧长的关系

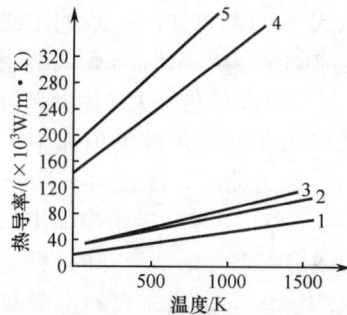

图 4-6　不同气体的热导率与温度的关系 （I=100A）
1—N；2—N_2；3—CO_2；4—He；5—H_2。

三、焊接电弧力

电弧在燃烧过程中不仅要产生大量的热能，而且还会产生一些机械力，这些机械力称为电弧力。它对熔滴过渡、焊缝成形以及焊接过程均产生很大的影响。

1. 电弧力的种类

1）电磁收缩力

由电工学可知，在两个相距不远的平行导体中通过同方向电流时，将产生相互吸引力，这个力称为电磁力。同理，在一个导体中通过电流时，可以把这个电流看成是由无数条方向相同的电流线组成，在这些电流线之间也会产生相互吸引的电磁力。这个力对于固态导体中仅与弹性应变力相平衡，不会产生太大影响；如果是流体导体中（如气体、液体），则电磁力将会使导体变形产生收缩，如图 4-7 所示，此时的电磁力 F_1、F_2 称为电磁收缩力。如果这个导体是圆柱体，并且电流线分布均匀，则这个导体每个截面上的收缩力都是相等的。实际上，在焊接中由于两电极尺寸相差悬殊，通常焊条（焊丝）的直径很小而工件的尺寸很大，电弧在焊条（焊丝）上将受到电极尺寸的限制，而在工件上可以自由扩展，所以焊接电弧不是一个圆柱体，而可以抽象为一个截面不断变化的圆锥体（图4-8）。在这个圆锥体中，任意一点A的坐标是（L，φ）当电流均匀分布时，A点受到的电磁收缩力为

$$F_A = \frac{2I^2}{\pi L^2 (1-\cos\theta)^2} \ln\frac{\cos(\varphi/2)}{\cos(\theta/2)} \tag{4-1}$$

式中：I 为焊接电流；θ 为1/2锥顶角；φ 为A点与电极轴线的夹角；L 为A点距锥顶的距离。

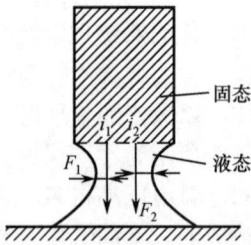

图4-7　液态导体中电磁力

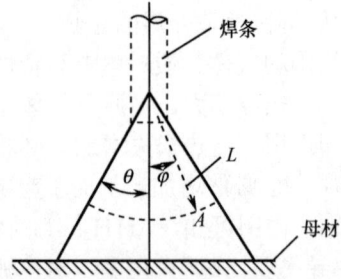

图4-8　圆锥形电弧引起的收缩效应模型示意图

从式（4-1）可知，A点的电磁收缩力与电流的平方成正比，与距离的平方成反比，且与θ和φ角有关。因此，可根据该公式绘出在一定条件下电弧中电磁收缩力的等压力曲线，如图4-9所示。由图4-9可以看出，在圆锥形电弧中每个截面上的电磁收缩力是不一样的，截面小的电磁收缩力大，而截面大的电磁收缩力小。由于这种压力差的存在，就会产生一个由小截面（焊条或焊丝）指向大截面（工件）的推力，这个推力称为电弧静压力。由于这个静压力在电弧中心最大，而在电弧的边缘较小，因此使熔池的液态金属表面凹陷形成如图4-12（a）所示的熔深。

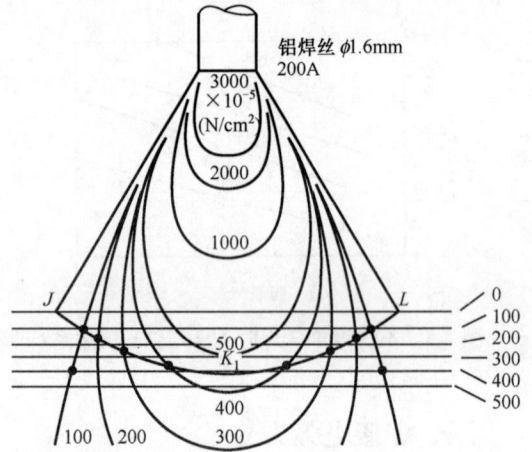

图4-9　弧柱中和母材表面上的电磁收缩力等压曲线

2）等离子流力

等离子体是一种高度电离的电中性气体。在电弧导电中，由于电弧中心部分温度高，电流密度大，这里的气体处于高电离状态，形成了电弧等离子体。由于电弧导电截面的变化，形成了由焊条指向工件的推力。当电弧电流比较大时，这个推力将推动电弧等离子体由焊条向工件运动。这样在电弧中将形成一股高速流动的气体，称为等离子流，如图4-10所示。为了保持流动的连续，外部的冷气流将从电极端部C区进行补充。这些冷气流进入电极后迅速被加热、电离后受推动力的作用从A区冲向B区。这部分等离子流的运动速度很高，可以达到每秒数百米（图4-11）。这部分高速运动的物质将对熔池产生较大的压力，称为等离子流力，又称为电弧动压力。等离子流力的分布与等离子流速度分布相对应，在电弧中心线上压力最大，而且分布区间较小。这种较强的等离子流力是

形成如图4-12（b）所示的指状熔深的一个重要原因。

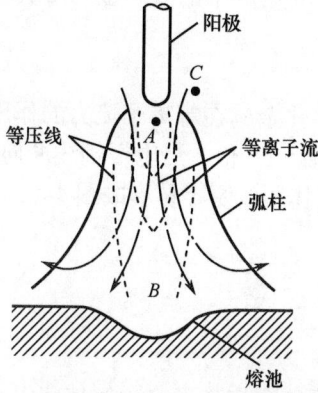

图4-10　等离子流产生示意图

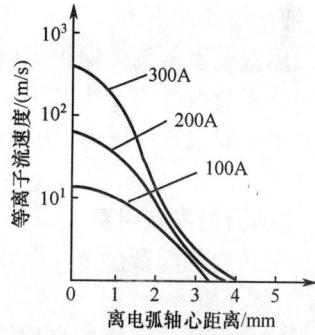

图4-11　不同焊接面电流下等离子流速度的分布

图4-12　焊缝熔深示意图

（a）一般电弧形成的焊缝；（b）具有较强等离子流形成的焊缝。

3）斑点压力

当电极上形成斑点时，电弧电流将大部分从斑点处流入流出，因此这里的电流密度最大，温度最高。由于斑点的这些特点，将在斑点上形成较大的压力，称为斑点压力。斑点压力主要由以下几种力构成。

（1）带电粒子的撞击力。阴极斑点要受到正离子的撞击，阳极斑点要受到电子的撞击。由于正离子的质量要比电子大得多，同时阴极压降也要比阳极压降大，所以阴极斑点受到的撞击力要比阳极斑点大。

（2）电磁收缩力。当电极上形成电极斑点时，斑点处的电流密度最大，电极内部的电流密度小。这样由径向的电磁收缩力所合成的轴向力，其方向是由电流密度大的地方指向电流密度小的地方，即由电极表面斑点处指向电极内部。一般阴极斑点的电流密度要比阳极斑点大，所以阴极斑点的电磁收缩力要大于阳极斑点的电磁收缩力。

（3）电极材料蒸发的反作用力。电极上形成斑点后，由于斑点处电流密度最大，温度最高，将引起电极材料的强烈蒸发。金属蒸汽将以一定的速度射出，这就给斑点处一个反作用力，这个力也构成了斑点力的一部分。

综上所述，在通常情况下，阴极斑点的斑点力要比阳极斑点的斑点力大得多。斑点力在焊接过程中是不利因素，它将阻碍电极熔化金属的过渡。当斑点力太大时，可能造成较大的焊接飞溅。

4）爆破力

当采用短路过渡时，电弧的燃烧和熄灭是周期性进行的。当熔滴短路时，电弧熄灭，电弧空间温度迅速降低。同时，因短路电流很大，在金属液柱中较大电磁收缩力的作用下使金属液柱产生缩颈，并逐渐变细形成液态金属小桥。电阻热使液态金属小桥的温度急剧升高，使液柱汽化爆断，此爆破力会造成较大的飞溅。液柱爆断后，电弧重新引燃，电弧空间的气体突然受到高温而急剧膨胀，对焊丝端头和熔池中的液态金属形成较大的冲击力，严重时也会造成飞溅。

5）细熔滴的冲击力

在采用氩或富氩气体保护大电流焊接时，焊丝的熔化金属在等离子流力的作用下，以很小的体积及很高的加速度（可达重力加速度的 40 倍～50 倍）沿电极轴线冲向熔池，对熔池金属形成很大的压力。这个力和等离子流力共同作用，便容易形成图 4-12（b）所示的指状熔深。

2．电弧力的影响因素

影响电弧力的因素很多，但归纳起来主要有以下几种。

1）气体介质

其影响主要反映在气体介质的热物理性质上。当气体介质是多原子气体或者热导率比较大时，对电弧的冷却能力增加，迫使电弧收缩，使电弧力增加。

2）电流和电压

电弧中的电磁收缩力与电流的平方成正比，因此随电流增加，电弧力增加。电弧电压的增加，意味着弧长增加，电弧的飘摆性增加，引起电弧力减小。

3）焊条（焊丝）的直径

焊条的直径越细，电流密度越大，电磁力越大，使电弧力增大。

第二节　弧 焊 电 源

弧焊电源是用来向电弧提供能量的一种装置，电弧将电源提供的能量转化为热能，以作为焊接工作的热源。弧焊电源对电弧的稳定燃烧和焊接过程有着重要的影响。因此了解并正确使用焊接电源，是实现良好的电弧焊接的前提条件。

一、弧焊电源的分类

弧焊电源分为以下几种。

（1）交流弧焊电源，包括弧焊变压器和矩形波弧焊电源。

（2）直流弧焊电源，包括弧焊整流器和直流弧焊发电机。

（3）脉冲弧焊电源。

（4）逆变式弧焊电源。

二、对弧焊电源的基本要求

弧焊电源需要具备工艺适应性，即满足弧焊工艺对弧焊电源的要求，包括保证引弧容易、保证电弧的稳定性、保证焊接规范稳定、具有足够宽的焊接规范调节范围。

为了满足以上工艺要求，对弧焊电源的电气性能应该考虑以下 3 个方面，即对弧焊电源外特性的要求；对弧焊电源调节性能的要求；对弧焊电源动特性的要求。

1．对弧焊电源外特性的要求

1）电源的外特性

在电源内部参数一定的条件下，改变负载时，弧焊电源输出电压 U_y 和输出电流稳定

值 I_f 之间的关系曲线 $U_y = f(I_f)$ 称为电源的外特性。对于直流电源，U_y 和 I_f 为平均值，而对于交流电则是有效值。

一般直流电源的外特性方程式为

$$U_y = E - I_f r_0$$

式中：E 为直流电源的电动势（V）；r_0 为电源内部电阻（Ω）。

当电阻 $r_0 > 0$ 时，随着输出电流 I_f 增加，输出电压 U_y 下降，即其外特性是一条下倾直线，而且电阻越大，电源外特性下倾程度越大。

当电阻 $r_0 = 0$ 时，则电源输出电压 $U_y = E$，这时输出电压不随电流变化，电源的外特性平行于横轴，称为平特性或者恒压特性。对于一般负载要求供电的电源内阻越小越好，即外特性尽可能接近于平的。就是说，应能基本上保持电力电源输出的电压稳定不变。这样电源并联的其他负载发生变化时，就不会影响其他负载的运行。

2）弧焊电源的外特性

（1）下降特性。这种外特性的特点是当输出电流在运行范围内增加时，其输出电压随着急剧下降。在其工作部分每增加 100A 电流，其电压下降一般应大于 7V。根据斜率的不同又可分为垂直下降特性（恒流特性）、缓降特性和恒流带外拖特性。

①垂直下降特性。垂直下降特性也叫恒流特性，其特点是在工作部分当输出电压变化时输出电流基本不变。如表 4-1 图（a）所示。

②缓降特性。其特点是当输出电压变化时，输出电流变化较恒流特性的大。其中一种按接近于 1/4 椭圆的规律变化，如表 4-1 图（b）所示；另一种缓降特性的形状接近于一斜线，如表 4-1 图（c）所示。

③恒流带外拖特性。其特点是在工作部分的恒流段，输出电流基本上不随输出电压变化。但在输出电压下降到一定值（外拖拐点）之后，外特性转折为缓降的外拖段，随着输出电压的下降，输出电流将有较大的增加。而且外拖拐点和外拖斜率往往可以调节。除表 4-1 图（d）所示之外，还有其他形式的外拖特性。

（2）平特性。平特性可以分为两类：一种是在运行范围内，随着输出电流的增大，电弧电压接近于恒定不变（恒压特性）或者稍有下降，电压下降率应小于 7V/100A，如表 4-1 图（e）所示；另一种是在运行范围内，随着输出电流的增大，电压稍有增高（有时称上升特性），电压上升率应小于 10V/100A，如表 4-1 图（f）所示。

（3）双阶梯形特性。这种特性的电源用于脉冲电弧焊。维弧阶段工作于 L 形特性上，而脉冲阶段工作于倒 L 形特性上。由这两种外特性切换而成双阶梯形特性，或称框形特性，如表 4-1 图（g）所示。

3）对弧焊电源空载电压的要求

电源空载电压的确定应遵循以下原则。

（1）保证引弧容易。引弧时，焊条（焊丝）和工件接触，因两者表面往往有杂质，所以需要较高的空载电压才能将高电阻的接触面击穿，形成导电通路。同时将电极间空隙气体转化为导体也需要较高的空载电压。所以，空载电压越高越好。

（2）保证电弧的稳定燃烧。为确保交流电弧的稳定燃烧，要求 $U_0 \geqslant (1.8\text{--}2.25) U_f$。

（3）保证电弧功率稳定。为了保证电弧功率稳定，要求 $1.57 < U_0/U_f < 2.5$。

表 4-1 弧焊电源外特性形状的分类及其应用范围

外特性	下降特性				平特性		双阶梯形特性
图形	(a)	(b)	(c)	(d)	(e)	(f)	(g)
特征	在运行范围内 $I_f \approx$ 常数,又称垂直下降特性或恒流特性	$U=f(I)$ 图形接近 1/4 椭圆,又称缓降特性,其焊接电流变化较大	在运行范围内 $U=f(I)$ 图形接近一斜线,又称缓降特性	在运行范围内恒流带外拖,外拖的斜率和拐点可调节	在运行范围内 $U \approx$ 常数又称恒压特性,有时电压稍有下降	在运行范围内随电流增高,有时称上升特性	由 L 形和 T 形特性切换而成双阶梯外特性
一般适用范围	钨极氩弧焊,非熔化极等离子弧焊	一般焊条手弧焊,变速送丝埋弧焊	一般焊条手弧焊,特别适合立焊,仰焊。粗丝 CO_2焊,埋弧焊	一般焊条手弧焊	等速送丝焊的粗丝气体保护焊和细丝(直径<3mm)埋弧焊	等速送丝的细丝气体保护焊(包括水下焊)	熔化极脉冲弧焊,微机控制的脉冲自动弧焊

（4）要有良好的经济性。为保证电弧稳定性和引弧容易，应尽可能采用较高的空载电压。但过高的空载电压，所需材料就越多，质量也就越大。同时还会增加能量的消耗，降低弧焊电源的效率。

（5）保证人身安全。为了保证人身安全，必须有节制的提高空载电压。

综上所述，在设计弧焊电源确定空载电压时，应在满足弧焊工艺需要、确保引弧容易和电弧稳定的前提下，尽可能采用较低的空载电压，以利于人身安全和提高经济效益。对于通用的交流和直流弧焊电源的空载电压规定如下：

对于交流弧焊电源，为了保证引弧容易和电弧的稳定燃烧，通常采用 $U_0 \geqslant$（1.8～2.25）U_f。

焊条电弧焊电源 U_0=55V～70V；埋弧自动焊电源 U_0=70V～90V；对于直流弧焊电源，直流电弧比交流电弧易稳定，但为了引弧容易，一般也取接近交流弧焊电源的空载电压 U_0=60V～90V。

根据有关规定，当弧焊电源输入电压为额定值时，在整个调整范围内，空载电压应符合弧焊变压器 $U_0 \leqslant$80V；弧焊整流器 $U_0 \leqslant$85V；弧焊发电机 $U_0 \leqslant$100V。

注意：上述空载电压范围是对下降特性弧焊电源而言。在一般情况下，用于熔化极自动、半自动弧焊的平特性弧焊电源，应有较低的空载电压，并且根据额定焊接电流的大小做相应选择；对一些专用弧焊电源，例如带有引弧装置的熔化极气体保护焊电源，它的空载电压应定得低些。

2．对弧焊电源调节性能的要求

1）电源的调节性能

在焊接过程中，由于焊件的材质、厚度和坡口形式不同必须选取不同的焊接工艺参数，因此，与电源有关的焊接参数——电弧电压和电弧电流必须具备调节的性能。电弧电压和电流是由电弧静特性与电源外特性曲线相交点决定的。同时，对应于一定的弧长，只有一个稳定工作点。因此，为了获得一定范围所需的焊接电流和电压，弧焊电源的外特性必须具有可调节性能，以便与电弧静特性曲线在许多点相交，得到一系列的稳定工作点。因此弧焊电源能够满足不同工作电压、电流的要求而具有的可调性能称为调节性能。

在稳定工作的条件下，电弧电流、电压、空载电压和等效电阻之间的关系为

$$U_f = U_0 - I_f Z$$

式中：U_f 为电弧电压（V）；I_f 为电弧电流（A）；Z 为等效电阻（Ω）。

显而易见，可以通过调节空载电压和等效电阻来调节焊接工艺参数（焊接电压和焊接电流），根据焊接方法的不同来选取不同的外特性调节方式。

（1）手工焊条电弧焊。在手工焊条电弧焊中所用电流 I_f 的调节范围不大，即使电弧电压不变，也能保证得到所需要的焊缝成形，所以在焊接不同厚度的工件时，电弧电压一般保持不变，只调节焊接电流。一般要求交流弧焊电源空载电压 U_0 = 1.8～2.25）U_f。因为电弧电压不变，所以电源空载电压不必作相应的改变。手工焊条电弧焊常用的弧焊电源调节外特性方式如图 4-13（a）所示。但是，在小电流焊接时，电子热发射能力弱，需要借助电场作用才容易引弧。因此，为了使电弧稳定，在小电流焊接时，需要较高的过载电压；在大电流焊接时，空载电压可以适当降低以提高功率因数，节省电能。

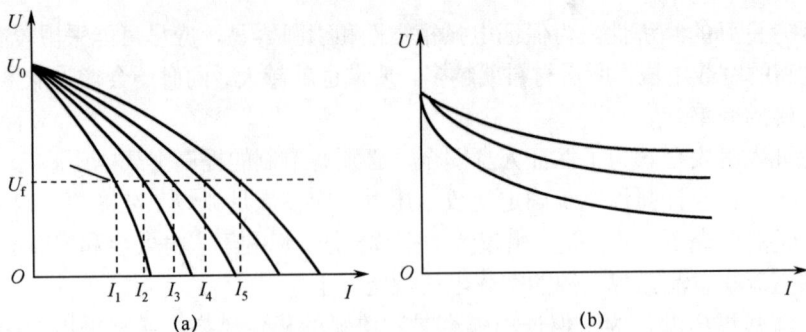

图 4-13　改变等效阻抗时的外特性

(a) 下降外特性；(b) 平外特性。

（2）埋弧焊。在埋弧焊中，一般当电弧电流增加时熔深随着增大，则要求增大电弧电压以使熔宽相应增加，从而保持合适焊缝的尺寸。当电弧电压增大时要求空载电压也增大以保持电弧的稳定。因此，宜采用如图 4-14 所示的调节外特性方式。

（3）等速送丝气体保护焊。电弧静特性为上升的熔化极气体保护焊，可选用平外特性的弧焊电源和等速送丝的焊机，选用图 4-13 (b) 所示的外特性调节方式可使得电弧电压在较大范围调节时空载电压不变，从而保证电弧稳定。

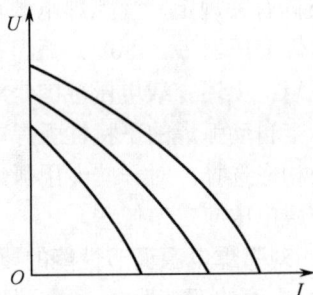

图 4-14　改变空载电压 U_0 时的下降外特性

2）可调参数

（1）下降外特性弧焊电源的可调参数。

①工作电流 I_f：它是在进行弧焊时的电弧电流或这时电源输出的电流。

②工作电压 U_f：它是在焊接时，弧焊电源输出的负载电压。这时负载不仅包括电弧，还包括焊接回路的电缆在内。随着工作电流的增大，电缆上的压降也增大。为了保证一定的电弧电压，要求工作电压随工作电流增大。因而规定了工作电压与工作电流的关系为缓升直线，称为负载特性。在国家标准中规定的有关焊接方法的负载特性如下。

Ⅰ．手工焊条电弧焊和埋弧焊的负载特性：

当 $I_f < 600A$ 时，$U_w = 20 + 0.04I_f$（V）；

当 $I_f > 600A$ 时，$U_w = 44$（V）。

Ⅱ．TIG 焊的负载特性：

当 $I_f < 600A$ 时，$U_w = 10 + 0.04I_f$（V）；

当 $I_f > 600A$ 时，$U_w = 34$（V）。

③最大焊接电流 $I_{f max}$：是弧焊电源通过调节所能输出的与负载特性相应的上限电流。

④最小焊接电流 $I_{f min}$：是弧焊电源通过调节所能输出的与负载特性相应的最小电流。

⑤电流调节范围：是在规定负载特性条件下，通过调节所能获得的焊接电流范围。通常要求 $I_{f max}/I_e \geq 1.0$；$I_{f min}/I_e \leq 0.20$，I_e 为额定焊接电流。

（2）平外特性弧焊电源的可调参数。

①工作电流 I_f：它是在进行弧焊时的电弧电流或这时电源输出的电流。

②工作电压 U_w：它是在焊接时，弧焊电源输出的负载电压。规定的负载特性为

当 $I_f < 600A$ 时，$U = 14 + 0.05I_f$（V）；

当 $I_f > 600A$ 时，$U = 44$（V）。

③最大工作电压 $U_{w\ max}$：焊接电源通过调节所能输出的，与规定负载特性相对应的最大电压。

④最小工作电压 $U_{w\ min}$：焊接电源通过调节所能输出的，与规定负载特性相对应的最小电压。

（3）弧焊电源的负载持续率与额定值。弧焊电源能输出多大功率与温升有密切关系。因为温升过高，弧焊电源的绝缘可能烧坏，甚至烧毁元件或整机。因而，在弧焊电源标准中对于不同绝缘级别，规定了相应的允许温升。

弧焊电源的温升除取决于焊接电流的大小以外，还决定于负荷的状态，即长时间连续通电还是间歇通电。对于不同负载状态，给弧焊电源规定了不同的输出电流。用负载持续率 FS 表示，即

$$FS = \frac{t}{T} \times 100\%$$

式中：T 为弧焊电源的周期（负载运行持续时间和休止时间之和）；t 为负载运行持续时间。

负载持续率额定级按国家标准新的规定有 35%、60%、100%3 种。手弧焊电源一般取 60%，自动焊电源取 100% 或 60%。

弧焊电源的额定电流 I_e 是指在规定环境条件下，按额定负载持续率 FS 规定的负载状态工作，而符合标准规定的温升限度下所输出的电流值。与额定电流相对应的工作电压称为额定电压 U_{we}。

FS、I_f 与 FS_e、I_e 之间的关系为

$$I_f^2 FS = I_e^2 FS_e$$

3. 对弧焊电源动特性的要求

1）手工焊条电弧焊和 CO_2 焊电源动特性和负载特点

所谓弧焊电源的动特性，是指电弧负载状态发生突然变化时，弧焊电源输出电压和电流的响应过程，可以用弧焊电源的输出电压和电流对时间的关系，即 $U_f = f(t)$、$I_f = f(t)$ 来表示。它说明弧焊电源对负载瞬变的适应能力。只有当弧焊电源的动特性合适，才能获得良好的引弧、燃弧和熔滴过渡状态，从而得到满意的焊缝质量。

对弧焊电源动特性的要求主要是针对采用短路过渡的熔化极电弧焊。因为在该焊接过程中电弧是动载，使弧焊电源常在空载、负载、短路三态之间转换，所以需要对弧焊电源的动特性有所要求。现在以手工焊条电弧焊和 CO_2 焊的熔滴过渡为例进行说明。

（1）手工焊条电弧焊。由于采用短路引弧，焊接开始时焊条与焊件接触短路。此时弧焊电源电压迅速降至短路电压 U_d，与此同时，电流迅速增至最大值 I_{sd}，然后逐渐下降到稳态短路电流 I_d。提起焊条，电源电压迅速上升，电流迅速下降，形成了电弧放电，这是引弧过程；在电弧稳定燃烧时，焊条端部形成熔滴并增大，电源电压逐渐下降，电流逐渐上升，这是燃弧过程；当熔滴使焊条和熔池短路时，电弧瞬时熄灭，电源电压下降，电流又上升至短路电流 I_{fd}，此时熔滴在重力和电磁收缩力作用下进入熔池，这是短路过程。待熔滴脱落，又重新进入引弧阶段。如此周而复始，出现循环过程：空载—短

路—负载的引弧过程和负载—短路—负载的熔滴过渡过程。

（2）CO_2焊接。电弧引燃后焊丝端部形成熔滴并逐渐增大，直至电弧空隙短路。此时电弧瞬时熄灭，电压急剧下降，短路电流突然增大。熔滴在电磁收缩力作用下形成缩颈，并向熔池过渡。熔滴脱落后电压急剧增大，超过稳定电弧电压，并重新引弧，以后重复整个循环。

通过对两种弧焊方法的分析可知，随着电弧负载的变化，电源输出电压和电流响应过程的曲线就是电源的动特性。应了解电源动特性对焊接过程的影响，要对电源动特性规定若干指标，从而保证引弧容易、熔滴过渡良好。

2）手工焊条电弧焊对电源动特性的要求

（1）对瞬时短路电流峰值 I_{sd} 的要求。所谓瞬时短路电流峰值，是当焊接回路突然短路时，输出电流的峰值。一般考虑由空载到短路和负载到短路两种情况：由空载到短路时的 I_{sd} 值影响开始焊接的引弧过程。I_{sd} 太小，不利于热发射和热电离，使引弧困难；若此值太大，造成飞溅大甚至烧穿工件。对它的要求指标以其与稳态短路电流的比值 I_{sd}/I_{wd} 来衡量；由负载到短路的电流 I_{fd} 影响熔滴过渡的情况。I_{fd} 太大，使熔滴飞溅严重，使焊缝成形变坏，甚至引起工件烧穿、电弧不稳；I_{fd} 太小，造成功率不够，熔滴过渡困难。对它的指标要求以其与稳定工作电流之比——I_{fd}/I_f 来衡量。

（2）对恢复电压最低值的要求。用直流弧焊发电机进行手弧焊开始引弧时，在焊条与工件被拉开后，也就是由短路到空载的过程，由于焊接回路中电感的影响，电源电压不能迅速恢复至空载电压，而是先出现一个峰值，紧接着下降到电压的最低值 U_{min}，然后在逐渐升高到空载电压。这个电压最低值就是恢复电压最低值。

对弧焊发电机和弧焊整流器动特性的要求分别列于表 4-2 和表 4-3。

表 4-2 弧焊发电机动特性指标

整 定 值		电流/A	额定电流		25%额定电流	
		电压/V	$U_w=（20+0.04I_f）$	20	$U_w=（20+0.04I_f）$	20
动特性要求	空载至短路，瞬时短路电流峰值对稳定短路电流 I_{sd}/I_{wd}		≤2.5		≤3	
	空载至短路，恢复最低值 U_{min}		≥30		≥20	
	负载至短路，瞬时短路电流峰值对负载电流之比 I_{fd}/I_f			≤2.5		≤3

表 4-3 弧焊整流器动特性指标

项 目		额 定 值		指 标
		电流/A	电压/V	
空载至短路	I_{sd}/I_{wd}	额定值	$U_w=（20+0.04I_f）$	≤3
		25%额定值		≤5.5
				≤1.5
负载至短路	I_{fd}/I_f	额定值		≤2.5
		25%额定值		≤3
注：空白表示不推荐				

68

第三节　手工焊条电弧焊

所谓手工焊条电弧焊是指焊工手握夹持焊条的焊钳进行焊接的一种电弧焊接方法。焊条和工件之间的电弧将工件局部加热到熔化状态形成熔池，焊条作为一个电极，其端部在电弧的作用下不断被熔化，形成熔滴进入熔池。随着电弧向前移动，熔池尾部液态金属逐步冷却结晶，最终形成焊缝。

手工焊条电弧焊虽然劳动强度大、生产率低但极具机动灵活性。水平俯位焊、立向焊、横焊、仰焊等各种焊接位置，对接、搭接、角接等各种大小结构产品，长短直缝、环缝、各种曲线焊缝均可应用。

一、手工焊条电弧焊的焊条

1．对焊条的基本要求

（1）电弧容易引燃，在焊接过程中能够稳定燃烧，且引弧容易。

（2）药皮应均匀熔化，无成块脱落现象。其熔化速度稍慢于焊芯的熔化速度，从而有利于金属熔滴过渡。

（3）焊接过程中不应有较大烟雾和过多飞溅。

（4）保证熔敷金属具有一定的抗裂性以及所需的力学性能和化学成分。

（5）焊后焊缝成形正常，焊渣容易清除。

2．焊条的功能

1）焊芯

焊芯的主要作用：①作为电弧的一个电极导电；②在电弧中熔化并形成熔滴过渡到熔池，冷却后成为熔敷金属。焊芯的化学成分直接影响熔敷金属的性能，焊芯含碳过高会增大裂缝和气孔的倾向，使飞溅增大；焊芯中的锰既有利于脱氧，又能抑制硫的有害作用。

2）药皮

（1）稳弧作用。药皮中含有一些低电离电位元素（Na、K），使得焊条易于引弧并在焊接过程中保持稳定燃烧。

（2）脱氧作用。药皮中的一些元素（Si、Ti、Mn、Al）在焊接过程中发生一系列冶金化学反应，降低了焊缝金属中的含氧量，提高了焊缝的力学性能。

（3）保护作用。一方面药皮中的碳酸盐、碳氢有机物在电弧作用下分解出 CO、H_2 等气体，有效地防止了周围空气侵入熔池，起到气相保护作用；另一方面药皮熔化后形成具有一定性能的熔渣，阻止了空气对熔池的影响，也减缓了焊缝的冷却速度，改善了焊缝的成形。

（4）掺合金作用。药皮中掺入各种铁合金及金属粉末作为合金剂来弥补焊接过程中合金元素的烧损，从而使焊缝金属获得必要的合金成分，保证焊缝的力学性能。

（5）改善焊接工艺性能作用。减小焊接飞溅，熔渣具有流动性，适用于各种位置的焊接，还有利于脱渣。

3．焊条的分类

1）按焊芯成分分类

分结构钢焊条、不锈钢焊条、堆焊焊条、镍及镍合金焊条、低温焊条、铸铁焊条、铝及铝合金焊条、铜及铜合金焊条。

2）按焊条药皮类型分类

（1）氧化钛型。简称钛型。此焊条电弧稳定，飞溅少，容易再引弧，熔深浅，熔渣覆盖性好，容易脱渣。特别适合薄板全位置焊接，但是熔敷金属的塑性及抗裂性比较差。常用作盖面焊。

（2）钛铁矿型。钛铁矿不小于30%，熔渣流动性好，焊缝覆盖性强，易于脱渣，飞溅一般。熔深大，可以进行全位置焊接。

（3）氧化铁型。药皮主要由多量的氧化铁及较多的锰铁脱氧剂组成。引弧容易，电弧稳定，电弧吹力大，熔深较深，熔化速度快，熔渣覆盖性好、脱渣性好，飞溅较大，适合中厚度的平焊和角焊。

（4）低氢型。药皮主要有钙、镁的碳酸盐及较多的锰铁脱氧剂组成。熔渣的流动性好，脱渣性尚可。宜采用短弧焊接，熔池适中。可以进行全位置焊接，具有良好的抗裂性和力学性能。

（5）氧化钛钙型。简称钛钙型，氧化钛30%以上，钙、镁的碳酸盐20%以下。渣流动性好，脱渣容易，电弧稳定，熔深适中，飞溅小。适合全位置焊接。

（6）纤维素型。有机物15%以上，氧化钛30%左右。焊接时能产生大量气体，电弧吹力大，熔深大，熔化速度快，熔渣少，易于脱渣，飞溅一般，适于全位置焊接，对立焊、仰焊、立向下焊更为有利。

（7）石墨型。药皮中加入多量石墨，保证金属的石墨化作用。用于铸铁件的补焊。

（8）盐基型。药皮主要由氯化物和氟化物组成，主要用于铝和铝合金的焊接。

以上除盐基型、低氢型宜采用直流电源外，其余均可采用直、交流两种电源。

3）按熔渣酸碱性分类

（1）酸性焊条。药皮的主要成分是酸性氧化物，氧化性较强。电弧中的氢离子和氧离子易于结合，有利于防止氢气孔的产生，此类焊条对锈铁不敏感。但难以有效地清除熔池中硫、磷杂质，易于形成偏析，热裂纹倾向大，且因焊缝金属含氧量高，使焊缝金属冲击韧性低，其工艺性能较好。烘干温度不应超过250℃。

（2）碱性焊条。药皮的主要成分是碱性氧化物和铁合金，氧化性弱。药皮加有强脱氧剂，使焊缝中含氧量及杂质均极少，含氢量低，其塑性和韧性都很好。但萤石在高温下分解出氟，使电弧稳定性变差，工艺性能也差。使用前应在300℃～350℃烘干。

4．选用焊条的基本原则

1）焊件的材质、使用性能和工件条件是焊条选用的首要依据

（1）对于普通结构钢、合金结构钢，应该选拉伸强度等于或略高于母材的焊条。

（2）对承受动载荷和冲击载荷的焊件，除满足强度要求外，还要保证焊缝金属具有较高的冲击韧性和塑性，应该选用韧性和塑性指标较高的低氢型焊条。母材中碳、磷、硫含量较高时或结构形状复杂、刚性大及大厚度焊件，焊接过程会产生很大应力，焊缝容易产生裂纹，均应该采用抗裂性能好的低氢型焊条。

70

（3）接触腐蚀介质的焊件，应该根据介质的种类、浓度、工作温度及腐蚀类型，选用相应的不锈钢焊条或其他耐腐蚀焊条。

（4）在磨损条件下工作的焊件，应该根据磨损的性质、工作温度及是否处在腐蚀介质中的特点，选择合适的堆焊焊条。

（5）强度级别不相等的碳钢和低合金钢、低合金钢和低合金钢焊接时，一般按以保证焊缝接头的强度高于强度较低钢种，而焊缝的塑性和冲击韧性应该不低于强度较高而塑性较差的钢材为选择焊条的出发点。

（6）低合金钢和奥氏体钢焊接时，通常按照对焊缝熔敷金属化学成分的要求，选用铬、镍含量高于母材，塑性、抗裂性都比较好的不锈钢焊条。

（7）不锈钢复合钢板焊接时，为了防止基体碳素钢对不锈钢熔敷金属产生稀释作用，基层的焊接，应该采用相应强度等级的结构钢焊条；过渡层的焊接，应该采用铬、镍含量比复合钢板高的、塑性和韧性较好的奥氏体不锈钢焊条；覆盖层直接与腐蚀介质接触，应该选用相应成分的奥氏体不锈钢焊条。

2）要考虑施工及设备条件

（1）在没有直流电源，而焊接结构又要求必须使用低氢焊条的场合，应该选用交直流两用低氢焊条。

（2）在通风不良的场合焊接，尽量采用酸性或者低尘无毒的焊条。

（3）对焊接部位难以清理干净的焊件，应选用对铁锈、氧化皮、油污不敏感的氧化性较强的酸性焊条。

（4）对受条件限制不能翻转的焊件，应该采用全位置的焊条。

二、手工焊条电弧焊工艺要领

1. 焊接工艺参数的选择

手工焊条电弧焊的工艺参数主要有：焊条直径、焊接电流、电弧电压和焊接速度。工艺参数的选择主要依据结构的材质、板厚、接头和坡口形式、焊接位置等。

1）焊条直径

焊条直径是指焊芯直径。焊条直径过大会造成烧穿或者焊不透现象，直径过小导致生产率降低。焊条直径的选择主要依据焊件厚度，同时考虑接头形式、焊缝位置和焊接层次。焊条直径与焊件厚度的关系如表 4-4 所列。

表 4-4　焊条直径与焊件厚度的关系

焊件厚度/mm	0.5～1.0	1～2	2～5	5～10	>10
焊条直径/mm	1～1.5	1.5～2.5	2.5～4.0	4.0～6.0	5.0～8.0

Y 形坡口焊接时，第一层若用直径过大的焊条则电弧不能深入，造成焊件根部未焊透，一般采用直径 3mm～4mm 的焊条，其后各层可用较大直径焊条。立焊、横焊、仰焊应该选用较细的焊条，一般不超过 4mm，以达到良好的焊缝成形。

2）焊接电流

焊接电流主要依据焊条类型、焊条直径、焊件厚度、焊缝位置、接头形式和焊道层次确定。焊接电流大，电弧热量大，焊条熔化快，熔深大，生产率高，但焊条飞溅严重，同时焊条受电阻热作用，会使后半根焊条药皮发红变质，甚至脱落。一般焊条受热不能超过 500℃～600℃，否则会使药皮中低熔点物质烧损，削弱气体保护作用，导致焊缝中有益元素烧损并产生气孔；电流过小，热量不足，电弧燃烧不稳定或者难以引弧，焊缝熔深浅，容易发生未焊透，焊缝成形不良。因此对于一定直径的焊条有一个合适的电流范围，如表 4-5 所列。

表 4-5　不同直径焊条适用的电流范围

焊条直径/mm	2.0	2.5	3.2	4.0	5.0	6.0
焊接电流/A	40～70	55～85	80～130	150～190	180～230	230～300

通常，随着焊接条件的变化，焊接电流也该随之变化。如工件预热后焊接电流应该比不预热减少 5%～15%；采用直流电源可比交流电源减少 10%；立焊、仰焊、横焊可比平焊减少 10%～15%。厚板采用的电流大些，I 形坡口的电流比其他形式坡口的电流大些；角焊缝的焊接电流比对接焊缝的大。

总之，在不烧穿和成形良好的前提下，应该采用尽量大的焊接电流，并适当提高焊接速度，以提高生产率。

3）电弧电压（电弧长度）

在 Y 形坡口对接及角接的第一层焊缝采用短弧焊，以保证焊透且不发生咬肉现象；第二层焊缝电弧可以拉长，以增加焊缝宽度。

4）焊接速度

焊接速度过快，焊缝成形不良，还可能产生未焊透；焊接速度过慢，容易造成烧穿和满溢。焊接速度正常时，焊缝成形美观。

5）焊条倾角

焊条倾角是指焊接时，焊条相对于焊件倾斜的锐角。焊条前倾时，液态金属被电弧推向熔池边缘，所以熔深减小；当焊条后倾，有利于用电弧将液态金属推向熔池后端，电弧能深入母材，增加母材熔深。焊接中通常采用焊条后倾 60°～80°，可以得到良好的焊缝。

2. 基本操作技能

1）引弧

将焊条末端与焊件表面接触形成短路，然后迅速将焊条提起 2mm～4mm 的距离，此时电弧即可引燃。引弧方式有以下两种。

（1）垂直引弧（敲击法）。焊条与母材垂直接触，提起后而产生电弧；

（2）划擦引弧。焊条在母材上像划火柴一样引燃电弧。

划擦法容易引燃电弧，但操作不当容易损坏焊件表面，特别是在狭窄的地方焊接。对于敲击法，如果敲击焊件后离开焊件的速度太快，焊条拉的太高，就不能引燃电弧，如果动作太慢，焊条提的太低，就可能与焊件发生黏滞，造成焊接回路的短路现象，也无法引燃电弧。

在使用碱性焊条时，一般采用划擦引弧法，这是由于敲击法容易产生气孔。引弧点应该在距焊缝起点 8mm～10mm 的接缝上，待引弧后再引向焊缝起点进行施焊，这样可以避免在焊缝起点产生气孔，并可用电弧热重新熔化引弧点而消除已经产生的气孔。

2）运条

电弧引燃后，为了保证电弧稳定和焊缝正确成形，焊条要做 3 个方向的运动。

（1）焊条不断向熔池送进。随着焊条不断被电弧熔化，弧长拉长，为了保证一定的弧长，必须以焊条熔化一样的速度，连续不断的将焊条向熔池送进。

（2）焊条沿接缝方向移动。该移动主要在于形成焊缝。移动过快，焊缝熔深浅，造成焊不透；过慢会造成烧穿。

（3）焊条横向摆动。这个动作是为了增加焊缝的宽度，保证焊缝正确成形；同时焊条的横向摆动可延缓熔池金属的冷却结晶时间，有利于熔渣和气体的排出。

3）焊缝的连接和收尾

一条焊缝常常需要若干根焊条才能完成，这样焊缝就由数段接成。为了保证焊缝外观质量，必须注意焊段之间的连接。焊缝的连接无论是哪种形式，都需要使焊缝保持高低、宽窄一致。

当一条焊缝收尾时，如果熄弧动作不当，则会形成比母材低的弧坑，从而降低焊缝的强度，并容易形成裂纹。为了避免弧坑的出现，需要正确掌握焊缝的收尾动作。

（1）画圈收尾。电弧在焊段收尾处做圆圈运动，直到弧坑填满再拉断电弧。

（2）反复填补。在焊段收尾处，在短时间内电弧反复熄灭和点燃数次，直至弧坑填满。适用于薄板和多层焊的底层。

（3）后移收尾。电弧在焊段收尾处停住，同时改变焊条倾斜方向，由后倾改变为前倾，然后慢慢拉断电弧。此法对碱性焊条较为适宜。

第四节　气体保护电弧焊

一、气体保护电弧焊原理及分类

1. 气体保护电弧焊原理

气体保护电弧焊是用外加气体作为电弧介质并保护电弧和焊接区的电弧焊方法，简称气体保护焊。

气体保护焊直接依靠从喷嘴中连续送出的气流，在电弧周围造成局部的气体保护层，使电极端部、熔滴和熔池金属与周围空气机械地隔绝开来，以保证焊接过程的稳定性，并获得质量优良的焊缝，如图 4-15 所示。

2. 气体保护电弧焊的分类

按所用的电极材料不同，可分为不熔化极气体保护焊和熔化极气体保护焊，其中熔化极气体保护焊应用最广。不熔化极气体保护焊主要是钨极惰性气体保护焊，如钨极氢弧焊。熔化极气体保护又可分为熔化极惰性气体保护焊（MIG）、熔化极活性气体保护焊（MAG）、CO_2 气体保护焊（CO_2 焊）3 种，如图 4-16 所示。按照焊接保护气体的种类可分为氩弧焊、氦弧焊、二氧化碳气体保护焊等方法。按操作方式的不同，可分为手工、半自动和自动气体保护焊。

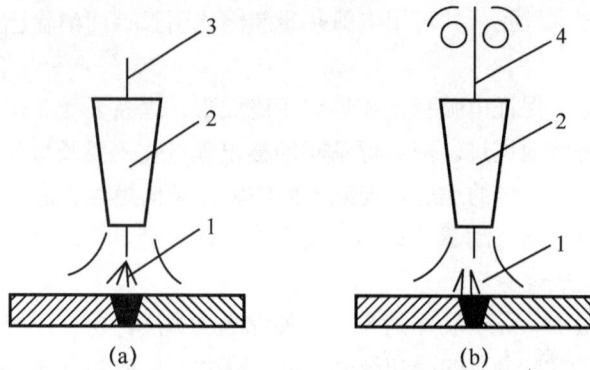

图 4-15　气体保护焊示意图

（a）不熔化极气体保护焊；（b）熔化极气体保护焊。

1—电弧；2—喷嘴；3—钨极；4—焊丝。

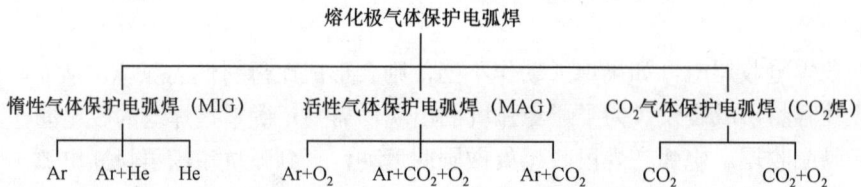

图 4-16　熔化极气体保护电弧焊分类

3. 气体保护电弧焊的特点

气体保护焊与其他电弧焊方法相比具有以下特点。

（1）采用明弧焊，一般不必用焊剂，没有熔渣，熔池可见度好，便于操作。而且，保护气体是喷射的，适宜进行全位置焊接，不受空间位置的限制，有利于实现焊接过程的机械化和自动化。

（2）由于电弧在保护气流的压缩下热量集中，焊接熔池和热影响区很小，因此焊接变形小、焊接裂纹倾向不大，尤其适用于薄板焊接。

（3）采用氩、氦等惰性气体保护，焊接化学性质较活泼的金属或合金时，可获得高质量的焊接接头。

（4）气体保护焊不宜在有风的地方施焊，在室外作业时需有专门的防风措施，此外，电弧光的辐射较强，焊接设备较复杂。

二、CO_2 气体保护电弧焊

1. CO_2 气体保护焊原理及特点

1）CO_2 气体保护焊的原理

CO_2 气体保护焊是利用 CO_2 作为保护气体的一种熔化极电弧焊方法，简称 CO_2 焊。其工作原理如图 4-17 所示，电源的两输出端分别接在焊枪和焊件上。盘状焊丝由送丝机构带动，经软管和导电嘴不断地向电弧区域送给；同时，CO_2 气体以一定的压力和流量送入焊枪，通过喷嘴后，形成一股保护气流，使熔池和电弧不受空气的侵入。随着焊枪的移动，熔池金属冷却凝固而成焊缝，从而将被焊的焊件连成一体。

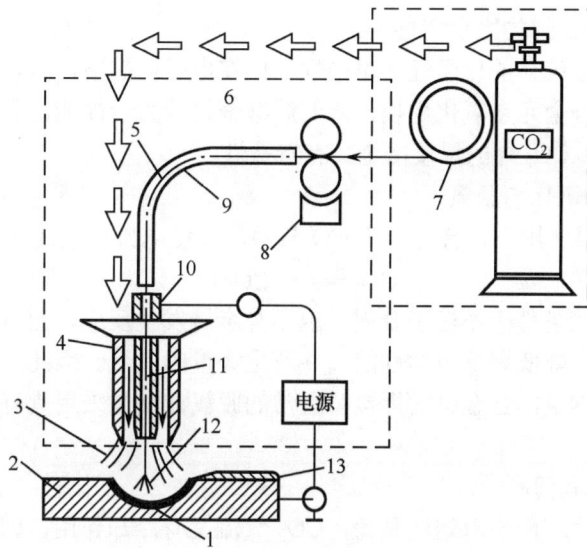

图 4-17 CO_2 气体保护焊焊接过程示意图

1—熔池；2—焊件；3—CO_2 气体；4—喷嘴；5—焊丝；6—焊接设备；7—焊丝盘；

8—送丝机构；9—软管；10—焊枪；11—导电嘴；12—电弧；13—焊缝。

CO_2 焊接所用的焊丝直径不同，可为细丝 CO_2 气体保护焊（焊丝直径不大于 1.2mm）及粗丝 CO_2 气体保护焊（焊丝直径不小于 1.6mm）。按操作方式又可分为 CO_2 半自动焊和 CO_2 自动焊，其主要区别在于 CO_2 半自动焊用手工操作焊枪完成电弧热源移动，而送丝、送气等同 CO_2 自动焊一样，由相应的机械装置来完成。目前细丝半自动 CO_2 焊工艺比较成熟，因此应用最广。

2）CO_2 气体保护焊的特点

CO_2 气体保护焊的优点是：

（1）焊接成本低。CO_2 气体来源广、价格低，而且消耗的焊接电能少，所以 CO_2 焊的成本低，仅为埋弧自动焊的 40%，焊条电弧焊的 37%～42%。

（2）生产率高。由于 CO_2 焊的焊接电流密度大，使焊缝厚度增大，焊丝的熔化率提高，熔敷速度加快；另外，焊丝又是连续送进，且焊后没有焊渣，特别是多层焊接时，节省了清渣时间。所以生产率比焊条电弧焊高 1 倍～4 倍。

（3）焊接质量高。CO_2 焊对铁锈的敏感性不大，因此焊缝中不易产生气孔。而且焊缝含氢量低，抗裂性能好。

（4）焊接变形和焊接应力小。由于电弧热量集中，焊件加热面积小，同时 CO_2 气流具有较强的冷却作用，因此，焊接应力和变形小，特别宜于薄板焊接。

（5）操作性能好。因是明弧焊，可以看清电弧和熔池情况，便于掌握与调整，也有利于实现焊接过程的机械化和自动化。

（6）适用范围广。CO_2 焊可进行各种位置的焊接，不仅适用焊接薄板，还常用于中、厚板的焊接，而且也用于磨损零件的修补堆焊。

CO_2 焊的不足之处是使用大电流焊接时，焊缝表面成形较差，飞溅较多；不能焊接容易氧化的有色金属材料；很难用交流电源焊接及在有风的地方施焊；弧光较强，特别是大电流焊接时，电弧的光、热辐射强。

2. CO₂ 气体保护焊的冶金特性

在常温下，CO_2 气体的化学性能呈中性，但在电弧高温下，CO_2 气体被分解而呈很强的氧化性，能使合金元素氧化烧损，降低焊缝金属的力学性能，还可成为产生气孔和飞溅的根源。因此，CO_2 焊的焊接冶金具有特殊性。

1）合金元素的氧化与脱氧

CO_2 在电弧高温作用下，会分解为 CO 与 O，致使电弧气氛具有很强的氧化性：

$$CO_2 \rightleftharpoons CO + O$$

其中 CO 在焊接条件下不溶于金属，也不与金属发生反应，而原子状态的氧使铁及合金元素迅速氧化，降低焊缝力学性能，并产生大量的飞溅。因此，必须采取有效的脱氧措施。对于低碳钢及低合金钢的焊接，通常的脱氧方法是采用具有足够脱氧元素锰、硅的焊丝。

2）CO₂ 焊的气孔问题

CO_2 焊时，熔池表面没有熔渣覆盖，CO_2 气流又有冷却作用，因此，结晶较快，容易在焊缝中产生气孔。CO_2 焊时可能产生的气孔有以下 3 种。

（1）一氧化碳气孔。在熔池结晶时，熔池中的 FeO 与 C 反应生成的 CO 气体来不及逸出，就会在焊缝中形成气孔。因此，若保证焊丝中含有足够的脱氧元素 Mn 和 Si，并严格限制含碳量，产生 CO 气孔的可能性不大。

（2）氢气孔。氢的来源主要是焊丝、焊件表面的铁锈、水分和油污及 CO_2 气体中含有的水分。由于 CO_2 气体氧化性很强，只要焊前适当清除焊丝和焊件表面的杂质，并对 CO_2 气体进行提纯与干燥处理，CO_2 焊时形成氢气孔的可能性较小。

（3）氮气孔。CO_2 焊最常发生的是氮气孔，这是 CO_2 气流的保护效果不好及 CO_2 气体纯度不高所致。所以必须加强 CO_2 气流的保护效果，这是防止 CO_2 焊产生气孔的重要途径。

3）CO₂ 焊的熔滴过渡

CO_2 焊熔滴过渡形式主要有短路过渡和细颗粒过渡两种。

短路过渡是在采用细焊丝、小电流和低电弧电压焊接时形成的。由于短路频率高，电弧非常稳定，飞溅小，焊缝成形良好，同时焊接电流较小，焊接热输入低，故适宜于薄板焊接及全位置的焊接。

细颗粒过渡过程是在采用粗焊丝、大电流和高电压时形成的。此时电弧是持续的，不发生短路熄弧现象。由于焊接电流较大，电弧穿透力强，母材的焊缝厚度较大，多用于中、厚板的焊接。

4）CO₂ 焊的飞溅问题

飞溅是 CO_2 焊的主要缺点，颗粒过渡的飞溅程度要比短路过渡时严重得多。飞溅会降低焊丝的熔敷系数，增加焊丝及电能的消耗，降低焊接生产率和增加焊接成本；飞溅金属黏着到导电嘴端面和喷嘴内壁上，会使送丝不畅而影响电弧稳定性，或者降低保护气的保护作用，容易使焊缝产生气孔，影响焊缝质量；飞溅金属黏着到导电嘴、喷嘴、焊缝及焊件表面上，需待焊后进行清理，增加了焊接的辅助工时。此外，焊接过程中飞溅出的金属、还容易烧坏焊接人员的工作服，甚至烫伤皮肤，恶化劳动条件。

CO_2 焊产生飞溅的原因及防止飞溅的措施如下。

（1）由冶金反应引起的飞溅。焊接过程中，由熔滴和熔池中的碳氧化成的 CO 气体，在电弧高温作用下体积急速膨胀，使熔滴和熔池金属产生爆破引起飞溅。减少这种飞溅的方法是采用含有 Mn、Si 脱氧元素的焊丝，并降低焊丝中的含碳量。

（2）由电极斑点压力产生的飞溅。这种飞溅主要取决于焊接时的极性。当正极性焊接时，正离子飞向焊丝端部的熔滴，机械冲击力大，形成大颗粒飞溅。而反极性焊接时，飞向焊丝端部的电子撞击力小，飞溅较小。所以 CO_2 焊应选用直流反接。

（3）熔滴短路时引起的飞溅。当熔滴与熔池接触时，由于短路电流强烈加热及电磁收缩力的作用，使缩颈处的液态金属发生爆破，引起飞溅。减少这种飞溅的方法，主要是调节焊接回路中的电感值。

（4）非轴向颗粒过渡造成的飞溅。这种飞溅是在颗粒过渡时由于电弧的斥力作用而产生的。当熔滴在电极斑点压力和弧柱中气流的压力共同作用下，熔滴被推到焊丝端部的一边，并抛到熔池外面去，产生大颗粒飞溅。

（5）焊接工艺参数选择不当引起的飞溅。这种飞溅是因焊接电流、电弧电压和回路电感等焊接工艺参数选择不当而引起的。因此，必须正确地选择 CO_2 焊的焊接工艺参数。

3．CO_2 气体保护焊设备

CO_2 气体保护焊设备有半自动焊设备和自动焊设备。其中 CO_2 半自动焊在生产中应用较广，常用的 CO_2 半自动焊设备如图 4-18 所示，主要由焊接电源、送丝系统及焊枪、CO_2 供气系统、控制系统等部分组成。

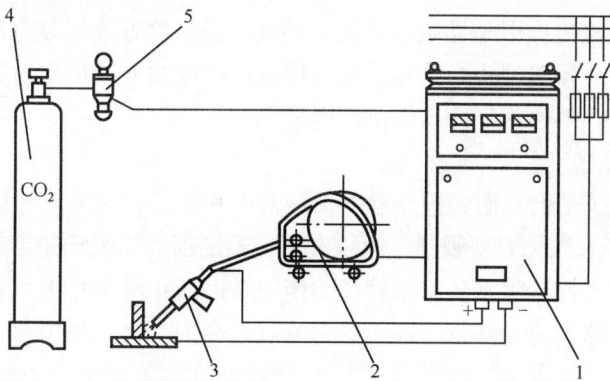

图 4-18 CO_2 半自动焊设备示意图
1—电源；2—送丝机；3—焊枪；4—气瓶；5—减压调节器。

1）焊接电源

由于交流电源焊接时，电弧不稳定，飞溅较大，所以 CO_2 焊必须使用直流电源，通常选用具有平硬外特性的弧焊整流器。

2）送丝系统及焊枪

（1）送丝系统。送丝系统由送丝机（包括电动机、减速器、校直轮和送丝轮）、送丝软管、焊丝盘等组成。CO_2 半自动焊的焊丝送给为等速送丝，其送丝方式主要有拉丝式、推丝式和推拉式 3 种，如图 4-19 所示。

拉丝式的焊丝盘、送丝机构与焊枪连接在一起，只适用细焊丝（直径为 0.5mm～0.8mm），操作的活动范围较大；推丝式的焊丝盘、送丝机构与焊枪分离，所用的焊丝直径宜在 0.8mm 以上，其焊枪的操作范围在 2mm～4mm 以内，目前，CO_2 半自动焊多采用推丝式焊枪；推拉式兼有前两种送丝方式的优点，焊丝送给以推丝为主，但焊枪及送丝机构较为复杂。

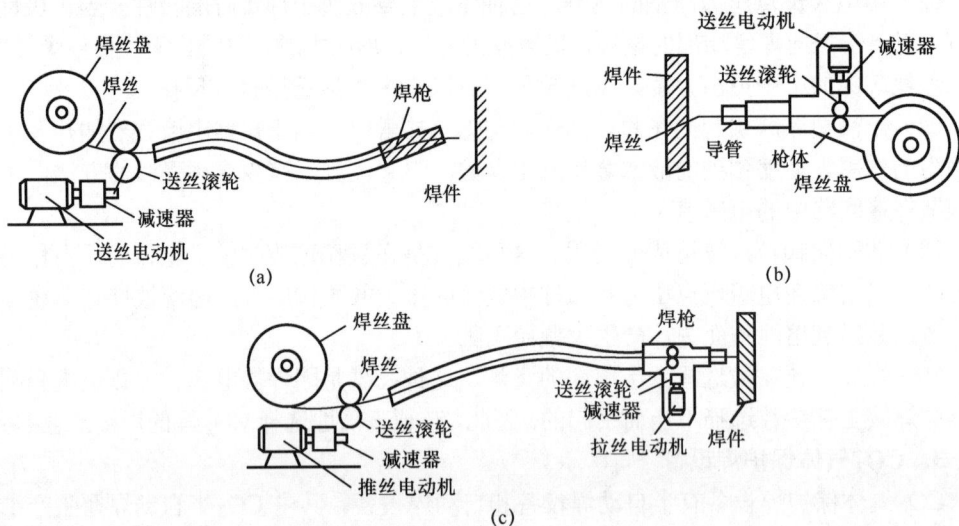

图 4-19　CO_2 半自动焊送丝方式
（a）推丝式；（b）拉丝式；（c）推拉式。

（2）焊枪。焊枪的作用是导电、导丝、导气。按送丝方式可分为推丝式焊枪和拉丝式焊枪；按结构可分为鹅颈式焊枪和手枪式焊枪；按冷却方式可分为空气冷却焊枪和用内循环水冷却焊枪。鹅颈式气冷却焊枪应用最广。

3）CO_2 供气系统

CO_2 的供气系统是由气瓶、预热器、干燥器、减压器、流量计等组成。

瓶装的液态 CO_2 汽化时要吸热，所以在减压器之前，需经预热器加热，并在输送到焊枪之前，应经过干燥器除水分。流量计的作用是控制和测量 CO_2 气体的流量。现在生产的减压流量调节器是将预热器、减压器和流量计合为一体，使用起来很方便。

4）控制系统

CO_2 焊控制系统的作用是对供气、送丝和供电系统实现控制。CO_2 半自动焊的控制程序如图 4-20 所示。

图 4-20　CO_2 半自动焊控制程序方框图

目前，中国定型生产使用较广的 NBC 系列 CO_2 半自动焊机有 NBC-160、NBC-250型、NBCI-300 型、NBCI-500 型等。

4．CO_2 气体保护焊的焊接工艺参数

CO_2 气体保护焊的主要焊接工艺参数有焊丝直径、焊接电流、电弧电压、焊接速度、焊丝伸出长度、气体流量、电源极性、回路电感、装配间隙与坡口尺寸等。

1）焊丝直径

焊丝直径应根据焊件厚度、焊缝空间位置及生产率的要求来选择。当焊接薄板或中厚板的立、横、仰焊时，多采用直径 1.6mm 以下的焊丝；在平焊位置焊接中厚板时，可以采用直径 1.2mm 以上的焊丝。焊丝直径的选择如表 4-6 所列。

表 4-6　焊丝直径的选择

焊丝直径/mm	熔滴过渡形式	焊件厚度/mm	焊缝位置
0.5～0.8	短路过渡	1.0～2.5	全焊接
	颗粒过渡	2.5～4.0	平焊
1.0～1.4	短路过渡	2.0～8.0	全焊接
	颗粒过渡	2.0～12.0	平焊
1.6	短路过渡	3.0～12.0	全焊接
≥1.6	颗粒过渡	>6.0	平焊

2）焊接电流

焊接电流的大小应根据焊件厚度、焊丝直径、焊接位置及熔滴过渡形式来确定。焊接电流增大，焊缝厚度、焊缝宽度及余高都相应增加。通常直径 0.8mm～1.6mm 的焊丝，在短路过渡时，焊接电流在 50A～230A 内选择；细颗粒过渡时，焊接电流在 250A～500A 内选择。焊丝直径与焊接电流的关系如表 4-7 所列。

表 4-7　焊丝直径与焊接电流的关系

焊丝直径/mm	焊接电流/A		焊丝直径/mm	焊接电流/A	
	颗粒过渡	短路过渡		颗粒过渡	短路过渡
0.8	150～250	60～160	1.6	350～500	100～180
1.2	200～300	100～175	2.4	500～750	150～200

3）电弧电压

电弧电压随焊接电流的增加而增大。短路过渡时，电弧电压在 16V～24V 范围内选择。颗粒过渡时，对于直径为 1.2mm～3.0mm 的焊丝，电弧电压可在 25V～36V 范围内选择。

4）焊接速度

在一定的焊丝直径、焊接电流和电弧电压条件下，随着焊速增加，焊缝宽度与焊缝厚度减小。焊速过快，不仅气体保护效果变差，可能出现气孔，而且还易产生咬边及未熔合等缺陷，但焊速过慢，则焊接生产率降低，焊接变形增大。一般 CO_2 半自动焊时的焊接速度为 15m/h～40m/h。

5）焊丝伸出长度

焊丝伸出长度取决于焊丝直径，一般约等于焊丝直径的 10 倍，且不超过 15mm。伸出长度过大，焊丝会成段熔断，飞溅严重，气体保护效果差；过小，不但易造成飞溅物堵塞喷嘴，影响保护效果，也影响焊工视线。

6）CO_2 气体流量

CO_2 气体流量应根据焊接电流、焊接速度、焊丝伸出长度及喷嘴直径等选择。过大或过小的气体流量都会影响气体保护效果。通常在细丝 CO_2 焊时，CO_2 气体流量约为 8L/min～15L/min；粗丝 CO_2 焊时，CO_2 气体流量约在 15L/min～25L/min。

7）电源极性与回路电感

为了减少飞溅，保证焊接电弧的稳定性，CO_2 焊应选用直流反接。焊接回路的电感值应根据焊丝直径和电弧电压来选择，不同直径焊丝的合适电感值如表 4-8 所列。

表 4-8　不同直径焊丝合适的电感值

焊丝直径/mm	0.8	1.2	1.6
电感值/mH	0.01～0.08	0.10～0.16	0.30～0.70

三、氩弧焊

1. 氩弧焊原理、特点和分类

1）氩弧焊工作原理

氩弧焊是使用氩气作为保护气体的一种气体保护电弧焊方法，如图 4-21 所示。焊接时，氩气流从焊枪喷嘴中连续喷出，在电弧区形成严密的保护气层，将电极和金属熔池与空气隔离。同时，利用电极（钨极或焊丝）与焊件之间产生的电弧热量，来熔化附加的填充焊丝或自动给送的焊丝及基本金属，待液态熔池金属凝固后形成焊缝。

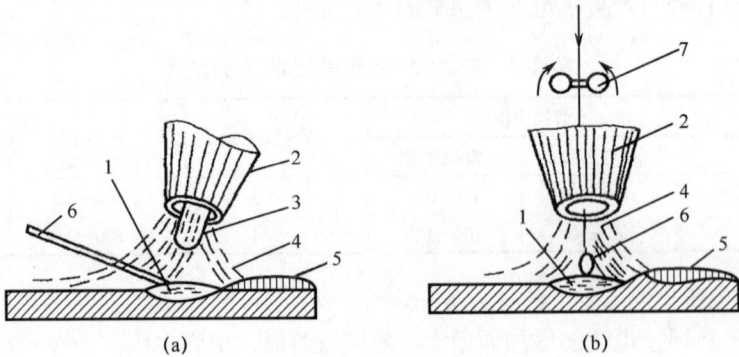

图 4-21　氩弧焊示意图

（a）钨极氩弧焊；（b）熔化极氩弧焊。

1—熔池；2—喷嘴；3—钨极；4—气体；5—焊缝；6—焊丝；7—送丝滚轮。

2）氩弧焊特点

氩弧焊除了具有气体保护焊共有的特点外，还有如下特点。

（1）焊缝质量好。由于氩气是一种惰性气体，不与金属起化学反应，合金元素不会氧化烧损，而且也不溶解于金属。因此，保护效果好，能获得较为纯净及高质量的焊缝。

（2）焊接变形与应力小。由于电弧受氩气流的冷却和压缩作用，电弧的热量集中，且氩弧的温度又很高，故热影响区很窄，焊接变形与应力小，尤其适宜于焊接很薄的材料。

（3）焊接范围很广。几乎所有的金属材料都可以进行氩弧焊，特别适宜焊接化学性质活泼的金属和合金，如铝、镁、钛、铜等，有时还可用于焊接结构的打底焊。

（4）生产成本较高。由于氩气较贵，与其他焊接方法相比生产成本较高，所以主要用于质量要求较高产品的焊接。

3）氩弧焊的分类

氩弧焊根据所用的电极材料不同，可分为钨极（非熔化极）氩弧焊和熔化极氩弧焊。按其操作方式又可分为手工氩弧焊和自动氩弧焊。根据采用的电源种类，又有直流氩弧焊、交流氩弧焊和脉冲氩弧焊。

2．钨极氩弧焊

钨极氩弧焊是使用纯钨或活化钨（钍钨、铈钨）为电极的氩气保护焊，简称 TIG 焊。钨极本身不熔化只起发射电子产生电弧的作用，故也称非熔化极氩弧焊。

钨极氩弧焊时，由于所用的焊接电流受到钨极的熔化与烧损的限制，所以电弧功率较小，只适用于厚度小于 6mm 的焊件焊接。

1）钨极氩弧焊设备

手工钨极氩弧焊设备包括供电系统、焊枪、供气系统、冷却系统、控制系统等部分，如图 4-22 所示。自动钨极氩弧焊设备，除上述几部分外，还有等速送丝装置及焊接小车行走机构。

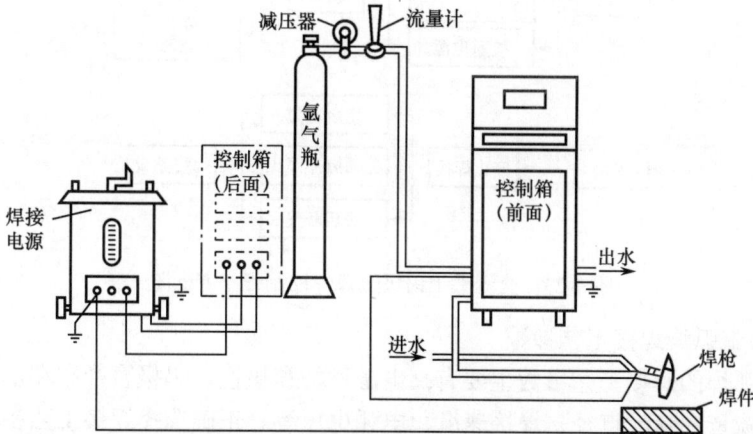

图 4-22　手工钨极氩弧焊设备组成

（1）供电系统。这部分主要是焊接电源、高频振荡器、脉冲稳弧器等。在小功率焊机中，它们合为一体，称为一体式结构；在大功率焊机中，高频振荡器、脉冲稳弧器与焊接电源分立，为一单独的控制箱。

①焊接电源。由于此情况下电弧静特性曲线工作在水平线，所以应选用具有陡降外特性的电源。一般焊条电弧焊的电源（如弧焊变压器、弧焊整流器等）都可作为手工钨极氩弧焊电源。

②引弧及稳弧装置。由于氩气的电离能较高，引燃电弧困难，但又不宜使用提高空载电压的方法，所以钨极氩弧焊必须使用高频振荡器来引燃电弧。高频振荡器一般仅供焊接时初次引弧，不用于稳弧，引燃电弧后马上切断。对于交流电源，还需使用脉冲稳弧器，以保证重复引燃电弧并稳弧。

此外，还有消除直流分量装置。

（2）焊枪。焊枪的作用是夹持电极、导电和输送氩气流。氩弧焊枪分为气冷式焊枪和水冷式焊枪。气冷式焊枪使用方便，但限于小电流（150A 以下）焊接使用；水冷式焊枪适宜大电流和自动焊接使用。

（3）供气系统。钨极氩弧焊的供气系统由氩气瓶、减压器、流量计和电磁阀组成。减压器用以减压和调压。流量计是用来调节和测量氩气流量的大小，有时将减压器与流量计制成一体，成为组合式。电磁气阀是控制气体通断装置。

（4）冷却系统。一般选用的最大焊接电流在 150A 以上时，必须通水来冷却焊枪和电极。冷却水接通并有一定压力后，才能启动焊接设备，通常在钨极氩弧焊设备中用水压开关或手动来控制水流量。

（5）控制系统。钨极氩弧焊的控制系统是通过控制线路，对供电、供气、引弧与稳弧等各个阶段的动作程序实现控制。图 4-23 所示为交流手工钨极氩弧焊的控制程序方框图。目前，常用的手工钨极氩弧焊机型号有：WS-250、WS-300 等直流钨极氩弧焊机，WSJ-150、WSJ-300 等交流钨极氩弧焊机，WSE-150、WSE-250 等交直流钨极氩弧焊机。

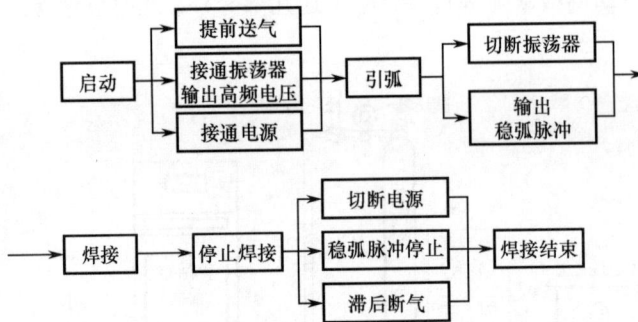

图 4-23　交流手工钨极氩弧焊控制程序方框图

2）钨极氩弧焊焊接工艺参数

钨极氩弧焊的焊接工艺参数主要有：电源种类和极性、钨极直径和端部形状、焊接电流、氩气流量和喷嘴直径、焊接速度、电弧电压等。正确选择焊接工艺参数是获得优质焊接接头的重要保证。

（1）电源种类和极性。钨极氩弧焊可以使用直流电，也可以使用交流电。电流种类和极性的选择主要从减少钨极烧损和产生"阴极破碎"作用来考虑。"阴极破碎"是直流反接或焊件为负极的交流半周波中，电弧空间的正离子飞向焊件撞击金属熔池表面，将致密难熔的氧化膜击碎而去除的作用，也称"阴极雾化"作用，如图 4-24 所示。

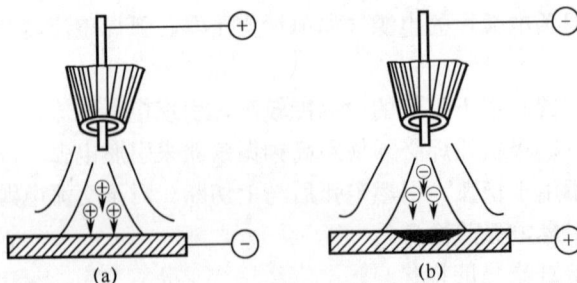

图 4-24　阴极破碎作用示意图
（a）直流反接；（b）直流正接。

82

采用直流正接时，由于电弧阳极温度高于阴极温度，钨极不易过热与烧损。但焊件表面是受到比正离子质量小得多的电子撞击，不能去除氧化膜，没有"阴极破碎"作用。

采用直流反接时，虽有阴极破碎作用，但钨极易烧损，所以钨极氩弧焊很少采用直流反接。交流钨极氩弧焊时，在钨极为负极的半周波中，钨极可以得到冷却，以减小烧损。而在焊件为负极的半周波中有"阴极破碎"作用。因此，交流钨极氩弧焊兼有直流钨极氩弧焊正、反接的优点，是焊接铝镁合金的最佳方法。各种材料的电源种类与极性的选用如表 4-9 所列。

表 4-9　电源种类和极性的选择

电源种类及类型	被焊金属材料
直流正接	低碳钢、低合金钢、不锈钢、耐热钢、铜、钛及其合金钢
直流反接	适用于各种金属的熔化极氩弧焊，钨极氩弧焊很少采用
交流电源	铝、镁及其合金

（2）钨极直径及端部形状。钨极直径主要按焊件厚度、电源极性来选择。如果钨极直径选择不当，将造成电弧不稳、严重烧损钨极和焊缝夹钨。

钨极端部形状对电弧稳定性有一定影响，钨极端部形状按图 4-25 所示选用。

（3）焊接电流。焊接电流主要根据焊件厚度、钨极直径和焊缝空间位置来选择，过大或过小的焊接电流都会使焊缝成形不良或产生缺陷。各种直径的钨极许用电流范围如表 4-10 所列。

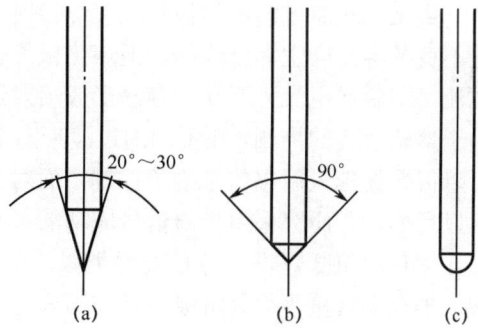

图 4-25　电极端部的形状
(a) 小电流；(b) 大电流；(c) 交流。

表 4-10　各种直径的钨极许用电流范围

钨极直径/mm	直流正接/A	直流反接/A	交流/A	钨极直径/mm	直流正接/A	直流反接/A	交流/A
1.0	15~80		20~60	4.0	400~500	40~55	20~320
1.6	70~250	10~20	60~120	5.0	500~750	55~80	90~390
2.4	150~250	25~30	100~180	6.0	750~1000	80~125	34~525
3.2	250~400	25~40	160~250				

（4）氩气流量和喷嘴直径。对于一定孔径的喷嘴，选用的氩气流量要适当，如果流量过大，不仅浪费，而且容易形成紊流，使空气卷入，对焊接区的保护作用不利，同时带走电弧区的热量多，影响电弧稳定燃烧。而流量过小也不好，气流挺度差，容易受到外界气流的干扰，以致降低气体保护效果。通常氩气流量在 3L/min~20L/min 范围内。一般喷嘴直径随着氩气流量的增加而增加，一般为 5mm~14mm。

（5）焊接速度。在一定的钨极直径、焊接电流和氩气流量条件下，焊接速度过快，会使保护气流偏离钨极与熔池，影响气体保护效果，易产生未焊透等缺陷。焊接速度过慢时，焊缝易咬边和烧穿。因此，应选择合适的焊接速度。

（6）电弧电压。电弧电压增加，焊缝厚度减小，熔宽显著增加；随着电弧电压的增加，气体保护效果随之变差。当电弧电压过高时，易产生未焊透、焊缝被氧化和气孔等缺陷。因此，应尽量采用短弧焊，一般为 10V～24V。

（7）其他因素。喷嘴至焊件的距离、钨极伸出长度等，对焊接过程及气体保护效果，都有不同程度的影响。所以应按具体的焊接要求给予选定。一般喷嘴至焊件的距离为 5mm～15mm 为宜；钨极伸出喷嘴的长度为 3mm～6mm。

3．熔化极氩弧焊

熔化极氢弧焊是采用焊丝作为电极，电弧在焊丝与焊件之间燃烧，焊丝连续送给并不断熔化向熔池过渡，熔池冷却凝固后形成焊缝。熔化极氩弧焊按其操作方式分有半自动焊和自动焊两种。

熔化极氩弧焊用焊丝作为电极，克服了钨极氩弧焊焊接电流受钨极的熔化和烧损的限制，焊接电流可大大提高，焊缝厚度大，焊丝熔敷速度快，所以一次焊接的焊缝厚度显著增加，适用于中厚度焊件的焊接。

当采用短路过渡或颗粒状过渡焊接时，由于飞溅严重，电弧复燃困难，焊件金属熔化不良及容易产生焊缝缺陷。但熔化极氩弧焊在氩气保护下，产生喷射过渡的最小焊接电流（即临界电流）不高，容易形成喷射过渡，所以熔滴过渡多采用喷射过渡的形式，关于熔滴过渡的控制，在不同的过渡形态下，其控制方法有所差异，对于短路过渡方式，可以很方便地采用电信号给予控制，而对于射滴过渡，由于其引起的电信号变化很小，所以目前一些研究采用光谱信号成功的对其熔滴过渡进行了控制。

熔化极氩弧焊设备与 CO_2 焊类似，主要由焊接电源、供气系统、送丝机构、控制系统、半自动焊枪等部分组成。目前国内定型生产的熔化极半自动氩弧焊机有 NBA 系列，如 NBA1-500 型等，熔化极自动氩弧焊机有 NZA 系列，如 NZA-1000 型等。

四、富氩混合气体保护电弧焊与药芯焊丝气体保护电弧焊

1．富氩混合气体保护焊

在惰性气体氩（Ar）中加入少量的活性气体（CO_2、O_2 等）组成的混合气体作为保护气体的焊接方法，称为熔化极活性气体保护焊，简称为 MAG 焊。由于混合气体中 Ar 气所占比例大，故常称为富氩混合气体保护焊。现在常用 80%Ar+20%CO_2 焊接碳钢及低合金钢。

$Ar+CO_2$ 混合气体保护焊具有氩弧焊的优点，如电弧稳定性好、飞溅小、很容易获得轴向喷射过渡等。由于加入了 CO_2，克服了氩弧焊产生的阴极斑点漂移现象及指状（蘑菇）熔深成型等问题，接头力学性能好。焊缝成形比 CO_2 焊好，焊波细密美观。成本比 Ar 弧焊低，较 CO_2 焊高。

富氩混合气体保护焊设备与 CO_2 气体保护焊设备类似，它只是在 CO_2 气体保护焊设备系统中加入了 Ar 气和气体混合配比器或用瓶装的 Ar、CO_2 混合气体代替瓶装 CO_2 即可。

富氩混合气体保护焊的焊接工艺参数主要有焊丝直径、焊接电流、电弧电压、焊接速度、焊丝伸出长度、气体流量、电源种类极性等，选择方法与 CO_2 焊类似。

2．药芯焊丝气体保护电弧焊

依靠药芯焊丝在高温时反应形成的熔渣和气体或另加保护气体保护焊接区进行焊接

的方法称为药芯焊丝电弧焊。药芯焊丝电弧焊根据外加保护方式不同有药芯焊丝气体保护电弧焊、药芯焊丝埋弧焊及药芯焊丝自保护焊。应用最广的是以 CO_2 气体为保护气的药芯焊丝气体保护焊。

药芯焊丝气体保护焊的基本原理与普通熔化极气体保护焊一样。焊接时，在电弧热作用下熔化的药芯焊丝、母材金属和保护气体相互之间发生冶金作用,同时形成一层较薄的液态熔渣包覆熔滴并覆盖熔池,对熔化金属形成了又一层的保护。实质上这种焊接方法是一种气渣联合保护的方法，如图 4-26 所示。

药芯焊丝气体保护焊综合了焊条电弧焊和普通熔化极气体保护焊的优点：保护效果好，抗气孔能力强，焊缝成形美观，电弧稳定性好，颗粒细，飞溅少；焊丝熔敷速度快，生产率比焊条电弧焊高 3 倍～4 倍，经济效益显著；对焊接电源无特殊要求，交、直流，平缓外特性均可等。不足之处是焊丝制造过程复杂，药粉易吸潮等。

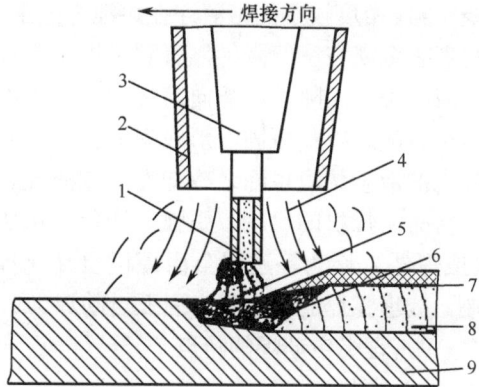

图 4-26　药芯焊丝 CO_2 气体保护焊
1—药芯焊丝；2—喷嘴；3—导电嘴；4—CO_2 气流；
5—电弧；6—熔池；7—渣壳；8—焊缝；9—焊件。

药芯焊丝 CO_2 气体保护电弧焊工艺与实芯焊丝 CO_2 气体保护焊相似，其焊接工艺参数主要有焊接电流、电弧电压、焊接速度、焊丝伸出长度等。电源一般采用直流反接，焊丝伸出长度一般为 15mm～25mm，焊接速度通常在 30cm/min～50cm/min 范围内。

第五节　埋　弧　焊

一、概述

埋弧焊是相对明弧焊而言的，是指电弧在颗粒状焊剂层下燃烧的一种焊接方法，电弧在焊接时不可见。是目前广泛使用的一种高效的机械化、自动化的焊接方法，常称为埋弧自动焊。

随着埋弧焊焊剂和焊丝新品种的发展和埋弧焊工艺的改进，目前可以焊接的钢种有：所有牌号的低碳钢、碳含量小于 0.6% 的中碳钢、各种低合金高强度钢、耐热钢、耐候钢、低温用钢、各种铬钢和铬镍不锈钢、高合金耐热钢和镍基合金等。对淬硬性较高的高碳钢、马氏体时效钢、铜及其合金采用埋弧焊焊接时，必须采取特殊的焊接工艺才能保证接头的质量。埋弧焊还可用于不锈耐蚀的、硬质耐磨的金属表面堆焊。埋弧焊是各工业部门应用最广泛的机械化焊接方法之一。特别在船舶制造、发电设备、锅炉压力容器、大型管道、机车车辆、重型机械、桥梁及炼油化工装备生产中已成为主导的焊接工艺，对这些焊接结构制造行业的发展起到了积极的推动作用。

1. 埋弧焊工作原理

埋弧焊的焊接过程如图 4-27 所示。焊接时，先将焊丝由送丝机构送进，经导电嘴与焊件轻微接触，焊剂由漏斗口经软管流出后，均匀地堆敷在待焊处，把导电嘴及焊口埋在焊剂下面。引弧后电弧将焊丝和焊件熔化形成熔池，同时将电弧区周围的焊剂熔化并有部分蒸发，形成一个封闭的电弧燃烧空间，密度较小的熔渣浮在熔池表面上，将液态金属与空气隔绝，有利于焊接冶金反应的进行。随着电弧向前移动，熔池液态金属随之冷却凝固而形成焊缝，浮在表面上的液态熔渣也随之冷却而形成渣壳。焊接时，焊机的启动、引弧、送丝、机头（或焊件）移动等过程全由焊机自动化控制。故埋弧焊通常也称为埋弧自动焊。

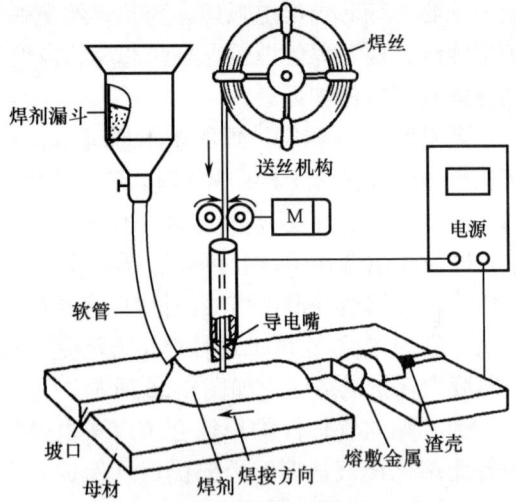

图 4-27　埋弧自动焊过程示意图

2．埋弧自动焊的特点

1）埋弧自动焊的优点

（1）焊接生产率高。埋弧自动焊可采用较大的焊接电流，同时因电弧加热集中，使熔深增加，单丝埋弧焊可一次焊透 20mm 以下不开坡口的钢板。而且埋弧自动焊的焊接速度也较焊条电弧快，单丝埋弧焊焊速可达 30m/h～50m/h，而焊条电弧焊焊速则不超过 6m/h～8m/h，从而提高了焊接生产率。

（2）焊接质量好。因熔池有熔渣和焊剂的保护，使空气中的氮、氧难以侵入，提高了焊缝金属的强度和韧性，焊接质量好。另外，焊缝表面光洁、平整、成型美观。

（3）劳动条件好。由于实现了焊接过程机械化，操作较简便，而且电弧在焊剂层下燃烧没有弧光的有害影响，放出烟尘也少，因此焊工的劳动条件得到了改善。

（4）焊接成本较低。由于熔深较大，埋弧自动焊时可不开或少开坡口，减少了焊缝中焊丝的填充量，也节省因加工坡口而消耗掉的母材。由于焊接时飞溅极少，又没有焊条头的损失，所以节约焊接材料。另外，埋弧焊的热量集中，而且利用率高，故在单位长度焊缝上，所消耗的电能也大为降低。

（5）焊接范围广。埋弧焊不仅能焊接碳钢、低合金钢、不锈钢，还可以焊接耐热钢及铜合金、镍基合金等有色金属。此外，还可以进行抗磨损、耐腐蚀材料的堆焊。但不适用于铝、钛等氧化性强的金属和合金的焊接。

2）埋弧自动焊的缺点

一般只适用于平焊或倾斜度不大的位置及角焊位置焊接；焊接时不能直接观察电弧与坡口的相对位置，容易产生焊偏及未焊透，不能及时调整工艺参数；焊接设备比较复杂，维修保养工作量比较大；仅适用于直的长焊缝和环形焊缝焊接。

二、埋弧焊用焊接材料

1．焊丝

埋弧焊所用焊丝有实心焊丝与药芯焊丝两种。普遍使用的是实心焊丝，有特殊要求时使用药芯焊丝。

根据所焊金属材料的不同，埋弧焊用焊丝有碳素结构钢焊丝、合金结构钢焊丝、高合金钢焊丝、各种有色金属焊丝和堆焊焊丝。按焊接工艺的需要，除不锈钢焊丝和有色金属焊丝外，焊丝表面均镀铜，以利于防锈并改善导电性能。

2．焊剂

埋弧焊焊剂按用途分为钢用焊剂和有色金属用焊剂，按制造方法分为熔炼焊剂、烧结焊剂和陶质焊剂。

三、埋弧焊设备

埋弧焊设备由焊接电源、埋弧焊机和辅助设备构成。

1．埋弧焊电源

埋弧焊时，电弧静特性工作段为平或略上升曲线，为了获得稳定的工作点，电源的外特性应采用缓降特性或平特性曲线。对于等速送丝焊机的细丝焊（焊丝直径1.63mm），采用平特性曲线的焊接电源；但对粗丝焊时（焊丝直径不小于 4mm），应采用缓降特性焊接电源配以电压反馈的变速送丝焊机较好。

埋弧焊电源可以用交流、直流或交直流并用。

2．埋弧焊机及辅助设备

埋弧焊机按其自动化程度可分为半机械化（自动）焊机和机械化（自动）焊机；按用途可分为通用和专用焊机；按电弧自动调节方式可分为等速送丝和均匀调节式焊机；按焊丝数目可分为单丝、双丝和多丝焊机；按行走机构形式可分为小车式、门架式和伸缩臂式等。

常用的机械化埋弧焊机有等速送丝和变速送丝两种，一般由机头、控制箱、导轨（或支架）组成。为了保证焊接质量和实施焊接工艺，提高生产率及减轻工人的劳动强度，还常采用各种焊接辅助设备如焊接操作架、焊件变位机、焊缝成形装置、焊剂回收装置等。

四、埋弧焊焊接工艺

1．焊前准备

埋弧焊在焊接前必须做好准备工作，包括焊件的坡口加工、待焊部位的表面清理、焊件的装配以及焊丝表面的清理、焊剂的烘干等。

1）坡口加工

坡口加工要求按有关标准执行，以保证焊缝根部不出现未焊透或夹渣，并减少填充金属量。坡口的加工可使用刨边机、机械化或半机械化气割机、碳弧气刨等，加工后的坡口尺寸及表面粗糙度等必须符合设计图样或工艺文件的规定。

2）待焊部位的清理

焊件清理主要是去除锈蚀、油污及水分，防止气孔的产生。一般用喷砂、喷丸方法或手工清除，必要时用火焰烘烤待焊部位。在焊前应将坡口及坡口两侧各20mm区域内及待焊部位的表面铁锈、氧化皮、油污等清理干净。

3）焊件的装配

装配焊件时要保证间隙均匀，高低平整，错边量小，定位焊缝长度一般大于30mm，并且定位焊缝质量与主焊缝质量要求一致。必要时采用专用工装、卡具。对直缝焊件的装配，在焊缝两端要加装引弧板和引出板，待焊后再割掉，其目的是使焊接接头的始端和末端获得正常尺寸的焊缝截面，而且还可除去引弧和收尾容易出现的缺陷。

4）焊接材料的清理

埋弧焊用的焊丝和焊剂对焊缝金属的成分、组织和性能影响极大。因此焊接前必须清除焊丝表面的氧化皮、铁锈及油污等。焊剂保存时要注意防潮，使用前必须按规定的温度烘干待用。

2．焊接参数的选择

与焊条电弧焊相比，埋弧焊需控制的焊接参数较多，对焊接质量和焊缝成形影响较大的焊接参数有焊接电流、电弧电压、焊接速度、焊丝直径与伸出长度、焊丝与焊件的相对位置、装配间隙与坡口的大小等，此外焊剂层厚度及粒度对焊缝质量也有影响。

1）焊接电流

焊接电流是决定熔深的主要因素。在一定的范围内，焊接电流增加时，焊缝的熔深和余高都增加，而焊缝的宽度增加不大。增大焊接电流能提高生产率，但在一定的焊速下，焊接电流过大会使热影响区过大并产生焊瘤及焊件被烧穿等缺陷；若焊接电流过小，则熔深不足，产生熔合不好、未焊透、夹渣等缺陷，并使焊缝成形变坏。为保证焊缝的成形美观，在提高焊接电流的同时要提高电弧电压，使它们保持合适的比例关系。

2）焊接电压

焊接电压是决定熔宽的主要因素。焊接电压增加时，弧长增加，熔深减小，焊缝变宽，余高减小。焊接电压过大，熔剂熔化量增加，电弧不稳，严重时会产生咬边和气孔等缺陷。

3）焊接速度

焊接速度增加时，母材熔合比较小。焊接速度太快，会产生咬边、未焊透、电弧偏吹和气孔等缺陷，焊缝余高大而窄，成形不好。焊接速度太慢，则焊缝余高过高，形成宽而浅的大熔池，焊缝表面粗糙，容易产生满溢、焊瘤或烧穿等缺陷。焊接速度过慢，焊接电压又太高时，焊缝截面呈"蘑菇形"，容易产生裂纹。

4）焊丝直径与伸出长度

焊接电流不变时，可减小焊丝直径，同时因电流密度增加，熔深增大，焊缝成形系数减小。焊丝伸出长度增加时，熔敷速度和余高增加。

5）焊丝倾角的影响

焊接时焊丝相对焊件倾斜，使电弧始终指向待焊部分的焊接操作方法叫前倾焊。焊丝前倾时，熔深浅、焊缝宽，适于焊薄板；单丝焊时，通常焊件放在水平位置，焊丝与工件垂直；焊接时电弧永远指向已焊部分叫后倾焊。焊丝后倾时，熔深与余高增大，熔宽明显减小，焊缝成形不良，一般只用于多丝焊的前导焊丝；在实际生产条件下，为了便于安装和调整焊丝，也为了操作的方便，在埋弧焊时一般不使焊丝倾斜。

6）焊件位置的影响

焊件倾斜时，对焊缝成型有十分显著的影响。上坡焊时，熔池底部焊缝的熔深和熔高都有增加，而熔池前部熔宽有所减小。上坡角越大，这一影响越显著，但上坡角度过大，易形成窄而深的焊缝，会使焊缝边缘产生咬肉的现象而降低焊接质量，所以实际使用时上坡角不宜过大。下坡焊与上坡焊情况正好相反。但下坡焊角度过大易造成焊件未焊透、焊缝边缘未熔合等缺陷。因此无论上坡焊还是下坡焊，焊件的倾角均不宜大于6°～8°。

由于埋弧焊焊接参数对焊缝的质量和成形影响很大，因此所选择的焊接参数要保证电弧稳定、焊缝质量和成形好、生产效率高、成本低。埋弧焊的焊接参数可采用查表法、经验法和试验法来确定。

第六节　等离子弧焊接与切割

一、概述

1. 等离子弧的形成及特点

1）等离子弧的形成

一般的焊接电弧未受到外界的压缩，称为自由电弧。自由电弧中的气体电离是不充分的，能量不能高度集中。等离子弧是电弧的一种特殊形式，如果对自由电弧强迫压缩（压缩效应），就能形成等离子弧。等离子弧的形成如图 4-28 所示。借助水冷喷嘴的外部拘束，使电弧的弧柱区横截面受到限制，使电弧的温度、能量密度、电离度和它的流速都显著增大。这种用外部拘束条件使弧柱受到压缩的电弧就是通常所称的等离子弧，即先通过高频振荡器激发气体电离形成电弧，然后在压缩效应作用下，形成等离子弧。

2）等离子弧的特点

（1）温度高、能量高度集中。等离子弧的导电性高，承受的电流密度大，因此温度极高，并且截面很小，能量密度高度集中。

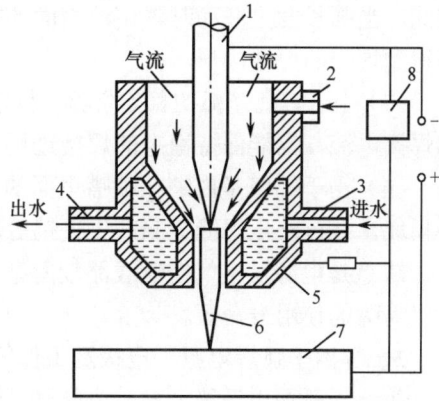

图 4-28　等离子弧产生装置原理示意图
1—钨极；2—进气管；3—进水管；4—出水管；5—喷嘴；6—等离子弧；7—焊件；8—高频振荡器。

（2）电弧挺度好、燃烧稳定。自由电弧的扩散角度约为 45°，而等离子弧由于电离程度高，放电过程稳定，在"压缩效应"作用下，其扩散角仅为 5°。故电弧挺度好，燃烧稳定。

（3）具有很强的机械冲刷力。等离子弧发生装置内通入常温压缩气体，由于受到电弧高温加热而膨胀，使气体压力大大增加，高压气流通过喷嘴细通道喷出时，可达到很高的速度甚至可超过声速，所以等离子弧有很强的机械冲刷力。

2. 等离子弧的分类和应用

焊接领域中应用的等离子弧按不同的接线方式和工作方式可分为非转移型、转移型和联合型等离子弧 3 类。其中非转移弧主要在等离子弧喷涂或焊接极薄材料时采用；转移型等离子弧常用于等离子弧切割、等离子弧焊和等离子弧堆焊等；联合型等离子弧主要用于微束等离子弧焊和等离子弧喷焊等。另外，等离子弧按电弧电流的大小可分为大电流等离子弧和小电流等离子弧。其中大电流等离子弧，电弧电流大于 30A；小电流等离子弧，电弧电流小于 30A，又称为微束等离子弧。

作为热源，等离子弧得到了广泛的应用，可进行等离子弧焊、等离子弧切割、等离子弧堆焊、等离子弧喷涂、等离子弧冶金等。

二、等离子弧焊接

1. 等离子弧焊原理

等离子弧焊接是借助水冷喷嘴对电弧的拘束作用，获得较高能量密度的等离子弧进行焊接的一种方法。按焊缝成形原理，等离子弧焊接有穿透型等离子弧焊、熔透型等离子弧焊、微束等离子弧焊 3 种基本方法。

2. 等离子弧焊特点

等离子弧焊与钨极氩弧焊相比有下列特点。

（1）由于等离子弧的温度高，能量密度大（即能量集中），熔透能力强，对于小于 8mm 或更厚一些的金属焊接可不开坡口，不加填充金属焊接。可用比钨极氩弧焊高得多的焊接速度施焊，不仅提高了焊接生产率，而且还可减小热影响区宽度和焊接变形。

（2）由于等离子弧的形态近似于圆柱形，挺直度好，几乎在整个弧长上都具有高温。因此，当弧长发生波动时，熔池表面的加热面积变化不大，对焊缝成形的影响较小，容易得到均匀的焊缝成形。

（3）由于等离子弧的稳定性好，特别是用联合型等离子弧时，使用很小（大于 0.1A）的焊接电流，也能保持稳定的焊接过程。因此，可焊超薄的工件。

（4）由于钨级是内缩在喷嘴里面的，焊接时不会与工件接触。因此，不仅可减少钨极损耗，并可防止焊缝金属产生夹钨等缺陷。

缺点是电源及电气控制线路较复杂、设备投资费用较高、工艺参数的调节匹配较复杂，喷嘴的使用寿命短。

3. 等离子弧焊电源、电极及工作气体

等离子弧焊电源绝大多数为陡降外特性，一般采用直流正接，焊 Mg、Al 薄板时可采用直流反接电源。等离子弧焊的电极材料一般采用铈钨极或钍钨极。等离子弧焊的工作气体分为离子气和保护气，均为 Ar、N_2 或其与 H_2 的混合气体。大电流等离子弧焊时，离子气和保护气成分应相同；小电流焊接时，离子气一律用氩气，保护气可用氩气也可以选用其他成分气体，如 $Ar+H_2$ 等。

4. 常见的等离子弧焊工艺

1）接头形式

可以进行等离子弧焊的接头形式主要有：I 形对接、薄板搭接、T 形接头、端接、卷边对接、外角接头及点焊接头等。用钨极气体保护焊方法可以焊接的接头与结构，多数都可用等离子弧焊方法完成。

2）大电流等离子弧焊工艺

大电流等离子弧焊又分为穿透型等离子弧焊和熔透型等离子弧焊。穿透型焊接法是电弧在熔池前穿透工件形成小孔，随着热源移动在小孔后形成焊道的焊接方法（又称小孔焊法）。焊炬前进时，小孔在电弧后面闭合，形成完全穿透的焊缝。焊缝断面呈酒杯状，如图 4-29 所示。正面焊缝的宽度与弧柱能量的大小、焊接速度等有关，焊缝背面的宽度比小孔直径稍大。焊件越厚，酒杯状越明显。穿透型焊接法是目前等离子弧

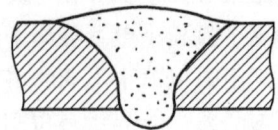

图 4-29　穿透型焊法形成的酒杯状断面

焊的主要方法，3mm 以上的材料常用此法焊接。用这种方法可获得成形美观的焊缝，可用于 I 形坡口一次焊透或多层焊第一层焊缝的底焊。它具有焊接速度快，生产率高，焊接接头质量好，热影响区窄，焊接变形小等优点。

穿透型焊接法的焊接参数有焊接电流、离子气流量、焊接速度、喷嘴几何尺寸、电极内缩量、喷嘴高度、钨极直径与形状、保护气成分、流量等。

（1）焊接电流。焊接电流是一个主要焊接参数，在具有"小孔效应"的焊接电流范围内，焊接过程稳定，对焊缝成形影响不大。

（2）离子气流量。离子气流量的大小对熔深、焊缝成型、焊接速度都有影响。在一般情况下，离子气对正面焊缝的宽窄影响不大，对反面焊缝的影响较大。

（3）焊接速度。焊接速度太快会产生咬边或未焊透；太慢会导致过热，因熔池过大，会产生焊漏或烧穿现象。

（4）喷嘴几何尺寸。一般采用三孔型喷嘴，这种喷嘴的焊接速度比单孔喷嘴高 50%～100%。焊厚工件时，用收敛扩散三孔型或有压缩段的收敛扩散三孔型喷嘴较好。

（5）钨极内缩量。钨极端头到喷嘴口部的距离叫内缩量。它对焊缝成形、熔深、焊速都有影响。钨极内缩量应与喷嘴通道长相等或稍小，比 L 短 0.1mm～0.3mm。

（6）喷嘴高度。喷嘴高度影响弧长，对焊缝成形影响不大。喷嘴较低时，焊缝较窄，焊接速度快，易咬边；喷嘴较高时，熔深降低，焊缝粗糙成形不好。合适的喷嘴高度为5mm～8mm。

（7）钨极直径与形状。常用的钨极有钍钨、铈钨和锆钨，冷却方式有直接冷却和间接冷却。钨极直径取决于工作电流，可按 TIG 焊钨极的许用电流选取。钨极锥度一般在30°～50°之间，根据电流大小选择。

（8）保护气成分和流量。保护气体流量与离子气流量要以适当的比例匹配。

熔透型焊接法是焊接过程中熔透焊件的焊接法，简称熔透法（又叫熔入法）。这种方法焊接时电弧压缩的程度比较弱，等离子焰流喷出速度较小，电弧的穿透能力较低，其过程和钨极氢弧焊相似。此方法多用于板厚 2mm～3mm 以下的焊接、卷边焊接或多层焊时第二层及以后各层的焊接。

3）微束等离子弧焊工艺

微束等离子弧焊是利用小电流（通常小于 30A）焊接的等离子弧焊。若采用转移弧，等离子弧焊在焊接电流小于 10A 时很不稳定，故微束等离子弧焊常采用联合电弧的形式，此时即使焊接电流很小（0.05A～10A），仍可维持电弧的稳定燃烧。用这种方式可以成功的焊接 0.01mm～0.8mm 的金属箔，这是一般电弧焊所难以完成的。微束等离子弧呈细长的圆锥状（其锥度 6°左右），它能允许弧长有较大的变化，而对焊件上加热程度的变化敏感性较小，焊接质量比较稳定，特别有利于焊接薄板。

微束等离子弧焊接时不用"小孔效应"来形成焊缝，与一般的氩弧焊接方法相似。微束等离子弧焊采用垂直陡降外特性的电源。焊接时维弧（间接电弧）与主弧（直接电弧）同时存在，喷嘴与焊缝对中要求高，同时采用非磁性材料制造卡具，以防止产生磁偏吹现象。

微束等离子弧焊可以焊接不锈钢、镍合金、钛、康铜丝、不锈钢丝、镍丝、紫铜等。

三、等离子弧切割

1．等离子弧切割原理

利用等离子弧的热能实现切割的方法称为等离子弧切割。它与氧一乙炔切割有本质上的区别。它是以高温、高速的等离子弧为热源，将被切割件局部熔化，并利用压缩的高速气流的机械冲刷力，将已熔化的金属或非金属吹走而形成狭窄切口的过程。

等离子弧切割使用的工作气体是 N_2、Ar、H_2 以及它们的混合气体，由于氮气价格低廉故常用的是氮气，且氮气纯度不低于 99.5%。此外，在碳素钢和低合金钢切割中，常使用压缩空气作为工作气体的空气等离子弧切割。

电极材料通常用钍钨、铈钨、钇钨、纯锆、纯铪等。

2．等离子弧切割特点

1）等离子弧切割的优点

（1）可以切割任何黑色和有色金属。等离子弧可以切割各种高熔点金属及其他切割方法不能切割的金属，如不锈钢、耐热钢、钛、钼、钨、铸铁、铜、铝及其合金。切割不锈钢、铝等厚度可达 200mm 以上。

（2）可切割各种非金属材料。采用非转移型电弧时，由于工件不接电，所以在这种情况下能切割各种非导电材料，如耐火砖、混凝土、花岗石、碳化硅等。

（3）切割速度快、生产率高。在目前采用的各种切割方法中，等离子切割的速度比较快，生产率也比较高。

（4）切割质量高。等离子弧切割时，能得到比较狭窄、光洁、整齐、无粘渣、接近于垂直的切口，而且切口的变形和热影响区较小，其硬度变化也不大，切割质量好。

2）等离子弧切割的不足

设备比氧一乙炔气割复杂、投资较大；电源的空载电压较高，要注意安全；气割时产生的气体会影响人体健康，操作时应注意通风。此外，还必须注意防弧光辐射、防噪声、防高频等。

3．等离子弧切割工艺的参数

等离子弧切割的工艺参数包括切割电流、电弧电压、喷嘴孔径、钨极内缩量、喷嘴到工件的距离、工作气体的种类和流量。

通常按切割不同的材料选择不同的工作气体，按工件的厚度选择不同孔径的喷嘴、按不同的喷嘴孔径选择切割电流等。可参考相关资料、手册。

第七节　高能束流焊接

束流功率密度达到 $10^5 W/cm^2$ 以上的焊接方法被称为高能束流焊。属于高功率密度的主要热源有等离子弧、激光束、电子束等。本节介绍激光焊和电子束焊。

一、激光焊

激光焊是 20 世纪 70 年代发展起来的焊接新技术，它以高能量密度的激光作为热源，对金属进行熔化形成焊接接头。激光焊接具有高能量密度、可聚焦、深穿透、高效率、高精度、适应性强等优点。受到各发达国家的重视，应用于航空航天、汽车制造、电子轻工等领域。

1. 激光焊原理及分类

1）激光焊接的原理

光子轰击金属表面形成蒸气，蒸发的金属可防止剩余能量被金属反射掉。如果被焊金属有良好的导热性能，则会得到较大的熔深。激光在材料表面的反射、透射和吸收，本质上是光波的电磁场与材料相互作用的结果。激光光波入射材料时，材料中的带电粒子依着光波电矢量的步调振动，使光子的辐射能变成了电子的动能。物质吸收激光后，先产生的是某些质点的过量能量。如自由电子的动能，束缚电子的激发能；这些原始激发能经过一定过程再转化为热能。

金属对激光的吸收，主要与激光波长、材料的性质、温度、表面状况以及激光功率密度等因素有关。一般来说，金属对激光的吸收随着温度的上升而增大，随电阻率增加而增大。

2）激光焊的分类

按激光器输入能量方式的不同，激光焊分为脉冲激光焊和连续激光焊（包括高频脉冲连续激光焊）；前者焊接时形成一个个圆形焊点，后者在焊接过程中形成一条连续焊缝。按照激光发生器的不同，激光有固体、半固体、液体、气体激光之分。按激光聚焦后光斑上功率密度的不同，激光焊分为传热焊和深熔焊（图 4-30）。传热焊和深熔焊的原理如下。

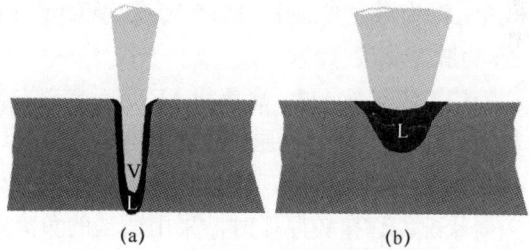

图 4-30　传热焊和深熔焊示意图
（a）深熔焊；（b）传热焊。

传热焊所用激光功率密度较低（$10^5 \text{W/cm}^2 \sim 10^6 \text{W/cm}^2$），焊接时，工件吸收激光后，金属材料表面将所吸收的光能转变为热能，激光将金属表面加热到熔点与沸点之间，仅达到表面熔化，然后依靠热传导向工件内部传递热量，使熔化区逐渐扩大，形成熔池。其熔池轮廓近似为半球形。这种焊接模式熔深浅，深宽比较小，类似于 TIG 焊等钨极电弧焊过程。适合薄板和小工件的焊接加工。

深熔焊采用的激光能量密度高（$10^6 \text{W/cm}^2 \sim 10^7 \text{W/cm}^2$），金属在激光的照射下被迅速加热，其表面温度在极短的时间内升高到沸点，工件吸收激光后迅速熔化乃至气化，金属蒸气以一定速度离开熔池，金属蒸气逸出对熔化的液态金属产生附加压力，使熔池金属表面形成凹陷，熔化的金属在蒸气压力作用下形成小孔，蒸气将熔化的金属挤向熔池四周，使小孔不断延伸，直至小孔内的蒸气压力与液体金属的表面张力和重力平衡为止。小孔随着激光束沿焊接方向移动时，小孔前方熔化的金属绕过小孔流向后方，凝固后形成焊缝。这种焊接模式熔深大，深宽比也大（图 4-30）。在机械制造领域，除了那些微薄零件外，一般应选用深熔焊。

2. 激光焊的工艺参数

1）脉冲激光焊的工艺参数

脉冲激光焊激光器输出的平均功率低，每个激光脉冲形成一个焊点，主要用于薄片、薄膜（几微米至几十微米）和金属丝的焊接，也可进行一些零件的封装焊。常用的脉冲激光焊的激光器有红宝石、钕玻璃和 YAG 等几种。脉冲激光焊有 4 个主要焊接参数：脉冲能量、脉冲宽度、功率密度和离焦量。

（1）脉冲能量和脉冲宽度。脉冲能量决定了加热能量大小，它主要影响金属的熔化量；脉冲宽度决定焊接时的加热时间，它影响熔深及热影响区大小。脉冲能量一定时，对于不同材料，各自存在着一个最佳脉冲宽度，此时焊接熔深最大。它主要取决于材料的热物理性能，特别是热导率和熔点。导热性好、熔点低的金属易获得较大的熔深。脉冲能量和脉冲宽度在焊接时有一定的关系，而且随着材料厚度与性质不同而变化。

（2）功率密度。激光焊的功率密度决定焊接过程和机理。功率密度较小时，焊接以传热焊的方式进行，焊点的直径和熔深由热传导决定；当激光斑点的功率密度达到一定值（10^6W/cm^2）后，出现小孔效应，形成深熔焊点，这时金属有少量蒸发，并不影响焊点的形成。但功率密度过大后，金属蒸发剧烈，导致汽化金属过多，造成焊点中形成一个不能被液态金属填满的小孔，难以形成牢固的焊点。脉冲激光焊时，功率密度为

$$P_d = 4E / \pi d^2 \Delta \tau \qquad (4\text{-}2)$$

式中：P_d 为激光光斑上的功率密度（W/cm^2）；E 为激光脉冲能量（J）；d 为光斑直径（cm）；$\Delta \tau$ 为脉冲宽度（s）。

（3）离焦量 ΔF。离焦量 ΔF 是指焊接时焊件表面离聚焦激光束最小斑点的距离。也称为入焦量。激光束通过透镜聚焦后，如果焊件表面在焦点下面，则 $\Delta F > 0$，称为正离焦量，反之则 $\Delta F < 0$，称为负离焦量。改变离焦量可以改变激光加热斑点的大小和光束入射状况，焊接较厚板时，采用适当的负离焦量可以获得最大熔深。但离焦量太大会使光斑直径变大，降低光斑上的功率密度，使熔深减小。

2）连续激光焊工艺参数

这里主要讨论 CO_2 连续激光深熔焊时，各工艺参数对熔深的影响。

（1）激光功率。通常激光功率是指激光器的输出功率，没有考虑导光和聚焦系统所引起的损失。激光焊熔深与激光输出功率密度密切相关，是功率和光斑直径的函数。对一定的光斑直径，其他条件不变时，焊接熔深随激光功率的增加而增加。熔深随激光功率的变化大致有两种典型的实验曲线，用公式近似地表示为

$$h \propto p^k \qquad (4\text{-}3)$$

式中：h 为熔深（mm）；P 为激光功率（kW）；k 为常数，典型试验值为 0.7 和 1.0。

（2）焊接速度。在一定的激光功率下，提高焊接速度，热输入下降，焊接熔深减小，焊接速度与熔深有下面的近似关系：

$$h \approx 1/v^r \qquad (4\text{-}4)$$

式中：h 为焊接溶深（mm）；v 为焊接速度；r 为常数，小于 1。

适当降低焊接速度可加大熔深，但若焊接速度过低，熔深却不会再增加，反而使熔宽增大。其主要原因是，激光深熔焊时，维持小孔存在的主要动力是金属蒸气的反冲压力，当焊接速度低到一定程度后，热输入增加，熔化金属越来越多，当金属汽化所产生的反冲压力不足以维持小孔的存在时，小孔不仅不再加深，甚至会崩溃，焊接过程蜕变为传热焊，而熔深不会再加大。另一个原因是随着金属汽化的增加，等离子体的浓度增

加，对激光的吸收增加。这些原因使得低速焊时，激光焊熔深有一个最大值。也就是说，对于给定的激光功率等条件，存在维持深熔焊接的最小焊接速度。

（3）光斑直径

指照射到焊件表面的光斑尺寸大小。在激光器结构一定的情况下，照射到焊件表面的光斑大小取决于透镜的焦距和离焦量。焊接时为获得深熔焊缝，要求激光光斑上的功率密度高。提高功率密度的方式有两个：①提高激光功率；②减小光斑直径。减小光斑直径比增加功率有效得多。减小光斑直径可通过使用短焦距透镜和降低激光束横模阶数来实现。低阶模聚焦可以获得更小的光斑。

（4）离焦量

离焦量是指焊接时焊件表面离聚焦激光束最小斑点的距离，它不仅影响焊件表面激光光斑大小，而且影响光束的入射方向，改变离焦量，可以改变加热斑点的大小和入射状况。因而对焊接熔深、熔宽和焊缝横截面形状有较大影响。离焦量很大时，熔深很小，属传热焊，离焦量减小到某一值后，熔深突然增加，标志着小孔产生，此时焊接过程是不稳定的，熔深随着离焦量的微小变化改变很大。激光深熔焊时，熔深最大时的焦点位于焊件表面下方某处，此时焊缝成形也最好。

（5）保护气体

激光焊时采用保护气体有两个作用：①保护焊缝金属不受有害气体的侵袭，防止氧化污染，提高接头的性能；②影响焊接过程中的等离子体，这直接与光能的吸收和焊接机理有关。CO_2 激光照熔焊过程中形成的光致等离子体，会对激光束产生吸收、折射和散射等，从而降低焊接过程的效率，其影响程度与等离子体形态有关。等离子体形态又直接与焊接参数特别是激光功率密度、焊接速度和环境气体有关。功率密度越大，焊接速度越低，金属蒸气和电子密度越大，等离子体越稠密，对焊接过程的影响也就越大。在激光焊过程中保护气体，可以抑制等离子体。

3．激光焊设备的选择与应用

用于激光焊接的激光器主要有 CO_2 气体激光器和 YAG 固体激光器两种。

1）YAG 固体激光器

Nd：YAG 钕-钇铝石榴石，简称 YAG，激光焊用 YAG 激光器，平均输出功率为 0.3kW～3kW，目前国外 YAG 激光器的最大功率可达 4kW。YAG 激光器可在连续或脉冲状态下工作，也可在调 Q 状态下工作。YAG 激光器输出激光的波长为 1.06nm，是 CO_2 激光波长的 1/10。波长较短有利于激光的聚焦和光纤传输，也有利于金属表面的吸收，这是 YAG 激光器的优势，但 YAG 激光器采用光浦泵，能量转换环节多，器件总效率约为 2%～3%，比 CO_2 激光器低，而且泵浦灯使用寿命较短，需经常更换。另外，YAG 激光器一般输出多模光束，模式不规则，发散角大。

2）CO_2 激光器

CO_2 激光器是目前工业应用中数量最大、应用最广泛的一种激光器。CO_2 激光器工作气体的主要成分是 CO_2、N_2 和 He，CO_2 分子是产生激光的粒子，N_2 气分子的作用是与 CO_2 分子共振交换能量，使 CO_2 分子激励，增加激光较高能级上的 CO_2 分子数，同时它还有抽空激光较低能级的作用，即加速 CO_2 分子的弛豫过程。He 气的主要作用是抽空激光较低能级的粒子。He 分子与 CO_2 分子相碰撞，使 CO_2 分子从激光较低能级尽快回到基级。He 的导热性很好，故又能把激光器工作时气体中的热量传给管壁或热交换器，使激光器的输出功率和效率大大提高。CO_2 激光器具有如下特点。

（1）输出功率范围大。CO_2 激光器的最小输出功率为数毫瓦，最大可输出几百千瓦的连续激光功率。脉冲 CO_2 激光器可输出 10^4J 的能量，脉冲宽度单位为 ns。

（2）能量转换功率大大高于固体激光器。CO_2 激光器的理论转换功率为 40%，实际应用中电光转换效率也可达到 15%。

（3）CO_2 激光波长为 10.6nm，属于红外光，它可在空气中传播很远而衰减很小。

激光器最重要的性能是输出功率和光束质量。从这两方面考虑，CO_2 激光器比 YAG 激光器具有很大优势，是目前深熔焊接主要采用的激光器，生产上应用大多数还处在 1.5kW～6kW 范围，现在世界上最大的 CO_2 激光器已达 50kW。而 YAG 激光器在过去相当长一段时间内提高功率有困难，一般功率小于 1kW，用于薄小零件的微联接。但近几年来，国外在研制和生产大功率 YAG 激光器方面取得了突破性的进展，最大功率已达 5kW，并已投入市场。由于其波长短，仅为 CO_2 激光的 1/10，有利于金属表面吸收，可以用光纤传输，使导光系统大为简化。可以预料，大功率 YAG 激光焊接技术在今后一段时间内将获得迅速发展，成为 CO_2 激光焊接强有力的竞争对手。

其他新型激光器，如 CO 激光器，输出波长为 $5\mu m$ 左右的多条谱线，这种激光器能量转换效率比 CO_2 激光器高，目前 CO 激光器输出功率可达数 kW 至 10kW，光束质量也高，并有可能实现光纤传输，但只能运行于低温状态（40℃以下），其制造和运行成本均较高，尚处在实用化研究阶段；极有发展前途的高功率半导体二极管激光器，随着其可靠性和使用寿命的提高及价格的降低，在某些焊接领域将替代 Nd：YAG、CO_2 激光器。

二、电子束焊

电子束焊在工业中的应用虽然只有 50 年多的历史，但已经从用于原子能及宇航工业、航空、汽车、电子、电器、机械、医疗、石油化工、造船、能源等几乎所有的工业部门。目前世界拥有的电子束焊机约有 8000 多台，焊机功率为 2kW～300kW，实用的最大电子束焊机功率在 100kW 左右。

20 世纪 60 年代初，我国开始跟踪世界电子束焊焊接技术的发展，并开始其设备及工艺的研究工作。我国开展电子束焊工艺研究及应用的主要领域是航空航天、汽车、电力及电子等工业部门。电子束焊技术在我国的一些工业部门中得到广泛应用。我国科技人员先后对多种材料进行了系统研究，如铝合金、钛合金、不锈钢、超高强钢、高温合金等。在飞机、航空发动机、导弹等的试制中都用到了电子束焊技术。

1. 电子束焊原理及分类

1）电子束焊接原理

电子束焊是高能密度的焊接方法，高压加速装置形成的高功率电子束流，定向高速运动的电子束撞击置于真空或非真空中的工件表面后，在很小的焦点范围内（其功率密度可达 $10^4W/cm^2～10^9W/cm^2$），将部分动能迅速转化成热能，焦点处的最高温度达 5930℃ 左右，使被焊金属熔化，冷却结晶后形成焊缝，实现焊接过程。

电子束撞击到工件表面时，电子动能转化为热能，使金属迅速熔化和蒸发。在蒸气的作用下熔化的金属被排开，电子束能继续撞击深处，固态金属很快被钻出一个锁形小孔，表层的高温还可以向焊件深层传导。随着电子束与工件的相对移动，液态金属沿小孔周围流向熔池后部，逐渐冷却，凝固形成了焊缝。提高电子束的功率密度以增加穿透深度。

电子束在轰击路途上会与金属蒸气和二次发射的粒子碰撞，造成功率密度下降。液态金属的重力和表面张力的作用也对通道封闭作用，使通道变窄，甚至被切断；干扰和阻断了电子束对熔池底部待熔金属的加热。焊接过程中，通道不断被切断和恢复，达到一个动态平衡。因此，为了获得电子束焊的深熔焊效应，除了要增加电子束的功率密度外，还要设法获得减轻二次发射和液态金属对电子束通道的干扰。

2）电子束焊的分类

电子束焊按被焊工件所处环境的真空度可分为高真空型、低真空型、局部真空型和非真空型。

（1）高真空电子束焊　焊接是在高真空（10^{-4}Pa～10^{-1}Pa）工作室的压强下进行。工作室和电子枪可用一套真空机组抽真空，也可用两套真空机组分别抽真空。为了防止扩散泵污染工作室，工作室和电子枪室设有隔离阀。良好的高真空环境，可以保证对熔池的"保护"，防止金属元素的氧化和烧损，适用于活泼性金属、难熔金属和质量要求高的焊接。

（2）低真空电子束焊　焊接是在低真空（10^{-1}Pa～10Pa）工作室内进行，电子枪仍在高真空条件下工作。电子束通过隔离阀和气阻通道进入工作室，电子枪和工作室各用一套独立的真空机组单独抽真空。低真空电子束焊也具有束流密度和功率密度高的特点。由于真空度要求不高，明显地缩短了抽真空的时间，提高了生产效率，适用于大批量零件的焊接和生产线上使用。

（3）非真空电子束焊　焊机没有真空工作室，电子束仍是在高真空条件下产生的，然后通过一组光阑、气阻通道和若干级真空小室，引入到处于大气压力下的环境中对工件进行焊接。在大气压下，电子束散射强烈，即使将电子束的工作距离限制在 20mm～50mm，焊缝深宽比最大也只能达到 5:1。非真空电子束焊各真空室采用独立的抽真空系统，以便在电子和大气间形成压力依次增大的真空梯度。非真空电子束焊接能够达到的最大熔深为 30:1。这种方法的优点是不需要真空室，工件尺寸不受限制，可以焊接尺寸大的工件，生产效率高。

（4）局部真空型　近年来，新发展的移动式真空室或局部真空电子束焊接方法，既保留了真空电子束焊高功率的优点，又不需要真空室，因而在大型工件的焊接上有应用前景。

电子束焊也可按加速电压高低分为高压型（60kV～150kV）、中压型（40kV～60kV）和低压型（40kV）。

2. 电子束焊工艺参数

电子束焊的主要焊接参数：加速电压、电子束流、聚焦电流、焊接速度和工作距离。电子束焊的焊接工艺参数主要按板厚和材料来选择，板厚越大，所要求的热输入越高。

1）加速电压

在大多数电子束焊中，加速电压参数往往不变，根据电子枪的类型通常选取某一数值。在相同的功率、不同的加速电压下，所得焊缝深度和形状是不同的。提高加速电压可增加焊缝的熔深，在保持其他参数不变的条件下，焊缝横断面深宽比与加速电压成正比。当焊接大厚件并要求得到窄而平的焊缝或电子枪与焊件的距离较大时，应提高加速电压。

2）电子束流（简称束流）

束流与加速电压一起决定着电子束的功率，增加电子束电流，熔深和熔宽都会增加。在电子束焊中，由于加速电压基本不变，所以为满足不同的焊接工艺的需要，常常要调整电子束电流值。这些调整包括以下几方面：

（1）在焊接环缝时，要控制电子束电流的递增、递减，以获得良好的起始、收尾连接处的质量；

（2）在焊接各种不同厚度的材料时，要改变束流，以得到不同的熔深；

（3）在焊接大厚件时，由于焊接速度较低，随着焊接件温度的增加，焊接电流需逐渐减小。

3）焊接速度

焊接速度和电子束功率一起决定着焊缝的熔深、焊缝宽度以及被焊材料熔池行为（冷却、凝固及焊缝熔合线形状）。增加焊接速度会使焊缝变窄，熔深减小。

4）聚焦电流

电子束焊时，相对于焊件表面而言，电子束的聚焦位置有上焦点、下焦点和表面焦点三种，焦点位置对焊缝形状影响很大。根据被焊材料的焊接速度、焊缝接头间隙等决定聚焦位置，进而确定电子束斑点大小。

当焊件被焊厚度大于 10mm 时，通常采用下焦点焊（即焦点处于焊件表面的下层），且焦点在焊缝熔深的 30%处。焊接厚度大于 50mm 时，焦点在焊缝熔深的 50%～75%更合适。

5）工作距离

焊件表面与电子枪的工作距离会影响到电子束的聚焦程度，工作距离变小时，电子束的压缩比增大，使电子束斑点直径变小，增加了电子束功率密度。但工作距离太小会使过多的金属蒸气进入枪体造成放电，因而在不影响电子枪稳定工作的前提下，可以采用尽可能短的工作距离。

3．电子束焊设备

1）电子束焊设备的组成

在实际应用中，真空电子束焊机通常由电子枪、工作真空室、高压电源、控制及调整系统、真空系统、工作台以及辅助装置等几大部分组成（图 4-31）。

（1）电子枪。电子枪是电子束焊机的核心部件，是产生电子、使之加速、会聚成电子束的装置。电子枪的稳定性、重复性直接影响焊接质量。影响电子束稳定性的主要因素是高压

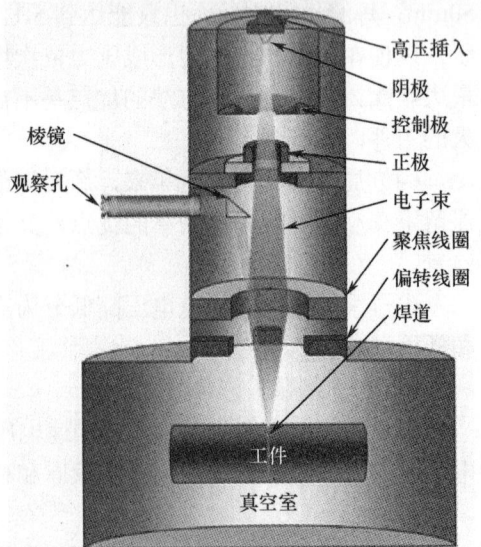

图 4-31 电子束焊设备的组成示意图

高压插入
阴极
控制极
正极
电子束
聚焦线圈
偏转线圈
焊道
棱镜
观察孔
工件
真空室

放电。高压放电往往在电子枪中使电子束偏转，应避免金属蒸气对束源段产生直接的影响。在大功率焊接时，将电子枪中心轴线的通道关闭，而被偏转的电子束从旁边通道通过。另外还可以采用电子枪倾斜或焊件倾斜的方法避免焊接时产生的金属蒸气对束源段的污染。

电子枪一般安装在真空室的外部，垂直焊接时，放在真空室顶部，水平焊接时，放在真空室侧面。

（2）高压电源及控制系统。高压电源为电子枪提供加速电压、控制电压及灯丝加热电流。高压电源应密封在油箱内，以防止对人体的伤害及对设备其他控制部分的干扰。近年来，半导体高频大功率开关电源已应用到电子束焊机中，工作频率大幅度提高，用很小的滤波电容器，即可获得很小的纹波系数；放电时所释放出来的电能很少，减少了其危害性。

（3）控制及调整系统。早期电子束焊机的控制系统仅限于控制束流的递减，电子束流的扫描及真空泵阀的开关，目前可编程控制器及计算机数控系统等已在电子束焊机上得到成功应用，使控制范围和精度大大提高。

（4）工作室及抽真空系统。真空电子束焊机的工作室尺寸由焊件大小或应用范围确定。真空室的设计一方面应满足气密性要求；另一方面应满足刚度要求；此外还要满足X射线防护需要。真空室上通常有一个或几个窗口用以观察内部焊件及焊接情况。

电子束焊机的真空系统一般分为两部分：电子枪抽真空系统和工作室抽真空系统。电子枪的高真空系统可通过机械泵与扩散泵配合获得。

（5）工作台和辅助装置。工作台、夹具、转台对于在焊接过程中保持电子束与接缝的位置准确、焊接速度稳定、焊缝位置的重复精度都是非常重要的。大多数的电子束焊机采用固定电子枪，让工件做直线移动或旋转运动来实现焊接。对大型真空室，也可采用使工件不动，而驱使电子枪进行焊接。为了提高生产效率，可采用多工位夹具，抽一次真空可以焊接多个零件。

2）电子束焊设备的选择与应用

国外生产的电子束焊设备的品种较多，真空电子束设备已商品化。我国真空电子束焊机的研制自20世纪80年代以来取得较大进展。目前中等功率的真空电子束焊机已形成了系列，一些焊接设备采用了微机控制等先进技术（图4-32）。

（1）电子束焊设备的选择。选用电子束焊设备时，应综合考虑被焊材料、板厚、形状、产品批量等因素，一般来说，焊接化学性能活泼的金属（如W、Mo、Nb、Ti等）及其合金应选用高真空焊机，焊接易蒸发的金属及其合金应选用低真空焊机；厚大工件选用高压型焊机，中等厚度工件选用中压型焊机；成批生产时选用专用焊机，品种多、批量小或单件生产则选用通用型焊机。

图4-32　典型电子束焊机

（2）电子束焊设备的操作与安全防护。

①启动。在真空室内的工件安装就绪后，关闭真空室门，然后接通冷却水，闭合总电源开关。按真空系统的操作顺序启动机械泵和扩散泵，待真空室内的真空度达到预定值时，便可进入施焊阶段。真空系统的操作及注意事项：真空系统必须在接通冷却水后才能启动。机械泵启动时，必须先打开机械泵抽气口的阀门，迅速与大气切断而转向需要抽气的部件。扩散泵必须在机械泵预抽真空达到一定的真空度时才能加热。停止加热后，必须待扩散泵完全冷却下来才能关闭机械泵，否则扩散泵的油易被氧化。停止机械泵前，必须先关闭机械泵抽气口的阀门，使其与真空系统断开，再与大气接通，以免机械泵油进入真空系统。真空系统及工作室内部应保持良好的真空卫生，停止工作时必须保持其内部有一定的真空度。

②焊接。将电子枪的供电电源接通，并逐渐升高加速电压使之达到所需的数值。然后相应地调节灯丝电流和轰击电压，使有适当小的电子束流射出，在工件上看到电子束焦点，再调节聚焦电流，使电子束的焦点达到最佳状态。假如焦点偏离接缝，可调节偏转线圈电流或电子枪横向移动使其对中。此时调节轰击电源使电子束电流达到预定数值。按下启动按钮、工件按预定速度移动，进入正常焊接过程。

③停止。焊接结束时，必须先逐渐减小偏转电压使电子束焦点离开焊缝，然后把加速电压降低到零，并把灯丝电源及传动装置的电源降到零值，此后切断高压电源、聚焦偏转电源和传动装置电源，这样就完成了一次焊接。待工件冷却后，按真空操作程序从真空室中取出工件。

④安全防护。高压电子束焊机的加速电压可达 150kV，防止高压电击的防护措施主要是针对人身安全和设备安全：必须采取尽可能完善的绝缘和防护措施，保证高压电源和电子枪有足够的绝缘，耐压试验应为额定电压的 1.5 倍；设备外壳应接地良好，采用专用地线，接地电阻应小于 3Ω；更换阴极组件或维修时，要切断高压电源，并用接地良好的放电棒接触准备更换的零件或需要维修的地方，放完电才可以操作，焊工操作时应戴耐高压的绝缘手套、穿绝缘鞋。

电子束焊接时，约 1% 的射线能量转变为 X 射线辐射。因此必须加强对 X 射线的防护措施；加速电压低于 60kV 的焊机，一般靠焊机外壳的钢板厚度来防护；加速电压高于 60kV 的焊机，外壳应附加足够厚度的铅板加强防护；电子束焊机在高电压下运行，观察窗应选用铅玻璃，铅玻璃的厚度可按相应的铅当量选择；对于高压大功率电子束设备，可将高压电源设备和抽气装置与工作人员的操作室分开；焊接过程中不准用肉眼观察熔池，必要时应佩戴铅玻璃防护眼镜。

此外，设备周围应通风良好，工作场所应安装抽气装置，以便将真空室排出的油气、烟尘等及时排出。

复习思考题

1．什么是焊接电弧的静特性？其影响因素有哪些？

2．对弧焊电源有哪些要求？为何要满足这些要求？

3．试述 CO_2 气体保护焊设备的组成及各部分的作用？

4．钨极氩弧焊的焊接工艺参数有哪些？

5．试述埋弧焊的焊接工艺包括哪些内容？

6．等离子弧是如何形成的？

7．试述电子束焊的工作原理？

8．试述激光焊的特点？

第五章 压 力 焊

第一节 电 阻 焊

电阻焊技术在工业界诞生、应用和发展已经有 100 余年的历史。1856 年，英格兰物理学家 James Joule 发现了电阻焊原理；1885 年，美国人 Elihu Thompson 获得电阻焊机专利权，电阻焊从此走上推动工业发展的历史舞台。目前，电阻焊质量稳定，生产效率高，易于实现机械化、自动化，广泛应用在汽车、航空航天、电子等领域。电阻焊方法主要有：点焊、凸焊、缝焊、对焊（电阻对焊及闪光对焊）、高频对接缝焊（又称高频焊）。

一、电阻点焊

焊件装配成搭接接头，并压紧在两电极之间，利用电阻热熔化母材金属，形成焊点的电阻焊方法，被称为电阻点焊，电阻点焊具有冶金过程简单、操作简便、易于实现自动化；加热时间短、热量集中、焊接变形和应力小；无需填充金属、耗材少、焊接生产成本低；生产效率高、节能环保等优点；具有广泛的工业应用前景。

1. 电阻点焊循环及接头形成

电阻点焊中完成一个焊点所包括的全部程序被称为焊接循环。图 5-1 是一个较完整的点焊焊接循环，由加压、冷却……、休止 10 个程序段组成，I、F、t 中各参数均可独立调节，当参数中 I_1、I_3、F_{pr}、F_{f0}、t_2、t_3、t_4、t_6、t_7、t_8 均为零时，得到由 4 个程序组成的基本焊接循环。

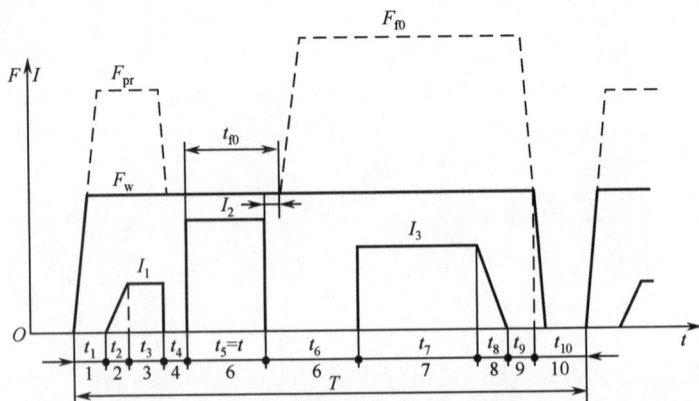

图 5-1 复杂点焊焊接循环示意图

1—加压程序；2—热量递增程序；3—加热 1 程序；4—冷却 1 程序；5—加热 2 程序；
6—冷却 2 程序；7—加热 3 程序；8—热量递减程序；9—维持程序；10-休止程序。

在焊接循环中，可以针对不同焊接要求，调整焊接程序及参数。在点焊循环使用预压力能很好的克服焊件刚性，适合厚钢板和高强铝合金的焊接。预热电流与提高预压压力的效果相似。预热可降低金属中的温度梯度，避免金属的瞬间过热和产生喷溅。热处理电流（缓冷电流或回火电流）可避免钢的淬硬和产生淬火裂纹缺陷，提高接头的综合机械性能。伴随点焊焊接循环过程，接头的形成过程由预压、通电加热和冷却结晶 3 个连续阶段所组成。

1）预压阶段

预压阶段 $F_w > 0$、$I = 0$，可消除部分接触表面的不平和氧化膜，形成物理接触点，为以后焊接电流的顺利通过及表面原子的键合作好准备。此阶段应力分布随电极形状变化。

球面电极端头半径 R 越大，贴合面承受的应力面积越大，中心区最大剪应力就越低；锥台电极锥角越小，贴合面中心最大剪应力相对边缘区就越低，承受应力面积基本不变。球面电极或锥台电极在纵截面上的应力分布，使板缝处的最大剪应力低于邻近区域。从焊接现象看，对压紧塑性环、防止产生内喷溅均有良好效果。

当焊件厚度大、材料变形抗力强、因结构所限等使焊接部位刚性过大而变形困难，或因焊件表面氧化膜太厚清理不良时，均可在预压阶段提高预压力或通过较小的脉冲电流进行预热，以保证焊接区能紧密接触。

2）通电加热阶段

通电加热阶段 $F_w > 0$、$I > 0$，其作用是在热与机械（力）作用下形成塑性环、熔核，并随加热的进行而长大，直到获得需要的熔核。通电加热阶段包括两个过程。

（1）在开始的一段时间内，接触点扩大，固态金属膨胀，有助于形成塑性环，板发生翘离，限制导电回路扩大，对保持足够电流密度有利；

（2）继续加热后，开始出现液态熔核并扩大，切断电源停止加热，熔核将进入冷却阶段。

刚开始通电时，由于边缘效应强烈，贴合面边缘温度首先升高。通电一段时间后将发生如下现象。

（1）原温度升高的部位由于电阻增大而使温度继续上升，金属在电极作用下挤向板缝。

（2）焊接区各处由于加热不均匀产生绕流现象而使电流场形态发生改变。

（3）靠近电极的焊接区金属受到电极强烈冷却，温度升高较小。这样，在焊件内部将形成回转双曲面形的加热区和使贴合面上的一些接触点发生熔化。

继续通电加热，焊接区中心部位因散热困难温度继续升高，而与电极接触的区域，由于金属软化，接触面积增加而被进一步冷却。熔化区扩展，液态熔核呈回转四方形，由于热传导的结果，温度场进入准稳态，最终将获得纵截面为椭圆形的熔核（见图 5-2）。

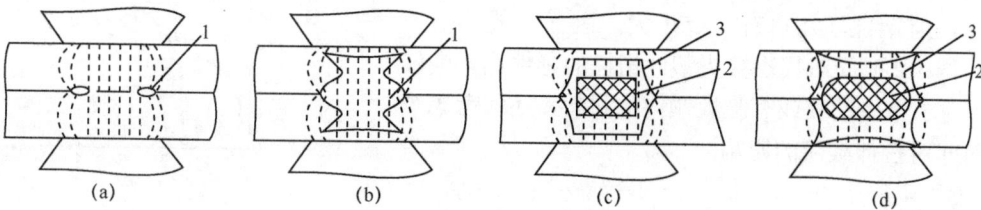

图 5-2 熔核生长过程简图

1—加热区；2—熔化区；3—塑性环。

3）冷却结晶阶段

冷却结晶阶段的机—电特点是 $F_w > 0$、$I = 0$。

通过冷却结晶形成焊点，熔核的凝固组织可有 3 种：柱状组织、等轴组织、柱状+等轴组织。纯金属和结晶温度区间窄的合金（碳钢、合金钢等），其熔核为柱状组织，铝合金熔核为"柱状+等轴"组织，熔核凝固组织完全是等轴组织的情况极为罕见。

2．点焊规范参数

合适的规范参数是实现优质焊接的重要条件。点焊规范参数的选择主要取决于金属材料的性质、板厚及所用设备的特点（能提供的焊接电流波形和压力曲线）。工频交流点焊在点焊中应用最广，其主要规范参数：焊接电流、焊接时间、电极压力及电极头端面尺寸。

1）焊接电流

焊接电流是最重要的点焊参数，调节焊接电流对接头性能的影响如图 5-3 所示，曲线主要分为 3 个区段。

AB 段：曲线的陡峭段。由于焊接电流小，热源强度不足而不能形成熔核或熔核尺寸甚小，因此焊点拉剪载荷较低且很不稳定。

BC 段：曲线平稳上升。随着焊接电流的增加，内部热源发热量急剧增大，尺寸稳定增大，因而拉剪载荷不断提高。临近C 点区域，板翘离限制了直径的扩大，温度场进入准稳态，因而焊点拉剪载荷变化不大。

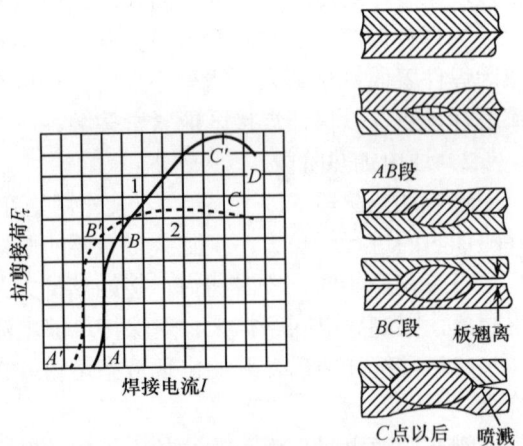

图 5-3　接头抗剪载荷与焊接电流的一般关系
1—板厚 1.6mm 以上；2—板厚 1.6mm 以下。

C 点以后：由于电流过大，使加热过于强烈，引起金属过热、喷溅、压痕过深等缺陷，接头性能反而下降。

在实际生产中，出于电网电压的波动、多台焊机同时通电焊接的相互干扰、分流及磁性焊件伸入二次回路等原因，均可导致焊接电流的变化，有时变化还相当大。

2）焊接时间

自焊接电流接通到停止的时间，称焊接时间。焊接时间对接头性能的影响与焊接电流相类似（见图 5-4）。但应注意两点：①C 点以后曲线并不立即下降，这是因为尽管熔核尺寸已达饱和，但塑性环还可有一定扩大，因而一般不会产生喷溅；②时间对代表接头塑性指标的延性比影响较大，对于承受动载或有脆性倾向的材料，还应考虑焊接时间对拉伸载荷的影响。

3）电极压力

电极压力（一般数千牛）过大或过小会使焊点承载能力降低和分散性变大，当电极压力过小时，焊接

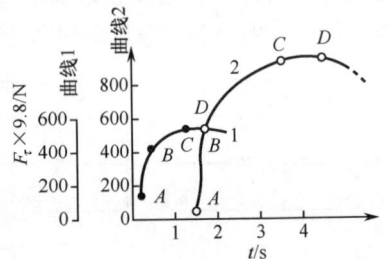

图 5-4　抗剪载荷与焊接时间的关系
1—板厚 1mm；2—板厚 5mm。

区金属的塑性变形范围及变形程度不足，造成因电流密度过大而引起加热速度大于塑性环扩展，从而产生严重喷溅。电极压力大使焊接区接触面积增大，总电阻和电流密度均减小，因此熔核尺寸下降，严重时会出现未焊透缺陷。

一般认为，在增大电极压力的同时，适当加大焊接电流或时间，以维持焊接区加热程度不变。同时，由于压力增大，可消除焊件装配间隙、刚性不均匀等因素引起的焊接区所受压力波动对焊点强度的不良影响。

电极压力选择时还应考虑以下因素：高温强度越大的金属，相应增大电极压力；焊接规范越硬，相应增大电极压力；为减小采用较大电极压力所带来焊接区的加热不足，可采用马鞍形压力变化曲线。

4）电极头端面尺寸

电极头是指点焊时与焊件表面相接触的电极端头部分。随着焊接循环次数增加，电极头会由于烧损造成端面尺寸增大。电极头端面尺寸增大时，分流使得熔核尺寸减小，焊点承载能力下降（图5-5）。

电极头端面尺寸的增大应小于15%，同时对于不维修电极头而带来的水冷端距离 h 的减小也要给予控制。

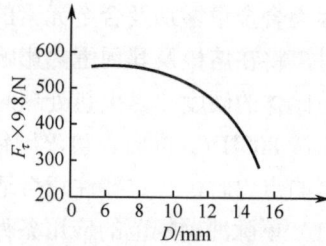

图5-5　抗剪载荷与电极头端面直径关系

（低碳钢，板厚1mm）

5）焊接电流和焊接时间的适当配合

这种配合是以反映焊接区加热速度快慢为主要特征。当采用大焊接电流、小焊接时间参数时称硬规范，而采用小焊接电流、适当长焊接时间参数时称软规范。

软规范的特点：①加热平稳，焊接质量对规范参数波动敏感性低，强度稳定；②温度场分布平缓、塑性区宽，在压力作用下易变形，可减少熔核内喷溅、缩孔和裂纹倾向，对于淬硬倾向的材料，软规范可减小接头冷裂纹倾向；③所用设备装机容量小、控制精度不高。硬规范的特点与软规范相反。

但是，软规范易造成焊点压痕深、接头变形大、表面质量差、电极磨损快、生产效率低、能量损耗大。当软规范配之以较低的电极压力时，可在一定程度上克服或减轻软规范的缺点。

应该注意，配合不同的硬、软规范时，必须相应改变电极压力以适应不同加热速度及不同塑性变形能力的需要。硬规范时所用电极压力明显大于软规范焊接的电极压力。

6）焊接电流和电极压力的适当配合

这种配合以焊接过程中不产生喷溅为主要特征，根据这一原则制定的关系曲线称喷溅临界曲线（图5-6）。曲线左半区为无飞溅区，但焊压力选择过大会造成固相焊接（塑性环）范围过宽，导致焊接质量不稳定。曲线右半区为喷溅区。

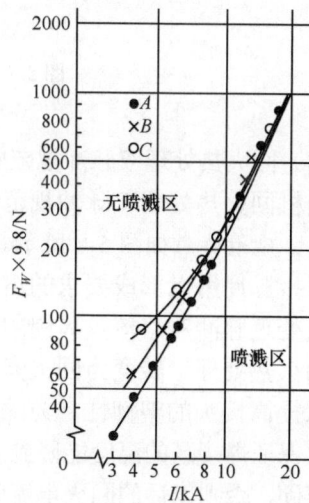

图5-6　焊接电流与电极压力的关系图

A、B、C 代表不同的规范。

当将规范选在临界曲线附近（无飞溅区内）时，可获得最大熔核和最高拉伸载荷。

在新材料、重要结构件点焊规范参数的确定中，增做焊接性范围试验是有益的，其目的是在一具体设备上获得尽可能宽的允许电流范围。

3. 常用金属材料的点焊

由于点焊过程是在热—机械（力）联合作用下进行的，其焊接性一般比熔焊工艺条件下更好。一般而言：材料的导电性和导热性越好，点焊焊接性越差。材料的高温塑性差、塑性温度范围窄的材料点焊性差。材料对热循环越敏感，焊接性越差。熔点高、线胀系数大、硬度高的材料焊接性也较差。

1）可淬硬钢点焊

因为合金量增加及合金元素的加入，提高了碳当量，使奥氏体稳定性增加。当低温转变时，将在熔核及其周围热影响区中出现马氏体组织，使接头塑性急剧降低。试验表明，马氏体的硬度比淬火热处理时获得的马氏体硬度有明显提高，例如在点焊 60Si2Mn 时可高达 800HV。同时，可淬硬钢点焊接头中喷溅、缩松、裂纹也很难避免。因此在可淬硬钢的点焊时，一定要注意合适规范的选择。焊接技术要点如下：

（1）单脉冲软规范的应用条件及特点。对于焊前为退火态，厚度小于 3mm 的可淬硬钢，可采用上述规范。采用较长焊接时间，较小的电极压力和焊接电流。

（2）缓冷双脉冲规范的应用条件及特点。对于焊前为退火态的母材，推荐采用缓冷双脉冲规范，其焊接质量较单脉冲软规范好。图 5-7 给出了其工艺原理。

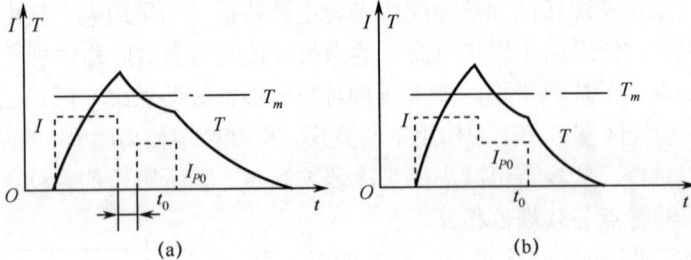

图 5-7　缓冷双脉冲规范点焊工艺原理
(a) 有间隔时间；(b) 无间隔时间。

（3）回火热处理双脉冲规范的应用条件及特点。焊前状态为调质态的母材，可采用焊后随机回火热处理双脉冲规范进行点焊。其工艺原理、规范特点如图 5-8 所示。

焊接脉冲用以形成要求的熔核形状、尺寸。回火热处理脉冲对熔核及周围的淬火马氏体组织进行回火热处理，转变为回火索氏体、屈氏体组织，以提高接头的塑韧性。为此，间隔时间应足够长以保证焊接区的温度能降到 M_s 以下，使焊点充分淬硬，否则以后的回火电流就仅起缓冷作用。

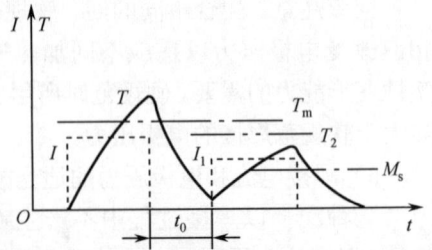

图 5-8　回火热处理双脉冲点焊工艺原理

同时，回火热处理加热使焊点的中心部可能发生二次淬火现象，这是允许的，但此时的熔合线及塑性环必须是回火组织。研究表明，可以用二次淬硬比来判断电极间回火热处理后，得到的接头显微组织分布是否最佳。

（4）为防止缩松、裂纹等缺陷，最好采用带锻压力的压力曲线。

（5）可淬硬钢属于铁磁性材料，当尺寸大时应考虑分段调整规范参数。

2）奥氏体不锈钢的点焊

从焊接性能看，奥氏体不锈钢、奥氏体—铁素体不锈钢可归于此类。奥氏体不锈钢点焊焊接性良好，尤其是电阻率高（为低碳钢的 5 倍～6 倍），因此无需特殊的工艺措施，焊接技术要点：可酸洗、砂布打磨或毡轮抛光等进行表面清理，成型的焊件必须采用酸洗方法；采用硬规范、强烈的内部和外部水冷却，可显著提高生产率和焊接质量；选用较高电极压力。

3）耐热合金的点焊

耐热合金又称高温合金，焊接性一般。焊接技术要点：焊前应仔细去除焊件表面的油脂、氧化膜，最好是酸洗处理；采用软规范、大电极压力，保证焊接区所必须的塑性变形，避免熔核中疏松、缩孔及裂纹等的产生；加强冷却和尽量避免重复加热焊接区，否则易产生熔核偏析、热影响区的胡须组织和局部熔化等缺陷。

4）铝合金的点焊

铝合金分为冷作强化型铝合金和热处理强化型铝合金两大类。铝合金的点焊焊接性差，其中可热处理强化铝合金焊接性最差。焊接技术要点包括：表面清理；焊前必须进行化学清洗，并规定焊前存放时间。电极一般选用 CdCu 合金，工作端面为球面形，并且应冷却良好。为了克服铝合金导电、导热性好带来的不利影响，应采用硬规范。焊接电流应采用缓升缓降的特性，电极压力采用马鞍型曲线，防止喷溅、缩孔及裂纹等缺陷的产生。

5）钛合金的点焊

钛合金的热物理性质与奥氏体不锈钢相近似，其点焊焊接性良好。焊接技术要点：焊前必须进行化学清洗；高温强度大，应选用热硬性良好的球面形电极，点焊过程中可采用内部和外部水冷却；采用硬规范并配以较低的电极压力，以避免产生凸肩、压痕等外部缺陷；变形较大不易矫正，因此要注意焊序的合理性。

二、凸焊

凸焊是在一焊件的贴合面上预先加工出一个或多个凸起点，其与另一焊件表面相接触并通电加热、然后压塌形成焊点的方法。主要包括①单点凸焊和多点凸焊②环焊③T 形焊④滚凸焊⑤线材交叉焊等形式。

1．凸焊过程分析

凸点的存在不仅改变了电流场和温度场形态，而且焊接区产生大的塑性变形，这些情况均对获得优质接头有利，但凸焊过程比点焊过程复杂并有特点。接头的形成过程仍是由预压、通电加热和冷却结晶三个连续阶段所组成（见图 5-9）。

1）预压阶段

在电极压力作用下凸点产生变形，压力达到预定性以后，凸点约降 1/2 以上。因此，凸点与下板贴合面增大，造成比点焊时更为良好的物理接触（见图 5-9）。

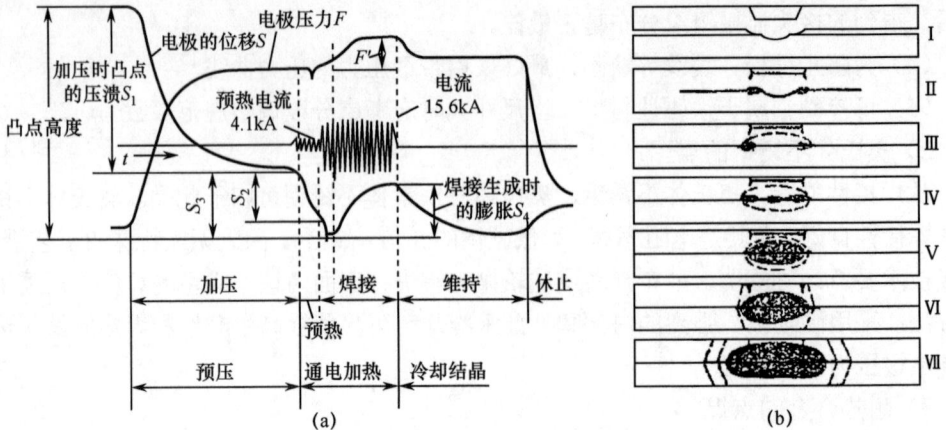

图 5-9 凸焊接头形成过程

2）通电加热阶段

该阶段由两个过程组成：①凸点压溃过程；②成核过程。

当采用预热或调幅电流时，凸点的压溃较为缓慢，在此程序时间内凸点并未完全压平（见图 5-9）。采用等幅工频焊接电流时，通电瞬间凸点即被彻底压平，由于加压机构随动性不良，作用在焊接区上的电极压力被瞬间急剧降低，将引起初期喷溅。

凸点压溃、两板贴合后形成较大加热区，随着加热的进行，由个别接触点的熔化逐步扩大形成熔核和塑性区。

初期喷溅往往引起晚期喷溅，压力、位移又一次被急剧降低。研究表明，采用次级整流焊接电流波形时可避免喷溅的产生。

3）冷却结晶阶段

切断焊接电流，开始冷却结晶，其过程与点焊熔核结晶过程基本相同。

根据凸焊方法的不同，凸焊接头可为熔化连接或固相连接。其中，单点凸焊、多点凸焊和线材交叉焊多为熔化连接；环焊、T 形焊和滚凸焊等多为固相连接。这是因为环焊、T 形焊的贴合面范围大，焊接区体积大，加热不易均匀所致，滚凸焊是在滚动的动态过程下焊接，压力作用不充分；因此，这些凸焊方法大都采用软规范以达到良好控制焊接热过程的目的。

2. 凸焊规范参数选择

1）凸点设计及选择

凸点是取得贴合面集中加热的关键，可根据焊接材料、厚度、结构形式、焊机条件和接头使用要求等因素设计、选择。但是，不同资料对凸点尺寸的推荐数据相差甚远，尽可能选用较小的凸点尺寸和较大的凸点间距：从接头拉剪载荷与凸点尺寸的曲线确定最佳尺寸（图 5-10），需在实践中进一步修正。

2）规范参数选择

凸点尺寸确定后，可以选择规范 I、F、t。其影响规律与点焊时相似，但电极压力的影响更明显（见图 5-11）。

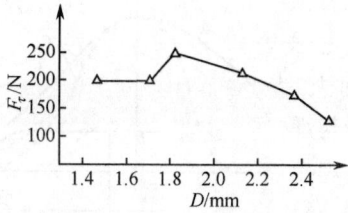

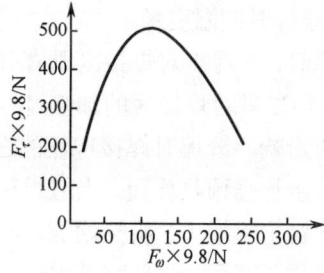

图 5-10　接头抗剪应力与凸点尺寸的关系曲线　　　图 5-11　接头抗剪应力与电极压力的关系曲线

三、缝焊

缝焊是将焊件装配成搭接或对接接头置于两滚轮之间，滚轮加压焊件并转动，连续或断续送电，形成一条连续焊缝的电阻焊方法。缝焊主要应用在薄壁容器上，接头应具有良好的密封性、耐蚀性。根据滚轮电极旋转分为 3 种基本类型：连续缝焊，断续缝焊，步进缝焊。缝焊与点焊并无实质的不同，但接头是由局部互相重叠的连续焊点构成，规范参数要比点焊时多。

1. 缝焊过程分析

1）断续缝焊时的电流场

图 5-12 描绘出缝焊时的电流场形态及贴合面处电流密度分布。可以认为：缝焊时的电流场相当于单块板点焊与两块板点焊时二个电流场的组合。电流密度的分布为不对称，在未焊合的贴合面前沿形成峰值，其机理仍然是边缘效应的影响。

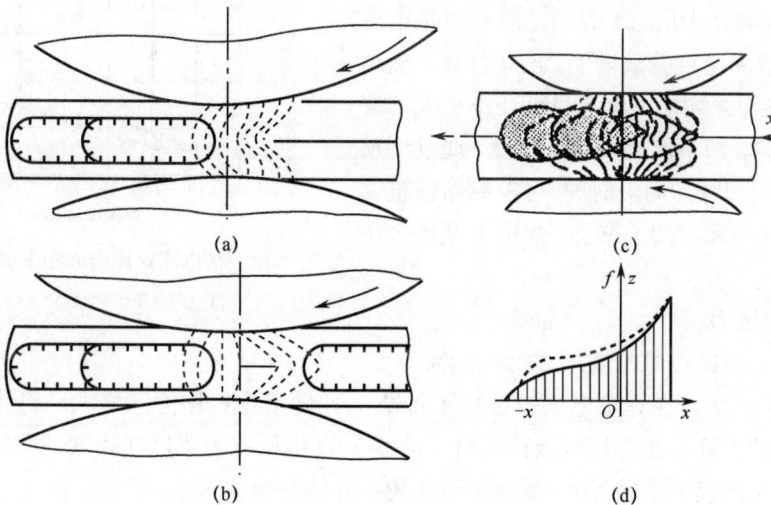

图 5-12　缝焊时的电流场形态与电流密度分布

（a）缝焊钢时；（b）有预点焊时；（c）缝焊铝时；（d）贴合面电流密度分布。

金属材料的热物理性质对电流场形态影响：钢由于导电、导热性差，邻近焊接区的已焊点冷却缓慢而温度高、电阻率大，分流仅从已焊点边缘流过。因此，缝焊钢时，由于分流小、焊接规范软，其电流场形态见图 5-12（a）；铝合金时情况则相反，分流不止流过一个已焊点，因而焊接电流很大且规范硬，边缘效应显著，见图 5-12（c）。

2）缝焊时的温度场

缝焊时，已焊点对焊接区既有分流作用，同时又有预热作用，但二者对焊接区的加热过程有相反的影响。考虑到分流的影响，缝焊时焊接电流的选择往往比点焊时大，这又进一步加强预热作用。当缝焊速度提高时，电极与焊件间的接触电阻增大、析热增加，同时，滚轮电极对焊接区的散热作用减弱，这些将使温度场畸变。一般来说，缝焊的温度场比点焊平缓（图 5-13）。

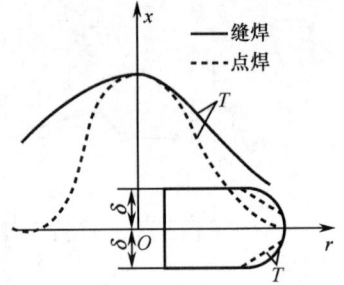

图 5-13　缝焊时的温度分布

3）缝焊接头形成过程特点

断续缝焊时，每一焊点同样要经过预压、通电加热和冷却结晶 3 个阶段。

（1）在滚轮直接压紧下，正通电加热的金属，处于"通电加热阶段"。

（2）将进入滚轮电极下面的邻近金属，处在"预压阶段"。

（3）刚从滚轮电极下面出来的邻近金属，处在"冷却结晶阶段"。

因此，正处于滚轮电极下的焊接区和邻近它的两边金属材料，在同一时刻将分别处于不同阶段。而对于焊缝上的任一焊点来说，从滚轮下通过的过程也就是经历"预压—通电加热—冷却结晶" 3 阶段的过程。

2. 缝焊规范参数

工频交流断续缝焊在缝焊中应用最广，其主要规范参数有如下几项。

1）焊接电流

考虑缝焊时的分流，焊接电流应比点焊时增加 15%～40%，图 5-14 表明，随着焊接电流的增大，焊透率及重叠量增加。应该注意，当满足接头要求后，继续增大电流虽可获得更大的焊透率和重叠量，却不能提高接头强度。通过调整电流脉冲时间和脉冲间隔时间，可控制熔核重叠量，随着脉冲间隔时间的增加，焊透率及重叠量均下降。

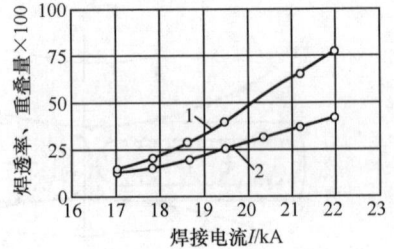

图 5-14　接电流对焊透率和重叠率的影响
1—焊透率；2—重叠率。

2）电极压力

电极压力应比点焊时增加 20%～50%。

图 5-15 表明，在焊接电流较小时（曲线 1），随着电极压力的增大，将使熔核宽度增加、重叠量下降，在焊接电流较大时（曲线 2），电极压力可以在较宽的范围内变化，其熔核宽度（代表了重叠量）、焊透率变化较小并能符合要求。

当电流更大时，尽管电极压力发生很大的变化，但熔核宽度、焊透率均波动很小。但是，不能选择更大的电流。因为过大电流可能会使接头质量由于压痕和烧穿而降低。

3）焊接速度

低碳钢缝焊时，随着焊接速度的增大，接头强度降低，当所用焊接电流较小时，下降的趋势更严重（图 5-16）。同时，为使焊接区获得足够热量而试图提高焊接电流时，将很快出现焊件表面过烧和电极烧损现象，既使增大水冷也难改善。

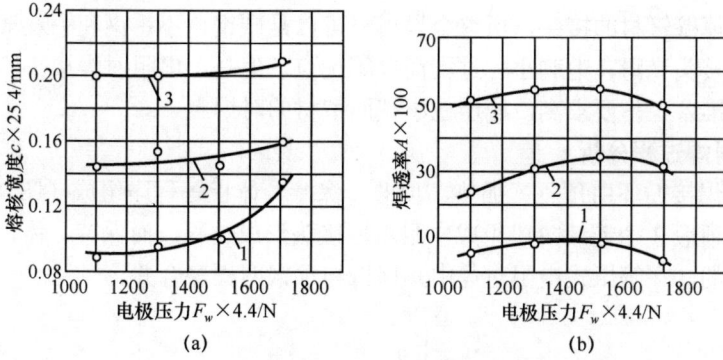

图 5-15　电极压力对焊透率和熔核宽度的影响

(a) 对熔核宽度的影响；(b) 对焊透率的影响。

1—16100A；2—18950A；3—22050A。

4）滚轮电极端面尺寸

滚轮电极端面是指缝焊时与焊件表面相接触的部分。滚轮电极直径一般在 50mm～600mm，常用尺寸为 180mm～250mm；滚轮电极端面尺寸 $H < 20$mm，$R = 25$mm～200mm。为提高滚轮电极散热效果、减小电极粘损，在焊件结构尺寸允许条件下，滚轮直径应尽可能大。经验指出，上滚轮直径最好能做到大于 250mm，使用后不小于 150mm（图 5-17）。滚轮电极端面尺寸的变化对接头质量的影响与点焊时影响相似，端面尺寸变化 $\Delta H < 10\% H$、$\Delta R < 15\% R$。

由于对缝焊接头质量要求主要体现在接头应具有良好密封性和耐蚀性上，因此在对上述各参数的讨论时强调了它们对焊透和重叠量的影响。

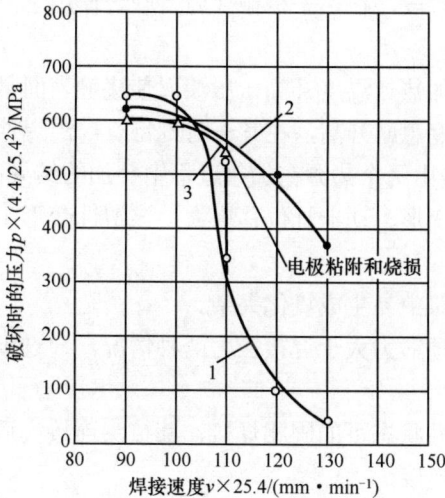

图 5-16　焊接速度对缝焊接头强度的影响

1—23750A；2—25200A；3—26800A。

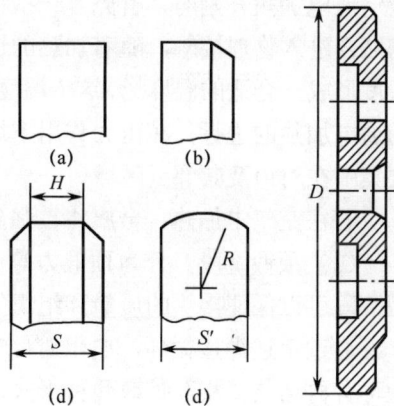

图 5-17　常见滚轮电极形式

四、电阻对焊

电阻对焊是将焊件装配成对接接头，使其端面紧密接触，利用电阻热加热至塑性状态，然后迅速施加顶锻力完成焊接的方法。电阻对焊主要用于断面小于 250mm² 的丝材、

111

棒材、板条和厚壁管材的接头，所焊金属材料可以是碳钢、不锈钢和铝及某些铝合金。电阻对焊具有接头光滑、毛刺小、过程简单等优点。但是，电阻对焊接头的机械性能较低，对焊件的准备工作要求高，应用在小截面型材的对焊上。

1．电阻对焊过程分折

电阻对焊焊接循环由预压、加热、顶锻、保持、休止等程序组成（图 5-18），其中预压、加热、顶锻 3 个连续阶段组成电阻对焊接头形成过程，而保持、休止等程序则是操作中所必须的，在等压式电阻对焊中，保持与顶锻两程序合并。

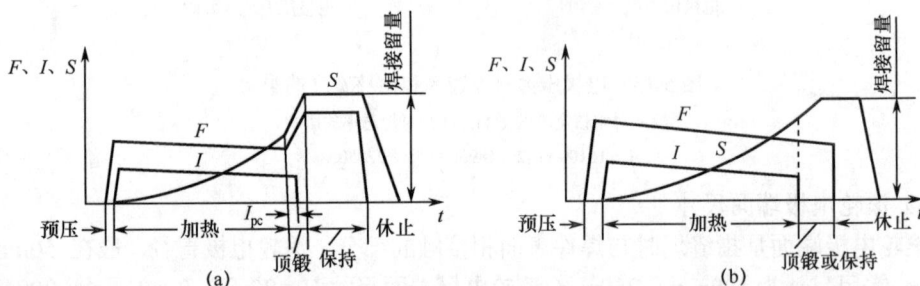

图 5-18　电阻对焊焊接循环图

(a) 变压力式电阻对焊；(b) 等压力式电阻对焊。

F—压力；I—电流；S—位移。

（1）预压阶段。预压阶段的机—电过程特点和作用与点焊焊接循环中相同，只是由于对口接触表面上压强小，使清除表面不平和氧化膜、形成物理接触点的作用远不如点焊充分。

（2）加热阶段。这是电阻对焊过程中的主要阶段，在热—机械（力）联合作用下，对口接触表面及其邻近区域会产生如下现象。

通电加热开始时，首先是一些接触点被迅速加热、温度升高、压溃而使接触表面紧密贴合进入物理接触，随着加热的进行，对口温度急剧升高，在某一时刻特有：沿焊件长度形成一合适的温度场，这一温度场可以看作是由两个热源在加热过程中叠加的结果；随通电加热的进行，在压力作用下焊件发生塑性变形、动卡具位移增大，该塑性变形主要集中在对口及其邻近区域。

若在空气中加热，金属将被强烈地氧化，对口中易生成氧化夹杂。

（3）顶锻阶段。分为顶锻力等于焊接应力和顶锻力大于焊接应力两种情况，通过顶锻阶段可以保证接头的质量和组织的致密。

通过上述焊接循环，电阻对焊实现了高温塑性状态下的固相焊接，其接头连接实质上可有再结晶、相互扩散两种形式，但均为固相连接。

2．电阻对焊规范参数

电阻对焊主要规范参数：调伸长度、焊接电流密度、焊接时间、焊接压力和顶锻压力。

1）调伸长度

调伸长度应不小于焊件直径的 1/2，异种材料对焊时，两焊件应采用不同的调伸长度。

2）焊接电流密度和焊接时间

焊接电流密度和焊接时间是决定焊件加热的两个主要参数。当采用大电流密度、短

112

焊接时间时，可提高焊接生产率。当采用过长的焊接时间时，由于焊缝晶粒大和氧化程度增加，接头质量降低。焊接电流密度和焊接时间符合

$$j\sqrt{t} = K_u \times 10^3 \tag{5-1}$$

式中：j 为焊接电流密度（A/cm^2）；t 为焊接时间（s）；K_u 为系数。

3）焊接压力和顶锻压力

顶锻压力为顶锻阶段施加给焊件端面上的力。顶锻压力对接触面的析热和对口及邻近区的塑性变形均有影响。

五、闪光对焊

焊件装配成对接接头，接通电源，并使端面逐渐移近达到局部接触，利用电阻热加热这些接触点（产生闪光），使端面金属熔化，直至端部在一定深度范围内达到预定温度时，迅速施加顶锻力完成焊接的方法。包括连续闪光焊和预热闪光焊两种。连续闪光对焊主要用于断面 1000mm^2 左右的闭合零件、线路器材中的铜铝金属的制造等；预热闪光对焊可焊接 5000mm^2～10000mm^2，大型截面金属材料零件（铁路钢轨等）。近年来，新发展的脉冲闪光对焊已可焊接 100000mm^2 截面的管道。

1．闪光对焊过程分析

连续闪光对焊焊接循环由闪光、顶锻、保持、休止等程序组成（图 5-19）。与电阻对焊时相似，闪光、顶锻两个连续阶段组成连续闪光对焊接头形成过程，而保持、休止等程序则是对焊操作中所必须的。预热闪光对焊则在其焊接循环中有预热程序（或预热阶段）。

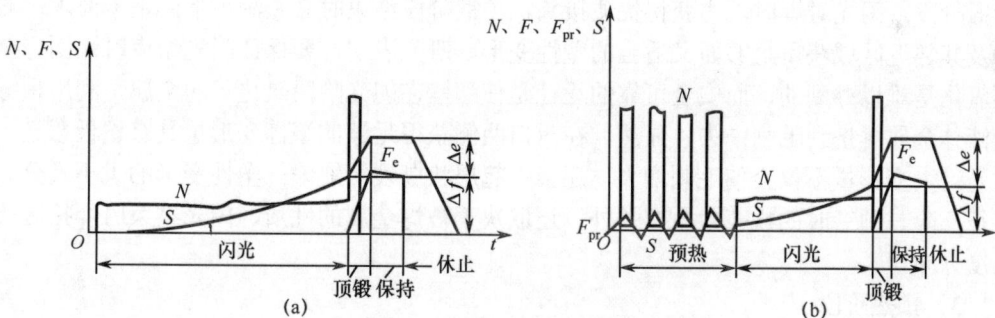

图 5-19　闪光对焊焊接循环图
（a）连续闪光对焊；（b）预热闪光对焊。

1）闪光阶段

闪光是闪光对焊时，从焊件对口飞散出闪亮的金属微粒。闪光的形成实质：接近电源并使两焊件面轻微接触，对口间将形成许多有很大电阻的小触点，在很大电流密度的加热下，瞬间熔化而形成液体过梁；作用在过梁上的力（图 5-20）分以下几种。

（1）液体表面张力，在焊件移近时它力图扩大液体过梁的直径。

（2）径向电磁压缩效应力，由于电流流过液体过梁而产生的电磁力，该力力图缩小并拉断过梁。

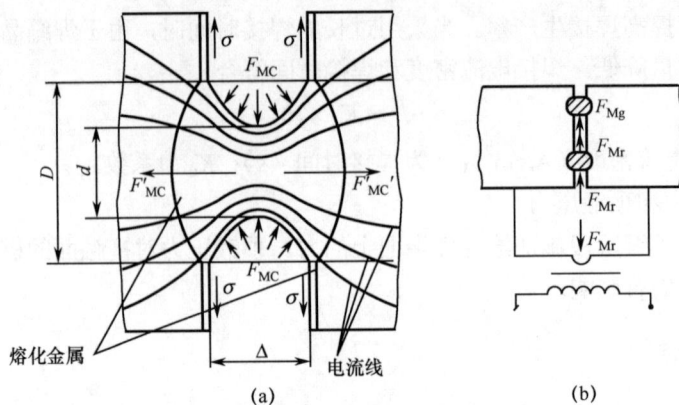

图 5-20　液体过梁示意图

(a) 作用在过程上的内力；(b) 作用在过梁上的外力。

显然，拉断力与过梁中电流的平方成正比、并随 D/d 比值的增加而增大。同时，过梁的被拉细将进一步加大过梁的电流密度，使加热更加强烈。

（3）电磁引力，如果对口端面间同时存在若干个过梁，其相互间会产生电磁引力，该力将力图使这些过梁接近和合并。

（4）电磁斥力，由于流过过梁的电流与焊接变压器二次绕组电流方向相反，产生电磁斥力。该力将力图把过梁推出焊接回路之外。因为对焊机阻焊变压器一般均安装在夹钳电极下方，因此，过梁爆破时形成的闪亮金属微粒大部分向上方飞出（见图 5-20）。

2）顶锻阶段

闪光对焊后期，对焊件施加顶锻力，使烧化端面紧密接触形成接头的过程，被称为顶锻阶段。闪光对焊时，为获得优质接头，顶锻阶段结束时必须满足下面基本要求：对口及其邻近区域获得足够而又适当的塑性变形。研究表明，要保证闪光结束时端面完全不氧化是难以办到的，而安全可靠的途径是使那些在闪光阶段氧化了的金属，利用顶锻随液体金属排挤到毛刺中去。显然，在对口两侧获得足够的塑性变形量具有积极意义。但是过大变形量不仅会使毛刺增大，还会引起层状撕裂等缺陷。塑性变形的大小及分布特征，除与顶锻时的规范参数有关外，还取决于被焊金属的性质、闪光结束时焊接区的温度分布等。

3）预热阶段

预热是在焊机上，通过预热而将焊件端面温度提至一合适值，再进行闪光和顶锻过程。闪光对焊时，为获得优质接头，预热阶段结束时应满足：沿整个焊件端面（尤其是展开形件，例如板材等）得到均匀的预热，并达到所要求的温度值。这一要求可通过调整规范参数中的预热温度和预热时间来实现。

闪光对焊接头为固相连接。闪光结束时，在端面上已形成液体金属层，顶锻时，端面金属首先在液相下连合一体；随着顶锻的进行，对口中的液体金属不断排出，而对口端面必将在液相下消失。由于端面在液相下消失，氧化物将容易随液体排出或使其弥散分布。对口处加热温度高、范围窄，因此，顶锻时塑性变形集中、变形度相对增加，可产生足够高的局部位错差值，促进接头形成中的再结晶发生。同时，当参数合适时，不仅可排出液态金属和氧化物、还可排出过热金属。

114

2．闪光对焊规范参数

闪光对焊规范参数选择适当时，可以获得几乎与母材等性能的优质接头。闪光对焊的主要规范参数有：调伸长度、闪光留量、闪光速度；闪光电流密度（闪光阶段）；顶锻留量、顶锻速度、顶锻压力、夹紧力（顶锻阶段）、预热温度、预热时间（预热阶段）。

1）调伸长度

该参数的意义及作用与电阻对焊时相应参数相同，可根据焊件断面和材料性质选择：采用圆材或方材时，选 $0.7d \sim 1.0d$（d 为圆材的直径或方材边长）。采用板材时，选 $4\delta \sim 5\delta$（δ 为板材厚度，$\delta = 1mm \sim 4mm$）。断面复杂的零件可按图 5-21 选择。

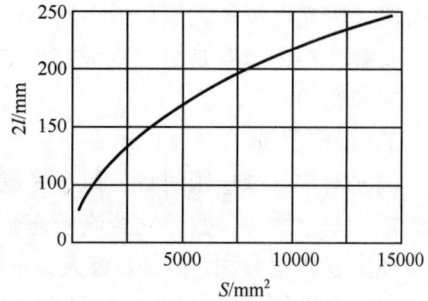

2）闪光留量

闪光对焊时，考虑焊件因闪光而减短的预留长度，又称烧化留量。

闪光留量是一重要加热参数，随着金属的烧损，对口及邻近区线温度升高，变化规律见

图 5-21　调伸长度与断面积关系

图 5-22。A 表示对口端面的温度变化，曲线族 B 表示不同闪光量时沿焊件长度获得的温度分布。

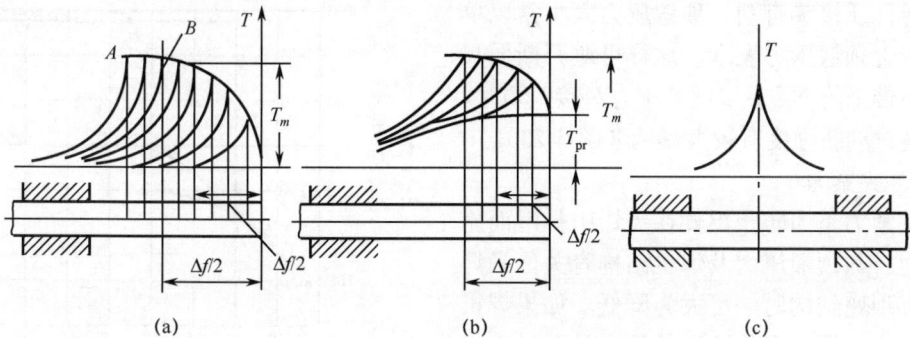

图 5-22　闪光进行时沿焊件长度的温度分布
(a) 连续闪光焊；(b) 预热闪光焊；(c) 连续闪光终了时的温度。

闪光留量过小时引起的层状撕裂，可根据材料性质、焊件断面尺寸和是否采取预热等因素选择。通常，约占总留量 70%～80%，预热闪光时可缩短到 1/3～1/2。

3）闪光速度

在稳定闪光条件下，焊件瞬时接近速度，亦即动夹具的瞬时进给速度，又称熔化速度。为使闪光不至中断，应相当于因液体过梁破坏而造成的焊件实际缩短速度。增大二次空载电压（或电流密度），减小焊件端面尺寸，适当提高预热温度均可选用较高的闪光速度。采用预热闪光焊（与采用连续闪光焊比较）、焊接小断面零件（与焊接大断面零件比较）、焊接易氧化及形成难熔氧化物的材料、焊接导电导热性良好的材料时可选用较高闪光速度。

闪光速度是保证稳定闪光的重要参数，当闪光阶段后期因闪光速度过小经常出现中断时，接头易产生危险的氧化层缺陷。而不适当的提高会使加热区变窄、温度梯度增大、

所需焊机功率增大和引起过梁爆破后火口深度的增加。一般资料给出的为平均闪光速度。

4）闪光电流密度（或次级空载电压）

对焊件的加热有重大影响。它与焊接方法、材料性质和断面尺寸等有关，通常在较宽的范围内变化。连续闪光对焊、导电、导热性好的金属材料、展开形断面的取高值；预热闪光对焊、大断面的焊件对焊时取低值。在闪光阶段中，闪光电流并不是常数，其允许波动范围越大，表明该闪光过程越稳定，具有极强的自调整作用。例如，在闪光开始阶段，闪光电流最大值和最小值之比可在3～5范围内变化。

实际生产中一般是给出次级空载电压。因为闪光电流的调节也是通过变化次级空载电压来获得的。

5）顶锻留量

闪光对焊（或电阻对焊）时，考虑两焊件因顶锻缩短而预留的长度称为顶锻留量。顶锻留量是一重要参数，它影响液态金属、氧化物的排出及塑性变形程度，通常略大些对实现上述作用有利。但是，过大会使接头金属纤维流线剧烈弯曲、中心纤维呈现横流，出现层状撕裂等缺陷。过小会使液态金属残留在对口中形成粗大铸造组织及凝固缺陷（疏松、裂纹等），同样也降低了接头性能。

6）顶锻速度和顶锻压力

闪光对焊（或电阻对焊）时，顶锻阶段动夹具的移动速度称顶锻速度。通常略大些对获得优质接头有利。顶锻压力大小常以单位面积上顶锻压力表示，这样可避开断面尺寸大小带来的不方便。顶锻压力对接头质量，特别是对动载强度有较大影响（图5-23）。

7）夹紧力

夹紧力是为防止焊件在夹钳中打滑而施加的力。与顶锻压力及焊机结构有关，当焊机为有顶座结构时，可大为降低。如果焊机为无顶座结构，则传给焊件的力是通过电极钳口与焊件的摩擦力来平衡。

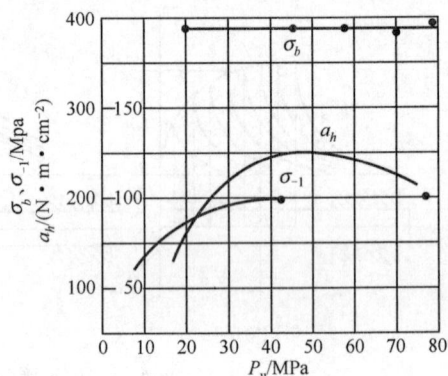

图5-23 顶锻压强对接头性能的影响

8）预热温度

与材料性质、断面尺寸有关。过高会使接头韧性、塑性降低，太低会使闪光困难，加热区间变窄而不利于塑性变形。

9）预热时间

与材料性质、焊件断面尺寸、焊机功率等因素有关。影响关系与预热温度相似。

闪光对焊规范参数的选择应从技术条件出发，结合材料性质、断面形状及尺寸，设备条件和生产规模等因素综合考虑。一般可先确定工艺方法，然后参照推荐的有关数据及试验初步选定规范参数，最后由工艺试验并结合接头性能分析予以确定。

六、对接缝焊

电阻缝焊时采用对接形式称为对接缝焊，包括低频对接缝焊和高频对接缝焊两种，主要用来制造有缝金属管材。

1．低频对接缝焊

低频对接缝焊原理见图 5-24。由旋转变压器二次绕组、距离近而又相互绝缘的两个大滚轮电极和焊口构成回路。接通电源后，由于接触电阻和焊件内部电阻较高而被流过的低频大电流加热，当温度达到 1300℃～1400℃时，在挤压辊的挤压力作用下，焊口即发生焊合。

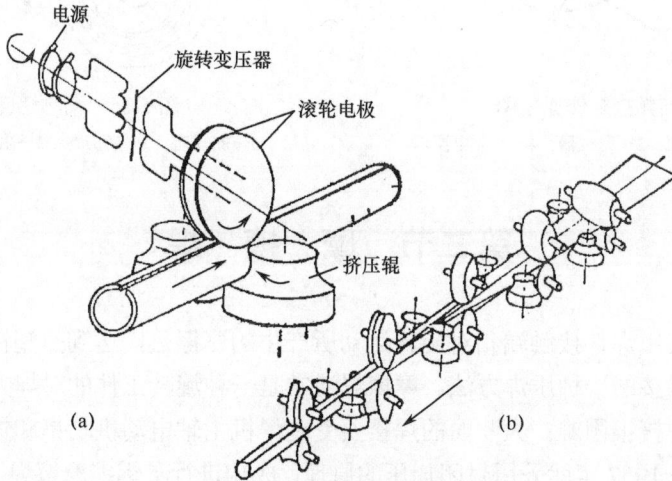

图 5-24　低频对接缝焊过程图
（a）缝焊原理图；（b）焊前毛坯的成型。

低频对接缝焊的特点是焊接电流连续通过焊接区，与连续缝焊原理相似，半个周波形成一个焊点。因此，焊接速度不能太快，否则在交流电过零时将形成跳焊。为此，常采用 3 倍、6 倍工频频率的电源。

2．高频对接缝焊

高频对接缝焊是利用高频电流的趋表效应和邻近效应，使金属薄层加热，同时加压力而进行连接的方法。包括高频接触焊和高频感应焊两种。

1）高频接触焊

高频接触焊原理见图 5-25。电流从电极直接输入，沿管坯对口表面形成 V 形回路，同时沿管坯内、外表面构成二个分流回路。由于焊接电流仅流经 V 形口的全长，因而焊透性极好，V 形口的最好角度是 4°～7°。如果 V 形口太宽，邻近效应减弱使加热效率减小；V 形口太窄会使顶端偏移，从而改变焊缝宽度并在口的尖端易产生电弧。为集中 V 形回路磁场、减小分流，需在管坯内安置阻抗器（通常采用铁氧体磁芯）。

2）高频感应焊

高频感应焊原理见图 5-26。焊接时，感应器通过高频电流在管坯外表面感应出涡流，涡流同样沿管坯对口表面和外表面形成 V 形回路（负载回路）。同时，沿管坯内表面构成分流（循环电流）。由于焊接电流不仅流经 V 形口的全长，还要流经管外表面，就造成较大的功率损耗，因此与高频接触焊比较，同样生产量所需功率和电压都更高些，随着管坯直径的增加也更加明显。高频感应焊时使用一种成组的簇式阻抗器（采用铝质集管），安装时使它的下游端超越线圈顶端 25.4mm 以上，但不需要一直达到 V 形口的顶端。

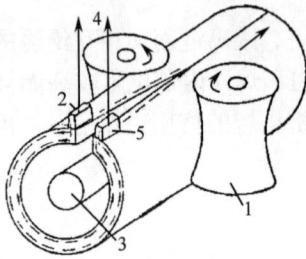

图 5-25　高频接触焊原理图

1—挤压辊；2—电极；3—阻抗器；4—高频电源。

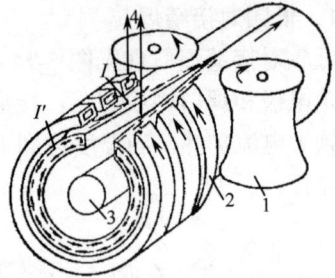

图 5-26　高频感应焊原理图

1—挤压辊；2—感应器；3—阻抗器；4—高频电源。

第二节　摩　擦　焊

摩擦焊是利用焊件接触端相对旋转运动所产生的摩擦热，达到热塑性状态，然后迅速顶锻，完成焊接的一种压焊方法。摩擦焊通常是一种旋转工件的对焊方法，因此，非圆断面工件的焊接很困难；大断面的焊接要受到焊机主轴电动机功率和焊机压力不足的限制。我国早在 1957 年就采用封闭加压的原理，成功进行了铝铜摩擦焊。摩擦焊是经济效益显著的焊接方法。目前，在国外应用于汽车、拖拉机工业、焊接结构钢产品以及圆柄刀具，国内用于焊接异种金属和异种钢、结构钢等。

一、摩擦焊原理及分类

1. 焊接原理

两个圆断面的金属工件摩擦焊接前，工件 1 夹持在可以旋转的夹头上，工件 2 夹持在能够向前移动加压的夹头上（图 5-27）。焊接开始，工件 1 首先以高速旋转，然后工件 2 向工件 1 移动、接触，施加足够大的摩擦压力，机械能转换成热能。通过一段选定的摩擦时间，或达到规定的摩擦变形量，即加热温度达到焊接温度以后，停止工件 1 的转动，工件 2 快速移动，施加大的顶锻压力，压力保持一段时间后，松开两个夹头，焊接过程就此结束，全部焊接过程只要 2s～3s 时间。

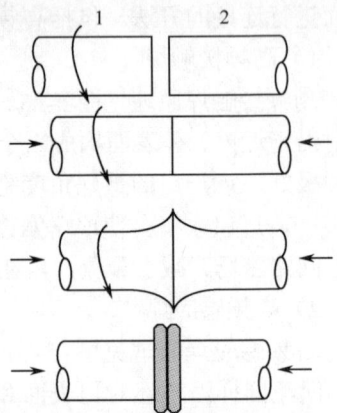

图 5-27　旋转式摩擦焊焊接原理图

其中旋转件为工件 1；非旋转件为工件 2。

2. 摩擦焊的分类

（1）连续驱动摩擦焊是以焊接表面中心为轴，做旋转摩擦运动，用来焊接那些接头为旋转断面的工件，如圆体、轴件和管子等。

（2）储能摩擦焊是在大功率短时间焊接时，为降低主轴电动机的功率，利用和主轴联结的飞轮储能。若焊接所需能量全部取自飞轮，叫做惯性摩擦焊（图 5-28）。若焊接需能量一部分取自飞轮，称为飞轮摩擦焊。

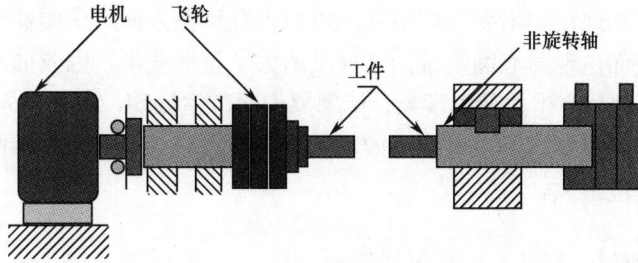

图 5-28　惯性摩擦焊焊接原理图

（3）普通摩擦焊在工件停止旋转和顶锻以后，两个工件焊接相位是不能控制的。在焊接有相位配合要求的工件，如六方钢、八方钢和汽车操纵杆时，要求相位配合适当，这就需要采用相位摩擦焊。

（4）径向摩擦焊。将一个有斜面的环，装在一对开坡口的管子端面上，见图 5-29。焊接时环旋转，并向两个管端施加径向摩擦压力。当加热终止时，停止环的转动，向它施加顶锻压力。由于被连接的管子本身并不转动，管子内部不产生飞边，全部焊接过程大约 10s 时间，这种方法适用于长管的现场焊接。

（5）轨道式摩擦焊。焊接表面的每一点，以一定轨迹和速度做平行摩擦运动，用于焊接非圆面工件（图 5-30）。

（6）摩擦堆焊。摩擦堆焊的原理见图 5-31。

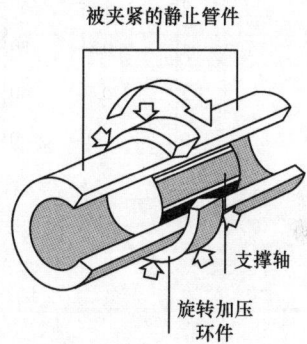

图 5-29　径向摩擦焊

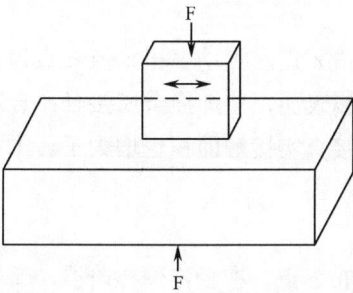

图 5-30　轨道式摩擦焊焊接原理图

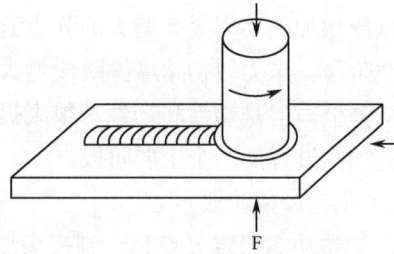

图 5-31　摩擦堆焊焊接原理图

另外还有搅拌摩擦焊，将在下面小节详细介绍。

二、摩擦焊接过程分析

摩擦焊接过程见图 5-32，从图中可以看到，焊接过程的一个周期，可分为摩擦加热过程和顶锻焊接过程两部分。摩擦加热过程分 4 个阶段：初始摩擦、不稳定摩擦、稳定摩擦和停车阶段。顶锻焊接过程分为两个阶段：纯顶锻和顶锻维持阶段。

1）初始摩擦阶段

此阶段处从两个工件开始接触的 a 点起，到摩擦加热功率显著增大的 b 点止。随摩擦压力逐渐增大，加热功率增加，最后摩擦焊接表面温度将升到 200℃～300℃左右。初始摩擦阶段，摩擦表面互相作用着较大的摩擦压力和运动速度，使不平的表面迅速产生塑性变形和机械挖掘现象。沿变形层附近的母材也顺摩擦方向产生塑性变形。压入部分的挖掘，使摩擦表面出现同心圆痕迹，这样又增大了塑性变形。因表面不平，接触不连续，以及温度升高钢材产生的蓝脆现象，使摩擦表面产生振动，这时气体可能进入表面，金属氧化。但是时间很短，所以对接头的质量影响不大。当焊接实心断面工件时，中心速度为零，外缘速度最大。

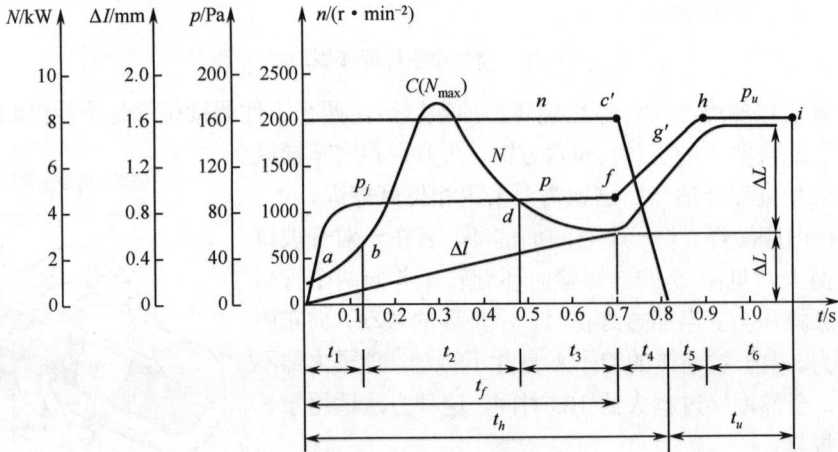

图 5-32　摩擦焊接过程图

n—工件转速；p—轴向压力；p_f—摩擦压力；p_u—顶锻压力；ΔI_f—摩擦变形量；N—摩擦加热功率；
N_{max}—摩擦加热功率峰值；T—时间；t_f—摩擦时间；t_h—实际摩擦时间；t_u—实际顶锻焊接时间。

2）不稳定摩擦阶段

从摩擦加热功率显著增大的 b 点起，越过功率峰值 c 点，到功率稳定值 d 点为止。在这个阶段，压力较初始摩擦阶段增大，破坏焊接金属表面，使纯净金属接触；金属强度有所降低，但是塑性和韧性有很大提高。同时，焊接真实接触面积也增大了。不稳定阶段是加热过程的一个主要阶段。

3）稳定摩擦阶段

从加热功率稳定 d 点起，到接头形成最佳温度分布 e 点。在稳定摩擦阶段，工件摩擦表面的温度继续升高，达到1300℃。稳定摩擦阶段的金属强度极低，塑性很大，摩擦系数很小，摩擦加热功率基本上稳定在一个很低的数值。

4）停车阶段

停车阶段是摩擦加热和顶锻焊接的过渡阶段，具有双重特点。从主轴和工件一起开始停车减速的 e' 点起，到主轴停止转动的 g 点止，是焊接过程的重要阶段；顶锻开始后，随着轴向压力加大，转速降低，再次出现扭矩峰值；该阶段直接影响接头的焊接质量，要严格控制。

5）纯顶锻阶段

从停止旋转的 g 点起，到顶锻压力最大值 h 点。应有足够大压力、顶锻变形量和速度。

6）顶锻维持阶段

从顶锻压力的高点 h 点起，到接头温度冷却至低于规定值。

三、摩擦焊规范参数

1．参数对接头质量的影响

1）转速和摩擦压力

当工件直径一定时，转速代表摩擦速度。为使变形层加热到材料的焊接温度，必须高于临界摩擦速度。低碳钢的临界速度为 0.3m/s 左右，平均摩擦速度为 0.6m/s～3m/s。转速升高，深塑区移向圆心。转速降低，形成不对称的肥大飞边。为产生足够的加热功率，保证焊接表面全接触，压力不能太小。稳定摩擦阶段，压力增大时，摩擦扭矩增大，深塑区增宽，并移向外圆，形成粗大不对称飞边。不同转速和压力的组合，可以得到不同加热规范。强规范：即转速较低，摩擦压力大，摩擦时间短。弱规范：即转速较高，摩擦压力小，摩擦时间长。

2）摩擦时间与变形量

摩擦时间短，表面加热不完全，不能形成完整的塑性变形层。摩擦时间长，接头温度分布宽，金属容易过热，飞边大，消耗热量多。

3）停车时间

当停车时间由短到长变化时，摩擦扭矩后峰值也由小变大。表面的变形层较厚时，停车时间要短。表面的变形层较薄时，停车时间可以延长。

4）顶锻压力与顶锻变形量

顶锻压力要能挤碎和挤出变形层的氧化金属。顶锻压力小，焊接质量降低；顶锻压力过大，接头变形量增加，飞边增大。

2．规范参数的选择

焊接高温强度高的高合金钢时，需要增大焊接压力和顶锻压力，并适当延长摩擦时间。焊接高温强度差别比较大的异种钢或某些不产生脆性合金的异种金属时，除了在高温强度低的材料一方加一个模子以外，还要适当延长摩擦时间，提高焊接压力和锻压力。

焊接大直径工件时，在摩擦速度不变的情况下，相应地降低转速。焊接中碳钢、高碳钢和低合金钢时，为防止产生淬火组织，减少焊后处理工序，应选用较弱的焊接规范。焊接管子时，为了减少内毛刺，在保证焊接质量的前提下，应设法减小摩擦变形量和顶锻变形量。

四、搅拌摩擦焊

搅拌摩擦焊是英国焊接研究所（TWI）于 1991 年提出的专利焊接技术。搅拌摩擦焊是固相连接，通过压力使待焊工件的表面紧密接触，摩擦生热使金属被加热到很高的温度（低于熔点），然后在搅拌头的机械混合作用下搅拌、混合、扩散，最终形成牢固的接头。

1．搅拌摩擦焊原理

搅拌摩擦焊与常规摩擦焊一样，也是利用摩擦热作为焊接热源。不同之处在于，搅拌摩擦焊是由一个圆柱形状的搅拌头伸入工件的接缝处，通过搅拌头的高速旋转，使其与焊接工件材料摩擦，从而使连接部位的材料温度升高软化，同时对材料进行搅拌摩擦来完成焊接的（见图 5-33）。

在焊接过程中，工件要刚性固定在背垫上，焊头边高速旋转，边沿工件的接缝与工件相对移动。焊头的突出段伸进材料内部进行摩擦和搅拌，焊头的肩部与工件表面摩擦生热，并用于防止塑性状态材料的溢出，同时可以起到清除表面氧化膜的作用。

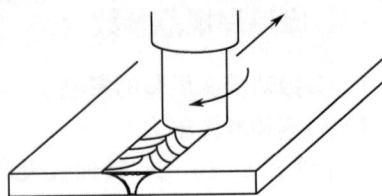

图 5-33　搅拌摩擦焊原理图

搅拌摩擦焊焊接设备及夹具的刚性是极端重要的。焊头一般采用工具钢制成，焊头的长度一般比要求焊接的深度稍短。搅拌摩擦焊缝束时在终端留下个匙孔。通常这个匙孔可以切除掉，也可以用其他焊接方法封焊住，新的回缩式搅拌头已可解决匙孔的问题。

搅拌摩擦焊焊接时材料不熔化，因此不会产生气孔、夹渣、裂纹等缺陷，并且焊接过程中无需保护气和填充材料，焊后残余变形小、残余应力低，接头为细晶锻造组织，机械性能优良，无弧光、噪音、射线等污染，被誉为"最为革命性的焊接技术"。目前，已经在航空、航天、船舶、建筑、交通等行业获得了广泛的应用。

2．搅拌摩擦焊接过程分析

1）搅拌摩擦焊焊接过程

搅拌摩擦焊的过程如图 5-34 所示。可以分为旋转、插入、加热、移动 4 个阶段。焊接时，欲搭接或者对接的工件相对放置在垫板上，用专用夹具压紧工件。焊接时旋转的搅拌头缓缓进入焊缝，当其与工件表面接触时摩擦生热，使得该点金属软化，在顶锻压力作用下，摩擦头插入工件内部，轴肩端面包拢摩擦区域，同时搅拌头沿焊接方向移动形成焊缝。

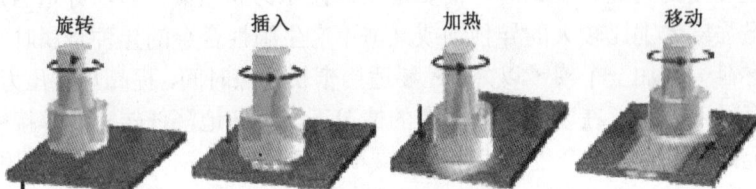

图 5-34　搅拌摩擦焊焊接过程示意图

2）搅拌摩擦焊连接机理

根据搅拌摩擦焊的过程可看出，其焊接过程近似于是对待焊工件接头区的一次局部热锻压过程，最终得到的是一种锻态组织，其晶粒要比母材还要细小（相对比之下，普通熔化焊接头最终得到的是铸态组织，晶粒较大）。因此，搅拌摩擦焊接头的组织比母材还要好。搅拌摩擦焊焊缝的宏观组织有明显的塑变流线,呈同心状。

一般将搅拌摩擦焊接头分为 3 部分：焊核区、机械热影响区和热影响区（图 5-35）。

3．搅拌摩擦焊参数

搅拌摩擦焊工艺参数主要包括：搅拌头的圆周速度、搅拌头与工件的相对移动速度等。这些参数决定搅拌摩擦焊的热输入量，影响温

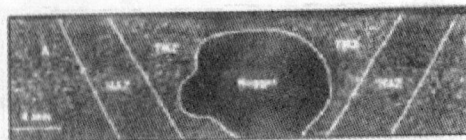

图 5-35　AA2024 FSW 接头宏观图
（焊核区、机械热影响区和热影响区）

度场分布，从而影响焊接质量。目前关于搅拌摩擦焊工艺参数的研究正在深入。

1）旋转速度和焊接速度

一般来说，对于铝合金的焊接，搅拌头的旋转速度可以从几百转/分钟到上千转/分钟。焊接速度一般为 1mm/s～15mm/s。在焊接过程中焊头要压紧工件。例如，对 1100 和 6061 冷轧板进行搅拌摩擦焊，板厚 63mm。搅拌头的直径为 63mm，长度为 58mm。当焊接速度为 1mm/s～4mm/s，搅拌头的转速在 200r/min～2000r/min 的范围改变时，形成优质焊缝的最佳转速是 400r/min。在转速过高时，引进材料应变速率增加，可能影响焊缝的再结晶过程。

2）轴肩压力

增大轴肩压力可使摩擦力增大，因此热输入量增加，有助于提高焊缝组织的致密度；摩擦力增大也使搅拌头向前移动的阻力增大，且易使焊缝凹陷，焊缝表面出现飞边和毛刺。压力过小，焊缝组织疏松，焊缝内部易出现孔洞，轴肩对焊接区起不到封闭作用而使焊缝金属外溢。

3）焊接时间

随着焊接时间的延长，温度开始升高，到达峰值后然后逐渐下降；剪切边（搅拌头旋转方向和前进方向一致的那个边）的温度比流动边（搅拌头旋转方向和前进方向相反的那个边）的温度总体来说要高一点。

4）温度场分布

距离搅拌头中心越远，温度越高。剪切边和流动边具有相同的结果。因为轴肩部与工件表面接触处的线速度最大，此处摩擦产生的热能也最高，所以搅拌摩擦焊的最高温度不在焊缝中心。另外，距离焊接表面越远，温度越低。

第三节　扩　散　焊

将两被焊工件紧压在一起，置于真空或保护气氛中加热，使两焊接表面微观凸凹不平处产生塑性变形达到紧密接触，再经保温、原子相互扩散而形成牢固的冶金连接，就形成了扩散焊接头。扩散焊在温度和压力的同时作用下完成，不发生熔化和宏观塑性变形。美国 20 世纪 70 年代研究成功的瞬时液相扩散焊和超塑性成形扩散焊，解决弥散强化的高温合金蜗轮叶片、超声速飞机构件的焊接。获得了重大的经济效益。我国 20 世纪 50 年代末期才开始对扩散焊的研究，70 年代建立了许多专用扩散焊机，大型超高真空扩散焊机、钛—陶瓷静电加速管标志我国扩散焊已发展到一个较高的水平。

一、扩散焊原理及分类

1．扩散焊原理

扩散焊的温度和压力使焊接表面微观凸起处产生塑性变形，增大紧密接触的面积；激活原子，促进相互扩散。为加速焊接过程和降低对表面制备的要求，常在两焊接表面间加一层很薄的、容易变形的、促进扩散的材料，即中间扩散层。有时，中间扩散层与母材通过固态扩散形成少量液相，填充缝隙而形成接头，这就是瞬时液相扩散焊。

保证扩散焊接头质量的主要因素是焊接界面区原子相互充分扩散。加压、加热和加扩散层都是为保证和促进扩散过程的。扩散焊是在热压焊的基础上吸收了钎焊的某些优点而发展起来的，具有下列优点。

（1）焊接温度一般为 0.4 倍～0.8 倍的母材熔化温度，因此，排除了由于熔化给母材带来的影响。从而适合于焊用熔化焊难于焊接，或易受到严重损害的材料，如弥散强化高温合金和纤维强化复合材料等。

（2）可焊接各种不同种类的材料，包括金属与非金属等冶金、物理性能差别极大的材料。

（3）可焊结构复杂、封闭型焊缝；相差悬殊，要求很高的各种工件。

（4）根据需要可使接头的成分、组织和母材均匀化，接头的性能与母材相同。

但是，由于扩散焊要求焊接表面十分平整、光滑、并能均匀加压，适用范围受到限制。

2．扩散焊分类

扩散焊大致可分成如图 5-36 所列的几类。

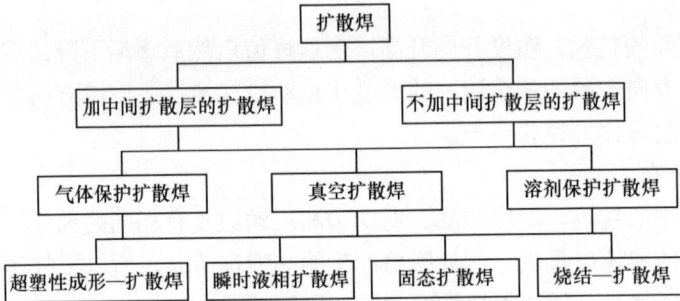

图 5-36　扩散焊分类图

按接头组合型式分有 4 种组合类型：①同类材料；②异类材料；③同类材料加中间扩散层；④异类材料加中间扩散层。

二、扩散焊接过程分析

由于采用的设备与方法的不同，产生了对扩散焊接过程认识上的差异。在 20 世纪 50 年代，有人研究银、铜、黄铜、钛等材料的扩散焊时发现：在再结晶温度下焊接的搭接接头抗剪强度有一个突然的增长，据此断定焊接过程是一个再结晶过程，称为再结晶焊接。

有人认为真空扩散焊接过程可分为两个阶段：第一阶段在温度和压力的作用下，焊接表面微观凸起部分产生塑性变形，破坏和去除表面氧化膜及吸附层，达到紧密接触；第二阶段经过回复和再结晶，消除微观缺陷——界面孔洞，形成完整的连接。

多数从事扩散焊研究者，均将纯固态下的焊接过程划分为 3 个阶段来研究，即变形——接触、扩散——界面推移和消失，如图 5-37 所示。但随着扩散焊工艺方法的发展，瞬时液相扩散焊方法的出现，已不是在纯固态下进行，针对这两种情况分别进行分析。

1．固态扩散焊接过程

1）第一阶段　变形——接触阶段

不管如何精心加工的表面，微观上总是凹凸不平的，只不过程度不同而已。将这样的表面装配在一起，如不施加任何压力，紧密接触部分极少，不超过总面积的 1%。因此，只有通过焊接开始的第一阶段的加压加热，微观凸起处产生塑性变形，紧密接触的表面积才不断增大，原子相互扩散并交换电子，形成金属键连接。由于开始时承受扩散焊压力只局限于占总面积极少部分凸起的点上，压力不大即可使这些凸起处的压应力达到很高的数值，超过材料的屈服限而发生塑性变形。但随着塑性变形的发展，接触面积迅速增大，一般可达焊接表面的 40%～75%（见图 5-37），所受压应力迅速减小，塑性变形因而停止。以后主要靠蠕变，使紧密接触面积继续增加，最后达到 90%～95%。剩下的 5% 左右未能达到紧密接触面积逐渐演变成界面孔洞，大部分在第二、三阶段逐渐消除。个别大的孔洞，有时经过很长时间也不能完全消除而残留在焊缝内。

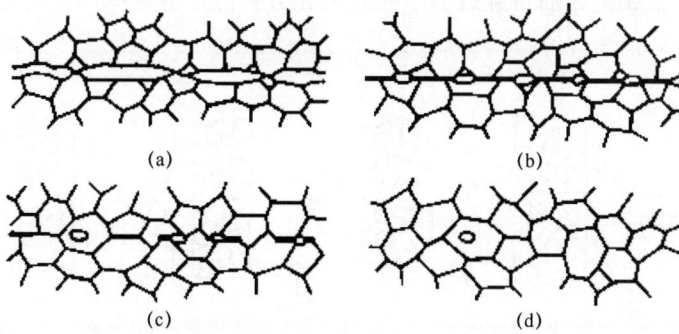

图 5-37 扩散过程 3 个阶段示意图

（a）室温装配状态；（b）第一阶段；（c）第二阶段；（d）第三阶段。

2）第二阶段 扩散——界面推移阶段

达到紧密接触后，由于变形引起的晶格畸变、位错、空位等各种缺陷使得界面原子处于激活状态，扩散迁移十分迅速，很快就形成以金属键为主要形式的接头。但此时接头强度不高，必须继续保温扩散一定时间，使扩散层达到一定深度。再通过回复、再结晶及晶界推移，使第一阶段的金属键连接变成牢固的冶金连接，这个阶段大约要延续几分钟到几十分钟。对于一些要求不特别严格的接头，可以不再进行第三阶段即可使用，从而提高生产率。

3）第三阶段 界面和孔洞消失阶段

通过继续扩散，进一步加强已形成的连接，消除界面孔洞，接头组织与成分均匀。在这个阶段主要是体积扩散，速度比较慢，通常需要几十分钟到几十小时，才能达到晶粒穿过界面生长，原始界面消失。

由于需要时间很长，第三阶段一般难以进行到底，如果在焊接温度下保温扩散引起母材晶粒长大，接头强度下降，可以在较低的温度下进行扩散。

2．瞬时液相扩散焊接过程

瞬时液相扩散焊是在加中间扩散夹层的基础上，为解决弥散强化的高温合金及纤维强化的复合材料等新型材料的焊接研制的（图 5-38）。具体过程特征如下。

1）第一阶段 液相生成

首先，将扩散层材料夹在焊接面之间，施加一定压力（约 0.1MPa），然后在无氧化或无污染的条件下加热，母材与夹层材料之间发生相互扩散，形成小量的液相。

2）第二阶段　等温凝固

液相形成并填充整个焊缝隙后，应立即开始保温，进行充分的扩散，最后形成接头。

3）第三阶段　均匀化

瞬时液相扩散焊过程与固态扩散焊的主要差别在液相参加，加速了焊接过程。对焊接表面的要求也大大降低，毋需施加很大的压力。两者共同特点是都要依靠扩散。

但也有人认为：扩散焊接头的形成主要是焊接表面达到紧密接触后，原子间的相互吸引发生作用，并交换自由电子而建立金属键的结果，而不是依靠扩散的结果。相反，原子的相互扩散是在焊接表面紧密接触之后才得以进行的。大量实验结果表明：仅仅在焊接表面达到紧密接触，没有充分扩散的连接是不牢固的，强度不高。要得到高质量的接头，必须建立金属键之后再经过原子相互的充分扩散，并达到一定的体积深度形成冶金连接。

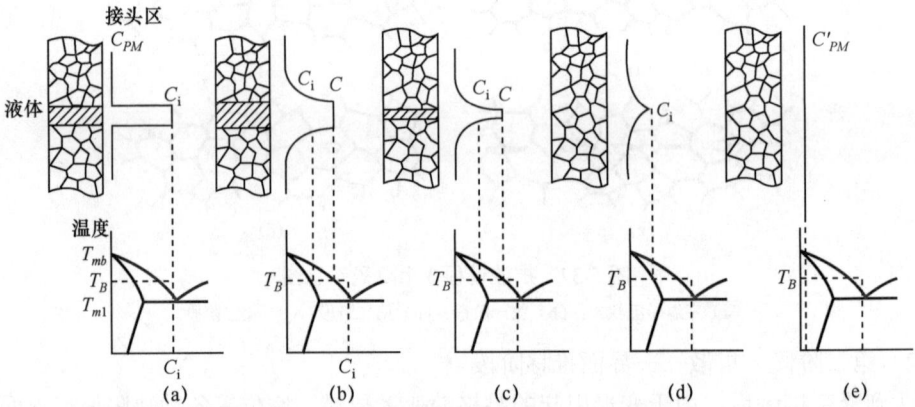

图 5-38　瞬时液相扩散焊等温凝固机理示意图

三、扩散焊规范参数

温度、压力、保温扩散时间、表面状态、保护方法、母材及中间扩散夹层的冶金性能等，是影响扩散焊过程及接头质量的主要因素。

1．温度

材料在加热过程的变化都要直接或间接地影响到扩散焊接过程及接头质量。从扩散规律可知：扩散系数与温度有指数关系，温度越高，扩散系数越大。金属的塑性变形能力越好，焊接表面达到紧密接触所需的压力越小。从这两方面考虑，似乎焊接温度越高越好。但是，加热温度受到材料的冶金特性方面的限制，如再结晶、低熔共晶和金属化合物的生成。因此不同材料组合的焊接温度，应根据具体情况来选定。

温度对接头强度的影响见图 5-39，随温度的提高，接头强度迅速增加，但随着压力的继续

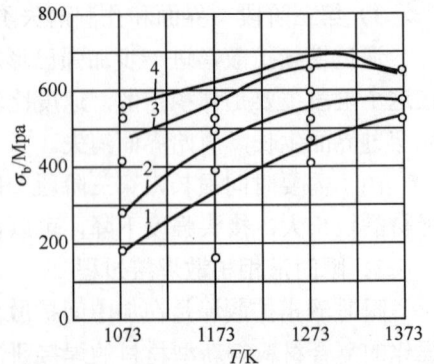

图 5-39　接头强度与焊接温度的关系
1—p = 5MPa；2—p = 10MPa；
3—p = 20MPa；4—p = 50MPa。

增大，温度的影响逐渐缩小。可见温度只能在一定范围内提高接头的强度，过高反而使接头强度下降。这是由于随着温度的增高，母材晶粒迅速长大及其他变化的结果。

温度对接头影响可从图 5-40 的金相组织充分反映出来。温度 1033K 时，接头界面十分明显，没有晶粒穿越界面，1089K 时，界面孔洞明显减少，晶粒开始穿越界面生长，局部区域界面已消失；1116K 时，晶粒继续生长，大部分界面已消失，但残留下一些断续的界面孔洞；1143K 时，界面已完全消失，但在一些晶粒内部仍残存了一些孔洞。这些孔洞只有通过长时间的扩散才能消除，其中较大的将无法消除而残留成为缺陷。

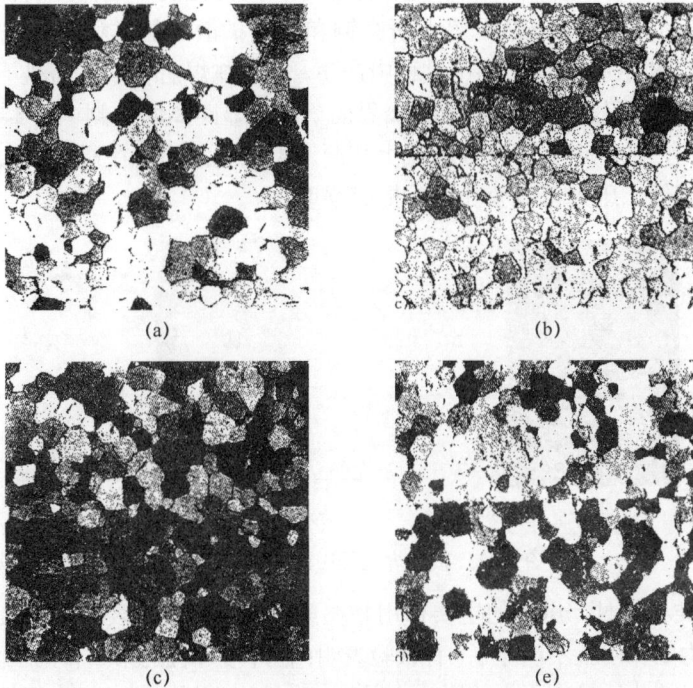

图 5-40 温度对工业纯钛真空扩散焊接头金相组织的影响

(a) 1143K；(b) 1116K；(c) 1089K；(d) 1032K。

总之，扩散焊接温度是一个关键的工艺参数。选择时可参照已有的研究试验结果，在尽可能短的时间内，尽可能小的压力下达到完全的冶金连接，获得最好的焊接质量，而又不损害母材的性能。

2. 压力

压力可促使焊接表面微观凸起部分产生塑性变形后达到紧密接触状态；使界面区原子激活，加速扩散与界面孔洞的弥合及消除；防止扩散孔洞的产生。

宏观上十分光洁与平滑的焊接表面，微观是不平的。压力越大、温度越高，紧密接触的面积增多。但不管压力多大，在扩散焊第一阶段不可能使焊接表面 100%的达到紧密接触状态，总有一小部分演变为界面孔洞。所谓界面孔洞就是由未能达到紧密接触的凹凸不平部分交错而构成的空洞。在第一阶段形成的孔洞，如果在第二阶段仍未能通过蜕变而弥合，则只能依靠原子扩散来消除，这样就需要很长的时间，特别是消除那些在晶粒内部的大孔洞更是十分难。因此，在加压变形阶段，一定要设法使绝大部分表面达到紧密接触。

目前，扩散焊规范中应用的压力范围很宽，最小只有0.04MPa（瞬时液相扩散焊），最大可达350MPa（等静压扩散焊），而一般常用压力约为10MPa～30MPa。

压力的另一个重要作用，是在焊接某些异类金属材料时，防止扩散孔洞的产生。异类材料组成扩散焊接头时，由于化学成分的不同，不同元素的原子具有不同扩散速度，扩散速度大的原子大量越过界面向另一侧金属内扩散，而反方向扩散过来的原子数量较少，这样就造成了通过界面向其两边扩散迁移的原子数量不等，移出多于移入的那边就出现了大量的空穴，集聚起来达到一定密度后即凝聚为孔洞，这种孔洞就是扩散孔洞。这种现象是1947年Kirkendall等人研究铜和黄铜扩散焊的过程中首先发现的，故称Kirkendall效应。扩散孔洞可在焊接过程中产生，也可在焊后长期在高温下工作的过程产生．扩散孔洞与界面孔洞不同，集聚在离界面一段明显距离的一侧（图5-41），对已形成扩散孔洞的接头，加压退火可有效地减少孔洞。扩散孔洞的存在影响接头的质量，特别是使接头强度降低。压力可减少孔洞，提高强度。

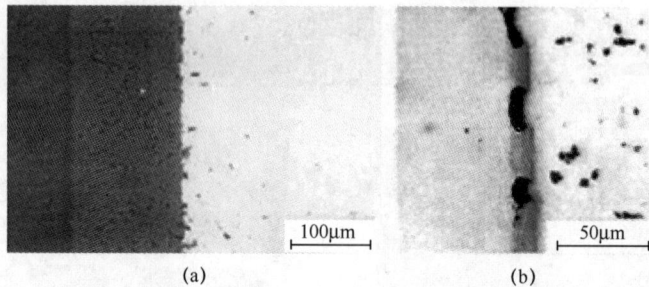

图5-41 扩散焊过程中形成的扩散孔洞

在焊接同类材料时，压力的主要作用是在第一阶段使焊接表面紧密接触，而在第二和第三阶段压力的作用就不明显了。有试验表明：在焊接过程的第二和第三阶段撤去压力，结果并未发现对接头质量有不良的影响。据此，在焊同类材料时，只在开始的第一阶段施加一定的压力，经几分至十几分钟后，即可撤掉压力进行保温扩散，扩散过程可在一般的真空炉内集中一批进行，从而可大大提高专用扩散焊机利用率和扩散焊的生产率。

3．保温扩散时间

扩散焊所需的保温扩散时间与温度、压力、中间扩散层厚度和对接头成分及组织均匀化的要求密切相关。原子扩散走过的平均距离与扩散时间的平方根成正比，即抛物线定律。因此，要求接头成分均匀化的程度越高，保温时间就将以平方的速度增长。

4．焊接表面状态

焊接表面状态对焊接过程及接头质量有很大影响。焊前必须进行加工、磨平，甚至抛光，还要清洗去油、去除氧化膜等。

经过抛光的表面微观凹凸不平，最大可达到50nm。表面制备质量低，凹凸不平越严重，界面孔洞就会越大。因此，焊接表面的制备是一个十分重要的问题。表面制备与清洗方法很多，主要有机械加工，化学侵蚀与剥离，真空烘烤，辉光放电，超声波清洗和去油清洗等。尽量选用无毒、效果好、成本低的方法来准备焊接表面。表面越平整、清洁，容易进行扩散焊接，接头强度也越高。

5．母材的物理特性

焊接同类材料时，应考虑其相转变和晶体结构方面的特性。Ti、Zr、Co 等以及许多合金和钢一样具有相转变。当发生相变时，上述材料的塑性特别好，这与再结晶时情况相似。因此，在相变温度附近进行焊接。使焊接表面凸起处产生塑性变形所需要的压力降低很多，显然是十分有利的。

金属原子不管是自扩散还是异扩散，在不同的晶体结构中速度有时相差很大。如铁的自扩散在体心立方体中比在同一温度下的面心立方晶体中的扩散速度约大 1000 倍。显然，选择在体心立方体状态下进行扩散焊将可大大缩短扩散时间的。但是，除了扩散速度外，还必需注意扩散元素在溶剂中的溶解度问题。

第四节　其他压力焊方法

一、爆炸焊

1．爆炸焊原理及分类

爆炸焊利用炸药爆炸产生的冲击力，使焊件的迅速碰撞来实现连接。爆炸焊于 1963 年正式研究成功。能承受工艺过程所要求的快速变形的金属，都可以进行爆炸焊。爆炸焊主要用于：金属包覆、过渡接头（铝—钢）以及和爆炸压力加工组成复和工艺。

1）爆炸焊原理

爆炸瞬时释放的化学能将产生一高压、高温和高速冲击波，其作用于覆板上使其与基板猛烈撞击，在接触界产生射流的冲刷作用下，清除焊板表面的氧化膜和吸附层，使金属接触并在高压下紧密结合形成金属键；炸药连续爆炸，界面将不断移动形成连续结合面。炸药的引燃必须是逐步进行的。

2）爆炸焊分类

按装配方式可将爆炸焊分为：

（a）平行法（图 5-42（a））、（b）角度法（图 5-42（b））。

按接头形式，又可分为点爆炸、线爆炸和面爆炸焊等。

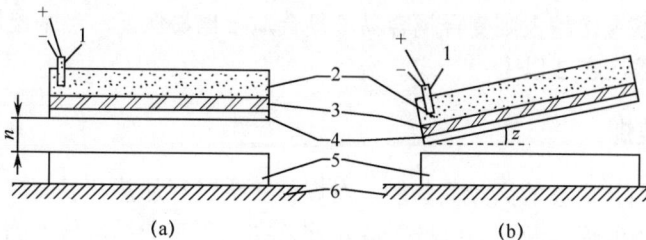

图 5-42　爆炸焊的装配形式

（a）平行法；（b）角度法。

1—雷管；2—炸药；3—缓冲层；4—覆板；6—基础。

3）接头的结合特点

依据焊接条件的不同，爆炸焊接头的结合面可有以下两种基本形式：

（1）平坦界面（图 5-43（a））形成这种结合特点的原因是速度低于其一临界值。此时接头的强度不稳定。

（2）波浪形（图 5-43（b））当撞击速度高于某一临界时。接头性能优于平坦界面结合。

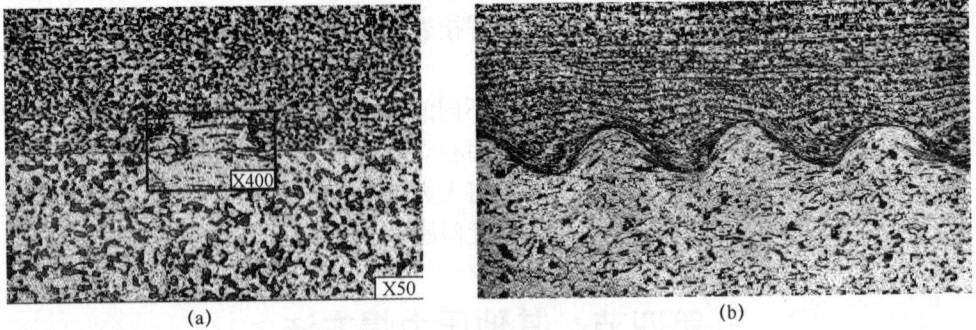

图 5-43　爆炸焊的结合面形态
(a) 平坦界面；(b) 波浪形。

2．爆炸焊规范参数

爆炸焊主要规范参数有：炸药品种、单位面积药量、起爆方式、基—覆板间间隙、安装角、基覆比、支撑方法和焊前表面状态等。

1）炸药

炸药是爆炸焊的能源，其种类和密度决定爆速，为了获得优质结合，要求接近金属覆板的声速。

2）安装间隙和安装角

安装间隙（平行法）和安装角（角度法）都是影响爆炸角的主要因素之一，如果爆炸角过小，则不论撞击速度有多大，也不会产生射流现象，出现低质量的结合。平行法时通常可选为覆板厚度的 0.5 倍～1.0 倍，而当炸药的引爆速度高时取下限位。

3）表面状态

表面状态与形成物理接触面积有关，对焊接质量有极其重要影响，应通过清理以保持金属表面尽可能的清洁和具有一定的表面粗糙度。

4）基覆比

实践证明，基覆比越大则复合越容易，复合质量也易保证。当基覆比接近 1 时复合很困难，一般要求应在 2 以上。

二、超声波焊

超声波焊利用超声波的高频振荡能，对焊件接头进行加热和表面清理，同时施加压力实现焊接。超声波焊起源于 20 世纪 50 年代，在电子工业领域技术的换代中，超声波焊接新工艺显示出越来越重要的地位。目前应用超声波焊接的多半是铝、金、铜等较软的材料，但也逐渐扩大到铁、钨、钛等金属的焊接，以及应用其他方法难于解决的某些材料的连接。塑料的连接也是超声波焊接的主要应用领域。

1．超声波焊接原理及分类

1）超声波焊接的基本原理

超声波焊接的基本原理如图 5-44 所示，焊接所需的能量——超声波频率的弹性振动，是通过一系列能量转换及传递环节而获得的。焊件被夹持在上声极和下声极之间，通过上极向焊件输入超声波频率的弹性振动能量，通过下极支持焊件，同时向焊件施加压力。此时上下声极之间的两焊件的接触介面在静压力和弹性振动能量的共同作用下，温升和变形，使氧化膜或其他表面附着物被破坏和分散，并使纯净金属之间无限接近，通过公共电子云形成金属的键合，是一种物理冶金的过程。

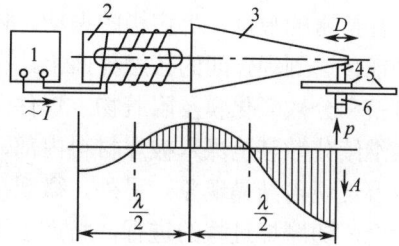

图 5-44 超声波焊接方法原理图

I—振荡电流及直流磁化电流；P—静压力；
D—弹性振动方向；A—振幅分布；
1—超声波发生器；2—换能器；3—聚能器；
4—上声极；5—焊件；6—下声极。

2）超声波焊接的分类

按照超声波弹性振动传入焊件的方向不同，超声波焊接的基本类型可分成两类：

（1）振动能切向传递到焊件表面而产生相对摩擦，这种方法适于金属材料的焊接。

（2）振动能垂直传递到焊件表面而产生相对摩擦，用于塑料焊接。

按接头形式可分为点焊、缝焊、环焊和线焊 4 种。点焊是使用最多的一种形式。根据振动能传递方式分为单侧式、侧式和两侧式；另外还有便携式超声波点焊，可在远离超声波发生器的地方施焊，便于特殊焊接位置等需要。缝焊实质上是由局部相互重叠的焊点形成一条具有密封性的连续焊缝。环焊是在一个焊接循环内形成一个封闭焊缝，环焊主要适用于微电子器件的封装工艺。线焊是利用线状上声极，在一个焊接循环内形成一条狭窄的直线状焊缝，主要用来封口。

2．超声波焊接过程分析

超声波焊是对被焊处加以超声频率的机械振动使之达到连接的过程，可将整个焊接过程分为"预压"、"焊接"和"维持" 3 个阶段，组成一个焊接循环。焊接所需的超声频率的弹性机械振动是通过一系列电能、磁能和机械能的转变过程得到的（图 5-45）。超声波焊接电源为工频电网，通过超声波发生器输出超声波频率的正弦波电压，而将此电磁能转变为机械振动能通常是通过磁致伸缩换能器或压电换能器。

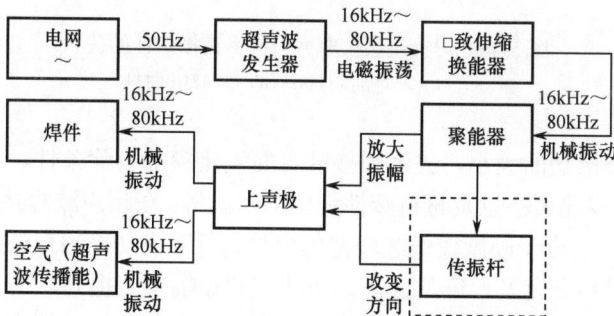

图 5-45 超声波焊接中能量的转换和传递过程

聚能器（变幅杆）是传递高频机械振动的元件，与换能器相耦合处于谐振状态。同时通过聚能器来放大振幅和匹配负载。它直接与上声极相连，通过上声极与上焊件接触处的摩擦力将超声波机械振动能传递给焊件，因此与上声极相接触的上焊件表面有金属

131

塑性挤压的痕迹。上声极的振动，使其与焊接件之间造成暂时的连接，然后通过它们将动能传递到焊件间的接触界面上，在此产生剧烈的相对摩擦，逐渐扩大摩擦面，破坏、排挤和分散氧化膜及附着物。焊件间接触发生的塑性流动不断进行，使已被破碎的氧化膜继续分散甚至深入被焊材料内部，促使纯净面的原子无限接近到原子作用的范围内，以及出现再结晶现象。另外，微观接触部分严重的塑性变形，出现焊件表面之间的机械咬合。随摩擦过程的进行，将产生不断的咬合和不断的破坏，直至咬合点数增加，咬合面积扩大。

3．超声波焊接工艺参数

1）超声振动频率

所谓振动频率，在工艺上有两方面的含义，包括谐振频率的数值和精度。谐振频率一般为 15kHz～75kHz，在焊接薄件时通常选用比较高的频率，提高振动频率可以相应降低振幅，可减少薄件因交变应力而引起焊点的疲劳破坏可能性。通常功率越小频率越高。而在焊接厚件时或焊接硬度及屈服强度都比较低的材料时，宜选用较低的振动。

随着频率的提高，高频振荡能的损耗将增大，因此大功率超声波点焊机宜选用较低的谐振频率，一般在 15kHz～20kHz。图 5-46 给出了不同硬度和厚度材料的焊接接头抗剪力与振动频率的关系，可以看到存在最佳振动频率。

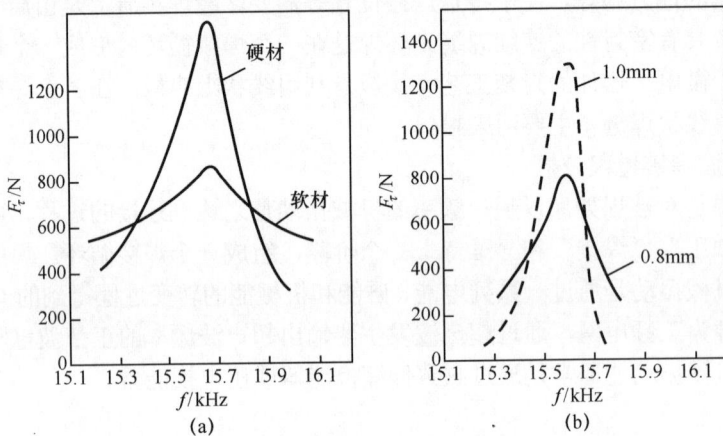

图 5-46　焊接接头抗剪力与频率谐振条件的关系

(a) 不同硬度材料；(b) 不同厚度材料。

2）振幅

振幅决定着摩擦功的大小，关系焊接区表面氧化膜的去除条件、结合面摩擦生热的情况、塑性变形范围的大小以及材料塑性流动的状况等。在超声波焊接中，一般为 5μm～25μm。较低的振幅适合于硬度较低或较薄的焊件，所以小功率超声波点焊机其频率较高而振幅较低。随材料硬度及厚度的提高，所选用的振幅也有提高。

焊点强度的试验结果表明（图 5-47），当振幅 A 为 17μm 时焊点剪切强度最大，振幅减小，强度随之降低；当振幅 $A < 6μm$ 时已经不可能形成接头，这是因为振幅值过小，接触表面的相对移动速度过小所致。

当振幅值过大，焊点强度反而下降，因为振幅过大，由上声极传递到焊件的振动剪力超过了它们之间的摩擦力。在这种情况下，声极将与工件之间发生相对的滑动摩擦现

132

象,并产生大量热和塑性变形,上声极埋入焊件,使焊件截面减小,降低了接头强度。

声极和工件间的摩擦,也同样会产生"咬合"点,这不仅使焊件表面受到严重损伤,而且常常引起焊点四周的疲劳破坏。

3)静压力

它将通过声极使超声振动有效地传递给焊件。静压力和焊点强度之间关系如图 5-48 所示。

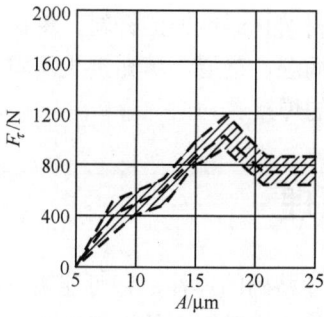

图 5-47 焊点抗剪力与振幅的关系

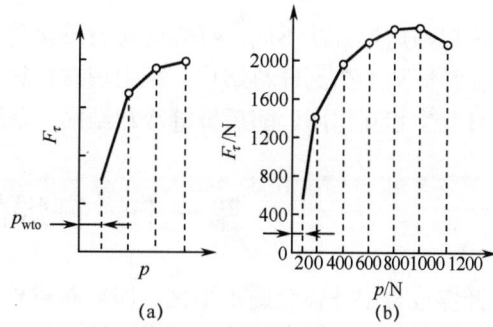

图 5-48 焊点抗剪力与静压力的关系
(a)纯铝 0.5mm;(b)硬铝 1.2mm。

当静压力过低时,超声波几乎没有被传递到焊件,超声波能量损耗在上声极与焊件之间的表面滑动,不可能形成连接。

当静压力达到一定值以后,再增加,强度不再提高或反而下降,过大静压力使摩擦力过大,造成焊件间相对摩擦运动减弱,甚至使振幅值降低,焊件间的连接面积不再增加或有所减小,材料压溃造成截面削弱。

第六章　钎焊及微连接

钎焊与熔焊方法不同，钎焊时母材不熔化，采用比母材熔化温度低的钎料，将被连接零件和钎料加热到钎料熔化，利用液态钎料在母材表面润湿、铺展，填充接头间隙并同母材发生相互作用，随后钎缝冷却结晶，从而实现零件的焊接。

第一节　钎焊的工作原理

钎焊过程中基体金属不熔化，即能获得外形美观、尺寸精确的焊件，它可连接不同种类的材料，接头获得较佳的综合性能。目前，钎焊技术作为一种重要的连接技术，在航空、航天、电子、信息、机械、冶金、能源、交通以及家电等行业获得越来越广泛的应用。

同熔焊方法相比，钎焊具有以下优点：接头表面光洁，气密性好，形状和尺寸稳定，焊件的组织和性能变化不大；可连接同种或异种金属及部分非金属，且对工件厚度差无严格限制；某些钎焊方法一次可焊成几十条或成百条钎缝，生产率高。

但是，钎焊也有它本身的缺点：钎焊多采用搭接接头，接头的强度较低；由于母材与钎料成分相差较大，引起的电化学腐蚀致使耐蚀力较差；装配要求比较高等。另外，钎焊前的准备工作要求较高，焊前清理要求严格。

根据使用钎料熔化温度的不同，钎焊可分为软钎焊和硬钎焊。把熔点在 450℃以下的钎料称作软钎料，使用软钎料进行的焊接为软钎焊；把熔点在 450℃以上的钎料称作硬钎料，使用硬钎料进行的焊接为硬钎焊。

一、液态钎料对固态母材的润湿与铺展

1. 液态钎料与固态母材的润湿

钎焊时，熔化的钎料以液态与固态母材相接触。为了得到良好的钎焊接头，液态钎料必须很好地润湿母材金属表面并完全填满钎缝。

从物理化学得知，将液滴置于固体表面，若液滴和固体界面的变化促使液—固体系自由能降低，则液滴将沿固体表面自动铺展。达到平衡时，形成图 6-1 所示的状态，图中 θ 称为润湿角；σ_{SG}、σ_{LG}、σ_{LS} 分别表示固—气、液—气及液—固界面间的表面张力。铺展终了时，在 O 点处这几个力相互平衡，如式（6-1）所示，称为 Young's 平衡式，即

$$\sigma_{SG} = \sigma_{LS} + \sigma_{LG} \cos\theta \tag{6-1}$$

$$\cos\theta = \frac{\sigma_{SG} - \sigma_{LS}}{\sigma_{LG}} \tag{6-2}$$

θ 角的大小反映液体润湿固体的情况，它的值与各表面张力的大小有关。若 $\sigma_{SG} >$

σ_{LS}，则 $\cos\theta > 0$，即 $0° < \theta < 90°$，此时认为液体能润湿固体；若 $\sigma_{\mathrm{SG}} < \sigma_{\mathrm{LS}}$，则 $\cos\theta < 0$，即 $90° < \theta < 180°$，这种情况称为液体不润湿固体。还有两种极限情况：$\theta = 0°$，液—固界面完全润湿；$\theta = 180°$，表示完全不润湿。液体润湿固体示意图如图 6-2 所示。钎焊时一般希望钎料的润湿角小于 $20°$。

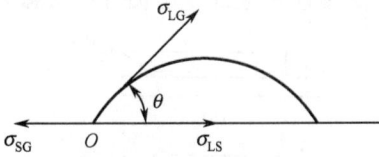

图 6-1　气—液—固界面示意图

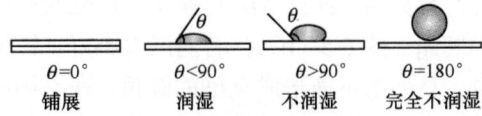

$\theta = 0°$　铺展　　$\theta < 90°$　润湿　　$\theta > 90°$　不润湿　　$\theta = 180°$　完全不润湿

图 6-2　液体润湿固体示意图

2．钎料的毛细填缝

当把钎料放在钎缝间隙附近，钎料熔化后有自动填充间隙的能力，即所谓的钎料填缝。这是由于液态钎料对母材润湿而产生弯曲液面所致。

如果将金属细管插入液态钎料中，管子的半径足够小，则在管壁处的液面呈现连续的弯曲液面，因而产生附加压力，使钎料沿细管上升，这就是通常所说的毛细现象。钎缝通常很小，如同毛细管，钎料就是依靠毛细作用在钎缝间隙内流动进行填缝。

当将两互相平行的金属板垂直插入液态钎料中时，假设平行金属板无限大，钎料量无限多，由于存在毛细作用，如果钎料可以润湿金属板，就会出现图 6-3（a）所示的情形，钎料在平行板间隙内上升到高于液面一定高度；否则，会出现图 6-3（b）的情形，下降到低于液面。钎料在两平行板的间隙中上升或下降的高度为

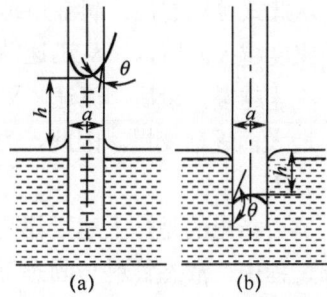

图 6-3　平行板间液体的毛细作用
(a) 润湿；(b) 不润湿。

$$h = \frac{2\sigma_{\mathrm{LG}}\cos\theta}{\alpha\rho g} = \frac{2(\sigma_{\mathrm{SG}} - \sigma_{\mathrm{LS}})}{\alpha\rho g} \tag{6-3}$$

式中：α 为两平行板的间隙；ρ 为液体的密度；g 为重力加速度。当 $h > 0$ 时，表示液体在间隙中上升；$h < 0$ 时表示液体下降。

由式（6-3）可以看出：

（1）当 $\sigma_{\mathrm{SG}} > \sigma_{\mathrm{LS}}$ 时（此时 $\theta < 90°$），$h > 0$，液态钎料可以填缝，并且随着接触角 θ 减小，爬升高度 h 值增大；当 $\sigma_{\mathrm{SG}} < \sigma_{\mathrm{LS}}$ 时（此时 $\theta > 90°$），$h < 0$，液态钎料沿间隙下降，不能填缝。因此，钎料填充间隙的好坏取决于它对母材的润湿性。只有在液态钎料能充分润湿母材的条件下，钎料才能填满钎缝。

（2）液态钎料沿间隙上升的高度 h 与间隙大小 α 成反比。即间隙越小，毛细作用越强，钎料填缝能力也越强。图 6-4 是铜或黄铜板间钎料的填缝高度同间隙的关系。从上升高度看，是以小间隙为佳。

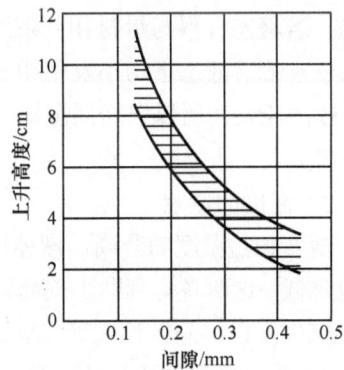

图 6-4　钎料上升高度与间隙大小的关系

因此，钎焊时为使液态钎料能填满间隙，必须在接头设计和装配时保证小的间隙。但是应该指出，钎焊时钎料或多或少与母材发生相互作用，此时毛细作用现象比较复杂，不能一概认为间隙越小越好；特别是对于与母材相互作用强的钎料，接头间隙应比作用弱的钎料大些。

若钎料是预先安放在钎缝间隙内的（图 6-5（a）），润湿性和毛细作用仍有重要意义。当润湿性良好时，钎料填满间隙并在钎缝四周形成圆滑的圆角（图 6-5（b））；若润湿性不好，钎缝填充不良，且外部不能形成良好的圆角，在不润湿的情况下液态钎料甚至会流出间隙，聚集成球状钎料珠（图 6-5（c））。

液态钎料在毛细作用下的流动速度为

$$\nu = \frac{\sigma_{LG}\alpha\cos\theta}{4\eta h} \qquad (6-4)$$

式中：η 为液体的黏度。

图 6-5 预置钎料在间隙内的润湿情况
（a）预置钎料；（b）润湿性好；（c）润湿性差。

从此式可以看出：润湿角越小，即 $\cos\theta$ 越大，流动速度越大。所以，从迅速填满间隙考虑，也以润湿性好为佳；其次，液体的粘度越大，流速越慢；最后，流速 ν 又与 h 成反比，亦即液体在间隙内刚上升时流动快，以后随 h 增大而逐渐变慢。因此，为了使钎料能填满全部间隙，应保证足够的钎焊加热保温时间。

需要指出的是，上述规律是在液体与固体没有相互作用的条件下得到的。其实，在钎焊过程中，液态钎料与固态母材或多或少地存在相互扩散，致使液态钎料的成分、密度、黏度和熔点等发生变化，从而使毛细填缝现象复杂化。甚至出现这种情况：在钎焊金属表面铺展得很好的液态钎料竟不能流入间隙，这往往是由于在毛细间隙外钎料已通过扩散，被母材饱和而失去了流动能力。

3．影响钎料润湿性的因素

大量实践表明，影响钎料润湿性的因素主要有以下几个方面。

1）钎料和母材成分的影响

一般来说，当钎料与母材在液态与固态下均不发生相互作用，则它们之间的润湿性很差；若液态钎料与母材相互溶解或形成化合物，钎料便能够较好地润湿母材。例如，银与铁在固、液态下均不发生相互作用，润湿性极差；银在 1000℃～1200℃时稍溶于镍（约 3%～4%），所以银能润湿镍；而银在 799℃时在铜中的溶解度为 8%，故银在铜上的润湿性良好。

2）温度的影响

随着加热温度的升高，液体钎料与气体的界面张力减小，液态钎料与母材的界面张力也降低，这两者均有助于提高钎料的润湿能力。但钎焊温度不能过高，以免造成溶蚀、钎料流失及母材晶粒长大等现象。

3）母材表面氧化物的影响

在有氧化物的母材表面，液态钎料往往凝聚成球状，不与母材发生润湿，也不发生

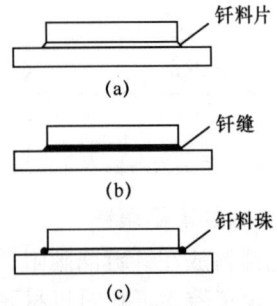

填缝。这是因为覆盖着氧化物的母材表面比起无氧化物的洁净表面来说，与气体之间的界面张力要小得多，致使 $\sigma_{sg} < \sigma_{sl}$，出现不润湿现象。所以，必须充分清除钎料和母材表面的氧化物，以保证发生良好的润湿作用。

4）钎剂的影响

钎焊时使用钎剂可以清除钎料和母材表面的氧化物，改善润湿作用。钎剂往往又可以减小液态钎料的界面张力。因此，选用适当的钎剂对提高钎料对母材的润湿作用非常重要。

5）母材表面状态的影响

母材金属表面是否"清洁"直接影响钎料的润湿作用。清洁的表面使钎料与母材的原子能接近到相互吸引结合的距离，产生很好的润湿作用。

另外，母材表面的粗糙度，对钎料的润湿能力也有不同程度的影响。钎料与母材作用较弱时，它在粗糙表面上的纵横交错的细槽对液态钎料起了特殊的毛细作用，促进了钎料沿母材表面的铺展。但对于与母材作用比较强烈的钎料，由于这些细槽迅速被液态钎料溶解而失去作用，这些现象就不明显了。

6）表面活性物质的影响

由物理化学得知，溶液中表面张力小的组分将聚集在溶液表面层，呈现正吸附，使溶液的表面自由能降低。凡是能使溶液表面张力显著减小，发生正吸附的物质，称为表面活性物质。因此，当液态钎料中加有表面活性物质时，它的表面张力将明显减小，会改善母材的润湿性。

二、液态钎料与固态母材的相互作用

熔化的钎料在填缝过程中与固体母材发生的相互作用可归结为两个方面：①固态母材向液态钎料的溶解；②液态钎料向固态母材的扩散。这两种作用对钎焊接头的性能影响很大。

1．固态母材向液态钎料的溶解

固态母材向液态钎料的适量溶解，可使钎料成分合金化，有利于提高接头强度。但是，母材的过度溶解会使液态钎料的熔点和粘度提高、流动性变坏，往往导致不能填满钎缝间隙。同时也可能使母材表面出现溶蚀缺陷，严重时甚至出现溶穿。

钎焊过程中，液态钎料与固态母材接触时，使固态母材晶格内的原子结合被破坏，同液态钎料的原子形成新的键，这个过程便是固态母材向液态钎料的溶解过程。

母材向钎料溶解作用的大小取决于母材和钎料的成分（即它们之间形成的状态图）、钎焊温度、保温时间和钎料数量等。如果母材的溶解有助于在钎缝中形成共晶体，则母材的溶解作用比较激烈，母材元素在钎料中的溶解度小，也比较容易发生溶解。温度越高，保温时间越长，钎料量越多，溶解作用也进行得越激烈。

2．钎料组分向母材的扩散

钎焊过程中，在母材溶解于液态钎料的同时，也出现钎料向母材的扩散。扩散以两种方式进行：①体积扩散，此时钎料组元向整个母材晶粒内部扩散；②晶间扩散，这时钎料组元扩散到母材的晶粒边界。

体积扩散的结果是在钎料与母材交界处毗邻母材一边形成固溶体层，它对钎焊接头不会产生不良影响。晶间扩散常常使晶界发脆，对薄件的影响尤为明显。应降低钎焊温度或缩短保温时间，使晶间扩散减小到最低程度。

第二节 钎焊材料

钎焊材料根据所起作用的不同分为钎料和钎剂。钎焊过程中钎料在低于母材熔点的温度下熔化并填充钎焊接头，钎剂去除或破坏母材被钎部位的氧化膜。它们的质量好坏以及如何合理选择应用对钎焊接头的质量起着举足轻重的作用。

一、钎焊用钎料

1. 钎料的基本要求

钎焊接头的质量在很大程度上取决于钎料。钎料应满足以下要求：

（1）合适的熔点，至少应比钎焊母材熔点低几十摄氏度。二者熔点过于接近，会使钎焊过程不易控制，甚至导致母材晶粒长大、过烧以及局部熔化；

（2）良好的润湿性，能充分填满钎缝间隙；

（3）与钎焊母材的扩散作用，保证它们之间形成牢固的结合；

（4）具有稳定均匀的成分，减少偏析现象和易挥发元素的损耗等；

（5）接头应能满足产品的技术要求；如机械性能和物理化学性能方面的要求。

此外，也必须考虑钎料的经济性，应尽量少用或不用稀有金属和贵重金属。

2. 钎料的分类及牌号

钎料一般按熔点的高低分为软钎料和硬钎料，又根据组成钎料的主要元素把软钎料和硬钎料划分为各种基的钎料。以某种金属为主要成分的钎料称为"某"基钎料。如软钎料可分为铋基、铟基、锡基、镉基、锌基等类钎料，硬钎料可分为铝基、银基、铜基、锰基、镍基、金基、钯基等类钎料。纯金属的熔点最高，因此"某"基钎料的熔化温度上限便是该纯金属的熔点，其下限是其二元或多元合金共晶的温度。任何基的钎料都只有一段范围不大的熔化温度区间可供使用，不同基钎料熔化温度范围如图6-6所示。

目前，钎料牌号的表示方法在国内主要有两种。

（1）国家标准，牌号以 S 或 B 开头，表示钎料代号（S 表示软钎料，B 表示硬钎料）+化学元素符号（表示钎料的基本组元）+数字[表示基本组元的质量分数（%）]+元素符号[表示钎料的其他组元，按含量多少排序，不标含量（最多不超过 6 个）]—其他特性标记（表示钎料的某些特性，如"V"表示真空级钎料）。其钎料型号标记方法示例如图6-7所示。

（2）部颁标准，其中有冶金部部颁标准，其钎料编号方法为 H1（表示钎料）+元素符号（表示钎料基础组元）+元素符号（表示钎料主要组元）+数字（表示除基础组元外的主要组元的含量）—数字（表钎料中除基本、主要组元之外的其他组元的含量）。另外还有机械部部颁标准，其钎料编号方法为 HL（表示钎料）+数字（表示钎料的化学组成类型→'1'表示铜锌合金；'2'表示铜磷合金；'3'表银合金；'4'表铝合金；'5'表锌合金；'6'表锡铅合金；'7'表镍基合金）+数字+数字（表示同一类型钎料中的不同牌号）。

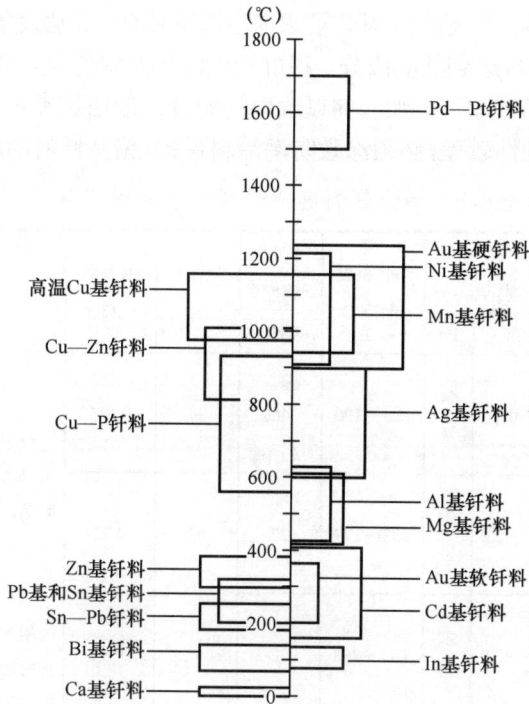

图 6-6　各类钎料的熔化温度范围

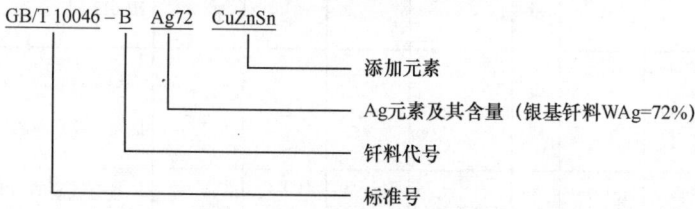

图 6-7　钎料标记示例

3．软钎料

1）锡基钎料

软钎料中应用最广的是锡铅钎料。当锡铅合金中锡的质量分数为 61.9%时，形成熔点为 183℃的共晶。纯锡抗拉强度为 23.5MPa，加铅后抗拉强度提高，在共晶成分附近抗拉强度达 51.97MPa，抗剪强度为 39.22MPa，硬度也达到最高值，电导率则随含铅量的增大而降低。

锡铅钎料加少量锑，可减少钎料在液态时的氧化，提高接头的热稳定性。锑的质量分数一般控制在 3%以下，以免发脆。锡铅钎料在低温下有冷脆性，钎焊低温工作的焊件应采用含锡低的钎料。如 H1SnPb80-2 钎料，但其润湿性较差。国产锡铅钎料的化学成分及主要性能列于表 6-1 中。

2）铅基钎料

纯铅不能很好地润湿铜、铁、铝、镍等常用金属，所以不宜单独用作钎料。但在铅中添加银、锡、镉、锌等合金元素后，润湿性得到改善。铅基材料一般用于钎焊铜及铜合金，耐热性优于锡铅钎料，适用于钎焊要求在中温下具有一定强度的零件。如 H1AgPb97 中加入 3%Ag，可使钎料达到共晶成分，很好地润湿铜及铜合金，并降低它的熔化温度。但铅银钎料的润湿性仍较差，可加入锡以改善润湿性。但用这类钎料钎焊的铜及黄铜接头在潮湿环境中的耐蚀性较差，必须涂敷防潮涂料保护。铅基钎料的成分和性能见表 6-2。

表 6-1　锡铅钎料的化学成分、特性及用途

钎料型号（牌号）	化学成分（质量分数）/%			熔化温度范围/℃	抗拉强度/MPa	伸长率/%	电阻率/（μΩ·m）	用　途
	Sn	Sb	Pb					
S-Sn61Pb39Sb（HL600、H1SnPb39）	59～61	≤0.1	余量	183～190	46	34	0.145	共晶型钎料，熔点低，流动性好，用于无线电、电器开关及易熔金属制品，适宜于钎焊低温工作的工件
S-Sn18Pb80Sb2（HL601、H1SnPb80-2）	17～19	1.5～2.0	余量	183～279	27	67	0.22	
S-Sn30Pb68Sb2（HL602、H1SnPb68-2）	29～31	1.5～2.0	余量	183～258	32		0.182	用于钎焊电缆护套、铅管摩擦钎焊等应用较广
S-Sn40Pb58Sb2（HL603、H1SnPb58-2）	39～41	1.5～2.0	余量	183～238	37	63	0.170	应用最广的锡铅钎料，用途与 HL613 同
S-Sn90Pb10Sb（HL604、H1SnPb10）	89～91	≤0.1	余量	183～215	42	25	0.12	因含铅量低，特别适宜于食品器皿及医疗器材的钎焊
S-Sn5Pb93Ag2（HL608）	4～6	Ag1.0～2.0	余量	296～301	34			具有较高的高温强度，用于钢及铜合金，钢的烙铁钎焊及火焰钎焊
S-Sn60Pb39Sb1（HL610）	59～61	0.3～0.8	余量	183～190	46			化学成分、力学性能及熔化温度与 HL600 相同，是一种含松香弱活性料芯的锡焊丝
S-Sn50Fb49Sb1（HL613、H1SnPb50）	49～51	0.3～0.8	余量	183～215	37	32	0.156	用于钎焊铜，黄铜、镀锌或镀锡铁皮等

注："—"表示无准确值

表 6-2　铅基钎料的化学成分和性能

钎　料	化学成分（质量分数）（%）			熔化温度/℃	抗拉强度/Mpa	伸长率（%）	电阻率/Ω mm² · m⁻¹
	Pb	Ag	Sn				
HL Ag Pb 97	97.0	3.0	—	304～305	30.4	4.4	0.2
HL Ag Pb 97.5-1.0	97.5	1.5	1.0	310～310	—	—	—
HL Ag Pb 92-5.5	92.0	2.5	5.5	287～296	—	—	—
HL Ag Pb 83.5-15-1.5	83.5	1.5	15.0	265～270	—	—	—

3）镉基钎料

镉基钎料是软钎料中耐热性最好的钎料之一。工作温度可达 250℃。主要有 HL503、H1AgCd96-1、HL508、HL506 等国产镉基钎料。用镉基钎料钎焊铜时，如加热温度稍高或加热时间过长，钎缝界面上将生成脆性铜镉化合物，降低接头性能。由于环境保护的要求，含镉钎料与含铅钎料一样在应用和发展方面受到一定的限制。

4）钎焊铝用软钎料

钎焊铝用软钎料可分为低温软钎料、中温软钎料和高温软钎料。低温软钎料（熔点159℃～260℃），主要是在锡或锡铅合金中加入一些锌，以提高钎料同铝的结合强度，如HL607、Sn-10Zn 等。这类钎料的熔点低，操作方便，但接头的抗腐蚀性差。

中温软钎料（熔点 260℃～370℃）有 HL501、HL502、Sn-30Zn 等。主要是锡锌和镉锌系钎料，钎料的含锌量比较高，因此熔点也较高。用这类钎料钎焊的铝接头的抗腐蚀性比低温钎料钎焊的好。这类钎料适用于钎焊工作温度不太高、抗腐蚀性中等的铝件。

高温软钎料（370℃～480℃）以锌为基体，加入少量的铝、银、铜等元素，如 HL505、Zn-5Al、Zn-2.5Al-4.5Ag、Zn-20Al-15Cu 等。锌熔点较高，在锌中加入一些元素能降低其熔点。锌铝合金中加入一些银，可以提高钎料的润湿性和抗腐蚀性。

表 6-3 为钎焊铝用软钎料的成分和性能。

表 6-3　钎焊铝用软钎料的成分和性能

类　别	牌　号	化学成分/%						熔点/℃	抗拉强度/MPa
		Zn	Cn	Sn	Pb	Cu	Al		
低温	料 607（铝软钎料）	9±1	9±1	31±2	51±2			150-210	61.7
中温	料 501（锌锡钎料）	58±2		40±2		2±0.5		200-350	88.3
	料 502（锌镉钎料）	60±2	40±2					268-335	
高温	料 505（锌铝钎料）	72.5+2.5					27.5±2.5	430-500	196-245

4．硬钎料

1）铝基钎料

铝基钎料主要用来钎焊铝及铝合金。用来钎焊其他金属时，钎料表面的氧化物不易去除，另外铝易同其他金属形成脆性化合物，影响接头质量。

铝基钎料主要以铝硅共晶和铝铜硅共晶为基础，加入一些其他元素组成。一些铝基钎料的成分、特点与用途列于表 6-4 中。

表 6-4　铝基钎料的成分、特点和用途

钎料牌号	化学成分/%					熔化温度范围/℃	特点和用途
	Al	Si	Cu	Mg	其他		
H1AlSi7.5	余量	6.8～7.2	0.25			577～613	流动性差，对铝的溶蚀小。制成片状用于炉中钎焊和浸沾钎焊
H1AlSi10	余量	9～11	0.3			577～591	制成片状用于炉中钎焊和浸沾钎焊，钎焊温度比 H1AlSi7.5 低
H1AlSi12（HL400）	余量	11～13	0.3			577～582	一种通用钎料，适用于各种钎焊方法，具有极好的流动性和抗腐蚀性

钎料牌号	化学成分/%					熔化温度范围/℃	特点和用途
	Al	Si	Cu	Mg	其他		
H1AlSiCu10	余量	9.3～10.7	3.3-4.7			521～583	适用于种种钎焊方法。钎料的结晶温度间隔较大，易于控制钎料流动
Al12SiSrLa	余量	10.5～12.5			Sr0.03 La0.03	572～597	铈、镧的变质作用使钎料接头延性优于用H1AlSi12钎料焊的接头延性
HL403	余量	10	4		Zn10	516～560	适用于火焰钎焊、熔化温度较低，容易操作，钎焊接头的抗腐蚀性低于铝硅钎料
H1AlCu28-6（HL401）	余量	5	28			525～535	适用于火焰钎焊、熔化温度低，容易操作。钎料性脆，接头抗腐蚀性低于铝硅钎料
B62	余量	3.5	20		Zn25 Mn0.3	480～500	用于钎焊固相线温度低的铝合金，如LY11、钎焊接头的抗腐蚀性低于铝硅钎料
Al60GeSi	余量	4～6			Ge35	440～460	铝基钎料中熔点最低的一种，适用于火焰钎焊、性脆、价昂
H1AlSiMg7.5-1.5	余量	6.6～8.2	0.25	1～2		559～607	真空钎焊用片状钎料，根据不同钎焊温度要求选用
H1AlSiMg10-1.5	余量	9～10	0.25	1～2		559～579	
H1AlSiMg12-1.5	余量	11～13	0.25	1～2		559～569	真空钎焊用片状、丝状钎料，钎焊温度比H1AlSiMg7.5-1.5和H1AlSiMg10-1.5钎料低

注：表中空白表示不推荐

现有铝基钎料的熔点均与铝合金的熔点比较接近。尤其是近年来高强度铝合金应用越来越广泛，这些铝合金熔点都较低，因此寻找一种低熔点、工艺性能好、接头的力学性能和抗腐蚀性能高的钎料，是研究者和工程界一直关注的热点。

2）银基钎料

银基钎料是应用最广的一类硬钎料。因其熔点不很高，对多数金属均表现出良好的润湿性，并具有较为理想的强度、塑性、导热性、导电性和耐各种介质腐蚀的性能，所以广泛应用于钎焊低碳钢、结构钢、不锈钢、高温合金、铜及铜合金、可伐合金和难溶金属等。

银基钎料的主要合金元素是铜、锌、镉和锡等元素。铜是最主要的合金元素，因为添加铜可降低银的熔化温度，又不会形成脆性相。

银铜钎料典型的是BAg72Cu。它为银铜共晶合金，铜含量28%，熔化温度780℃，银铜钎料可用于多种材料钎焊，不含易挥发元素，在铜及镍上的铺展性很好，导电性高，适用于铜和镍在真空和还原性气氛下的钎焊。但其熔点较高，影响钎料润湿性。

在银铜基础上添加锌，可进一步降低其熔化温度。但合金的含锌量超过一定值后，组织中将出现脆性的β、γ、δ和ε等相，尤其是γ、δ和ε诸相塑性极差。通常希望钎料的组织是$\alpha_1+\alpha_2$固溶体相，使钎料兼有强度高和塑性好的性能。为了避免出现脆性相，含锌量以不大于35%为宜。

银铜锌钎料的最低熔点在720℃左右，为了进一步降低钎料的熔点，可加入镉。镉能溶于银和铜中形成固溶体。研究表明，在银铜锌合金中加入适量的镉，使合金由银基和铜基固溶体组成时，既降低了钎料的熔点、改善了它的润湿性，又能保证钎料具有较高的塑性；但含镉量大时也会出现脆性相。由于镉在银中的溶解度比较大，所以钎料的含银量不能太低，以含银 40%～50%为宜；而为了避免出现脆性相，含锌和镉的量不宜超过 40%。

含镉的银基钎料具有熔点低，工艺性能好等优点。但镉是有害元素，且蒸气压很高，冶炼和钎焊时挥发出来的镉蒸气可能对人体造成危害，故近年来国内外都致力于无镉银钎料的研究。较为成熟的方案是以锡取代镉，根据钎料含银量的不同，锡加入的质量分数不宜超过 2%～5%，以免钎料变脆。

3）铜基钎料

铜基钎料是另一类应用很广的硬钎料。主要由纯铜钎料、铜锌系钎料、铜磷系钎料及铜基高温钎料组成。由于铜基钎料的经济性较好，所以广泛应用于碳素钢、合金钢、铜及铜合金等材料的钎焊。

铜的熔点为 1083℃，可以直接用做钎料在还原性气氛、惰性气氛和真空条件下钎焊低碳钢、低合金钢、钨、钼、可伐合金和镍合金等，钎焊温度为 1100℃～1150℃。但纯铜作为钎料的缺点是熔点高、耐腐蚀及抗氧化性能差，容易使一些被焊金属或合金的晶粒过分长大，导致力学性能恶化。通过向铜中加入 P、Zn、Ge、Sn、Ni、Mn、Ag 和 Co 等元素，可以克服纯铜作为钎料的一些缺点，提高铜钎料的物理、力学性能和焊接性。

常用的铜基钎料有铜锌钎料、铜磷钎料、铜锗钎料、铜基高温钎料等。

4）锰基钎料

当接头工作温度高于 600℃时，银基和铜基钎料都不能满足要求。此时可采用能承受更高工作温度（600℃～700℃）的锰基钎料。

锰的熔点为 1235℃，为了降低其熔点可加入镍。当镍的质量分数达 40%时，镍和锰能形成熔点为 1005℃的低溶固溶体，塑性优良。为了提高锰基钎料的高温抗氧化性和热强度，常加入一定量的铬和钴等。

所有锰基钎料都具有良好的塑性，可以制成各种形状，在不锈钢和高温合金上的润湿性和填充间隙的能力优良。钎料对不锈钢没有强烈的溶蚀作用和晶间渗入作用。锰基钎料主要用于保护气体钎焊，要求气体纯度较高，不适于火焰钎焊和真空钎焊。由于锰的抗氧化性比较差，故锰基钎料的高温性能仍有限。

5）镍基钎料

镍基钎料用于钎焊高温工作的零件。镍具有良好的抗腐蚀性和抗氧化性。但是镍的熔点高（1452℃）、热强度不够，因此必须添加合金元素以降低其熔点及提高其热强度。

镍能与硫、锑、锡、磷、硅、硼、铍等形成低熔共晶。但从高温钎料的要求出发，只有添加硅、硼、磷等元素比较合适。

硼与镍能形成熔点为 1140℃的低溶共晶。并且硼能显著提高钎料的高温强度，改善其润湿性。但硼也使钎料对钎焊金属的溶蚀性大大增加。另外，硼基本上不溶于镍，而与镍形成一系列化合物，使合金变脆。

含硅 11%时可与镍形成熔点为 1152℃的低溶共晶，硅降低镍熔点的程度不及硼，所以要达到相同的熔点降低效果，加硅量需多些。另外，硅可溶于镍形成固溶体，室温下硅在镍中的溶解度为 6%左右。超过此浓度时合金变脆。

磷能大大降低镍的熔点。含磷 11%时形成熔点为 880℃的共晶。磷不溶于镍而形成一系列脆性化合物，所以镍磷共晶是脆性的。

此外，碳也能降低镍的熔点。但碳对钎料的高温强度及溶蚀性都有不良影响，因此，添加量不宜多。为了降低钎料的熔点，上述合金元素常常单独或一起加入镍基钎料中。另外，铬是镍基钎料中的主要添加元素。铬使镍固溶体强化，并提高其抗氧化性。

镍基钎料很脆，一般都制成粉末使用。但近来已可用预成型、粘结等方法制成片状、环状以及粘带钎料使用。

二、钎剂和保护

1．钎剂的作用及性能

母材表面存在氧化膜时，液态钎料难以润湿母材。同样，若液态钎料为氧化膜包裹，也不能在母材表面铺展。因此，要得到质量好的钎焊接头，母材和钎料表面的氧化膜必须被彻底清除。常用的金属中，铜、镍、铁等的氧化膜比较容易去除；铝、镁、钛、铬的氧化膜难以去除，合金材料表面氧化膜的情况更要复杂一些。

利用钎剂去膜是目前应用最广的一种方法。钎剂的作用通常可归结为：清除母材和钎料表面的氧化物；以液态薄层覆盖母材和钎料表面，抑制母材及钎料再氧化；起界面活性作用，改善钎料的润湿性。要完成上述作用，钎剂的性能应尽量满足以下性能要求：钎剂的熔点和最低活性温度应低于钎料熔点；钎剂应具有良好的热稳定性；钎焊时黏度小、流动性好；钎剂及其残渣不应对母材和钎缝有强烈的腐蚀作用；钎焊后钎剂的残渣应当容易清除。

2．钎剂的组成

依据所要清除的氧化物的物理化学性能，可采用不同的无机物或有机物作为钎剂组分。一般来说，复杂成分的钎剂主要由下列三类组分组成：

（1）钎剂基体组分。主要作用是使钎剂具有需要的熔点；作为钎剂其他组分及钎剂作用产物的溶剂；在铺展时形成致密的液膜，覆盖钎焊金属和钎料表面，防止空气的有害作用。现有钎剂的基体组分大多采用热稳定的金属盐或金属盐系统，如硼化物，碱金属和碱土金属的氯化物。在软钎剂中还采用了高沸点的有机溶剂。

（2）去膜剂。起溶解母材和钎料的表面氧化膜的作用。碱金属和碱土金属的氟化物具有溶解金属氧化物的能力，因此常用作针剂的去膜剂。

（3）活性剂。由于钎剂中去膜剂的添加量受到限制，有时氧化膜的溶解相当缓慢，以致不能完全去除氧化膜。在这种情况下，必须添加活性剂以加速氧化膜的清除并改善钎料的铺展。常用的活性剂物质有重金属卤化物，氯化锌等，它们能与一些钎焊母材作用，从而破坏氧化膜与母材的结合，析出纯金属，促进钎料的铺展。

与钎料的分类相适应，通常可把钎剂分为软钎剂、硬钎剂和铝用钎剂三类。此外，根据使用状态的特点，还可分出一类气体钎剂。

3．软钎剂

软钎剂按其成分可分为无机软钎剂和有机软钎剂两类；按其残渣对钎焊接头的腐蚀作用可分为腐蚀性、弱腐蚀性和无腐蚀性的三类。无机软钎剂均系腐蚀性钎剂；有机软钎剂属于后两类。

1）无机软钎剂

这类钎剂具有很高的化学活性，去除氧化物的能力强，能显著地促进液态钎料对母材的润湿。其组分为无机盐和无机酸。可用作钎剂的无机酸有盐酸、氢氟酸和磷酸等。通常以水溶液或酒精溶液的形式使用，也可与凡士林调成膏状使用。去除金属氧化物的反应如下：

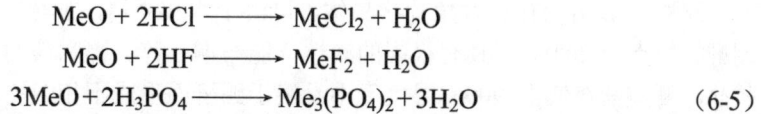

$$MeO + 2HCl \longrightarrow MeCl_2 + H_2O$$
$$MeO + 2HF \longrightarrow MeF_2 + H_2O$$
$$3MeO + 2H_3PO_4 \longrightarrow Me_3(PO_4)_2 + 3H_2O \qquad (6-5)$$

盐酸与氢氟酸能强烈腐蚀钎焊金属，并在加热中析出有害气体，很少单独使用，只在某些钎剂中作为添加组分。磷酸有较强的去氧化物能力，使用时较前两种方便和安全。钎焊铝青铜和不锈钢等合金时，可用磷酸溶液作为钎剂。

在无机盐中氯化锌是组成这类钎剂的基本成分。它呈白色，熔点 262℃，易溶于水和酒精，吸水性极强，敞放空气中即迅速与空气中的水气结合而形成水溶液。这类钎剂的活性取决于溶液中氯化锌的浓度。当缺少氯化锌时可把锌放入盐酸中直接使用。

不论是氯化锌还是氯化锌—氯化铵水溶液钎剂，用来钎焊铬钢、不锈钢或镍铬合金，其去除氧化物的能力都是不够的，此时可使用氯化锌盐酸溶液或氯化锌—氯化铵—盐酸溶液。

氯化锌钎剂在钎焊时往往发生飞溅，引起腐蚀；另外，还可能析出有害气体。为了消除上述缺点及便于使用，可与凡士林制成膏状钎剂。

无机软钎剂由于去除氧化物的能力强，热稳定性好，能较好地保证钎焊质量，适应的钎焊温度范围和材料种类也较宽，一般的黑色金属和有色金属，包括不锈钢、耐热钢和镍合金等都可使用。但它的残渣有强烈的腐蚀作用，钎焊后必须清除干净。

2）有机软钎剂

这类钎剂主要使用了 4 类有机物：弱有机酸，如乳酸、硬脂酸、水杨酸、油酸等；有机胺盐，如盐酸苯胺，磷酸苯脑，盐酸肼、盐酸二乙胺等；胺和酰胺类有机物，如尿素，乙二胺，乙酰胺，二乙胺，三乙醇胺等；天然树脂，主要是松香类的钎剂。

近年来有机软钎剂发展极其迅速，用作钎剂组分的有机物种类也更加广泛，如氟碳化合物、脂类有机物等。有机软钎剂中应用最广的是松香类钎剂，但松香去除氧化物能力较差，常加入硼脂酸、盐酸谷氨酸等活化物质配成活性松香钎剂，以提高其去除氧化物的能力。在电气和无线电工程中被广泛应用于铜、黄铜、磷青铜、银、镉零件的钎焊。

3）铝用软钎剂

铝用软钎剂按其去除氧化物方式的不同通常分为有机钎剂和反应钎剂两类，有机钎剂的主要组分为三乙醇胺，为了提高活性可加入氟硼酸或氟硼酸盐，这类钎剂在温度超过 275℃后由于三乙醇胺迅速炭化而丧失活性，因此使用这类钎剂时，应采用快速加热的方法，并应避免钎剂过热。有机钎剂活性较小，钎料也不易流入接头间隙，但钎剂残渣的腐蚀性小。

反应钎剂含有大量锌、锡等重金属的氯化物，如 $ZnCl_2$、$SnCl_2$、NH_4Cl 等，加热时这些重金属氯盐渗过氧化铝膜的裂缝，破坏膜与母材的结合，并在铝表面析出锌、锡等金属，大大提高钎料的润湿能力。有时常加入一些氟化物以溶解氧化铝膜，加快对膜的清除。反应钎剂极易吸潮，且吸潮后会形成氯氧化物而丧失活性。

4. 硬钎剂

硬钎料的熔点在 450℃以上，因而硬钎剂也必须相应地具有较高的熔点。现有硬钎剂主要是以硼砂、硼酸及它们的混合物作为基体，为了得到合适的熔点和增强其去除氧化物的能力，添加各种碱金属或碱土金属的氟化物、氟硼酸盐。

硼酸 H_3BO_3 为白色六角片状晶体，可溶于水和酒精，加热时分解，形成硼酐 B_2O_3，硼酐的熔点为 580℃，具有很强的酸性，能与铜、锌、镍和铁的氧化物形成较易熔的硼酸盐，硼酸盐在低于 900℃温度下不易溶于硼酐而形成不相混的二层液体，因此，去除氧化物的效果不好。同时在900℃以下硼酐的黏性很大。故只有在温度高于900℃（相当于铜基钎料的钎焊温度）钎焊时才具有较大的活性。

硼砂 $Na_2B_4O_2 \cdot 10H_2O$ 是单斜类白色透明晶体，能溶于水，加热到 200℃以上时，所含的结晶水全部蒸发，结晶水蒸发时硼砂发生猛烈的沸腾，降低保护作用，因此应脱水后使用。硼砂在741℃熔化，在液态下分解成硼酐和偏硼酸钠。硼砂去除氧化物的作用仍是基于硼酐与金属氧化物形成易熔的硼酸盐，但分解形成的偏硼酸钠能进一步与硼酸盐形成熔点更低的混合物，有效地清除它们，因此作为钎剂、硼砂的去氧化物能力比硼酸强。实际上，单独作为钎剂采用的只是硼砂。但硼砂的熔点比较高，且在 800℃以下黏性较大，流动性不够好，只适于800℃以上的钎焊温度使用。

在硼砂—硼酸系钎剂中加入氟化钙，提高了钎剂去除氧化物的能力，使钎剂可用于钎焊不锈钢及高温合金。但氟化钙熔点很高，对降低钎剂活性温度不起作用。添加氟化钾不仅提高了钎剂的去氧化物能力，且能降低钎剂的熔点及表面张力，使其活性温度降至 650℃～850℃。钎剂中加入氟硼酸钾，它在 530℃熔化，随后分解，生成的氟化硼比氟化钾的去氧化物能力更强，同时使钎剂活性温度继续降低。

应该注意的是，含氟量高的钎剂在熔化状态下与钎焊金属能强烈作用，腐蚀钎焊金属，并可能在钎缝中形成气孔。同时钎焊时产生大量的含氟蒸气对人体健康有害。特别是含大量氟硼酸钾的钎剂，温度高于 750℃时迅速分解，最好在低于 750℃、通风良好的条件下使用。另外，它们也不适用于炉中钎焊。上述钎剂的残渣均有腐蚀性，钎焊后必须仔细清除。

5. 铝用硬钎剂

铝用硬钎剂通常分为氯化物钎剂和氟化物钎剂两类。

氯化物基硬钎剂是目前应用较广的一类钎剂，它的基本组分是碱金属及碱土金属的氯化物，它使钎剂具有合适的熔化温度和黏度。为了进一步提高钎剂的活性，可加入氟化物如 LIF、NAF。但氟化物的加入量必须控制，否则会使钎剂熔点升高，表面张力增大，反而使钎料铺展变差。为此，可再加入一种或几种易熔重金属氯化物，如 $ZnCl_2$、$SnCl_2$ 等。钎焊时 Zn、Sn 等被还原析出，沉积在母材表面，促进去膜和钎料的铺展。

氟化物钎剂是近些年开发出的一种新型铝用硬钎剂。它不含氯化物，由两种氟化物组成，它们各自的质量分数为 KF $2H_2O$ 42%、AlF_3 $3.5H_2O$ 58%，接近于它们的共晶成分。这种钎剂的流动性相当好，具有较强的去膜能力。钎剂本身不论是固态还是熔化状态都不同铝发生相互作用，钎剂及其残渣不水解，不吸潮。更可贵的是，铝用氟化物钎剂对铝和铝合金没有腐蚀作用。只是该钎剂熔点较高，热稳定性较差，缓慢加热将导致失效。

6. 气体钎剂

气体钎剂是一种特殊类型的钎剂，按钎焊方法可分为炉中钎焊用气体钎剂和火焰钎焊用气体钎剂。这类钎剂最大的优点是钎焊后没有钎剂残渣，钎焊接头不需清洗。但这类钎剂及其反应物大多有一定的毒性，使用时应采取相应的安全措施。

炉中钎焊可用作钎剂的气体主要是气态的无机卤化物，包括氯化氢、氟化氢、三氟化硼、三氯化硼和三氯化磷等气体。氯化氢和氟化氢对母材有强烈的腐蚀性，一般不单独使用，只在惰性气体保护钎焊中添加少量来提高去膜能力。三氟化硼是最常用的炉中钎焊用气体钎剂，特点是对母材的腐蚀作用小。去膜能力强，能保证钎料有较好的润湿性，可用于钎焊不锈钢和耐热合金。但去膜后生成的产物熔点较高，只适合于高温钎焊（1050℃～1150℃）。三氟化硼可以由放在钎焊容器中的氟硼酸钾在 800℃～900℃完全分解产生，并添加在惰性气体中使用，其体积分数应控制在 0.001%～0.1%。三氯化硼和三氯化磷气体对氧化物有更强的活性，且反应生成的产物熔点较低或易挥发，可在包括高温和中温的较宽温度范围（300℃～1000℃）进行碳钢及不锈钢、铜及铜合金、铝及铝合金的钎焊。该气体钎剂也应添加到惰性气体中使用，并使体积分数控制在 0.001%～0.1%。

火焰钎焊时，可采用硼有机化合物的蒸气作为气体钎剂，如硼酸甲酯蒸气等。该蒸气在燃气中供给，并在火焰中与氧反应生成硼酐，从而起到钎剂作用，可在高于 900℃的钎焊碳钢、铜及铜合金等。

第三节 钎焊方法及工艺

钎焊方法的主要作用在于创造必要的温度条件，确保匹配适当的母材、钎料、钎剂或气体介质之间进行必要的物理化学过程，从而获得优质的钎焊接头。钎焊方法种类很多，特别是近几十年来，钎焊技术的应用范围不断扩大，随着许多新热源的发现和使用，又陆续出现了不少新的钎焊方法。按加热方式不同区分钎焊方法示意图如图 6-8 所示。

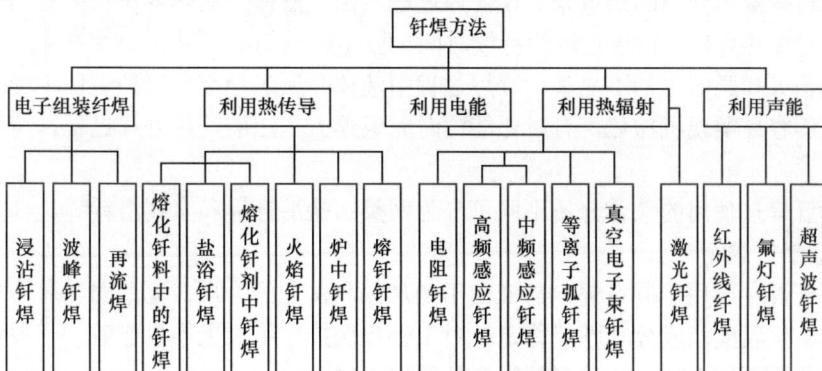

图 6-8 钎焊方法分类示意图

一、常用钎焊方法及设备

1. 火焰钎焊

火焰钎焊是利用可燃气体或液体燃料的气化产物与氧或空气混合燃烧所形成的火焰

进行钎焊加热。由于设备和工艺过程简单、燃气来源广、灵活性大，因而应用很广。火焰钎焊主要用于铜基钎料、银基钎料来钎焊碳钢、低合金钢、不锈钢、铜及铜合金的薄壁和小型焊件，也可用于钎焊铝和铝合金。

火焰钎焊所用的可燃气体可以是乙炔、丙烷、石油气、雾化汽油、煤气等，助燃气体为氧和压缩气体。最常用的火焰是氧乙炔焰，由于氧乙炔焰火焰温度高（最高可达3000℃以上），而钎焊温度则低得多（很少超过1200℃），因此常用火焰的外焰区来加热，因为该区火焰的温度较低而体积较大，加热比较均匀。一般使用中性火焰或轻微过乙炔焰，以防止母材和钎料氧化。当加热温度要求不太高时，可以用压缩空气代替氧，用丙烷、石油气，雾化汽油代替乙炔。这些火焰的温度较低，而且不用乙炔的火焰又不会污染钎剂，适用于钎焊比较小的工件以及铝和铝合金。

火焰钎焊所用焊炬可以是通用的气焊炬，也可以是专用的钎焊炬。它的作用是使可燃气体与氧或空气按适当的比例混合后从出口喷出，燃烧形成火焰。专用钎焊炬的特点是火焰比较分散，加热集中程度较低，因而加热比较均匀。钎焊比较大的工件或机械化火焰钎焊时可采用装有多焰喷嘴的专门钎焊炬。

火焰钎焊时，通常是用手进给棒状或丝状的钎料，通常使用钎剂去膜。膏状钎剂和钎剂溶液是便于使用的，加热前即可把它们均匀地涂在钎焊表面上。对粉末状钎剂则可借烧热的钎料棒来粘附，然后再带到接头表面，但这样有可能使母材在加热初期失去保护而遭到氧化。钎焊时应先将工件均匀地加热到钎焊温度，然后再加钎料，否则钎料不能均匀地填充间隙。对于预置钎料的接头，也应先加热工件，避免因火焰与钎料直接接触，使其过早熔化。以软钎料进行钎焊时，可采用喷灯加热。

火焰钎焊时，除可用单焰钎焊外，还可用多焰焊炬。钎焊方式除手工操作外，还有传统的自动火焰钎焊机。

2．浸渍钎焊

浸渍钎焊是将工件局部或整体浸入熔态的盐混合物（称盐浴）或钎料（称金属浴）中，依靠这些液体介质的热量来实现钎焊过程。由于液体介质热容量大，导热快，能迅速而均匀地加热焊件，钎焊过程的持续时间一般不超过2min。因此，生产率高，工件变形、晶粒长大和脱碳等都不显著。钎焊过程中液体介质隔绝空气保护工件不受氧化。并且钎焊过程容易实现机械化，有时还能同时完成淬火、渗碳等热处理过程，特别适用于大量生产。

浸渍钎焊按使用的液体介质不同可分为两类：盐浴钎焊和金属浴钎焊。

1）盐浴钎焊

盐浴钎焊主要用于硬钎焊。盐液由于是加热和保护的介质，因此对其基本要求是要有合适的熔化温度；成分和性能稳定；对工件起保护作用而无不良影响。一般情况下不选用相应的钎剂作为盐浴，而多使用氯盐的混合物。

盐浴浸渍钎焊的主要设备是盐浴槽。现在工业上用的盐浴槽大多是电热的。加热方式有两种：①外热式的，即由槽外部用电阻丝加热，此法加热速度慢，且槽子必须采用导热好的金属制造，不耐盐浴的腐蚀，因此应用不广；广泛使用的是②内热式盐浴槽，它靠电流通过盐浴产生的电阻热来加热自身进行钎焊。典型的内热式盐浴槽结构如图6-9所示，盐浴槽的内壁由耐盐液腐蚀的材料制成，通常为不锈钢或高铝砖；而钎焊铝用盐浴槽材料是碳钢或纯铜,电极材料采用石墨或不锈钢。为了操作安全,均用低电压(10V~15V)大电流加热。

在盐浴钎焊中,由于盐溶液的保护作用,对去膜的要求有所降低。但仅在用铜基钎料钎焊结构钢时可不用钎剂去膜。其他仍需使用钎剂。为了减小焊件浸入时盐浴温度的下降,缩短钎焊时间,最好采用两段加热的方式,即先用电炉预热,再浸入盐浴钎焊。

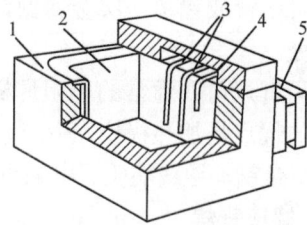

图6-9　内热式盐浴槽

1—炉壁;2—槽;3—电极;4—热电偶;5—变压器。

盐浴浸渍钎焊的优点是生产率高,容易实现机械化,适宜于批量生产。不足之处是这种方法不适宜于间歇操作,工件的形状必须便于盐液能完全充满和流出,而且盐浴钎焊成本高,污染严重,现已不大采用这种钎焊方式。

2)金属浴钎焊

这种钎焊方法是将装配好的工件浸入熔态钎料中,依靠熔态钎料的热量使工件加热到规定温度。与此同时,钎料渗入接头间隙,完成钎焊过程。

这种方法的优点是装配比较容易(不必安放钎料),生产率高。特别适合于钎缝多而复杂的工件,如散热器等。其缺点是工件表面沾满钎料,增加了钎料的消耗量,必要时还须清除表面不应沾留的钎料。又由于钎料表面的氧化和母材的溶解,熔态钎料成分容易发生变化,需要不断的精炼和进行必要的更新。

金属浴钎焊由于熔态钎料表面容易氧化,主要用于软钎焊。

3.电阻钎焊

电阻钎焊又称为接触钎焊。是依靠电流通过钎焊处电阻产生的热量来加热工件和熔化钎料的。电阻钎焊分直接加热和间接加热两种方式,如图6-10所示。

直接加热电阻钎焊,钎焊处通过电流直接加热,加热很快,但要求钎焊面紧密贴合。加热程度视电流大小和压力而定,加热电流在6000A~15000A,压力在100N~2000N之间。电极材料可选用铜、铬铜、钼、钨、石墨和铜钨烧结合金。

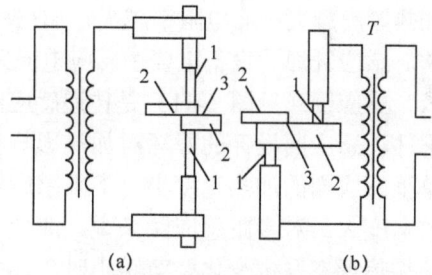

图6-10　电阻钎焊原理图

1—电极;2—焊件;3—钎料。

直接加热的电阻钎焊由于只有工件的钎焊区域被加热,因此加热迅速,但对工件形状及接触配合的要求高。

间接加热电阻钎焊,电流可只通过一个工件,而另一个工件的加热和钎料的熔化是依靠被通电加热的工件的热传导来实现的。也可以将电流通过一个较大的石墨板,工件放在此板上,依靠电流加热的石墨板的传热实行加热。间接加热电阻钎焊的加热电流介于100A~3000A之间,电极压力为50N~500N。间接加热电阻钎焊灵活性较大,对工件接触面配合的要求较低,但因不是依靠电流直接通过加热的,整个工件被加热,加热速度慢。适宜于钎焊热物理性能差别大和厚度相差悬殊的工件,而且对钎焊面的配合要求可适当降低。

电阻钎焊广泛使用铜基和银基钎料。钎料常以片状放在接头处。在某些情况下，工件表面可电镀或包覆一层金属做钎料用。为使钎焊处导电，钎料以水溶液或酒精溶液涂于钎焊处。

电阻钎焊可在通常的电阻焊机上进行，也可采用专门的电阻钎焊设备和手焊钳。电阻钎焊的优点是加热极快，生产率高，但适于钎焊接头尺寸不大、形状不太复杂的工件，如刀具、带锯、导线端头、电触点、电动机的定子线圈以及集成电路块元器件的连接等。

4. 感应钎焊

感应钎焊是依靠工件在交流电的交变磁场中产生感应电流的电阻热来加热的钎焊方法。由于热量由工件本身产生，因此加热迅速，工件表面的氧化比炉中钎焊少，并可防止母材的晶粒长大和再结晶。还可实现对工件的局部加热。

感应钎焊时，工件放在感应器内（或附近），当交变电流通过感应器时，在其周围产生了交变磁场，由于电磁感应作用，使工件内产生感应电流，将工件迅速加热。感应电流的大小可由下式确定：

$$I = \frac{E}{Z} = \frac{4.44 \times 10^{-8} f \omega \phi}{Z} \tag{6-6}$$

式中：Z 为工件的阻抗（Ω）；E 为电动势（V）；f 为频率（Hz）；ω 为感应圈的匝数；ϕ 为磁通（Wb）。

从上式中可见，工件中产生的感应电流的大小与感应圈回路中的交流电的频率、感应圈的匝数和磁通成正比。感应电流和其他交流电一样，电流通过导体时，沿导体表面电流密度最大，越往中心，电流密度越小，这就是所谓的"集肤效应"。感应加热的厚度取决于电流的渗透深度。频率越高，加热厚度越小，表面加热越迅速；相对磁导率越小，加热厚度越大；而电阻率越大，加热厚度也越大。

感应钎焊的设备主要由感应电流发生器和感应器组成。

感应圈（见图 6-11）是传递感应电流的部件，感应圈设计的好坏对加热影响极大。单匝感应圈的加热宽度小，多匝感应圈的加热宽度大。对多匝感应圈来说，改变节距可使加热形态发生变化。节距小时，加热宽度小，加热深度大；节距大时，正好相反，但节距不能过大。感应圈与工件的耦合对加热的影响也比较明显。原则上说，感应圈与工件的耦合，越紧越好，这时加热效率最高，加热均匀程度也比较好；当感应圈与工件距

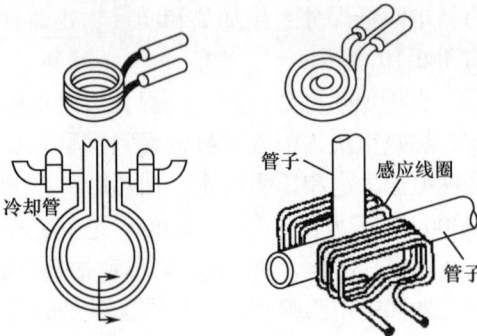

图 6-11 感应线圈及感应钎焊示意图

离较大，即属于松耦合时，加热均匀程度进一步下降。当感应圈与工件的距离较大时，改变感应圈的形状与节距，也能改善加热形态。

感应圈大部分由铜管制成，工作时内部通以冷却水。为了提高热效率，又防止感应圈与工件发生短路，感应圈与工件的距离为 3mm～6mm。感应圈的匝距一般为 1.5mm～2.2mm。必要时可根据工件的加热状态来进行适当的调整。

感应钎焊可使用各种钎料。由于钎焊加热速度很快，钎料和钎剂都在装配时预先放

好。感应钎焊除可在空气中进行外（这时一定要加钎剂），也可在真空或保护气体中进行。在这种情况下，可同时将工件和感应圈放入容器内，也可将装有工件的容器放在感应圈内，而容器抽以真空或通保护气体。

感应钎焊广泛用于钎焊钢、不锈钢、铜和铜合金等，既可用于软钎焊，也可用于硬钎焊，主要用来钎焊比较小的工件，特别适用于对称形状的工件，如管状接头、管与法兰、轴和盘的连接等。对于铝合金的硬钎焊，由于温度不易控制，不宜采用这种方法。

5. 炉中钎焊

炉中钎焊可广泛地用于可以预先将钎料放于接头附近或内部的工件。该法特别适用于高生产率的钎焊。预放置的钎料有丝、箔片、屑块、棒、粉末、软膏和带等形状。

炉中钎焊可分为空气炉中钎焊、保护气氛炉中钎焊和真空炉中钎焊。炉中钎焊的特点是工件系整体加热，加热均匀，工件变形小，但加热慢。一炉可以同时钎焊多件，以弥补加热慢的不足，对批量生产尤为合适。

1）空气炉中钎焊

将装有钎料和钎剂的工件放入一般的工业炉中加热到规定的钎焊温度，钎剂熔化后先去除钎焊处的氧化膜，熔化的钎料然后流入接头间隙，冷凝后即形成接头。

炉中钎焊因加热速度低，在空气中加热时工件容易氧化，尤其在钎焊温度高时更为显著，不利于钎剂去除氧化物，故应用受到限制，已逐渐为保护气氛钎焊和真空钎焊所取代。空气炉中钎焊目前较多地用于钎焊铝和铝合金，这时要求炉膛温度均匀，控温精度不低于±5℃。

2）保护气氛炉中钎焊

根据所用气氛的不同，可分为还原性气氛炉中钎焊和惰性气体炉中钎焊。还原性气体的主要组分是氢和一氧化碳，它不仅能防止空气侵入，还能还原工件表面的氧化物，有助于钎料润湿母材。

还原性气体的还原能力不但同氢气和一氧化碳的含量有关，而且取决于气体的含水量和二氧化碳的含量。气体的含水量以露点来表示。含水量越小，露点越低。钎焊钢和铜等金属时，由于这些金属的氧化物容易还原，允许气体的二氧化碳含量和露点高些；钎焊含铬、锰量较多的合金，如不锈钢时，由于这些元素的氧化物难以还原，应选用露点低和二氧化碳含量小的气体。还原性气氛炉中钎焊示意图如图 6-12 所示。

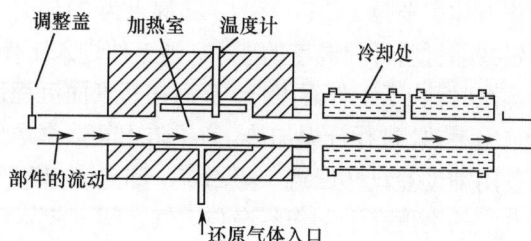

稀有金属或比较复杂的异种金属必

图 6-12 还原性气氛炉中钎焊示意图

须进行硬钎焊时，由于气氛和热处理会对金属力学性能和冶金特性产生各种各样的影响，所以必须寻求适宜的冶金措施。

3）真空炉中钎焊

在抽出空气的炉中或焊接室中硬钎焊，是连接许多同种或异种金属接头的一种经济方法，过程中不使用钎剂。真空条件特别适合于钎焊面积很大而连续的接头，这种接头：①在钎焊时难以彻底清除钎焊界面的固态或液态钎剂；②保护气体不完全有效，因为气氛不能排尽藏在紧贴钎焊界面中的气体。真空硬钎焊也适用于连接许多同种和异种金属，包括钛、锆、铌、钼和钽。这些金属的特点是，甚至很少量的大气中的气体也会使其脆化，有时在钎焊温度下就会碎裂。如果惰性气体有足够高的纯度，能防止金属的污染及性能的降低，那么这些金属及其合金也可以采用惰性气体做保护气氛进行钎焊。但是，值得注意的是，真空系统应抽气达到 0.0013Pa 而只含有 $10^{-5} \times 0.1\%$ 的残余气体（体积分数）。真空钎焊炉示意图如图 6-13 所示。

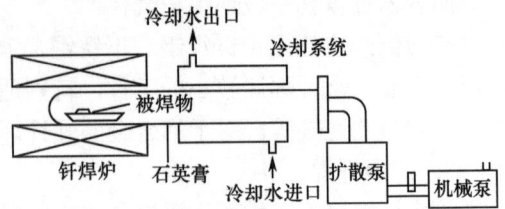

图 6-13　真空钎焊炉示意图

真空硬钎焊有高真空钎焊和局部真空钎焊两种。

高真空钎焊特别适合于那些氧化物难以分解的母材。在硬钎焊温度下，母材或钎料在高真空条件下易于挥发时，则常采用局部真空。在硬钎焊温度下，金属能保持固相或液相的最低压力是由计算或经验确定的。钎焊室抽气达到高真空状态。在高真空中钎焊加热循环始终要使温度刚好低于汽化开始的温度。逐渐地送进足量的高纯度氩气、氦气，或有时送进氢气，以便平衡在硬钎焊温度下挥发金属的蒸汽压力。采用这种技术，可以大大扩大真空硬钎焊可焊的材料范围。

由于某些元素在真空中易挥发，因此，真空炉钎焊不适用于含锌、镉、锰、磷等元素含量高的钎料，也不适用于含大量这些元素的母材。

二、特种钎焊方法及设备

1. 气相钎焊

气相钎焊是利用非活性有机溶剂（氟化物）被加热沸腾产生的饱和蒸汽与工件表面接触时凝结放出的潜热而进行加热的。气相钎焊设备示意图如图 6-14 所示。

用加热器将工作液体挥发，使饱和蒸汽充满容器。工作液体主要是 $(C_3F_{11})_3N$，其沸点为 215℃，可满足锡铅共晶钎料钎焊温度的要求。当工件进入工作液体饱和蒸汽时，由于工件温度低，蒸汽在其表面沉积后冷凝，释放出潜热，进行钎焊加热。为了防止其蒸汽逸出大气，可使用辅助蒸汽（三氯二氟乙烷，沸点为 47.5℃）。辅助蒸汽的密度介于工作蒸汽与大气之间，成为工作蒸汽与大气之间的阻挡层。容器上方装有凝聚用的冷却螺旋管，以防止进入大气。

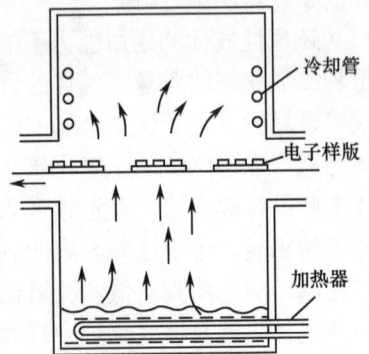

图 6-14　气相钎焊设备示意图

这种钎焊方法的优点是加热均匀，能精确控制温度，生产率高，钎焊质量高。缺点是氟液价格昂贵。这种钎焊方法可用于钎焊印制电路板上的接线柱，在陶瓷基片上钎焊陶瓷片或钎焊芯片基座外部的引线等。

2. 放热反应钎焊

放热反应钎焊是另一种特殊硬钎焊方法。使钎料熔化和流动所需的热量是由放热化学反应产生的。放热化学反应是两个或多个反应物之间的任何反应，并且反应中热量是由于系统的自由能变化而释放的。虽然自然界为我们提供了无数的这类反应，但只有固态或接近于固态的金属与金属氧化物之间的反应才适用于放热反应钎焊装置。

放热反应钎焊，利用很简易的工具和设备。该法利用反应热使邻近或靠近的金属连接面达到一定温度，以致预先放在接头中的钎料熔化并润湿金属交接面的表面。放热反应的特点是不需要专门的绝热装置。故适用于难以加热的部位，或在野外钎焊的场合。目前已有在宇宙空间条件下实现钢管放热反应钎焊的实例。

3. 机械热脉冲劈刀钎焊法

这种方法依靠劈刀传递热量，加热焊接点。预成型的钎料放置在两个被焊物（母材）之间，劈刀以一定的压力压在其中一被焊物上，停留片刻使钎料熔化。它能够十分精确地控制由劈刀传给被焊物的热量和焊区的加热时间。劈刀的形状根据被焊物的形状而定，可以是契形，圆柱形或凹槽形。所用的钎料多半是低熔点的软钎料。如果配置适当的自动化设备，可以进行半自动或全自动的焊接。目前这种方法应用在梁式引线晶体管焊接和混合电路中的元件引线焊接及集成电路封盖。

4. 超声波钎焊法

超声波钎焊法是利用超声波振动传入熔化钎料，利用钎料内发生的空化现象破坏和去除母材表面的氧化物，使熔化钎料润湿纯净的母材表面而实现钎焊。其特点是钎焊时不需使用钎剂。

超声波钎焊法常应用于低温软钎焊工艺。随着温度升高，空化破坏加剧。当零件受热超过 400℃，则超声波振动不仅使钎料的氧化膜微粒脱落，而且钎料本身也会小块小块地脱落。因此，通常先将零件搪上钎料，再利用超声波烙铁进行钎焊。

5. 光学及激光钎焊法

光学钎焊是利用光的能量使焊点处发热，将钎料熔化、浸润被焊零件，填充连接的空隙。目前常用的光学钎焊法有两种。①红外灯直接照射，使钎料熔化，它一般用于集成电路封盖。②利用透镜和反射镜等光学系统，将点光源的射线经聚光透镜成平行光束。光束的大小由一组透镜聚焦调节，光线与被焊物的作用时间长短靠一个特殊的快门来控制。根据不同的设备可以应用在微电子器件内引线焊接和管壳的封装。它所用的钎料一般是预成型的环形、圆形、矩形、球形的钎料。

激光钎焊法与光学钎焊法的基本原理相同，不同点是光源运用了光量子振荡器。

6. 电子束钎焊

电子束钎焊的加热原理与电子束焊相同，是利用在高真空下，被磁的或静电的聚焦透镜聚焦的电子流在强电场中高速地由阴极向阳极运动中，电子与焊件的钎焊面碰撞的动能转变为热能来实现钎焊加热。与电子束焊不同的是，由于钎焊要求的加热温度低得多，因此通常采用扫描的或散焦的电子束。

电子束钎焊与其他钎焊方法相比有明显的不足，它要求使用高真空和高精度的操纵装置，设备复杂、钎焊过程生产率低、成本高。

7. 扩散钎焊法

扩散钎焊法是把互相接触的固态异质金属或合金加热到它们的熔点以下，利用相互的扩散作用，在接触处产生一定深度的熔化而实现连接。当加热金属能形成共晶或一系列具有低熔点的固溶体时，就能实现这样的扩散钎焊。接触处所形成的液态合金在冷却时是连接两种材料的钎料，这种钎焊方法也称"接触—反应钎焊"或"自身钎焊"。当两种金属或合金不能形成共晶时，可在工件间放置垫圈状的其他金属或合金，以同时与两种金属形成共晶，实现扩散钎焊。

扩散钎焊的主要工艺参数是温度、压力和时间。尤其是温度对扩散系数的影响最大。压力有助于消除结合面微细的凹凸不平。它与温度、时间有着密切关系。

扩散钎焊过程可分为 3 个阶段。首先是接触处在固态下进行扩散。合金接触处附近的合金元素饱和，但未达到共晶的浓度。接着，接触处达到共晶成分的地方形成液相，促进合金元素的继续扩散，共晶的合金层将随时间增加。最后停止加热，接触处合金凝固。

三、钎焊工艺

钎焊工艺合理与否将直接决定钎焊接头的质量优劣，制定钎焊工艺应包括如下步骤。

（1）钎焊接头设计。设计接头的型式、间隙大小。

（2）工件的表面处理。清除表面油污和氧化物，必要时在表面镀覆各种有利于钎焊的金属涂层。

（3）焊件装配和固定。确保钎焊零件间的相互位置和间隙不变。

（4）钎料和钎剂的选择。选择钎料类型、形状、填入或预置方式及与钎剂的匹配，确保钎料能够在纵横复杂的钎缝中获得最佳的填缝走向，表现出良好的钎焊工艺性，获得满意的钎缝组织和性能。

（5）钎焊工艺参数确定。包括钎焊方法、温度、升温速度、保温时间及冷却速度等。

（6）钎后质量检验和清洗。检验钎缝质量，清除腐蚀性的钎剂残留物或堆积物。

以上工艺过程的制定对不同钎焊产品有不同的具体技术要求和质量标准，但其根本的任务是要确保钎料、钎剂的流动、铺展、填缝过程的充分以及钎料与母材相互作用过程的适宜，必须根据实际情况予以制定。

1. 钎焊接头的设计

钎焊接头应具有与被连接零件相等的承受外力的能力。钎焊接头的承载能力与接头型式有密切的关系。

钎焊连接中，由于钎料的强度大多比钎焊母材的强度低，接头的强度往往低于母材的强度，因而对接接头不能保证具有与焊件相等的承载能力，而且这种接头型式保持对中和间隙大小比较困难。故一般不推荐使用。丁字接头同样由于难以满足相等承载能力的要求，使用不多。搭接接头依靠增大搭接面积，可以在接头强度低于钎焊母材强度的条件下达到接头与焊件具有相等的承载能力的要求。另外，它的装配要求也相对比较简单，因此，成为了钎焊连接的基本接头形式。

在具体结构中需要钎焊连接的零件的相互位置是各式各样的，不可能全部符合典型的搭接形式。为了提高接头的承载能力，设计的基本原则之一是尽可能使接头局部具有搭接型式。图 6-15 所示为此原则在不同情况下的具体运用。

实际生产中一般根据经验，搭接长度为组成此接头的零件中薄件厚度的 2 倍～5 倍。对银基、铜基、镍基等高强度钎料的接头，搭接长度通常取为薄件厚度的 3 倍；对用锡铅等低强度钎料钎焊的接头，可取为薄件厚度的 5 倍。但除特殊需要外，不希望搭接长度大于 15mm。搭接长度过大，既耗费材料，增加接头重量，又难实现继续提高承载能力的要求。此时钎缝很难为钎料全部填满，往往形成大量缺陷。

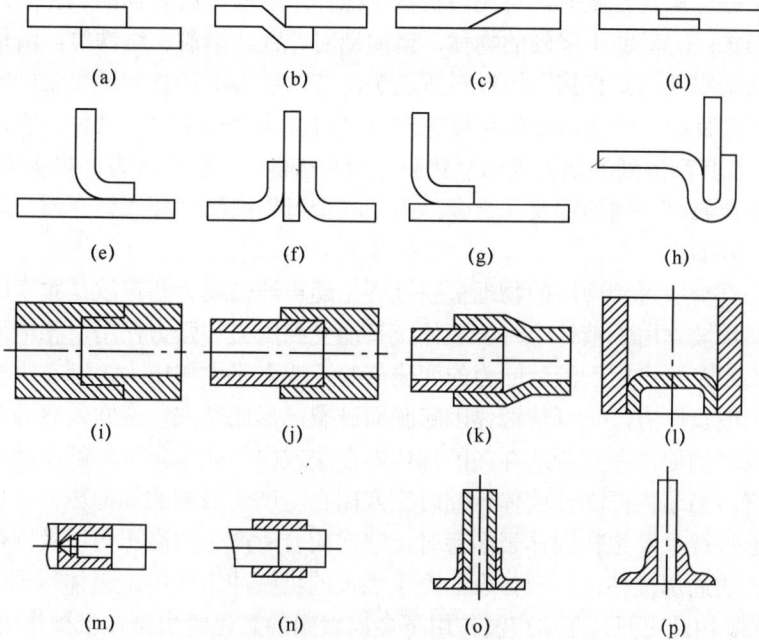

图 6-15　各类钎焊街头举例

（a）、（b）普通搭接接头；（c）、（d）对接接头局部搭接化；
（e）、（f）、（g）、（h）丁字接头和角接接头局部搭接化；
（i）、（j）、（k）管件的套接接头；（l）管与底板的接头形式；
（m）、（n）杆件连接的接头形式；
（o）、（p）管或杆与凸缘的接头形式。

2．钎焊前焊件的表面处理

待焊件表面的氧化物、油脂及灰尘等将妨碍液态钎料在母材上铺展填缝。因此钎焊前焊件的表面制备主要是清除焊件表面的油污和氧化物。此外，在某些情况下，为了保证钎焊质量，还要对钎焊面作镀覆一定的金属层的处理。

1）钎焊前表面去油

焊件表面黏附的油脂有矿物油和动植物油，矿物油可用有机溶剂清除，动植物油可用碱液去除，但实际情况往往两种油脂同时存在，因此须用两种或更多种方法去油。

有机溶剂去油：一般小批生产用有机溶剂（如三氯乙烯、汽油、丙酮、四氯乙烯等）擦洗，常用的是汽油和丙酮，大批量生产常在有机溶剂蒸气中脱脂。其中三氯乙烯效果最好，但毒性最大。用三氯乙烯去油的过程是：先用汽油擦去焊件表面大量的油污，再在三氯乙烯中浸泡 5min～10min 后擦干。然后在无水乙醇中浸泡，再在碳酸镁水溶液中煮沸 3min～5min，最后用水冲洗，用酒精脱水并烘干。用丙酮去油的过程是：先用汽油浸泡除油 5min～10min，再用丙酮洗涤 1min，然后吹干。

碱溶液去油：铜及铜合金、低碳钢、低合金钢、不锈钢、镍及镍合金、钛及钛合金等材料，可放在 80℃～90℃的 10%NaOH 水溶液中浸洗 8min～10min，而铝及铝合金可放在 70℃～80℃的 NaPO₃50g/L～70g/L、肥皂 3g/L～5g/L 的水溶液中浸洗 10min～15min，然后用清水冲洗干净。

2）机械及物理去膜

在钎焊某些金属及合金时，可利用机械刮擦作用破除母材表面的氧化膜。去膜过程有两种不同形式：①借助于坚硬的物体，诸如刮刀、锉、钢刷、烙铁等，沿母材表面加一定压力拖动来实现；②直接利用钎料棒端头，施以压力沿加热到钎焊温度的母材表面拖动，在拖动过程中，即在破除氧化膜的同时钎料端头受热熔化。这种去膜过程的特点是，只有去膜工具刮擦到的地方表面氧化膜才会被破除，一般只作为钎焊接头的第一步。低温钎焊某些金属时，例如铝及其合金，由于缺少可用的钎剂和气体介质，这种去膜方法还是方便有效的。

另一种在钎焊中得到应用的物理去膜过程是超声波去膜。超声波是频率高于 20kHz 的纵波，当超声波作用于液体时，液体交替地受到压力和张力作用，相应地发生膨胀和压缩。如果超声波作用于液体的力的变化值等于或大于大气压力，则在纵波的负波节处出现零压力或负压力，它可使液体因膨胀而破裂，形成空穴。空穴最容易在液体内部脆弱地方形成，例如，在有杂质存在的部位。在空穴中往往聚集了溶解在液体中的气体或液体的蒸气。当超声振动使液体压缩时空穴闭合，产生极高的局部压力，这就是空化现象。如果这种现象发生在固体表面旁时，空穴闭合所产生的高压力以及固体表面处的液体的相当大的局部位移，对固体表面产生强大的机械冲击作用。液体越稠，这种冲击作用也越强烈。由此可见，在超声波作用下金属表面的氧化膜也是在机械作用下破坏的。但是导致它的机械破坏的力是由物理作用产生的。因此，它也有着和机械去膜方法相同的特点，不能直接用于钎焊接头，而只能用于钎焊接头前对钎焊面镀覆钎料层。

目前，超声波去膜主要用于铝的软钎焊，这是因为缺少可用的钎剂和气体介质来去膜，而超声波却能较好地满足要求。钎焊温度高于 400℃时，超声波的空化作用将对铝合金本身起破坏作用，不宜采用。此外，超声波去膜也可用于诸如硅、玻璃和陶瓷的等难钎焊材料。

3. 焊件的装配与固定

钎焊零件应装配定位，以确保他们之间的相互位置。固定零件的方法很多。对于尺寸小，结构简单的零件，可采用较简单的固定方法，诸如依靠自重、紧配合、滚花、翻边、扩口、旋压、镦粗、收口、咬口、弹簧夹、定位销、螺钉、铆钉、点焊、熔焊等。图 6-16 列出了典型的零件定位方法。其中紧配合主要用于以铜钎料钎焊钢，其他场合很少用。滚花、翻边、扩口、旋压、收口、咬口等方法简单，但间隙难以保证均匀：螺钉、铆钉、定位销定位比较可靠，但比较麻烦：点焊和熔焊固定既简单又迅速，但定位点周围往往发生氧化。故应根据具体情况进行选择。对于结构复杂的零件一般采用专用的夹具来定位。对钎焊夹具的要求是夹具材料应具有良好的耐高温和抗氧化性；夹具与零件材料应具有相近的热膨胀系数：夹具应具有足够的刚度，但结构要尽可能简单，尺寸尽可能小，使夹具既工作可靠，又能保证较高的生产效率。

4. 钎料的放置

在各种钎焊方法中，除火焰钎焊和烙铁钎焊外，大多数是将钎料预先安置在接头上的。安置钎料时应尽可能利用钎料的重力作用和间隙的毛细作用来促进钎料填满间隙。图 6-17（a）、（b）所示环状钎料的安置方式是合理的。为避免钎料沿平面流失，应将钎料放在稍高于间隙的部位。为了完全防止钎料沿法兰平面流失，可采用图 6-17（c）、（d）形式的接头。在图 6-17（e）、（f）中工件是水平放置的，必须使钎料紧贴接头，方能依靠毛细作用吸入缝隙。对于紧密配合和搭接长度大的接头可采用图 6-17（g）、（h）形式，即在接头中开出钎料安置槽。

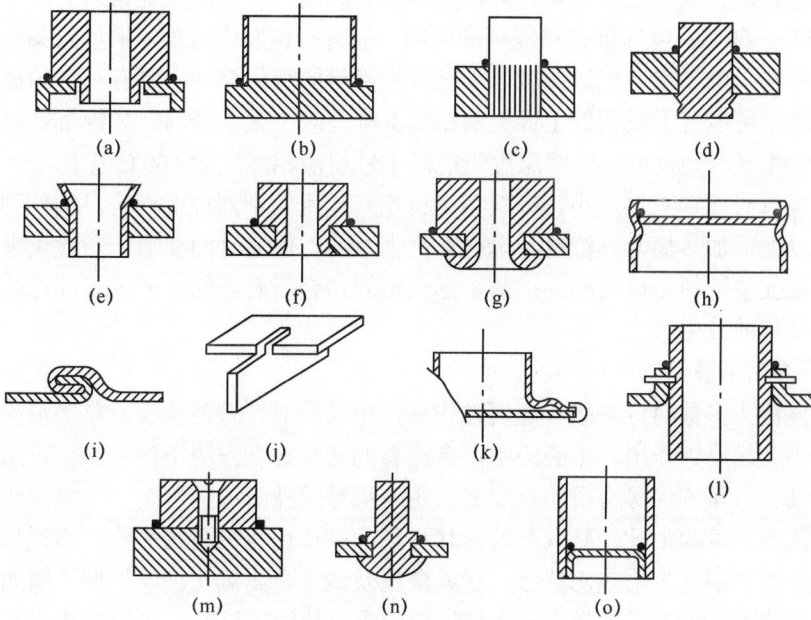

图 6-16 典型的零件定位方法

（a）重力定位；（b）紧配合；（c）滚花；（d）翻边；（e）扩口；（f）旋压；（g）模锻；（h）收口；
（i）咬边；（j）开槽和弯边；（k）夹紧；（l）定位销；（m）螺钉；（n）铆接；（o）点焊。

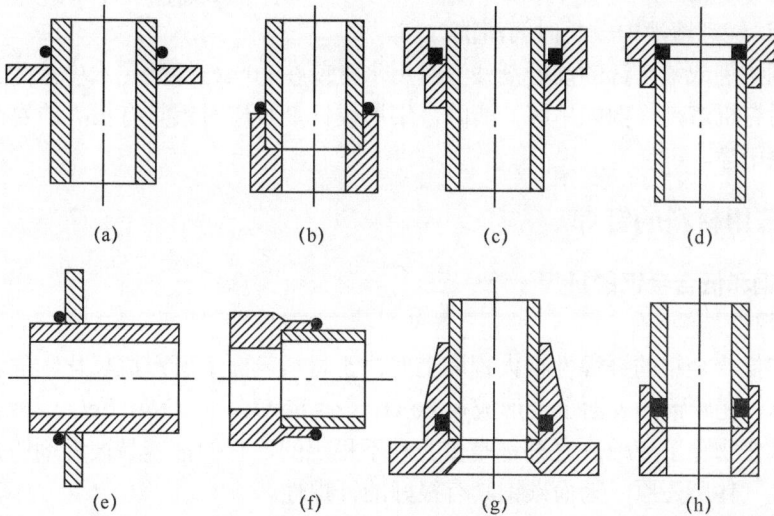

图 6-17 环状钎料的放置方法

膏状钎料应直接涂在钎焊处，粉末状钎料可用黏结剂调合后黏附在接头上。

为了完全防止钎料流失，有时需要涂阻流剂。阻流剂主要是由氧化物，如氧化铝、氧化钛或氧化镁等稳定氧化物与适当的黏接剂组成。钎焊前将糊状阻流剂涂在邻近接头的零件表面上。由于钎料不能润湿这些物质,故被阻止流动。钎焊后再将它去除。阻流剂在保护气氛炉中钎焊和真空炉中钎焊中用得很广。

5. 钎焊工艺参数确定

钎焊过程的主要工艺参数是钎焊温度和保温时间。钎焊温度通常选为高于钎料液相线温度 25℃~60℃,以保证钎料能填满间隙,但有时也发生例外。例如对某些结晶温度间隔宽的钎料,由于在液相线温度以下已有相当量的液相存在,具有一定的流动性。这时,钎焊温度可以等于或稍低于钎料液相线温度。对于某些钎料,如镍基钎料,希望钎料与母材发生充分地反应,钎焊温度可能高于钎料液相线温度 100℃以上。

钎焊保温时间视工件大小,钎料与母材相互作用的剧烈程度而定。大件的保温时间应长些,以保证加热均匀。钎料与母材作用强烈的,保温时间要短。一般说来,一定的保温时间是促使钎料与母材相互扩散,形成牢固结合所必需的,但过长的保温时间将导致溶蚀等缺陷的发生。

6. 钎焊后清洗

钎剂残渣大多数对钎焊接头起腐蚀作用,也妨碍对钎缝的检查,常需清除干净。软钎剂松香不会起腐蚀作用,不必清除。含松香的活性钎剂残渣不溶于水,可用异丙醇、酒精、汽油、三氯乙烯等有机溶剂除去。由有机酸及盐组成的钎剂,一般都溶于水,可采用热水洗涤。若为由凡士林调制的膏状钎剂,则可用有机溶剂去除。由无机酸组成的软钎剂溶于水,因此可用热水洗涤。含碱金属及碱土金属氯化物的钎剂(例如氯化锌),可用 2%盐酸溶液洗涤;若为由凡士林调成的含氯化锌的钎剂,则可先用有机溶剂清除残留的油脂,再用上述方法洗涤。硬钎焊用的硼砂和硼酸钎剂残渣基本上不溶于水,很难清除,一般用喷砂去除,比较好的方法是将已钎焊的工件在热态下放入水中,使钎剂残渣外裂而易于去除,但这种方法不适用于所有的工件;也可将工件放在 70℃~90℃的 2%~3%重铬酸钾溶液中较长时间清洗。

含氟硼酸钾或氟化镓的硬钎剂残渣可用水煮或在 10%柠檬酸热水中清除。铝用软钎剂残渣可用有机溶剂(例如甲醇)清除。铝用硬钎剂残渣对铝具有很大的腐蚀性,钎焊后必须清除干净。

四、常用材料的钎焊

1. 碳钢和低合金钢的钎焊

1)钎焊性

碳钢和低合金钢的钎焊性很大程度上取决于材料表面上所形成氧化物的种类。随着温度的升高,在碳钢的表面上会形成 γ-Fe_2O_3、α-Fe_2O_3、Fe_3O_4 和 FeO 四种类型的氧化物。这些氧化物除了 Fe_3O_4 之外都是多孔和不稳定的,它们都容易被钎剂所去除,也容易被还原性气体所还原,因而碳钢具有很好的钎焊性。

就低合金钢而言,如果所含的合金元素相当低,则材料表面上所存在的氧化物基本上是铁的氧化物,这时的低合金钢具有与碳钢一样的钎焊性。如果所含的合金元素增多,特别是像 Al 和 Cr 这样易形成稳定氧化物的元素的增多,会使低合金钢的钎焊性变差,这时应选用活性较大的钎剂或露点较低的保护气体进行钎焊。

2）钎焊材料

碳钢和低合金钢的钎焊包括软钎焊和硬钎焊。软钎焊中应用最广的钎料是锡铅钎料，这种钎料对钢的润湿性随含锡量的增加而提高，因而对密封接头宜采用含锡量高的钎料。锡铅钎料中的锡与钢在界面上可能形成 $FeSn_2$ 金属间化合物层，为避免该层化合物的形成，应适当控制钎焊温度和保温时间。

碳钢和低合金钢硬钎焊时，主要采用纯铜、铜锌和银铜锌钎料。纯铜熔点高，钎焊时易使母材氧化，主要用于气体保护钎焊和真空钎焊。但应注意的是钎焊接头间隙宜小0.05mm，以免产生因铜的流动性好而使接头间隙不能填满的问题。用纯铜钎焊的碳钢和低合金钢接头具有较高的强度，一般抗剪强度在 150MPa～215MPa，而抗拉强度分布在170MPa～340MPa。

与纯铜相比，铜锌钎料因 Zn 的加入而使钎料熔点降低。为防止钎焊时 Zn 的蒸发，一方面可在铜锌钎料中加入少量的 Si；另一方面必须采用快速加热的方法，如火焰钎焊、感应钎焊和浸沾钎焊等。采用铜锌钎料钎焊的碳钢和低合金钢接头都具有较好的强度和塑性。例如用 B-Cu62Zn 钎料钎焊的碳钢接头抗拉强度达 420MPa，抗剪强度达 290MPa。银铜锌钎料的熔点比铜锌钎料的熔点还低，便于钎焊的操作。这种钎料适用于碳钢和低合金钢的火焰钎焊、感应钎焊和炉中钎焊，但在炉中钎焊时应尽量降低 Zn 的含量，同时应提高加热速度。采用银铜锌钎料钎焊碳钢和低合金钢，可获得强度和塑性均较好的接头。

钎焊碳钢和低合金钢时均需使用钎剂或保护气体。钎剂常按所选的钎料和钎焊方法而定。当采用锡铅钎料时，可选用氯化锌与氯化铵的混合液作钎剂或其他专用钎剂。这种钎剂的残渣一般都具有很强的腐蚀性，钎焊后应对接头进行严格清洗。

3）钎焊工艺

采用机械或化学方法清理待焊表面，确保氧化膜和有机物彻底清除。清理后的表面不宜过于粗糙，不得黏附金属屑粒或其他污物。

采用各种常见的钎焊方法均可进行碳钢和低合金钢的钎焊。火焰钎焊时，宜用中性稍带还原性的火焰，操作时应尽量避免火焰直接加热钎料和钎剂。感应钎焊和浸沾钎焊等快速加热方法非常适合于调质钢的钎焊，同时宜选择淬火或低于回火的温度进行钎焊，以防母材发生软化。保护气氛中钎焊低合金高强钢时，不但要求气体的纯度高，而且必须配用气体钎剂才能保证钎料在母材表面上的润湿和铺展。

钎剂的残渣可以采取化学或机械的方法清除。有机钎剂的残渣可用汽油、酒精、丙酮等有机溶剂擦拭或清洗；氯化锌和氯化铵等强腐蚀性钎剂的残渣，应先在 NaOH 水溶液中中和，然后再用热水和冷水清洗；硼酸和硼酸盐钎剂的残渣不易清除，只能用机械方法或在沸水中长时间浸煮解决。

2．工具钢和硬质合金的钎焊

1）钎焊性

工具钢通常包括碳素工具钢、合金工具钢和高速钢，而硬质合金是碳化物（如 WC、TiC 等）与粘结金属（如 Co 等）经粉末烧结而成的。工具钢和硬质合金的钎焊技术主要用于刀具、模具、量具和采掘工具的制造上。

工具钢钎焊中的主要问题是它的组织和性能易受钎焊过程的影响。如果钎焊工艺不当，极易产生高温退火、氧化及脱碳等问题。例如高速钢 W18Cr4V 的淬火温度为 1260℃～1280℃，为避免上述问题的发生，确保切削时具有最大的硬度和耐磨性，要求钎焊温度必须与淬火温度相适应。

硬质合金的钎焊性是较差的。这是因为硬质合金的含碳量较高，未经清理的表面往往含有较多的游离碳，从而妨碍钎料的润湿。此外，硬质合金在钎焊的温度下容易氧化形成氧化膜，也会影响钎料的润湿。因此，钎焊前的表面清理对改善钎料在硬质合金上的润湿性是很重要的，必要时还可采取表面镀铜或镀镍等措施。

硬质合金钎焊中的另一个问题是接头易产生裂纹。这是因为它的线膨胀系数仅为低碳钢的一半，当硬质合金与这类钢的基体钎焊时，会在接头中产生很大的热应力，从而导致接头的开裂。因此，硬质合金与不同材料钎焊时，应设法采取防裂措施。

2）钎焊材料

钎焊工具钢和硬质合金通常采用纯铜、铜锌和银铜钎料。纯铜对各种硬质合金均有良好的润湿性，但需在氢的还原性气氛中钎焊才能得到最佳效果。同时，由于钎焊温度高，接头中的应力较大，导致裂纹倾向增大。采用纯铜钎焊的接头抗剪强度约为 150MPa，接头塑性也较高，但不适用于高温工作。铜锌钎料是钎焊工具钢和硬质合金最常用的钎料。为提高钎料的润湿性和接头的强度，在钎料中常添加 Mn、Ni、Fe 等合金元素。银铜钎料的熔点较低，钎焊接头产生的热应力较小，有利于降低硬质合金钎焊时的开裂倾向。为改善钎料的润湿性并提高接头的强度和工作温度，钎料中还常添加 Mn、Ni 等合金元素。

除上述 3 种类型的钎料外，对于工作在 500℃ 以上且接头强度要求较高的硬质合金，可以选用 Mn 基和 Ni 基钎料。对于高速钢的钎焊，应选择钎焊温度与淬火温度相匹配的专用钎料。

钎剂的选择应与所焊的母材和所选的钎料相配合。工具钢和硬质合金钎焊时，所用的钎剂主要以硼砂和硼酸为主，并加入一些氟化物（KF、NaF、CaF_2 等）。采用专用钎料钎焊高速钢时，主要配用硼砂钎剂。

为了防止工具钢在钎焊加热过程中的氧化和免除钎焊后的清理，可以采用气体保护钎焊。保护气体可以是惰性气体，也可以是还原性气体，要求气体的露点应低于−40℃。硬质合金可在氢气保护下进行钎焊，所需氢气的露点应低于−59℃。

3）钎焊工艺

工具钢在钎焊前必须进行清理，机械加工的表面不必太光滑，以便于钎料和钎剂的润湿和铺展。硬质合金的表面在钎焊前应经喷砂处理，或用碳化硅或金刚石砂轮打磨，清除表面过多的碳，以便于钎焊时被钎料所润湿。

碳素工具钢的钎焊最好在淬火工序前进行或者同时进行。合金工具钢的成分范围很宽，应根据具体钢种确定适宜的钎料、热处理工序以及将钎焊和热处理工序合并的技术，从而获得良好的接头性能。

高速钢的淬火温度一般高于银铜和铜锌钎料的熔化温度，因此需在钎焊前进行淬火，并在二次回火期间或之后进行钎焊。如果必须在钎焊后进行淬火，只能选用前述的专用钎料进行钎焊。硬质合金刀片与钢制刀杆钎焊时，宜采取加大钎缝间隙和在钎缝中施加塑性补偿垫片的方法，并在焊后进行缓冷，以减小钎焊应力，防止裂纹产生，延长硬质合金刀具组件的使用寿命。

3. 不锈钢的钎焊

1）钎焊性

根据组织不同，不锈钢可分为奥氏体不锈钢、铁素体不锈钢、马氏体不锈钢和沉淀硬化不锈钢。不锈钢钎焊接头广泛地应用于航空航天、电子通信、核能及仪器仪表等工业领域，如蜂窝结构、火箭发动机推力室、微波波导组件、热交换器及各种工具等。此外，诸如不锈钢锅、不锈钢杯等日常用品也常用钎焊方法制造。

不锈钢钎焊中的首要问题是表面存在的氧化膜严重影响钎料的润湿和铺展。各种不锈钢中都含有相当数量的 Cr，有的还含有 Ni、Ti、Mn、Mo、Nb 等元素，它们在表面上能形成多种氧化物甚至复合氧化物。其中，Cr 和 Ti 的氧化物 Cr_2O_3 和 TiO_2 相当稳定，较难去除。在空气中钎焊时，必须采用活性强的钎剂才能去除它们；在保护气氛中钎焊时，只有在低露点的高纯气氛和足够高的温度下，才能将氧化膜还原；真空钎焊时，必须有足够高的真空度和足够高的温度才能取得良好的钎焊效果。

不锈钢钎焊的另一个问题是加热温度对母材的组织有严重影响。奥氏体不锈钢的钎焊加热温度不应高于 1150℃，否则晶粒将严重长大；马氏体不锈钢的钎焊温度选择要求更严，一种是要求钎焊温度与淬火温度相匹配，使钎焊工序与热处理工序结合在一起；另一种是要求钎焊温度低于回火温度，以防止母材在钎焊过程中发生软化。沉淀硬化不锈钢的钎焊温度选择原则与马氏体不锈钢相同，即钎焊温度必须与热处理制度相匹配，以获得最佳的力学性能。

除上述两个主要问题外，奥氏体不锈钢钎焊时还有应力开裂倾向，尤其是采用铜锌钎料钎焊更为明显。为避免应力开裂发生，工件在钎焊前应进行消除应力退火，且在钎焊过程中应尽量使工件均匀受热。

2）钎焊材料

根据不锈钢焊件的使用要求，不锈钢焊件常用的钎料有锡铅钎料、银基钎料、铜基钎料、锰基钎料、镍基钎料及贵金属钎料等。

不锈钢的表面含有 Cr_2O_3 和 TiO_2 等氧化物，必须采用活性强的钎剂才能将其去除。采用锡铅钎料钎焊不锈钢时，可配用的钎剂为磷酸水溶液或氯化锌盐酸溶液。磷酸水溶液的活性时间短，必须采用快速加热的钎焊方法。采用银基钎料钎焊不锈钢时，可配用 FB102、FB103 或 FB104 钎剂。采用铜基钎料钎焊不锈钢时，由于钎焊温度较高，故采用 FB105 钎剂。

炉中钎焊不锈钢时，常采用真空气氛或氢气、氩气、分解氨等保护气氛。真空钎焊时，要求真空压力低于 10^{-2}Pa。保护气氛中钎焊时，要求气体的露点不高于−40℃。如果气体纯度不够或钎焊温度不高，还可在气氛中掺加少量的气体钎剂，如三氟化硼等。

3）钎焊工艺

不锈钢在钎焊前必须进行更严格的清理，以去除任何油脂和油膜，清理后最好立即进行钎焊。

不锈钢钎焊可以采用火焰、感应和炉中等加热方法。炉中钎焊用的炉子必须具有良好的温度控制系统（钎焊温度的偏差要求±6℃），并能快速冷却。用氢气作为保护气体进行钎焊时，对氢气的要求视钎焊温度和母材成分而定，即钎焊温度越低，母材越含有稳定剂，要求氢气的露点越低。真空钎焊不锈钢时，对真空度的要求视钎焊温度而定。随着钎焊温度的提高，所需要的真空度可以降低。

不锈钢钎焊后的主要工序是清理残余钎剂和残余阻流剂，必要时进行钎焊后的热处理。根据所采用的钎剂和钎焊方法，残余钎剂可以用水冲洗、机械清理或化学清理。如果采用研磨剂来清洗残余钎剂或接头附近加热区域的氧化膜时，应使用砂子或其他非金属细颗粒。马氏体不锈钢和沉淀硬化不锈钢制造的零件，钎焊后需要按材料的特殊要求进行热处理。用镍铬硼和镍铬硅钎料钎焊的不锈钢接头，钎焊后常常进行扩散热处理，以降低对钎缝间隙的要求和改善接头的组织与性能。

4．铝及铝合金的钎焊

1）钎焊性

与其他常见的金属材料相比，铝及铝合金的钎焊性较差，首要原因在于其表面上的氧化膜很难去除。铝对氧的亲和力很大，在表面上很容易形成一层致密而稳定且熔点很高的氧化膜 Al_2O_3，同时含镁的铝合金也会生成非常稳定的氧化膜 MgO。它们会严重阻碍钎料的润湿和铺展，而且很难去除。钎焊中，只有采用合适的钎剂才能使钎焊过程得以进行。

其次，铝及铝合金钎焊的操作难度大。铝及铝合金的熔点与所用的硬钎料的熔点相差不大，钎焊时可选择的温度范围很窄，温度控制稍有不当就容易造成母材过热甚至熔化，使钎焊过程难于进行。一些热处理强化的铝合金还会因钎焊加热而引起过时效或退火等软化现象，导致钎焊接头性能降低。火焰钎焊时，因铝合金在加热中颜色不改变而不易判断温度的高低，这也增加了对操作者操作水平的要求。

另外，铝及铝合金钎焊接头的耐蚀性易受钎料和钎剂的影响。铝及铝合金的电极电位与钎料相差较大，使接头的耐蚀性降低，尤其是对软钎焊接头的影响更为明显。此外，铝及铝合金钎焊中采用的大部分钎剂都具有强烈的腐蚀性，即使钎焊后进行了清理，也不会完全消除钎剂对接头耐蚀性的影响。

2）钎焊材料

铝及铝合金的软钎焊不常应用，因为软钎焊中钎料与母材的成分及电极电位相差很大，易使接头产生电化学腐蚀。软钎焊主要采用锌基钎料和锡铅钎料，按使用温度范围可分为低温软钎料（150℃～260℃）、中温软钎料（260℃～370℃）和高温软钎料（370℃～430℃）。

铝及铝合金的硬钎焊方法应用很广，如滤波导、蒸发器、散热器等部件大量采用硬钎焊方法。铝及铝合金的硬钎焊中铝硅钎料应用最广，这种钎料的熔点都接近于母材，钎焊时应严格而精确地控制加热温度，以免母材过热甚至熔化。

铝及铝合金软钎焊时常以专用的软钎剂进行去膜，硬钎焊目前仍以钎剂去膜为主，所采用的钎剂包括氯化物基钎剂和氟化物基钎剂。氯化物基钎剂去氧化膜能力强，流动性好，但对母材的腐蚀作用大，钎焊后必须彻底清除其残渣。氟化物基钎剂是一种新型钎剂，其去膜效果好，而且对母材无腐蚀作用；但其熔点高，热稳定性差，只能配合铝硅钎料使用。

3）钎焊工艺

铝及铝合金的钎焊对工件表面的清洁有较高的要求。要获得良好的质量，必须在钎焊前去除表面的油污和氧化膜。

铝及铝合金的软钎焊方法主要有火焰钎焊、烙铁钎焊和炉中钎焊等。这些方法在钎焊时一般都采用钎剂，并对加热温度和保温时间有严格要求。火焰钎焊和烙铁钎焊时，应避免热源直接加热钎剂以防钎剂过热失效。由于铝能溶于含锌量高的软钎料中，因而接头一旦形成就应停止加热，以免发生母材溶蚀。在某些情况下，铝及铝合金的软钎焊有时不采用钎剂，而是借助超声波或刮擦方法进行去膜。利用刮擦去膜进行钎焊时，先将工件加热到钎焊温度，然后用钎料棒的端部（或刮擦工具）刮擦工件的钎焊部位，在破除表面氧化膜的同时，钎料端部熔化并润湿母材。

铝及铝合金的硬钎焊方法主要有火焰钎焊、炉中钎焊、浸沾钎焊、真空钎焊及气体保护钎焊等。火焰钎焊多用于小型工件和单件生产。为避免使用氧乙炔焰时因乙炔中的杂质同钎剂接触使钎剂失效，以使用汽油压缩空气火焰为宜，并使火焰具有轻微的还原性，以防母材氧化。具体钎焊时，可预先将钎剂、钎料放置于被钎焊处，与工件同时加热；也可先将工件加热到钎焊温度，然后将蘸有钎剂的钎料送到钎焊部位；待钎剂与钎料熔化后，视钎料均匀填缝后，慢慢撤去加热火焰。

空气炉中钎焊铝及铝合金时，一般应预置钎料，并将钎剂溶解在蒸馏水中，配成浓度为 50%～75%的稠溶液，再涂覆或喷射在钎焊面上，也可将适量的粉末钎剂覆盖于钎料及钎焊面处，然后将装配好的焊件放到炉中再进行加热钎焊。为防止母材过热甚至熔化，必须严格控制加热温度。

铝及铝合金的浸沾钎焊一般采用膏状或箔状钎料。装配好的工件应在钎焊前进行预热，使其温度接近钎焊温度，然后浸入钎剂中钎焊，钎焊时，要严格控制钎焊温度及钎焊时间。温度过高，母材易于溶蚀，钎料易于流失；温度过低，钎料熔化不够，钎着率降低。钎焊温度应根据母材的种类和尺寸、钎料的成分和熔点等具体情况而定，一般介于钎料液相线温度和母材固相线温度之间。工件在钎剂槽中的浸沾时间必须保证钎料能充分熔化和流动，但时间不宜过长。否则，钎料中的硅元素可能扩散到母材金属中去，使近缝区的母材变脆。

铝及铝合金的真空钎焊常采用金属镁作活化剂，以使铝的表面氧化膜变质，保证钎料的润湿和铺展。镁可以以颗粒形式直接放在工件上使用，或以蒸气形式引入到钎焊区内，也可以将镁作为合金元素加入到铝硅钎料中。对于结构复杂的工件，为了保证镁蒸气对母材的充分作用以改善钎焊质量，常采取局部屏蔽的工艺措施，即先将工件放入不锈钢盒（通称工艺盒）内，然后置于真空炉中加热钎焊。真空钎焊的铝及铝合金接头，表面光洁，钎缝致密，钎焊后不需进行清洗；但真空钎焊设备费用高，镁蒸气对炉子污染严重，需要经常清理维护。

在中性或惰性气氛中钎焊铝及铝合金时，可采用镁活化剂去膜，也可采用钎剂去膜。采用镁活化剂去膜时，所需的镁量远比真空钎焊低，一般 $w(Mg)$ 在 0.2%～0.5%左右，含镁量高时反而使接头质量降低。采用氟化物钎剂配合氮气保护的 Nocolok 钎焊法是近年来迅速发展的一种新方法。由于氟化物钎剂的残渣不吸潮，对铝没有腐蚀性，因此可省略钎焊后清除钎剂残渣的工序。在氮气保护下，只需涂敷较少数量的氟化物钎剂，钎料就能很好地润湿母材，易于获得高质量的钎焊接头。目前，这种 Nocolok 钎焊法已用于铝散热器等组件的批量生产中。

5. 铜及铜合金的钎焊

1）钎焊性

铜及铜合金通常可分为紫铜（纯铜）、黄铜、青铜和白铜四类，它们的钎焊性主要取决于表面氧化膜的稳定性及钎焊加热过程对材料性能的影响。

纯铜表面可形成氧化铜和氧化亚铜，这两种氧化物容易被还原性气体还原，也容易被钎剂去除，所以纯铜的钎焊性很好。为防止发生氢脆现象，不能在含氢的还原气氛中进行钎焊。只含有锌元素的黄铜，表面可生成氧化亚铜或氧化锌两种氧化物，氧化锌虽然比较稳定，但也不难去除。锰黄铜表面的氧化锰比较稳定，很难去除，应采用活性强的钎剂以保证钎料的润湿性。锡青铜、镉青铜表面的氧化膜均容易去除，硅青铜、铍青铜表面氧化膜虽然较稳定，但也不难去除。而 $w(Al)$ 超过 10%的铝青铜，表面主要是铝的氧化物，很难去除，必须采用专门的钎剂。白铜表面上镍的氧化物和铜的氧化物容易去除，但应选用不含磷的钎料进行钎焊，以免发生接头的自裂。

2）钎焊材料

软钎料中应用最广的是锡铅钎料，其润湿性和铺展性随钎料中含锡量的增加而提高。这种钎料的工艺性和经济性均较好，接头强度也能很好地满足使用要求。

硬钎焊铜时，可以采用银基钎料和铜磷钎料。银基钎料的熔点适中，工艺性好，并具有良好的力学性能和导电导热性能，是应用最广的硬钎料。铜磷和铜磷银钎料只能用于铜及其铜合金的硬钎焊。

用银基钎料钎焊铜及铜合金时，采用 FB101 或 FB102 钎剂可得到良好的效果。钎焊铍青铜和硅青铜，最好采用 FB102。用银铜锌镉钎料钎焊时，应采用 FB103。用铜磷、铜磷银钎料钎焊纯铜时可以不用钎剂，但钎焊黄铜及其他铜合金时必须使用。

惰性气体氩和氦以及氮都可以用于钎焊铜及铜合金，无氧铜还可以在还原性气氛（如氢气）中钎焊。

3）钎焊工艺

铜及其合金在钎焊前要采用机械清理或砂纸打磨的办法清除工件表面的氧化物，用化学清理的办法去除油脂及其他污物。

铜及其合金可以采用烙铁、波峰、火焰、感应、电阻及炉中加热等方法进行钎焊。在含氧铜炉中钎焊时不能使用含氢气氛，也应避免使用火焰钎焊大型组件，以免发生氢脆现象。黄铜在炉中钎焊时，为避免锌的蒸发，最好在黄铜表面先镀铜，然后进行钎焊。含铅的铜合金长时间加热容易析出铅，有可能在接头中产生缺陷。铝青铜钎焊时，为了防止铝向银钎料的扩散，钎焊加热时间尽可能短，或在铝青铜表面镀铜、镍等金属。铍青铜软钎焊时，最好选择钎焊温度低于 300℃ 的钎料，以免发生时效软化。铍青铜的硬钎焊，应选择固相线温度高于淬火温度（780℃）的钎料，钎焊后再进行淬火—时效处理。

对于容易产生自裂的硅青铜、磷青铜及铜镍合金，一定要避免产生热应力，不宜采用快速加热的办法。

6. 活性金属的钎焊

1）钎焊性

钛和锆均为活性金属，具有类似的钎焊性，它们在航空航天、石油化工及原子能工业中得到广泛地应用。

钛和锆的表面氧化物相当稳定。钛和锆及其合金对氧的亲和力很大,具有强烈的氧化倾向,表面易生成一层稳定的氧化膜,钎焊时必须将其去除。钛和锆具有强烈的吸气倾向,在加热过程中,钛和锆及其合金会吸收氧、氢和氮,温度越高,吸气越严重,吸气的结果会使合金的塑性和韧性急剧下降,故钎焊应在真空或惰性气氛中进行。

钛和锆及其合金能同大多数钎料发生化学反应,生成脆性化合物,使接头变脆。因此,用于钎焊其他材料的钎料基本上不适用于钎焊活性金属。钛和锆的组织和性能易于变化,钛及其合金在加热时会发生相变和晶粒粗化,温度越高,晶粒越大。在冷却速度较快的情况下,高温的 β 相将转变成针状的 α 相,使材料的塑性降低。

2)钎焊材料

钛及其合金很少用软钎料钎焊,硬钎焊所用的钎料主要有银基、铝基、钛基或钛锆基 3 大类。锆及其合金用钎料主要有 B-Zr50Ag50、B-Zr76Sn24、B-Zr95Be5 等,广泛地应用于核动力反应堆的锆合金管道的钎焊。

钛、锆及其合金在真空和惰性气氛(氦、氩)中可获得满意的结果。氩气保护钎焊应使用高纯氩,露点必须是-54℃或更低。火焰钎焊时必须采用含有金属 Na、K、Li 的氟化物和氯化物的特殊钎剂。

3)钎焊工艺

钎焊前必须彻底清理表面,进行脱脂和去除氧化膜。厚氧化膜应当采用机械法、喷砂法或熔融盐浴法去除。薄氧化膜可在含 20%~40%硝酸和 2%氢氟酸溶液中清除。

Ti、Zr 及其合金在钎焊加热时不允许接头表面同空气接触,可在真空或惰性气体保护下进行钎焊,可以采用高频感应加热或炉中加热等方法。小型对称零件最好采用感应加热的方法,而对于大型复杂组件,则采用炉中钎焊比较有利。

用于 Ti、Zr 及其合金钎焊的加热元件最好选择 Ni-Cr、W、Mo、Ta 等材料,不能使用以裸露石墨为加热元件的设备,以免造成碳污染。钎焊夹具应选用高温强度好、热膨胀系数与 Ti 或 Zr 相近、并与基体金属反应性小的材料。

第四节　电子微连接方法及工艺

微电子连接技术是微电子封装技术中的重要环节。微电子封装是将数十万乃至数百万个半导体元件(即集成电路芯片)组装成一个紧凑的封装体,由外界提供电源,并与外界进行信息交流。微电子封装所包含的范围应包括单芯片封装(SCP)设计和制造,多芯片封装(MCM)设计和制造,芯片后封装工艺,各种封装基板设计和制造,芯片互连与组装,封装总体电性能、力学性能、热性能和可靠性设计、封装材料等多项内容。微电子封装不但直接影响着集成电路本身的电性能、力学性能、光性能和热性能,影响其可靠性和成本,还在很大程度上决定着电子整机系统的小型化、多功能化、可靠性和成本,微电子封装越来越受到人们的重视。

微电子连接技术主要包括两个方面的内容:①电子元器件的封装与连接,尤其是其中的大规模与超大规模集成电路的封装连接;②电子元器件组成电路的组装,主要通过印制电路板以焊接的方式来完成。微电子连接方法有多种,不仅包含传统的连接方法,也开发了许多新的连接工艺，焊接技术在其中仍居于十分重要的地位。

一、微电子连接技术

在微电子元器件制造和电子设备组装中，焊接（或称连接）技术是决定产品最终质量的关键一环。在一个大规模集成电路中，少则有几十个焊点，多则达到几百个焊点，而在巨型计算机的印制电路板上焊点数目达到上万。这些焊点中只要有一个焊点失效就有可能导致整个元器件或整机停止工作。有统计数字表明，在电子元器件或电子整机的所有故障原因中，60%以上为焊点失效所造成的。可见焊接（连接）技术是电子工业生产技术中较为薄弱的环节。

1. 传统连接工艺

1）压焊技术

压焊在微电子器件制造中应用非常广泛。表 6-5 为各种压焊工艺在微电子器件中的应用情况。电阻焊是目前小功率器件的金属外壳封接的基本方法，平行缝焊和平行微隙焊专门用来焊接小型外壳和细的内引线的电阻焊。冷压焊主要用于大功率晶体管的外壳封接，通常是可伐合金（或钢）与铜焊接。真空扩散焊可以用来进行非金属（如陶瓷、半导体、硅片等）与金属（铜、钼）的焊接。热压焊和超声波焊是器件内引线焊接的主要方法，是引线键合技术的基础。

表 6-5　各种压焊在微电子器件中的应用情况

焊 接 方 法	电 阻 焊	冷 压 焊	热 压 焊	超 声 波 接	真 空 扩 散 焊
应用范围	内引线焊接 外壳封装	外壳封装	内引线焊接	内引线焊接	芯片焊接 陶瓷外壳与金属焊接

2）钎焊技术

钎焊时微电子器件制造中最早使用的焊接技术。早期的器件无论芯片与底座的焊接、引线的焊接、还是外壳的封装都是采用钎焊技术。现在，各种器件的芯片与底座的连接还是采用钎焊，锗合金器件的内引线与集成电路外壳封盖也有用钎焊。根据器件所用材料不同、焊件形状各异，需要采用各种钎焊技术，但以硬钎焊为主，也有采用软钎焊技术的。具体钎焊方法包括炉中钎焊、高频感应钎焊、大电流电阻钎焊、电子束钎焊、激光钎焊、氩弧钎焊和压力扩散钎焊等各种钎焊技术及应用情况，见表 6-6。

表 6-6　各种钎焊在微电子器件中的应用情况

焊接方法	烙铁钎焊	机械热脉冲劈刀钎焊	电阻钎焊	光学钎焊	激光钎焊	气体保护炉中钎焊	真空钎焊	感应钎焊	超声波钎焊
应用范围	锗、硅合金器件内引线焊接	内引线焊接	内引线焊接 外壳封装	芯片焊接 内引线焊接 外壳封装	内引线焊接 外壳封装	芯片焊接 内引线焊接 外壳封装	芯片焊接 器件内引线焊接 外壳封装	芯片焊接	芯片焊接 内引线焊接 外壳封装

芯片和内引线焊接时，一般都不用钎剂，因为钎剂的成分会影响器件的电学特性。目前生产中，真空钎焊、气体保护炉中钎焊用得较多，光学钎焊和激光钎焊将是今后的发展方向。近年来电子级焊膏的出现，使钎焊技术在微电子器件中的应用又有了新

的发展。

　　3）熔焊技术

　　熔焊在微电子器件制造中用得不多，但其中电子束焊、激光焊、钨极脉冲微束氩弧焊、微束等离子焊及高频感应熔焊都是很有发展前途的微电子器件焊接方法，主要用于外壳封装，电子束焊和激光焊还可用于内引线焊接。

　　共晶焊也称低熔点合金焊，是较特殊的用于微电子焊接的熔焊技术，其中主要是Au-Si共晶焊。共晶焊应用领域与粘接技术的应用类似，但连接的机械强度较高，热阻小，可靠性高。金—硅共晶熔点在370℃左右，金—硅共晶焊是在一定的温度（超过金—硅共晶熔点）和一定压力下，将芯片在镀金的底座上轻轻揉动摩擦，擦去界面上不稳定的氧化层，使接触面间硅与金熔化；冷却后由液相形成以晶粒形式互相结合的机械混合物（金—硅共熔晶体），从而使硅芯片牢固地连接到镀金的底座上并形成良好的欧姆接触。

　　2．芯片焊接技术

　　1）引线键合技术

　　引线键合（WB）技术是将芯片输入/输出焊盘和对应的封装体上的焊盘用细金属丝——连接起来，一次连接一根。引线键合时，采用超声波焊将一根细引线，一般是直径25μm的金属丝的两端分别键合到芯片键合区和对应的封装或基板键合区上。这种点到点工艺的主要优点是具有很强的灵活性。该技术通常采用热压、热超声和超声方法进行。

　　热压键合（见图6-18）和热超声键合都是先用高压电火花使金属丝端都形成球形，然后在芯片上球焊，再在管壳基板上楔焊，故又称球楔键合。其原理是：对金属丝和压焊点同时加热加超声波，接触面便产生塑性变形，并破坏了界面的氧化膜，使其活性化，通过接触面两金属之间的相互扩散而完成连接。球焊条件一般为：毛细管键合力小

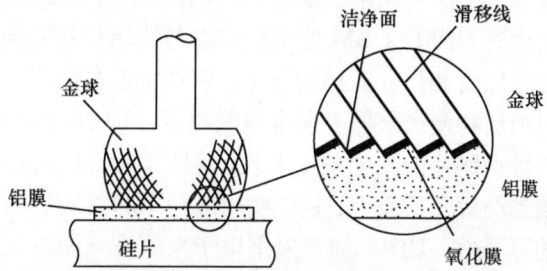

图6-18　热压键合的机理

于0.98N，温度150℃～200℃，毛细管和引线上施加的超声波频率在60kHz～120kHz。球楔键合在芯片封装中是应用最广泛的键合方法。

　　超声键合是利用超声波的能量，使金属丝与铝电极在常温下直接键合。由于键合工具头呈楔形，故又称楔压焊。其原理是：当劈刀加超声功率时，劈刀产生机械运动，在负载的作用下，超声波能量被金属丝吸收，使金属丝发生流变，并破坏工件表面氧化层，暴露出洁净的表面，在压力作用下很容易相互粘合而完成冷焊。楔压焊常用的材料是掺硅铝丝。在高密度封装中，焊盘的中心间距缩小，当中心间距小于120μm时，球焊难以实现，需要采用超声波楔焊。目前，ϕ25μm金属丝、ϕ90μm焊盘中心间距的超声波楔焊机已成功地进入应用领域。

　　2）载带自动键合技术

　　载带自动焊（TAB）是一种将芯片安装和互连到柔性金属化聚合物载带上的芯片组装技术。载带内引线键合到芯片上，外引线键合到常规封装或印制电路板上，整个过程均自动完成。为适应超窄引线间距、多引脚和薄外形封装要求，载带自动键合（TAB）

技术应用越来越普遍。虽然载带价格较贵，但引线间距最小可达到150μm，而且TAB技术比较成熟，自动化程度相对较高，是一种高生产效率的内引线键合技术。

3）倒装芯片键合技术

倒装芯片键合技术是目前半导体封装的主流技术，是将芯片的有源区面对基板键合。在芯片和基板上分别制备了焊盘，然后面对面键合，键合材料可以是金属引线或载带，也可以是合金钎料或有机导电聚合物制作的凸焊点。倒装芯片键合引线短，焊凸点直接与印刷线路或其他基板焊接，引线电感小，信号间窜扰小，信号传输延时短，电性能好，是互连中延时最短、寄生效应最小的一种互连方法。

倒装芯片技术一般有2个较为关键的工艺。一是芯片的凸焊点的制作，另一个是凸焊点凸点下金属层（UBM）的制作。凸焊点的制作方法有多种，较为常用的有：电镀法、模板印刷法、化学镀法和钉头法。其中化学镀法的成本最低，蒸发法成本最高。但是，化学镀法制作的凸焊点存在一个很大的问题：镀层的均匀性比较差。特别是对于金凸焊点，化学镀镀层均匀性有可能不能满足凸焊点高度容差的要求。图6-19为金凸焊点结构示意图。而钉头法制作金凸焊点时，凸焊点下不需要有一多层金属薄膜——焊点下金属，即UBM，因而可以大大降低成本，但是，由于钉头法是逐个制作凸点，而且凸点尺寸较大，它仅适用于较少输入/输出端数的芯片的封装（目前只占市场的0.3%）。因此，目前凸焊点的大批量作用普遍采用电镀法，占70%以上，其次是蒸发法和模板印刷法，除了部分钉头法和化学镀法制作的凸焊点外，凸焊点下都需要有UBM。UBM处于凸焊点与铝压焊块之间，主要起黏附和扩散阻挡的作用。它通常由黏附层、扩散阻挡层和漫润层等多层金属膜组成。UBM的制作是凸焊点制作的一个关键工艺，其质量的好坏将直接影响到凸焊点质量、倒装焊接的成功率和封装后凸焊点的可靠性。UBM通常采用电子束蒸发或溅射工艺，布满整个圆片。需要制作厚金属膜时，则采用电镀或化学镀工艺。

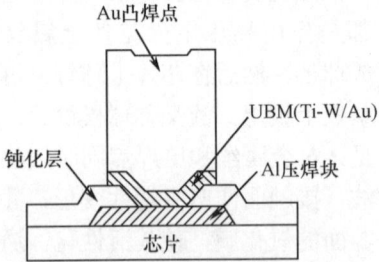

图6-19　金凸焊点结构示意图

与引线键合和自动载带焊相比，由于倒装芯片技术所具有的优点适合于轻、薄、短、小型和多输入/输出端数芯片的封装，倒装芯片技术将会成为微电子封装技术发展的主流。

4）梁式引线技术

梁式引线技术是在器件芯片通过沉积多层金属制作"梁"，来代替半导体器件的内引线，这种技术改善了器件内引线焊接的可靠性，提高了内引线焊接效率，通常这种多层结构的"梁"，厚度为12μm，梁悬伸与芯片之外的长度大于150μm。

梁式引线技术主要优点如下：

（1）芯片上无论有多少引线和焊点，均可一次焊接成形，焊接速度快，生产效率高。

（2）制作连接引线时，芯片不受压力。

（3）比引线丝焊接的可靠性高。

（4）空气隔离的梁式引线，适用于高频和微波器件。

梁式引线技术既可用于单个器件，也可用于复杂的集成电路。引线键接的基本技术是热压焊，常用的方法包括：振动法、软压法、机械及电学热脉冲法；此外还有孔眼焊接、平行间隙焊接、激光焊接、焊料焊及附着焊等。

振动热压焊是通过绕着平行引线背面进行振动的加热劈刀，在一定的压力下依次焊接一个或几个焊点。焊接条件除机械对准外，通常的焊接温度在焊接交界面上为300℃；考虑到衬底类型、金属化层的厚度和工具的设计，劈刀温度往往提高到300℃～400℃，压力的大小以引线变形20%～30%为标准，振动频率采用超声波频率。由于这种焊接以热压为主附加超声波焊，因此也被称为热压—超声波焊。

软压焊是通过在硬焊劈刀和被焊材料之间放入塑性形变材料实现的，适合于表面坪镇度较差的梁式引线。2024铝常被选作为梁式引线焊接的塑性形变材料，通过这种柔软媒介的形状和材料来控制形变的程度。对柔软媒介的尺寸和表面状态必须加上某些限制，以防止它和梁式引线或焊接工具之间形成焊接。除了补偿表面不规则外，由于材料沿着"梁"的轴向优先地向芯片挤压，所以软压焊接还能控制所要求的形变，特别是间隔很近的梁式引线。横向挤压程度的减小可降低邻近"梁"短路的倾向。用这种技术已经成功地焊接间隔不超过38.1μm的梁式引线器件。软压焊接技术的缺点主要是过硬的"梁"在柔软材料的塑性流动发生之前不会形变。大量梁式引线芯片的焊接中，必须采用镍柔软层来产生适当的形变以形成好的焊接。

电热脉冲热压焊接法是利用碳化钨劈刀为焊接工具，用电流脉冲加热劈刀。这种方法基本上是一次焊一个焊点，不必附加表面不平的外形补偿。它摆脱了表面污染的不利影响，并可为焊接工具提供宽带压力和温度的容限。这种方法所用的压力较小，能准确定位加热源，可用来将梁式引线器件焊于金属化了聚酰亚胺之类的有机衬底、各种印制电路板以及陶瓷和玻璃衬底上。

机械热脉冲焊是另一种形式的电热脉冲热压焊，依靠脉冲电流流过硬质的宽面劈刀来加热，把能量送给被焊引线，所传递的能量值主要由劈刀与引线之间接触时间控制。这种方法也是一次焊一个焊点；如果附加柔软媒介，可用来同时焊接多根"梁"式引线。机械热脉冲焊加热时间短，细引线在焊接处的加热温度可比一般热压焊高，有利于塑性小的金属丝与半导体上的金属薄膜焊接。由于要求较大的压力和难以控制形变，这种方法不如振动热压焊法和软压焊接法。

3. 微电子封装与组装中的焊接技术

表面组装技术（SMT）是起始于20世纪60年代、兴起于80年代的一种新型电子装联技术。与传统的通孔插装技术（THT）相比，SMT具有电子元器件体积小、重量轻、印制电路板组装密度高、信号传输速度快等优点。

SMT工艺主要用于印制电路版组装，及微电子元器件信号引出端（外引线）与印制电路板（PCB）上相应焊盘之间的连接。焊接技术，特别是软钎焊技术，是SMT工艺过程中的关键技术。一方面由于被连接对象尺寸的微小精细，在传统焊接技术中可以忽略的因素，如溶解量、扩散层厚度、表面张力、应变量等将对材料的焊接性、焊接质量产生不可忽视的影响，另一方面，SMT工艺中焊点既要起到电信号连接的作用，又要起到机械连接的作用，因此焊点可靠性成为SMT组装工艺的重要问题。

SMT中的焊接工艺主要有波峰焊和再流焊两种。其中再流焊在实际工业生产中得到了最广泛的应用。

1）波峰焊

波峰焊是借助于钎料泵使熔融态钎料不断垂直向上地朝狭长出口涌出，形成 20mm～40mm 高的波峰。钎料波以一定的速度和压力作用于印制电路板上，充分渗入到待钎焊的器件引线和电路板之间，使之完全润湿并进行钎焊（见图 6-20）。由于钎料波峰的柔性，即使印制电路板不够平整，只要翘曲度在 3% 以下，仍可得到良好的钎焊质量。

在通孔插装工艺中，主要采用单波峰焊。引线末端接触到钎料波，毛细管

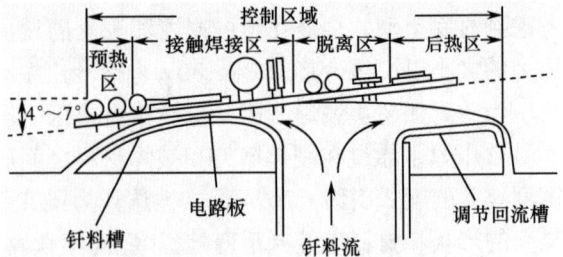

图 6-20　波峰焊软钎焊示意图

作用使钎料沿引线上升，钎料填满通孔，冷却后形成钎料圆角。其缺点是钎料波峰垂直向上的力，会给一些较轻的器件带来冲击，造成浮动或虚焊。而在表面组装工艺中，由于表面组装元件没有通孔插装元件那样的安装插孔，钎剂受热后挥发出的气体无处散逸，另外表面贴装元件具有一定的高度与宽度，且组装密度较大（一般 5～8 件/cm^2）。钎料的表面张力作用将形成屏蔽效应，使钎料很难及时润湿并渗透到每个印线，此时采用单波峰焊会产生大量的漏焊和桥连，为此又开发出双波峰焊。双波峰焊有前后两个波峰，前一波峰较窄，波高与波宽之比大于 1，峰端有 2 排～3 排交错排列的小波峰，在这样多头的、上下左右不断快速流动的湍流波作用下，钎剂气体都被排除掉，表面张力作用也被减弱，从而获得良好的钎焊质量。后一波峰为双向宽平波，钎料流动平坦而缓慢，可以去除多余钎料，消除毛刺、桥连等钎焊缺陷。双波峰焊已在印制电路板插贴混装上广泛应用。其缺点是印制电路板经过两次波峰，受热量较大，一般耐热性较差的电路板易变形翘曲。

为克服双波峰焊的缺点，近年来又开发出喷射空心波峰。它采用特制电磁泵作为钎料喷射动力泵，利用外磁场与熔融钎料中流动电流的双重作用，迫使钎料按左手定则确定的方向流动，并喷射出空心波。调节磁场与电流的量值，可达到控制空心波高度的目的。空心波高度一般为 1mm～2mm，与印制电路板成 45° 逆向喷射，喷射速度高达 100cm/s。依照流体力学原理，可使钎料充分润湿 PCB 组件，实现牢固连接。空心钎料波与印制电路板接触长度仅 10cm～20cm，接触时间仅 1s～2s，因而可减少热冲击。喷射空心波软钎焊对表面贴装元件适应性较好。相比之下，对通孔插装元件会产生外观不丰满的焊点，因此其适用于表面贴装元件比率高的混装印制电路板的连接。

波峰焊是适用于连接插装件和一些小外形表面贴装件的有效方法，不适用于精密引线间距器件的连接，所以随着传统插装器件的减少，以及表面贴装元件的小型化和精细化，波峰焊的应用逐渐减少。

2）再流焊

再流焊是适用于精密引线间距的表面贴装元件的有效连接方法。由于表面组装技术的兴起，再流软钎焊的应用范围日益扩大。再流焊使用的连接材料是钎料膏，通过印制或滴注等方法将钎料膏涂敷在印制电路板的焊盘上，再用专用设备——一贴片机，在上面放置表面贴装元件，然后加热使钎料熔化，即再次流动，从而实现连接，这也是再流

焊名称的来源。各种再流焊方法以其加热方式不同来区别，但工艺流程均相同，即滴注/印制钎料膏—放置表面贴装元件—加热再流。加热再流前必须进行预热，使钎料膏适当干燥，并缩小温差，避免热冲击。再流焊后，自然降温冷却或用风扇冷却。各种再流焊方法的区别在于热源和加热方法。根据热源不同，再流焊主要可分为红外再流焊、热风再流焊、气相再流焊和激光再流焊。

（1）红外再流焊（infrared reflow soldering）红外再流焊是利用红外线辐射能加热实现表面贴装元件与印制电路板之间连接的软钎焊方法，也是目前应用最广泛的 SMT 焊接工艺。红外线辐射能直接穿透到钎料合金内部被分子结构所吸收，吸收能量引起局部温度增高，导致钎料合金熔化再流，图 6-21 是红外再流焊的基本原理示意图。

红外线的波长为 $0.73\mu m \sim 1000\mu m$，波长范围对加热效果有很大影响。红外再流焊中，采用 $1\mu m \sim 7\mu m$ 的波长范围，其中 $1\mu m \sim 2.5\mu m$ 范围为短波，辐射元件为钨灯；$4\mu m$ 以上为长波，辐射元件为板元。波长越小，印制电路板及小器件越容易过热，而钎料膏越容易均匀受热。长波红外线辐射元可以加热环境空气，热空气再加热组装件，这称为自然对流加热，它有助于实现均匀加热并减少焊点之间的温差。计算机控制强制对流加热装置可实现加热区热分布曲线的控制，加热区域数量柔性化，能够视加热需要扩展到 $10 \sim 14$ 个区域，从而能够适应各种印制电路扳尺寸和器件性能要求。

再流焊的钎焊质量主要取决于是否能实现所有焊点的均匀加热，因此钎焊温度工艺参数起着至关重要的作用。红外再流焊的温度工艺参数分为 4 个阶段（见图 6-22）。①预热升温阶段。钎料膏中的溶剂在此阶段得到挥发。如果预热阶段温度上升过快，将导致两个主要问题：一是溶剂挥发过快带动钎料合金粉末飞溅到印制电路板上，形成钎料球缺陷；二是钎料膏黏度变化过快导致钎料膏坍塌，形成桥连缺陷。典型的预热升温速率为 $1℃/s \sim 2℃/s$，最大不超过 $4℃/s$。②预热保温阶段。在此阶段温度缓慢上升，主要目的是激活钎剂和促使印制电路板上的温度均匀分布。绝大多数软钎剂的活性温度为 $145℃$，因此这一阶段的温度一般为 $150℃$，最大不超过 $180℃$。就保温时间而言，如果太短，将导致冷焊和墓碑现象等缺陷；如果太长，钎剂的助焊性能在再流焊之前就被浪费了。典型的预热保温时间为 $1min \sim 3min$。③再流阶段。此阶段温度高于钎料合金熔点，钎料熔化并与待结合面金属发生溶解扩散反应而形成焊点。就再流温度而言，为避免焊点界面处的金属间化合物层过厚，理想的钎焊温度为超过钎料合金熔点 $30℃ \sim 40℃$。温度过高会带来一系列问题，如焊点表面氧化、印制电路板分层且电性能改变、钎剂焦化等。再流保温时间（温度在钎料合金熔点之上的时间）一般为 $30s \sim 90s$，最好控制在 $60s$ 以下，温度梯度应在 $2.5℃/s \sim 3℃/s$ 左右。再流保温时间过短将导致润湿不良，而时间过长，将导致焊点界面金属间化合物层过厚而降低焊点可靠性。④冷却阶段，焊点凝固，最终实现固态连接。冷却速率对最终的焊点强度有重要影响。从焊点的强度角度来讲，冷却速度越快，其金属学组织越细化，焊点强度越高；同时，冷却速度增加还可以抑制界面金属间化合物的生长。但是可能的冷却速度要考虑到元器件自身对温度冲击的承受能力，一般而言，冷却速率应控制在 $3℃/s \sim 4℃/s$。

红外再流焊一般采用隧道加热炉，适用于流水线大批量生产。其缺点是表面贴装元件因表面颜色的深浅、材料的差异及与热源距离的远近，所吸收的热量也会有所不同；体积大的表面贴装元件会对小型元件造成阴影，使之受热不足而降低钎焊质量，如 PLCC 器件引线位于壳体的下面，由于壳体对红外辐射的遮蔽作用，钎料达不到熔化温度，无法用红外再流焊的方法钎焊，加热区间的温度设定难以兼顾所有表面贴装元件的要求。

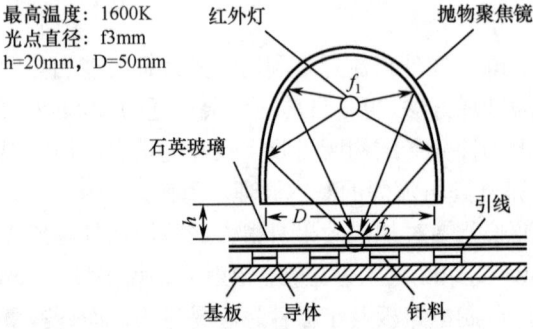

图 6-21　红外再流焊基本原理示意图

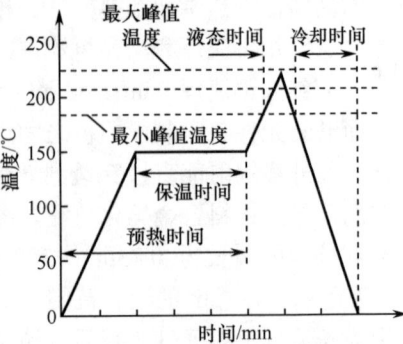

图 6-22　红外再流焊温度工艺参数

（2）热风再流焊（hot air reflow soldering）热风再流焊是利用受热空气的热传导实现表面贴装元件与印制电路板之间焊接的软钎焊方法。其热源为加热器的辐射热，受热空气在鼓风机等的驱动下在再流焊炉中对流，并实现热量传递。与红外再流焊相比，热风再流焊可实现更为均匀的加热。目前商品化的再流焊设备实际上多采用红外与热风相结合的加热方式。

（3）气相再流焊（vapor reflow soldering）气相再流焊是利用饱和蒸气的气化潜热加热实现表面贴装元件与印制电路板之间焊接的软钎焊方法。气相再流焊的热源来自氟烷系溶剂（典型牌号为 FC-70）饱和蒸气的气化潜热。如图 6-23 所示，印制电路板放置在充满饱和蒸气的氛围中，蒸气与表面贴装元件接触时冷凝并放出气化潜热使钎料膏熔化再流。达到钎焊温度所需的时间，小焊点为 5s～6s，大焊点为 50s 左右，饱和蒸气同时可起到清洗作用，去除钎剂和钎剂残渣。

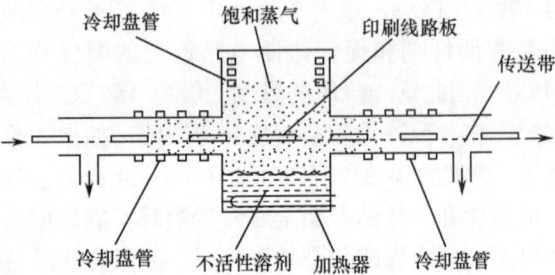

图 6-23　气相再流焊原理图

气相再流焊的优点是整体加热，溶剂蒸气可到达每一个角落，热传导均匀，可完成与产品几何形状无关的高质量钎焊；钎焊温度精确，不会发生过热现象。但气相再流焊的主要传热方式为热传导，因金属传热比塑料速度高，所以引脚先热，焊盘后热，这就容易产生"上吸锡"现象。小型元件（如电阻、电容元件）由于升温速度快（可达到 40℃/s），两端引线很难同时达到钎焊温度，先熔化一端所形成的表面张力差将导致所谓"墓碑"现象。气相再流焊温度不能控制，所以预热必须由其他方法（通常为红外辐射）完成。另一缺点是溶剂价格昂贵，生产成本较高；如果操作不当，溶剂经加热分解会产生有毒的氰化氢和异丁烯气体。

（4）激光再流焊（laser reflow soldering）激光再流焊是利用激光辐射能加热实现表

面贴装元件与印制电路板之间焊接的软钎焊方法。激光再流焊的热源来自激光束辐射能量（图6-24），目前主要有如下3种激光源用于再流焊：

① CO_2 激光源特征波长 10.6μm，辐射波几乎会全部被金属表面反射，但可被钎剂强烈吸收，受热的钎剂再将热量传递给钎料。这种激光辐射波不能通过光纤材料。

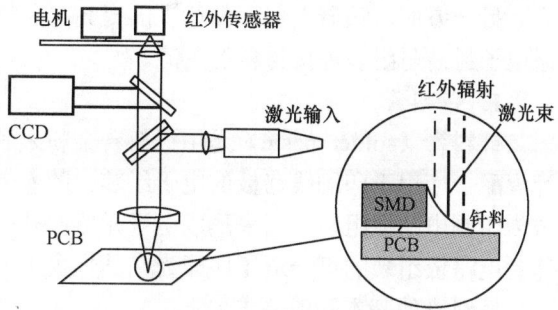

图 6-24　激光再流焊示意图

② Nd-YAG 激光源特征波长 1.06μm，辐射波被金属表面强烈吸收，可通过光纤材料。

③ 半导体真空管激光源特征波长 800nm～900nm，比 Nd/YAG 激光效率更高，所需能量更少。

基于激光束优良的方向性和高功率密度，激光再流焊特点是加热过程高度局部化，适用于窄间距的微电子器件外引线连接；钎焊时间短(200 ms～500ms)，热影响区小，热敏感性强的器件不会受到热冲击：热应力小，焊点显微组织得到细化，抗热疲劳性能得到提高。

上述优点表明激光再流焊可实现高密度、高可靠性的微连接，但实际中该方法并未得到广泛应用，主要是受到以下因素的制约：

① 作为再流焊方法中唯一的点焊技术，生产效率极低。

② 无论是移动激光束，还是移动待焊组件，位置精度的控制都是难题。

③ 激光束方向取决于待焊元件。对于翼形引线元件，激光束应垂直于待钎焊面，否则反射激光将损坏元件封装：对于 J 形引线，激光束必须与待钎焊面成一定角度。因此激光束的姿态调整就增加了一个控制问题。

④ 激光束的能量密度和钎焊时间取决于元件、基板及接头形式。如 J 形引线内侧的钎料膏激光束照射不到（即使成一定角度），为保证焊盘上所有钎料膏熔化，必须增大能量密度或增加钎焊时间。这又增加了一个焊接参数的控制问题。

⑤ 接头形式的设计和激光束焊接位置取决于所使用的激光源。如对于翼形引线，采用 Nd/YAG 激光源，因其可被引线金属强烈吸收，激光束可直接垂直照射到引线金属表面，焊盘尺寸稍大于引线接合面即可；采用 CO_2 激光源，因其几乎被金属完全反射而被钎剂强烈吸收，故需增加焊盘伸出长度，使激光束垂直照射到伸出部分上预置的钎料膏表面，而非引线金属表面。上述问题表明激光再流焊需要复杂的过程控制。

目前激光再流焊主要用于引线间距在 0.65mm～0.5mm 以下的高密度组装，如 Philips 公司研制的"Laser Number PLM1"用于在波峰焊或再流焊之后组装专用集成电路，引线间距达 0.2mm 也不会发生桥接。

二、微电子封装与组装中的焊接材料

波峰焊中采用的钎料合金及钎剂与常规的软钎料合金与钎剂没有差别。只是电子工业中普遍采用有机软钎剂，同时在工艺过程中对熔融钎料合金抗氧化、钎剂涂覆等需要进行控制。而在再流焊中普遍采用钎料膏作为焊接材料，这是组装工艺中比较特殊的地方。另一方面，随着人们环保意识的提高，免清洗钎剂与钎料膏、无铅钎料等正在成为微电子封装与组装焊接材料的主流。

1. 钎料膏

钎料膏（solder paste）是由钎料合金粉末和钎剂系统均匀混合而成的膏状体，与再流焊配合应用于印刷线路板的电子组装。随着表面组装技术日益广泛地应用，钎料膏已成为印制电路板组装中用来形成电子元器件外引线软钎焊接头的最重要材料。一般而言，印制电路板组装的第一道工序即为在其焊盘上印制/滴注钎料膏。

钎料膏的基本功能要求如下：

（1）具有一定的流变性能，可以通过印刷设备涂敷到印制电路板表面；

（2）具有一定的黏度，在再流焊之前可以固定待焊的电子元器件；

（3）在再流焊过程中，可去除金属氧化物并润湿金属表面，虽终形成可靠连接。

钎料膏应具备的基本特性如下：

（1）印制性能良好，可连续印制；

（2）梳变性好，放置或预热时不产生坍塌或桥连现象；

（3）焊接性良好，不会产生钎料球飞溅而引起短路；

（4）储存寿命长，长时间存放黏度无变化，在0℃～5℃下可保存3～6个月；

（5）印刷后放置时间长，一般在常温下能放置12h～14h；

（6）焊接后残余物具有较高的绝缘电阻，清洗性好或免清洗；

（7）无毒、无臭和无腐蚀性。

钎料合金粉末是钎料膏的重要组成部分，约占钎料膏总重量的85%～90%，总体积的50%～60%。钎料合金粉末由熔融态钎料合金经雾化沉积工艺制成。雾化沉积工艺是指采用高压气体（空气、氩气、氮气）或水为介质将液态金属或合金破碎成小液滴，然后快速冷却成粉末的过程。钎料合金粉末的主要性能参数为粉末颗粒形状和粉末粒度。粉末颗粒形状分为球形和不定形，ANSI/J-STD-005中规定钎料合金粉末中至少有90%为球形，球形的定义标准为颗粒长宽比在1.0～1.07之间。粉末粒度是粉末直径的一种表征方法，通常以目数为单位。目数越大，合金粉末直径越小，固定质量的粉末群的表面积越大，因此也越容易氧化。

钎料膏中的钎剂系统主要有活性剂、溶剂和添加剂三部分组成。钎料膏中的活性剂普遍采用松香类或有机酸类；溶剂作为载体，溶剂钎剂系统中的各种固体成分，使之成为均相溶液；添加剂是指为适应工艺及工艺环境而加入到具有特殊物理和化学性质的物质。最重要的添加剂是流变调节剂，又称黏结剂，用来控制钎料膏的黏度和沉积特性。流变性能是钎料膏最重要的整体性能。

2. 无铅钎料

1）无铅钎料的提出

传统的Sn-Pb钎料成本低廉，在一般服役环境下有较高的可靠性。Sn-Pb钎料又具有合适的熔化温度、较高的强度，并且导电、导热性能也能满足要求，非常适合在电子行业中广泛应用。但铅是一种具有毒性的金属元素，长期与含铅物质接触将对人体健康造成危害。与铅有关的健康危害包括神经系统和生育系统紊乱、神经和身体发育迟缓，铅中毒特别对儿童的神经发育有危害。由于铅的毒性而带来的环保以及人类健康方面的忧虑，限制铅基钎料应用的立法加速了无铅钎料的研究和发展以寻找一种无铅钎料作为替代品用于电子产品制造中，所以无铅化已经成为电子产品发展的必然趋势。

2）无铅钎料应满足的要求

无铅钎料的重要基本数据应包含：润湿性、强度及可靠性、制成钎料膏的能力、与各种基板的匹配性能、形成金属间化合物的倾向、低温性能及成本等。要代替传统的 Sn-Pb 钎料，无铅钎料应该满足以下基本要求：

（1）无毒或毒性很低。一般采用的 Pb 的替代元素有 Ag、Cu、Sb、In。Sb 虽是有毒元素，但毒性只发生在其熔点 630℃以上。

（2）要尽量使无铅钎料的熔点接近 Sn-Pb 共晶温度 183℃，大致范围在 180℃～230℃，且熔化温度间隔越小越好。因为 Sn-Pb 钎料在长期的研究和实用过程中已经形成了一套比较健全的生产工艺，如果采用的新无铅钎料与 Sn-Pb 相差太大，则需要更改生产工艺，也要耗费大量资金进行工艺试验和设备购置，此外，随着钎焊温度的提高也可能会影响电子元件的抗蠕变性能。

（3）良好的物理力学性能。无铅钎料要尽可能保证无铅钎料的强度、抗蠕变性能、热力疲劳抗力、晶体组织的稳定性以及电导、热导等物理性能均不低于 Sn-Pb 钎料。

（4）良好的工艺性能。新开发的无铅钎料的工艺性能，特别是润湿性应保证不比 Sn-Pb 钎料差。好的润湿性可以提高钎焊的生产效率。目前无铅钎料润湿铺展性能不如锡铅钎料的问题是普遍存在的，解决的方法是开发一些新型溶剂或新型免清洗焊剂。

（5）加工性能好。用户希望无铅钎料能被加工成所有的产品形式，包括用于手工焊和用于修补的焊丝、用于钎焊膏的焊料粉和用于波峰焊的焊料棒。但是某些合金是不能加工成所有形式的，例如随着加入合金中 Bi 含量的增加，将导致合金变脆而不能拉拔成丝。

（6）良好的抗腐蚀性能。一般的无铅钎料都对强酸及腐蚀性溶液有较好的抗腐蚀性能。

（7）可接受的成本价格。所采用的合金元素应该是资源充足的。某些储备量较小的元素，如 In 和 Bi，只能作为无铅钎料中的微量添加成分。

目前，我国对无铅钎料的研究工作做得还很少，主要集中在新合金系列的研制和对国外已开发的无铅钎料的分析上。作为一个电子工业大国，应加强这方面的研究，努力研制出新型的合金体系，并对有希望替代 Sn-Pb 钎料的无铅钎料的机械性能和在实际工作环境中使用时焊点的可靠性进行研究。

3）常用的无铅钎料合金系

目前国际上比较公认的主要候选合金有：Sn-3.5Ag、Sn-9Zn、Sn-0.7Cu 以及 Sn-Ag-Cu、Sn-Ag-Bi 等。这些合金的都是锡基合金，熔化温度在 190℃～227℃。最有前景的无铅钎料是以 Sn-Ag、Sn-Zn 为基体添加适量的 Cu、Bi、In 等金属元素所组成的三元合金和多元合金。表 6-7 是目前研究较为广泛的无铅钎料合金系列。

Sn-Ag 系无铅钎料是以二元共晶 Sn-3.5Ag 合金为基体，添加适量的 Cu、Bi 和 In 等金属元素组成的钎料合金，是一种很有希望替代锡铅钎料的合金。与 Sn-Pb 共晶钎料相比，Sn-3.5Ag 共晶钎料的抗拉强度、剪切强度和蠕变抗力优良，疲劳行为也很优秀，接头更为可靠，已经开始应用于一些特殊的领域。但是 Sn-3.5Ag 的熔点比 Sn-Pb 共晶钎料高 38℃，在钎焊过程中，使其铺展困难，润湿角较大，钎焊性能较差；Sn-Ag 共晶钎料的导热性能较差，散热相对困难。在二元共晶 Sn-3.5Ag 中加入 Bi、Cu、In 等元素可降低合金熔点，改善其润湿性。总体来讲，Sn-Ag 系合金熔点一般还是高于 Sn-Pb 系钎科的，如采用现行的加热条件，该钎料不能完全熔化，从而导致润湿性变差。目前，Sn-Ag-Cu 和 Sn-Ag-Bi 系合金钎料被认为是最有可能的两种无铅钎料替代合金系。

表 6-7　常用的无铅钎料合金系

合　金　系	熔化温度（℃）	优　　点	缺　　点
Sn-0.7Cu	227	强度较高，成本低	熔点高，力学性能不如含 Ag 钎料
Sn-58Bi	139	疲劳寿命好于 SnPb	熔点低，润湿性差
Sn-3.5Ag	221	力学性能较好，蠕变抗力较高	熔点高，高温下组织不稳定
Sn-9Zn	199	力学性能较好	润湿性能较差，耐腐蚀性较差
Sn-52In	120	润湿性良好	熔点过低，韧性较差，成本高
Sn-4.7Ag-1.7Cu	217	润湿性良好，抗疲劳性能良好	熔点较高，成本较高
Sn-3.8Ag-0.7Cu	217-219	润湿性良好，抗疲劳性能良好	熔点较高

Sn-Zn 系无铅钎料是以共晶 Sn-9Zn 为基体，添加适量的 Ag、Bi 等金属元素组成的合金。Sn-9Zn 的熔点为 199℃，与 Sn-Pb 共晶钎料的熔点（183℃）十分接近，Sn-Zn 系钎料有着良好的机械性能，是一种很有可能替代 Sn-Pb 钎料的合金系，因此引起了人们的关注。但是，Sn-Zn 钎料存在的主要问题是 Zn 元素比较活泼，在焊接过程中极易被氧化以及由此带来的抗腐蚀性能差，并且在 Cu 基体上的接触角很大，影响了焊点的可靠性，从而大大限制了它的应用。为了降低潮湿环境中 Zn 的腐蚀以及进一步降低熔点，常常加入 Ag、Bi 等元素。Ag 可提高 Sn-Zn 钎料的抗腐蚀性，含少量的 Ag 对钎料的熔化特性的影响不大；In 和 Bi 均可降低 Sn-Zn 合金的液相线和固相线，但随着 Bi 含量的增大，钎料的固液相间隔增大，此外，Bi 也会使合金的脆性增大。

Sn-Cu 系无铅钎料在波峰焊中得到了广泛的应用，特别是在日本 Nihon 公司，它在全世界有 110 条无铅钎料波峰焊生产线，使用的无铅钎料为其自有专利成分 SN100C（Sn0.7CuNi）。Sn-Cu 系无铅钎料广泛应用的原因有以下几点：Sn0.7Cu 较其他无铅钎料（Sn3.5Ag、SnAgCu、SnAgIn 等）价格低；原材料供应不受限制，量足；不需要添加其他合金元素；易回收；钎料易生产；只含有两种元素 Sn 和 Cu；Cu 的含量相对较低，易添加；对杂质元素的敏感度较低；目前的波峰焊设备和元器件能够承受 Sn0.7Cu 的钎料熔点（227℃），即与再流焊相比，这么高的钎料熔点对波峰焊来说仍然能够适应；钎料有着优异的性能。

但是，Sn-0.7Cu 系无铅钎料在实际应用中仍存在一系列问题，主要包括焊点的桥联、元器件引脚中的 Cu 向钎料中溶解会改变钎料的成分和熔点、波峰焊工艺参数的确定等。

复习思考题

1．影响液态钎料与母材之间润湿性的因素有哪些？
2．钎料与母材之间的相互作用包哪两个方面？其主要影响因素有哪些？

3．钎料按其熔点和成分中的主组元分类可分为哪些种类？试列举出 Sn 基、Al 基钎料的主要合金系。

4．钎剂可分为哪些类别？在其构成上可分为哪几个组分？

5．简要阐述感应钎焊与炉中钎焊的原理及工艺特点。

6．简述再流焊方法的基本原理。

第三篇　焊接结构生产及工艺装备基础

第七章　焊接结构

第一节　焊接结构基本知识

一、焊接结构的应用及特点

1. 焊接结构的应用

焊接是一种使金属材料连接成一体的工艺方法，是一门涉及到多学科知识的综合性应用技术。焊接结构是将各种经过轧制的金属材料或经铸锻等工艺制成的坯料，通过焊接制成能承受一定载荷的金属结构。

随着焊接技术的发展，焊接结构的应用越来越广泛，焊接结构几乎渗透到国民经济的各个领域。如工业中的石油与化工机械、重型与矿山机械、起重与吊装设备、冶金建筑、各类锻压机械等；交通运输业中的汽车、船舶、车辆、拖拉机的制造；能源工业中的水轮机全套设备、汽轮机；核能电站中的压力容器、原子锅炉和热交换器；国防工业中的常规兵器、火箭武器、深潜设备；航空航天技术中的人造卫星和载人飞船等。甚至对于许多产品，例如用于核电站的工业设备以及开发海洋资源所必需的海上平台、海底作业机械或潜水装置等，为了确保加工质量和后期使用的可靠性，迄今为止还没有比焊接更好的制造技术。目前各国的焊接结构用钢量，均已占其钢材消耗量的40%～55%。

2. 焊接结构的特点

焊接结构能得到广泛的应用，是因为其具有一系列优点，主要体现在以下几个方面。

（1）焊接接头的强度高。与铆接相比，因铆接接头需要在母材上钻孔，因而削弱了接头的工作截面，使其接头强度低于母材。而焊接接头的强度、刚度一般可达到与母材相等或相近，能够承受母材所能承受的各种载荷。

（2）焊接结构设计的灵活性大。通过焊接，可以方便地实现多种不同形状和不同厚度的材料的连接，甚至可以将不同种类的材料连接起来，也可以通过与其他工艺方法联合使用，使焊接结构的材料分布更合理，材料应用更恰当。

（3）焊接接头的密封性好。焊缝处的气密和水密性能是其他连接方法所无法比拟的。特别在高温、高压容器结构上，只有焊接才是最理想的连接形式。

（4）焊接结构适用于大型或重型、单件小批量生产的结构制造。如船体、桁架、球形容器等在制造时一般先将几何尺寸大、形状复杂的结构进行分解，对分解后的零件或部件分别进行加工，然后通过总体装配焊接形成一个整体结构。

（5）焊前准备工作简单，坯料常常无需过多加工。

（6）结构的变更与改型快，而且容易实现。

但是焊接结构也有一些不足，主要体现在以下几个方面。

（1）在焊接过程中，焊缝处容易产生各类焊接缺陷。如果修复不当或缺陷漏检，则会产生过大的应力集中，从而降低整个焊接结构的承载能力。

（2）焊接结构对于脆性断裂、疲劳破坏、应力腐蚀和蠕变破坏等都比较敏感。

（3）焊接结构中存在残余应力和变形。这不仅影响焊接结构的外形尺寸和外观质量，同时给焊后的继续加工带来很多麻烦，甚至直接影响焊接结构的强度。

（4）焊接会改变材料的部分性能，使焊接接头附近变为一个不均匀体。即具有几何的不均匀性、力学的不均匀性、化学成分的不均匀性和金属组织的不均匀性。

（5）对于一些高强度的材料，因其焊接性能较差，更容易产生焊接裂纹等缺陷。

为了设计和制造出优质的焊接结构，通常要做好以下几方面的工作：

（1）合理地设计结构，正确地选择材料；

（2）采用适宜的焊接设备和制订正确的焊接工艺；

（3）具备良好的焊接技术，进行严格的质量控制。

二、焊接结构的基本类型

根据工业生产要求和自身结构特点，焊接结构有多种不同的分类方法。按材料厚度不同可分为薄板结构和厚板结构；按半成品的制造方法不同可分为板焊结构、铸焊结构、锻焊结构和冲焊结构等；按结构的用途不同则可分为储运结构、车辆结构、船体结构和飞机结构等；按结构件所采用原材料的种类不同可分为钢制结构、铝制结构、钛制结构及其他合金结构等。能较好反映焊接结构设计和生产特点的分类方法，则是按照焊接结构承载、工作条件和结构特征来分类。

1. 梁及梁系结构

即在一个或两个主平面内承受弯矩的构件。这类结构的工作特点是结构件受横向弯曲，当多根梁通过焊接组成梁系结构时，其各梁的受力情况变得比较复杂。如大型水压机的横梁、桥式起重机桥架中的主梁以及大型栓焊钢桥主桥钢结构中的工字形主梁等。

2. 柱类结构

即轴心受压和偏心受压（带有纵向弯曲的）的构件。柱和梁一起组成厂房、高层房屋和工作平台的钢骨架。

3. 桁架结构

即承受弯矩并由许多杆件组成的大跨度结构。如用于大跨度的工业和民用建筑、大跨度的桥式起重机、门式起重机、电缆塔架等。

4. 板壳结构

板壳结构大多采用钢板成形加工后拼焊而成，其中一类主要是指承受内压或外压、要求密闭的各种焊接容器，如要求密闭的压力容器、锅炉、储罐、塔器、管道和运送液体或液化气体的运输槽车罐体等；另一类板壳结构主要用作运输装备，如大型船舶的船体、客车车厢和集装箱箱体等。

5．机器结构

机器结构是机械设备的一个重要组成部分，通常构成铸—焊、锻—焊及铸—压—焊等复合结构，需要满足载荷冲击、耐磨、耐蚀、耐高温等工作要求，如汽轮机、发电机、柴油机等动力设备，以及机床、减速器、压力机、分离机械中的床身、机体、机座、滚筒、齿轮和轴等。

三、焊接接头基本知识

1．焊接接头的组成及其基本形式

1）焊接接头的组成

在焊件需连接部位，用焊接方法制造而成的接头称为焊接接头，一般简称接头。以熔焊为例，焊接接头由焊缝金属、熔合区和热影响区组成，如图7-1所示。

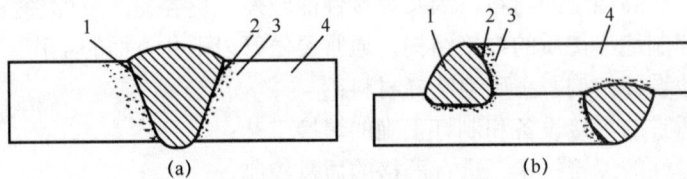

图7-1　熔焊接头的组成

（a）对接接头断面图；（b）搭接接头断面图。

1—焊缝金属；2—熔合区；3—热影响区；4—母材。

焊缝金属是由焊接填充金属及部分母材金属熔化结晶后形成的铸造组织，其组织和化学成分与母材金属有较大差异。近缝处的热影响区受焊接热循环的影响，组织和性能都发生了变化，特别是熔合区的组织和成分更为复杂。因此，焊接接头是一个成分、组织和性能都不均匀的连接体。

2）焊接接头的基本形式

（1）对接接头。两板件端面通过焊接形成135°～180°夹角，称为对接接头。对接接头是各种接头中应力分布最均匀、最省材料的接头形式，常用的对接接头形式如图7-2所示。

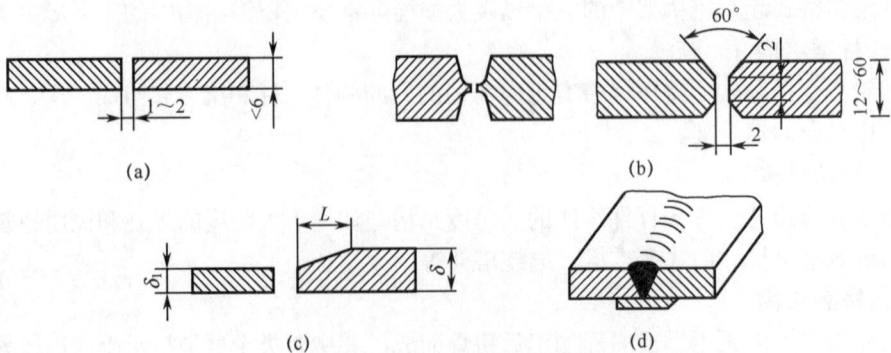

图7-2　对接接头的基本形式

（a）不开坡口；（b）开坡口；（c）削薄；（d）带垫板。

（2）搭接接头。两板件部分重叠起来进行焊接所形成的接头称为搭接接头。搭接接头的应力分布极不均匀，疲劳强度较低，不是理想的接头形式。但是，搭接接头的焊前准备和装配工作比较简单，所以在受力较小的焊接结构中仍得到广泛的应用。常见的搭接接头的形式如图 7-3 所示。

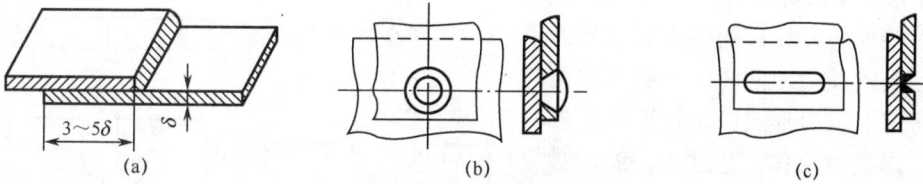

图 7-3　搭接接头的基本形式

（a）不开坡口；（b）圆孔内塞焊；（c）长孔内塞焊。

（3）T 形（十字）接头。将一个焊件的端面与另一焊件的表面构成直角或近似直角，用角焊缝连接起来的接头，称为 T 形（十字）接头。这类接头能承受各种方向的外力和力矩的作用。常见的 T 形接头的形式如图 7-4 所示。

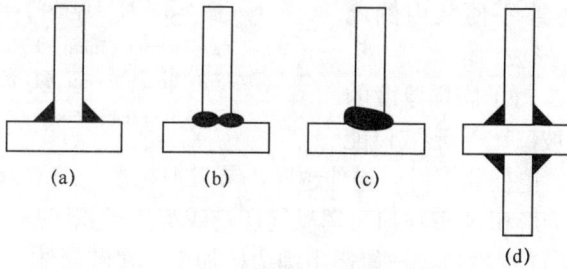

图 7-4　T 形（十字）接头的基本形式

（a）单面不开坡口；（b）开 K 形坡口；（c）开单边 V 形坡口；（d）双面不开坡口。

（4）角接接头。两板件端面构成 30°～135°夹角的焊接接头称作角接接头。角接接头多用于箱形构件，常见的角接接头的形式如图 7-5 所示。

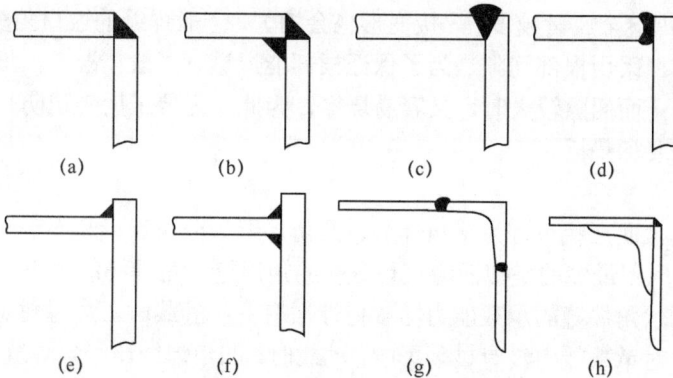

图 7-5　角接接头的基本形式

（a）简单角接接头；（b）双面角接接头；（c）开 V 形坡口；（d）开 K 形坡口

（e）、（f）易装配角接接头；（g）保证接头具有准确直角的角接接头；（h）不合理的角接接头。

2．焊缝的基本形式

焊缝是构成焊接接头的主体部分，有对接焊缝和角焊缝两种基本形式。

1）对接焊缝

（1）坡口形式的选择。对接焊缝的焊接接头可采用卷边、平对接或加工成 V 形、U 形、X 形、K 形等坡口，如图 7-6 所示。

对接焊缝开坡口的根本目的是为了确保接头的质量，同时也从经济效益的角度考虑。坡口形式的选择取决于板材厚度、焊接方法和工艺过程。通常必须考虑以下几个方面：

①可焊到性或便于施焊。这是选择坡口形式的重要依据之一。一般而言，要根据构件能否翻转、翻转难易或内外两侧的焊接条件而定。对不能翻转和内径较小的容器、转子及轴类的对接焊缝，为了避免大量的仰焊或不便从内侧施焊，宜采用 V 形或 U 形坡口。

②节省焊接材料。对于同样厚度的焊接接头，采用 X 形坡口比 V 形坡口能

图 7-6　对接焊缝的典型坡口形式

(a) $\delta=1mm\sim3mm$；(b) $\delta=3mm\sim8mm$；

(c) $\delta=3mm\sim26mm$；(d) $\delta=20mm\sim60mm$；

(e) $\delta=12mm\sim60mm$；(f) $\delta>12mm$。

节省较多的焊接材料、电能和工时。构件越厚，节省得越多，成本越低。

③坡口易加工。V 形和 X 形坡口可用氧气切割或等离子弧切割，也可以用机械切削加工。对于 U 形或双 U 形坡口，一般需用刨边机加工。在圆筒体上，应尽量少开 U 形坡口，因其加工困难。

④焊接变形小。采用不适当的坡口形状容易产生较大的焊接变形。如平板对接的 V 形坡口，其角变形就大于 X 形坡口。因此，选择合理坡口形式可以有效地减少焊接变形。

（2）坡口尺寸的选择。

①坡口角度。其作用是使电弧能深入根部使根部焊透，大小与板厚和焊接方法有关，坡口角度越大，焊缝金属量越多，焊接变形也会增大，一般焊缝的坡口角度选 60°左右。

②根部间隙。采用根部间隙是为了保证根部能焊透。一般情况下，坡口角度小，需要同时增加间隙；而间隙较大时，又容易烧穿，为此，需要采用钝边防止烧穿。根部间隙过大时，还需要加垫板。

2）角焊缝

角焊缝按其截面形状可分为平角焊缝、凹角焊缝、凸角焊缝和不等腰角焊缝 4 种，如图 7-7 所示，应用最多的是截面为直角等腰的角焊缝。角焊缝的大小用焊脚尺寸 K 表示。各种截面形状角焊缝的承载能力与载荷性质有关：静载时，如母材金属塑性好，角焊缝的截面形状对承载能力没有显著影响；动载时，凹角焊缝比平角焊缝的承载能力高，凸角焊缝的最低；不等腰角焊缝，长边平行于载荷方向时，承受动载效果较好。

为了提高焊接效率、节约焊接材料、减小焊接变形，当板厚大于 13mm 时，可以采用开坡口的角焊缝。在等强度条件下，坡口角焊缝的焊接材料消耗量仅为普通角焊缝的 60%。

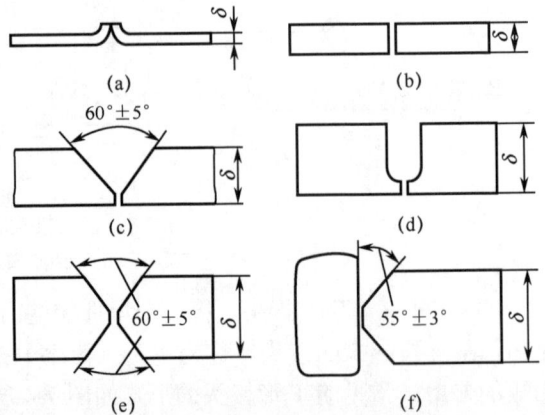

182

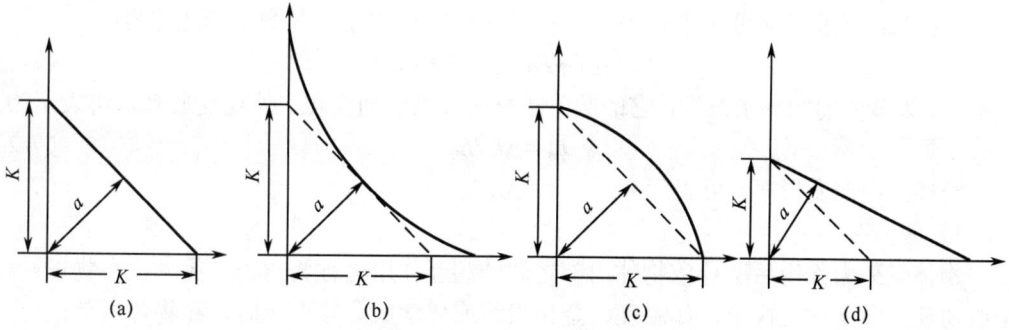

图 7-7 角焊缝截面形状及其计算断面

（a）平角焊缝；（b）凹角焊缝；（c）凸角焊缝；（d）不等腰角焊缝。

第二节 焊接应力与变形

焊接时，由于局部高温加热而造成焊件上温度分布不均匀，最终导致在结构内部产生了焊接应力与变形。焊接应力是引起脆性断裂、疲劳断裂、应力腐蚀断裂和失稳破坏的主要原因。另外，焊接变形也使结构的形状和尺寸精度难以达到技术要求，直接影响结构的制造质量和使用性能。

本节主要讨论焊接应力与变形的基本概念及其产生原因；焊接变形的种类；控制焊接变形的工艺措施和焊后如何矫正焊接变形；焊接应力的分布规律，降低焊接应力的工艺措施和焊后如何消除焊接残余应力。

一、焊接应力与变形的产生

1．焊接应力与变形的基本知识

1）焊接变形

物体在外力或温度等因素的作用下，其形状和尺寸发生变化，这种变化称为物体的变形。当使物体产生变形的外力或其他因素去除后变形也随之消失，物体可恢复原状，这样的变形称为弹性变形。当外力或其他因素去除后变形仍然存在，物体不能恢复原状，这样的变形称为塑性变形。物体的变形还可按拘束条件分为自由变形和非自由变形。在非自由变形中，有外观变形和内部变形两种。

以一根金属杆的变形为例，当温度为 T_0 时，其长度为 L_0，若均匀加热，温度上升到 T 时，如果金属杆不受阻，杆的长度会增加至 L，其长度的改变 $\Delta L_T = L - L_0$，ΔL_T 就是自由变形，见图 7-8（a）。如果金属杆件的伸长受阻，则变形量不能完全表现出来，就是非自由变形。其中，把能表现出来的这部分变形称为外观变形，用 ΔL_e 表示；而未表现出来的变形称为内部变形，用 ΔL 表示。在数值上，$\Delta L = \Delta L_T - \Delta L_e$，见图 7-8（b）。

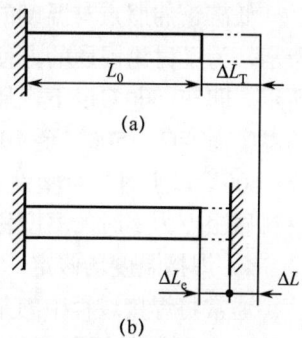

图 7-8 金属杆件的变形

（a）自由变形；（b）非自由变形。

单位长度的变形量称为变形率，自由变形率用 ε_T 表示，其数学表达式为：

$$\varepsilon_T = \Delta L_T / L_0 = \alpha\,(T - T_0) \tag{7-1}$$

式中：α 为金属的线膨胀系数，它的数值随材料及温度而变化。外观变形率 ε_e 可表示为：

$$\varepsilon_e = \Delta L_e / L_0 \tag{7-2}$$

同样，内部变形率 ε 可表示为： $\quad \varepsilon = \Delta L / L_0 \tag{7-3}$

2）应力

物体受外力作用后所导致物体内部之间的相互作用力称为内力。另外，在物理、化学或物理化学变化过程中，如温度、金相组织或化学成分等变化时，在物体内部也会产生内力。

作用在物体单位面积上的内力叫做应力。

根据引起内力原因的不同，可将应力分为工作应力和内应力。工作应力是由外力作用于物体而引起的应力；内应力是由物体的化学成分、金相组织及温度等因素变化，造成物体内部的不均匀性变形而引起的应力。内应力存在于许多工程结构中，如铆接结构、铸造结构、焊接结构等。焊接应力就是一种内应力。内应力的显著特点是，在物体内部，内应力是自成平衡的，形成一个平衡力系。

3）焊接应力与焊接变形

焊接应力是焊接过程中及焊接过程结束后，存在于焊件中的内应力。由焊接而引起的焊件尺寸的改变称为焊接变形。

2. 研究焊接应力与变形的基本假定

金属在焊接过程中，其物理性能和力学性能都会发生变化，给焊接应力的认识和确定带来了很大的困难，为了后面分析问题方便，对金属材料焊接应力与变形作以下假定。

1）平截面假定

假定构件在焊前所取的截面，焊后仍保持平面。即构件只发生伸长、缩短、弯曲，其横截面只发生平移或偏转，截面本身并不变形。

2）金属性质不变的假定

假定在焊接过程中材料的某些热物理性质，如线膨胀系数（α）、热容（C）、热导率（λ）等均不随温度而变化。

3）金属屈服点假定

低碳钢屈服点与温度的实际关系如图 7-9 实线所示，为了讨论问题的方便，将它简化为图中虚线所示。即在 500℃ 以下，屈服点与常温下相同，不随温度而变化；500℃ 至 600℃ 之间，屈服点迅速下降；600℃ 以上时呈全塑性状态，即屈服点为零。把材料屈服点为零时的温度称为塑性温度。

4）焊接温度场假定

通常将焊接过程中的某一瞬间，焊接接头中各点的温度分布称为温度场。在焊接热源作用下构件

图 7-9 低碳钢的屈服点与温度的关系

上各点的温度在不断地变化，可以认为达到某一极限热状态时，温度场不再改变，这时的温度场称为极限温度场。

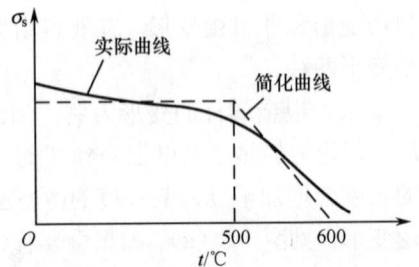

184

3．焊接应力与变形产生的原因

产生焊接应力与变形的因素很多，其中最根本的原因是焊件受热不均匀，其次是由于焊缝金属的收缩、金相组织的变化及焊件的刚度不同所致。另外，焊缝在焊接结构中的位置、装配焊接顺序、焊接方法、焊接电流及焊接方向等对焊接应力与变形也有一定的影响，下面着重介绍几个主要因素。

1）焊件的不均匀受热

金属的焊接是一个局部的加热过程，焊件上的温度分布极不均匀，为了便于了解不均匀受热时应力与变形的产生，下面对金属在不同条件下产生的应力与变形进行讨论。

（1）不受约束的杆件在均匀加热时的应力与变形。根据前面对变形知识的讨论，不受约束的杆件在均匀加热与冷却时，其变形属于自由变形，因此在杆件加热过程中不会产生任何内应力，冷却后也不会有任何残余应力和残余变形。

（2）受约束的杆件在均匀加热时的应力与变形。根据前面对非自由变形情况的讨论，受约束杆件的变形属于非自由变形，既存在外观变形，也存在内部变形。如果加热温度较低（$T < T_s$），材料处于弹性范围内，则在加热过程中杆件的变形全部为弹性变形，杆件内部存在压应力的作用。当温度恢复到原始温度时，杆件自由收缩到原来的长度，压应力全部消失，既不存在残余变形也不存在残余应力。我们把压应力达到屈服点σ_s时的温度称为屈服点温度T_s。

如果加热温度较高，达到或超过材料屈服点温度时（$T > T_s$），则杆件中产生压缩塑性变形，内部变形由弹性变形和塑性变形两部分组成，甚至全部由塑性变形组成（$T > 600℃$）。当温度恢复到原始温度时，弹性变形恢复，塑性变形不可恢复，可能出现以下3种情况：①如果杆件能充分自由收缩，那么杆件中只出现残余变形而无残余应力；②如果杆件受绝对拘束，那么杆件中没有残余变形而存在较大的残余应力；③如果杆件收缩不充分，那么杆件中既有残余应力又有残余变形。

实际生产中的焊件，就与上述的第三种情况相同，焊后既有焊接应力存在，又有焊接变形产生。

（3）长板条中心加热（类似于堆焊）引起的应力与变形。如图7-10（a）所示的长度为L_0，厚度为δ的长板条，材料为低碳钢，在其中间沿长度方向上进行加热。为简化讨论，我们将板条上的温度分为两种：中间为高温区，其温度均匀一致；两边为低温区，其温度也均匀一致。

加热时，如果板条的高温区与低温区是可分离的，高温区将伸长，低温区不变，如图7-10（b）所示，但实际上板条是一个整体，所以板条将整体伸长，此时高温区内产生较大的压缩塑性变形和压缩弹性变形，如图7-10（c）所示。

冷却时，由于压缩塑性变形不可恢复，所以，如果高温区与低温区是可分离的，高温区应缩短，低温区应恢复原长，如图7-10（d）所示。但实际上板条是一个整体，所以板条将整体缩短，这就是板条的残余变形，如图7-10（e）所示。同时在板条内部也产生了残余应力，中间高温区为拉应力，两侧低温区为压应力。

（4）长板条一侧加热（相当于板边堆焊）引起的应力与变形。如图7-11（a）所示的材质均匀的钢板，在其上边缘快速加热。假设钢板由许多互不相连的窄条组成，则各窄条在加热时将按温度高低而伸长，如图7-11（b）所示。但实际上，板条是一个整体，各板条之间是互相牵连、互相影响的，上一部分金属因受下一部分金属的阻碍作用而不能自由伸长，因此产生了压缩塑性变形。由于钢板上的温度分布自上而下逐渐降低，因此，钢板产生了向下的弯曲变形，如图 7-11（c）所示。

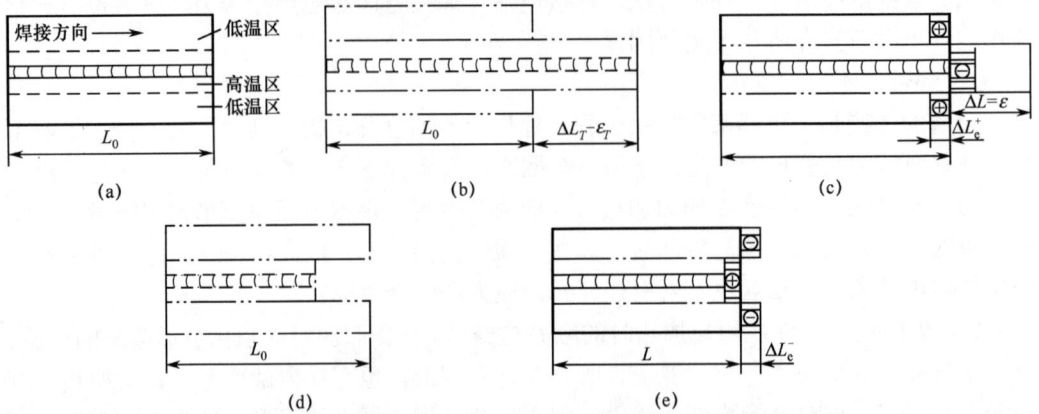

图 7-10　钢板条中心加热和冷却时的应力与变形
（a）原始状态；（b）、（c）加热过程；（d）、（e）冷却以后。

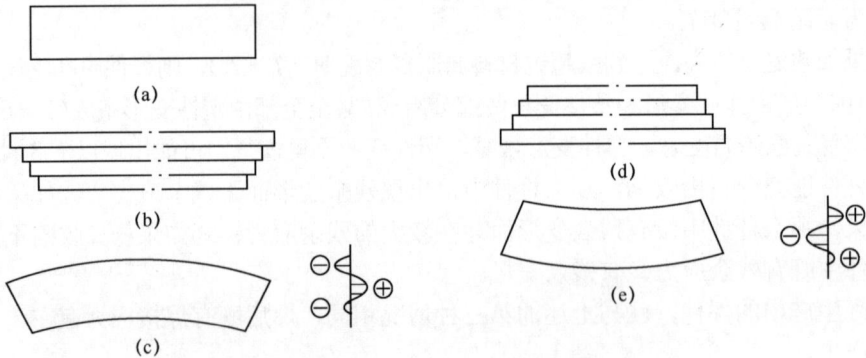

图 7-11　钢板边缘一侧加热和冷却时的应力与变形
（a）原始状态；（b）假设各板条的伸长；（c）加热后的变形；
（d）假设各板条的收缩；（e）冷却后的变形。

钢板冷却后，各板条的收缩应如图 7-11（d）所示。但实际上钢板是一个整体，上一部分金属要受到下一部分的阻碍而不能自由收缩，所以钢板产生了与加热时相反的残余弯曲变形，如图 7-11（e）所示。同时在钢板内产生了如图 7-11（e）所示的残余应力，即钢板中部为压应力，钢板两侧为拉应力。

由上述讨论可知：

①对构件进行不均匀加热，在加热过程中，只要温度高于材料屈服点的温度，构件就产生压缩塑性变形，冷却后，构件必然有残余应力和残余变形。

②通常，焊接过程中焊件的变形方向与焊后焊件的变形方向相反。

③焊接加热时，焊缝及其附近区域将产生压缩塑性变形，冷却时压缩塑性变形区要收缩。如果这种收缩能充分进行，则焊接残余变形大，焊接残余应力小；若这种收缩不能充分进行，则焊接残余变形小而焊接残余应力大。

186

④焊接过程中及焊接结束后，焊件中的应力分布都是不均匀的。焊接结束后，焊缝及其附近区域的残余应力通常是拉应力。

2）焊缝金属的收缩

当焊缝金属冷却、由液态转为固态时，其体积要收缩。由于焊缝金属与母材是紧密联系的，因此，焊缝金属并不能自由收缩。这将引起整个焊件的变形，同时在焊缝中引起残余应力。另外，一条焊缝是逐步形成的，焊缝中先结晶的部分要阻止后结晶部分的收缩，由此也会产生焊接应力与变形。

3）金属组织的变化

钢在加热及冷却过程中发生相变可得到不同的组织，这些组织的比体积不一样，由此也会造成焊接应力与变形。

4）焊件的刚性和拘束

焊件的刚性和拘束对焊接应力和变形也有较大的影响。刚性是指焊件抵抗变形的能力，而拘束是焊件周围物体对焊件变形的约束。刚性是焊件本身的性能，它与焊件材质、焊件截面形状和尺寸等有关；而拘束是一种外部条件。焊件自身的刚性及受周围的拘束程度越大，焊接变形越小，焊接应力越大；反之，焊件自身的刚性及受周围的拘束程度越小，则焊接变形越大，而焊接应力越小。

二、焊接残余应力

1. 焊接残余应力的分类

1）按应力在焊件内的空间位置分

（1）一维空间应力。即单向（或单轴）应力。应力沿焊件一个方向作用。

（2）二维空间应力。即双向（或双轴）应力。应力在一个平面内不同方向上作用，常用平面直角坐标表示，如σ_x、σ_y。

（3）三维空间应力。即三向（或三轴）应力。应力在空间所有方向上作用，常用三维空间直角坐标表示，如σ_x、σ_y、σ_z。

厚板焊接时出现的焊接应力是三向的。随着板厚减小，沿厚度方向的应力（习惯指σ_z）相对较小，可将其忽略而看成双向应力σ_x、σ_y。薄长板条对接焊时，也因垂直焊缝方向的应力σ_y较小而忽略，主要考虑平行于焊缝轴线方向的纵向应力σ_x。

2）按产生应力的原因分

（1）热应力。它是在焊接过程中，焊件内部温度有差异引起的应力，故又称温差应力。热应力是引起热裂纹的力学原因之一。

（2）相变应力。它是焊接过程中，局部金属发生相变，其比体积增大或减小而引起的应力。

（3）塑变应力。是指金属局部发生拉伸或压缩塑性变形后所引起的内应力。对金属进行剪切、弯曲、切削、冲压、锻造等冷热加工时常产生这种内应力。焊接过程中，在近缝高温区的金属热胀和冷缩受阻时便产生塑性变形，从而引起焊接的内应力。

3）按应力存在的时间分

（1）焊接瞬时应力。在焊接过程中，某一瞬时的焊接应力，它随时间而变化。它和焊接热应力没有本质区别，当温度也随时间而变时，热应力也是瞬时应力。

（2）焊接残余应力。焊件焊完冷却后残留在焊件内的焊接应力，焊接残余应力对焊接结构的强度、耐蚀性和尺寸稳定性等使用性能有影响。

2．焊接残余应力的分布

在厚度不大（小于 20mm）的焊接结构中，残余应力基本是纵、横双向的，厚度方向的残余应力很小，可以忽略。只有在大厚度的焊接结构中，厚度方向的残余应力才有较高的数值。因此，这里将重点讨论纵向残余应力和横向残余应力的分布情况。

1）纵向残余应力 σ_x 的分布

作用方向平行于焊缝轴线的残余应力称为纵向残余应力。

在焊接结构中，焊缝及其附近区域的纵向残余应力为拉应力，一般可达到材料的屈服点，随着离焊缝距离的增加，拉应力急剧下降并转为压应力。宽度相等的两板对接时，其纵向残余应力在焊缝横截面上的分布情况如图 7-12 所示。图 7-13 为板边堆焊时，其纵向残余应力 σ_x 在焊缝横截面上的分布。两块不等宽度的板对接时，宽度相差越大，宽板中的应力分布越接近于板边堆焊时的情况。若两板宽度相差较小时，其应力分布近似于等宽板对接时的情况。

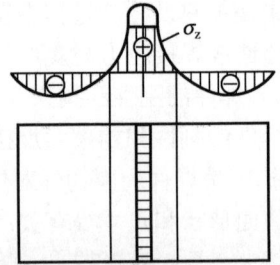

图 7-12　对接接头纵向残余应力在焊缝横截面上的分布情况

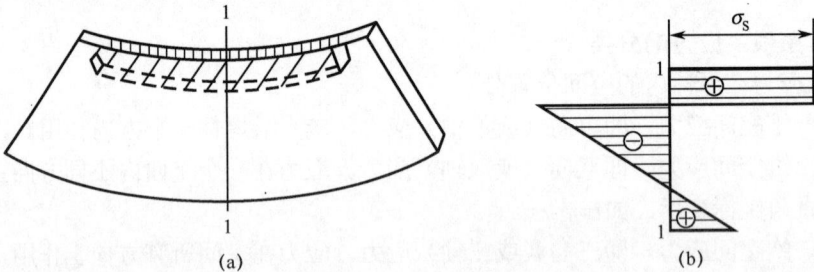

图 7-13　板边堆焊时的纵向残余应力与变形

纵向残余应力在焊缝纵截面上的分布规律如图 7-14 所示。在焊缝纵截面端头，纵向应力为零，焊缝端部存在一个残余应力过渡区，焊缝中段是残余应力稳定区。当焊缝较短时，不存在稳定区，焊缝越短，σ_x 越小。

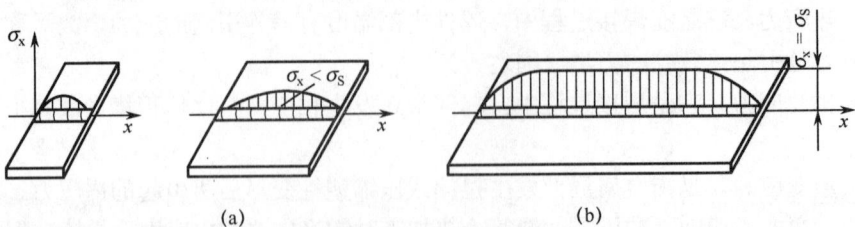

图 7-14　不同长度焊缝纵截面上纵向残余应力 σ_x 的分布

(a) 短焊缝；(b) 长焊缝。

2）横向残余应力 σ_y 的分布

垂直于焊缝轴线的残余应力称为横向残余应力。

横向残余应力 σ_y 的产生原因比较复杂，我们将其分成两个部分加以讨论：一部分是由焊缝及其附近塑性变形区的纵向收缩引起的横向残余应力，用 σ_y' 表示；另一部分是由焊缝及其塑性变形区的横向收缩的不均匀和不同时性所引起的横向残余应力，用 σ_y'' 表示。

（1）焊缝及其附近塑性变形区的纵向收缩引起的横向残余应力 σ_y' 图 7-15（a）是由两块板条对接而成的构件，如果假想沿焊缝中心将构件一分为二，即两块板条都相当于板边堆焊，将出现如图 7-15（b）所示的弯曲变形，要使两板条恢复到原来位置，必须在焊缝中部加上横向拉应力，在焊缝两端加上横向压应力。由此可以推断，焊缝及其附近塑性变形区的纵向收缩引起的横向残余应力如图 7-15（c）所示，其两端为压应力，中间为拉应力。各种长度的平板条对接焊，其 σ_y' 的分布规律基本相同，但焊缝越长，中间部分的拉应力越低，如图 7-16 所示。

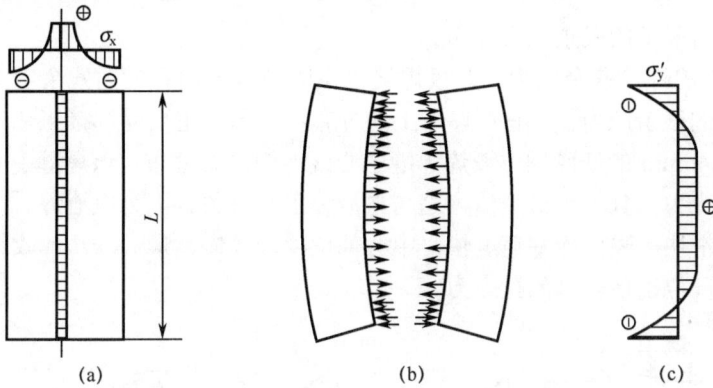

图 7-15　纵向收缩引起的横向残余应力 σ_y' 的分布

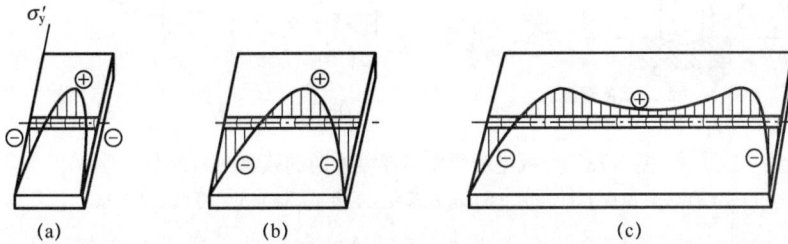

图 7-16　不同长度平板对接焊时 σ_y' 的分布

（a）短焊缝；（b）中长焊缝；（c）长焊缝。

（2）横向收缩所引起的横向残余应力 σ_y'' 在焊接结构上的一条焊缝不可能同时完成，总有先焊和后焊之分，先焊的部分先冷却，后焊的部分后冷却。先冷却的部分又限制后冷却部分的横向收缩，这就引起了 σ_y'、σ_y'' 的分布与焊接方向、分段方法及焊接顺序等有关。图 7-17 为不同焊接方向时 σ_y'' 的分布。如果将一条焊缝分两段焊接，当从中间向两端焊时，中间部分先焊先收缩，两端部分后焊后收缩，则两端部分的横向收缩受到中间部分的限制，因此 σ_y'' 的分布是中间部分为压应力，两端部分为拉应力，如图 7-17（a）所示；相反，如果从两端向中间部分焊接时，中间部分为拉应力，两端部分为压应力，

189

如图 7-17（b）所示。

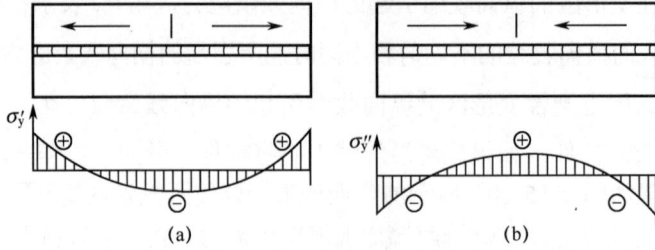

图 7-17　不同方向焊接时 σ_y'' 的分布

总之，横向残余应力的两个组成部分 σ_y'、σ_y'' 同时存在，焊件中的横向残余应力 σ_y 是由 σ_y'、σ_y'' 合成的，但它的大小要受 σ_s 的限制。

（3）特殊情况下的残余应力分布。

① 厚板中的焊接残余应力。厚板焊接接头中除有纵向和横向残余应力外，在厚度方向还有较大的残余应力 σ_z。它在厚度上的分布不均匀，主要受焊接工艺方法的影响。图 7-18 为厚 240mm 的低碳钢电渣焊焊缝中心线上的应力分布。该焊缝中心存在三向均为拉伸的残余应力，且均为最大值，这与电渣焊工艺有关。因为电渣焊时，焊缝正、背面装有水冷铜滑块，表面冷却速度快，中心部位冷却较慢，最后冷却的收缩受周围金属制约，故中心部位出现较高的拉应力。

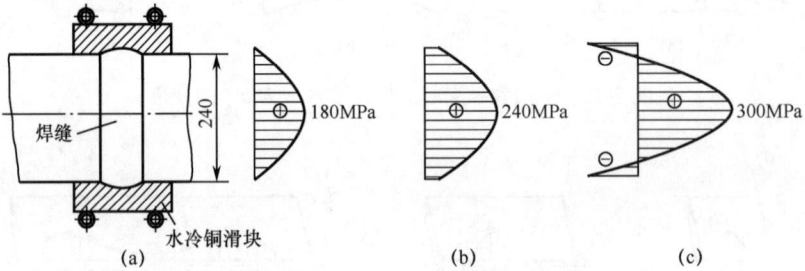

图 7-18　厚板电渣焊中沿厚度方向的残余应力分布
（a）σ_z 在厚度上的分布；（b）σ_x 在厚度上的分布；（c）σ_y 在厚度上的分布。

② 在拘束状态下的焊接残余应力。前面讨论的焊接残余应力分布都是指焊件在自由状态下焊接时的分布情况，而生产中焊接结构往往是在受拘束的情况下进行焊接的，如图 7-19（a）所示，该焊件焊后的横向收缩受到限制，因而产生了拘束横向应力，其分布如图 7-19（b）所示。拘束横向应力与无拘束横向应力（图 7-19（c））叠加，结果在焊件中产生了如图 7-19（d）的合成横向残余应力。

③ 封闭焊缝中的残余应力。在板壳结构中经常遇到接管、镶块和人孔等构造。这些构造上都有封闭焊缝，它们是在较大拘束条件下焊接的，内应力都较大。其大小与焊件和镶入体本身的刚度有关，刚度越大，内应力也越大。图 7-20 为圆盘中焊入镶块后的残余应力，σ_θ 为切向应力，σ_r 为径向应力。从图 7-20 中曲线可以看出，径向应力均为拉应力，切向应力在焊缝附近最大，为拉应力，由焊缝向外侧逐渐下降为压应力，由焊缝向中心达到一均匀值，在镶块中部有一个均匀的双轴应力场，镶块直径越小，外板对它的约

190

束越大，这个均匀双轴应力值就越高。

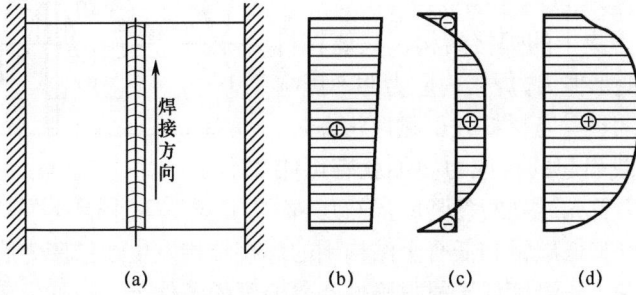

图 7-19　拘束状态下对接接头的横向残余应力分布
（a）拘束状态下的焊件；（b）拘束横向残余应力；（c）焊接横向残余应力；（d）合成横向残余应力。

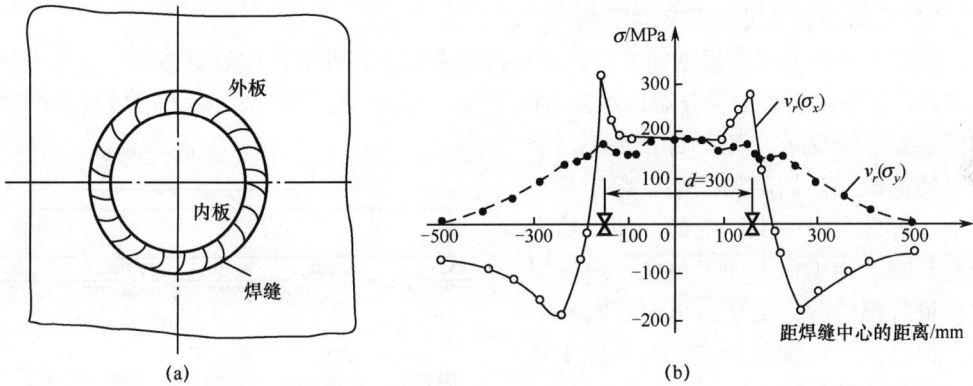

图 7-20　圆形镶块封闭焊缝的残余应力
（a）封闭焊缝；（b）σ_θ 和 σ_r 的分布。

④ 焊接梁柱中的残余应力。图 7-21 所示是 T 形梁、工字梁和箱形梁纵向残余应力的分布情况。对于此类结构可以将其腹板和翼板分别看作是板边堆焊或板中心堆焊加以分析，一般情况下焊缝及其附近区域中总是存在有较高的纵向拉应力，而在腹板的中部则会产生纵向压应力。

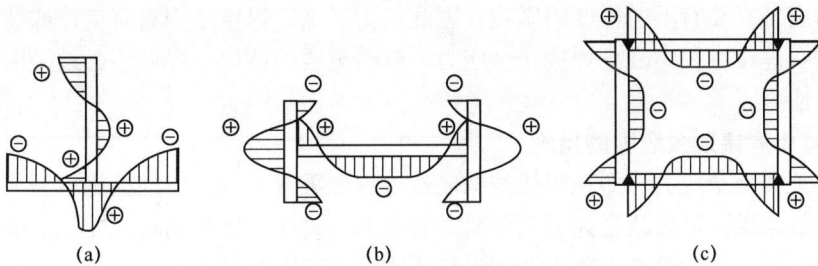

图 7-21　焊接梁柱的纵向残余应力分布
（a）焊接 T 形梁的残余应力；（b）焊接工字梁的残余应力；（c）焊接箱形梁的残余应力。

⑤ 环形焊缝中的残余应力。管道对接时，焊接残余应力的分布比较复杂，当管径和壁厚之比较大时，环形焊缝中的应力分布与平板对接相类似，如图 7-22 所示，但焊接残余应力的峰值比平板对接焊要小。

191

3. 焊接残余应力对焊接结构的影响

1）对焊接结构强度的影响

没有严重应力集中的焊接结构，只要材料具有一定的塑性变形能力，焊接内应力并不影响结构的静载强度。但是，当材料处于脆性状态时，拉伸内应力和外载引起的拉应力叠加就有可能使局部区域的应力首先达到断裂强度，导致结构

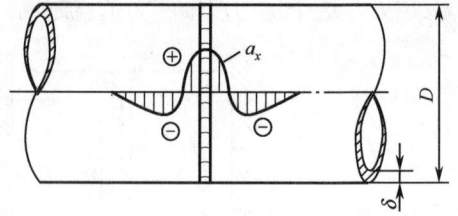

图 7-22　圆筒环缝纵向残余应力分布

早期破坏。曾有许多低碳钢和低合金结构钢的焊接结构发生过低应力脆断事故，经大量试验研究表明：在工作温度低于材料脆性临界温度的条件下，拉伸内应力和严重应力集中的共同作用，将降低结构的静载强度，使之在远低于屈服点的外应力作用下就发生脆性断裂。因此，焊接残余应力的存在将明显降低脆性材料结构的静载强度。

2）对构件加工尺寸精度的影响

焊件上的内应力在机械加工时，因一部分金属从焊件上被切除而破坏了它原来的平衡状态，于是内应力重新分布以达到新的平衡，同时产生了变形，使加工精度受到影响，如图 7-23 所示为在 T 形焊件上加工一平面时的情况，当切削加工结束后松开加压板，焊件会产生上挠变形，加工精度受到影响。为了保证加工精度，应对焊件先进行消除应力处理，再进行机械加工；也可采用多次分步加工的办法来释放焊件中的残余应力和变形。

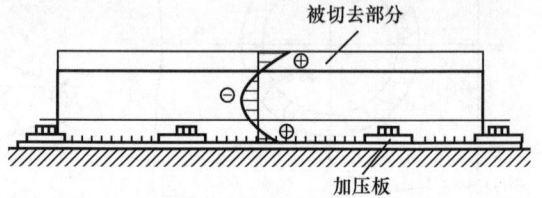

图 7-23　机械加工引起的内应力释放和变形

3）对受压杆件稳定性的影响

当外载引起的压应力与内应力中的压应力叠加后达到 σ_s 时，则这部分截面就丧失了进一步承受外载的能力，于是削弱了杆件的有效截面，使压杆的失稳临界应力 σ_{cr} 下降，对压杆稳定性有不利的影响。压杆内应力对稳定性的影响与压杆的截面形状和内应力分布有关，若能使有效截面远离压杆的中性轴，可以改善其稳定性。焊接残余应力除了对上述的结构强度、加工尺寸精度以及对结构稳定性的影响外，还对结构的刚度、疲劳强度及应力腐蚀开裂有不同程度的影响。因此，为了保证焊接结构具有良好的使用性能，必须设法在焊接过程中减小焊接残余应力，有些重要的结构，焊后还必须采取措施消除焊接残余应力。

4. 减小焊接残余应力的措施

减小焊接残余应力，即在焊接结构制造过程中采取一些适当的措施以减小焊接残余应力。一般来说，可以从设计和工艺两方面着手，设计焊接结构时，在不影响结构使用性能的前提下，应尽量考虑采用能减小和改善焊接应力的设计方案；另外，在制造过程中还要采取一些必要的工艺措施，以使焊接应力减小到最低程度。

1）设计措施

（1）尽量减少结构上焊缝的数量和焊缝尺寸。多一条焊缝就多一处内应力源；过大的焊缝尺寸意味着焊接时受热区加大，使引起残余应力与变形的压缩塑性变形区或变形量增大。

（2）避免焊缝过分集中。焊缝间应保持足够的距离，焊缝过分集中不仅使应力分布更不均匀，而且还能出现双向或三向复杂的应力状态。压力容器设计规范在这方面要求严格，图7-24为其中一例。

（3）采用刚度较小的接头形式。例如图7-25所示的容器与接管之间连接接头的两种形式，插入式连接的拘束度比翻边式的大，前者的焊缝上可能产生如图7-20所示的双向拉应力，且达到较高数值；而后者的焊缝上主要是纵向残余应力（图7-22）。

图7-26所示的两个例子，左边的接头刚度大，焊接时引起很大拘束应力而极易产生裂纹；右边的接头已削弱了局部刚度，焊接时不会开裂。

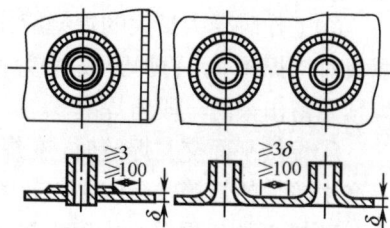

图7-24　容器接管焊缝图

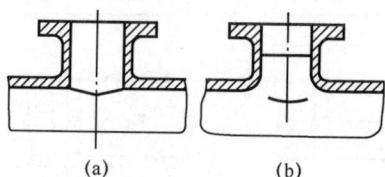

图7-25　焊接管的连接

（a）插入式；（b）翻边式。

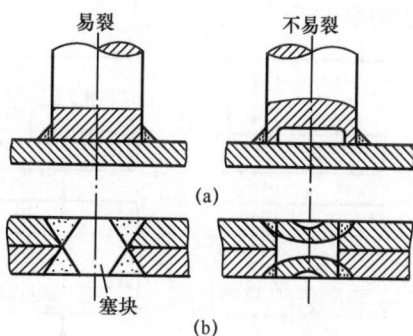

图7-26　减小接头刚度的措施

（a）圆棒T形焊；（b）铆焊。

2）工艺措施

（1）采用合理的装配焊接顺序和方向。所谓合理的装配焊接顺序就是能使每条焊缝尽可能自由收缩的焊接顺序。具体应注意以下几点。

①在一个平面上的焊缝，焊接时应保证焊缝的纵向和横向收缩均能比较自由，如图7-27所示的拼板焊接，合理的焊接顺序应是图7-27中的1～10，即先焊相互错开的短焊缝，后焊直通长焊缝。

②收缩量最大的焊缝应先焊。因为先焊的焊缝收缩时受阻较小，因而残余应力就比较小。如图7-28所示的带盖板的双工字梁结构，应先焊盖板上的对接焊缝1，后焊盖板与工字梁之间的角焊缝2，原因是对接焊缝的收缩量比角焊缝的收缩量大。

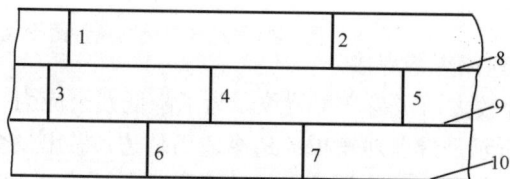

图7-27　拼接焊缝合理的装配焊接顺序

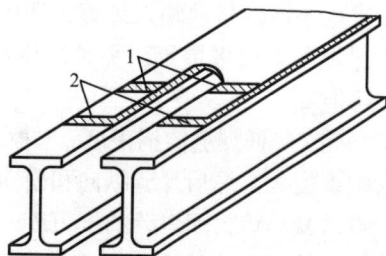

图7-28　带盖板的双工字梁结构焊接顺序

③工作时受力最大的焊缝应先焊。如图 7-29 所示的大型工字梁，应先焊受力最大的翼板对接焊缝 1，再焊腹板对接焊缝 2，最后焊预先留出来的一段角焊缝 3。

④焊接平面交叉焊缝时，在焊缝的交叉点易产生较大的焊接残余应力。如图 7-30 所示为几种 T 形接头焊缝和十字形接头焊缝，应采用图 7-30（a）、（b）、（c）的焊接顺序，才能避免在焊缝的相交点产生裂纹及夹渣等缺陷。图 7-30（d）为不合理的焊接顺序。图 7-31 为对接焊缝与角焊缝交叉的结构。对接焊缝 1 的横向收缩量大，必须先焊对接焊缝 1，后焊角焊缝 2。反之，如果先焊角焊缝 2，则焊接对接焊缝 1 时，其横向收缩不自由，极易产生裂纹。

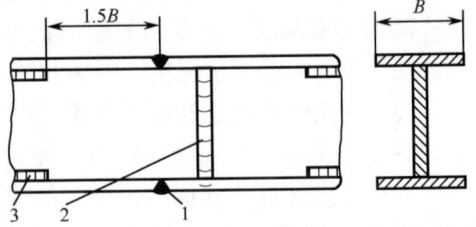

图 7-29　对接工字梁的焊接顺序

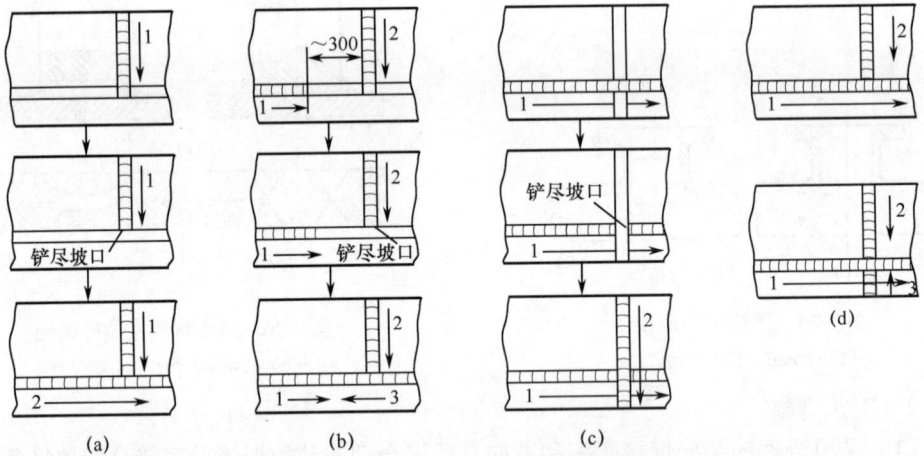

图 7-30　平面交叉焊缝的焊接顺序

（2）预热法。预热法是在施焊前，预先将焊件局部或整体加热到 150℃～650℃。对于焊接或补焊那些淬硬倾向较大的材料的焊件，以及刚度较大或脆性材料焊件时，常采用预热法。

（3）冷焊法。冷焊法是通过减少焊件受热来减小焊接部位与结构上其他部位间的温度差。具体做法有：尽量采用小的焊接热输入施焊，选用小直径焊条，小电流、快速焊及多层多道焊。另外应用冷焊法时，环境温度应尽可能高。

（4）降低焊缝的拘束度。平板上镶板的封闭焊缝焊接时拘束度大，焊后焊缝纵向和横向拉应力都较大，极易产生裂纹。为了降低残余应力，应设法减小该封闭焊缝的拘束度。图 7-32 所示是焊前对镶板的边缘适当翻边，做出反变形，焊接时翻边处拘束度减小。若镶板收缩余量预留得合适，焊后残余应力可减小，并能使镶板与平板平齐。

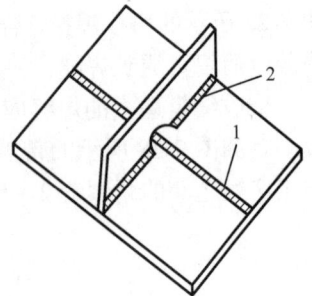

图 7-31　对接焊缝与角焊缝交叉

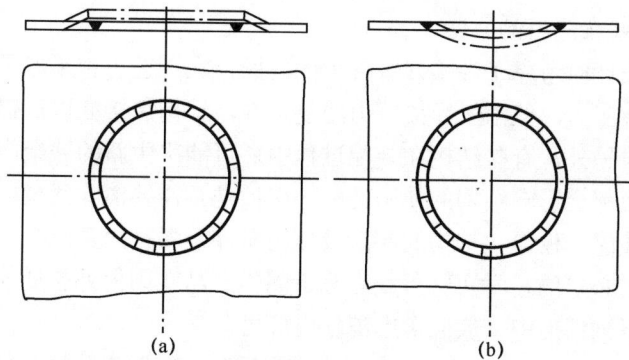

图 7-32　降低局部刚度减少内应力
（a）平板少量翻边；（b）镶板压凹。

（5）加热"减应区"法。焊接时加热那些阻碍焊接区自由伸缩的部位（称"减应区"）使之与焊接区同时膨胀和同时收缩，起到减小焊接残余应力的作用。此法称为加热"减应区"法。图 7-33 示出了此方法的减应原理。图中框架中心已断裂，需修复。若直接焊接断口处，焊缝横向收缩受阻，在焊缝中受到相当大的横向应力。若焊前在构件两侧的"减应区"处同时加热，两侧受热膨胀，使中心构件断口间隙增大。此时对断口处进行焊接，焊后两侧也停止加热。于是焊缝和两侧加热区同时冷却收缩，互不阻碍。结果减小了焊接应力。

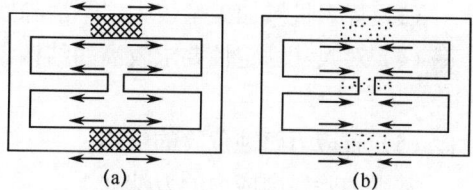

图 7-33　加热"减应区"法示意图
（a）加热过程；（b）冷却过程。
▨▨▨ 被加热的减应区；⋯⋯ 受热后冷却收缩区；
←── 热膨胀或冷却收缩方向。

此方法在铸铁补焊中应用最多，也最有效。此方法成败的关键在于正确选择加热部位，选择的原则是只加热阻碍焊接区膨胀或收缩的部位。检验加热部位是否正确的方法是用气焊焊炬在所选处试加热一下，若待焊处的缝隙是张开的，则表示选择正确，否则不正确。图 7-34 为典型焊件减应区选择的例子。

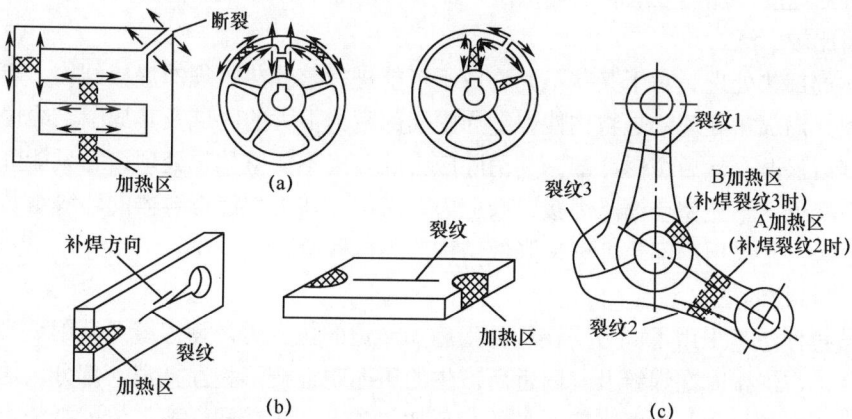

图 7-34　几种典型焊件选择"减应区"的例子
（a）框架与杆系类构件加热区；（b）以边、角、棱等处作加热区；（c）机车摇臂断裂补焊加热区。

5．消除焊接残余应力的方法

虽然在结构设计时考虑了焊接残余应力的问题，在工艺上也采取了一定的措施来防止或减小焊接残余应力，但由于焊接应力的复杂性，结构焊接完以后仍然可能存在较大的焊接残余应力。另外，有些结构在装配过程中还可能产生新的残余应力，这些焊接残余应力及装配应力都会影响结构的使用性能。焊后是否需要消除残余应力，通常由设计部门根据钢材的性能、板厚、结构的制造及使用条件等多种因素综合考虑后决定。任何产品，最好是通过必要的科学实验，或者分析同类产品在国内外长期使用中所出现过的问题来确定。在下列情况中一般应考虑消除内应力：

（1）在运输、安装、起动和运行中可能遇到低温，有发生脆性断裂危险的厚截面焊接结构。

（2）厚度超过一定限度的焊接压力容器。例如：《钢制压力容器》（GB150—1998）规定，碳素钢厚度大于 32mm，16MnR 钢厚度大于 30mm，16MnVR 钢厚度大于 28mm 的焊接容器，焊后应进行热处理。

（3）焊后机械加工量较大，不消除残余应力难以保证加工精度的结构。

（4）对尺寸稳定性要求较高的结构。如精密仪器和量具座架、机床床身、减速箱箱体等。

（5）有应力腐蚀危险的结构。

常用消除残余应力的方法如下：

1）热处理法

热处理法是利用材料在高温下屈服点下降和蠕变现象来达到松弛焊接残余应力的目的，同时热处理还可改善焊接接头的性能。生产中常用的热处理法有整体热处理和局部热处理两种。

（1）整体热处理。将整个构件缓慢加热到一定的温度（低碳钢为650℃），并在该温度下保温一定的时间（一般按每毫米板厚保温 2min～4min，但总时间不少于 30min），然后空冷或随炉冷却。整体热处理消除焊接残余应力的效果取决于加热温度、保温时间、加热和冷却速度、加热方法和加热范围。一般可消除 60%～90%的焊接残余应力，在生产中应用比较广泛。

（2）局部热处理。对于某些不允许或不可能进行整体热处理的焊接结构，可采用局部热处理。局部热处理就是将构件焊缝周围局部应力很大的区域及其周围，缓慢加热到一定温度后保温，然后缓慢冷却。其消除应力的效果不如整体热处理，它只能降低焊接残余应力峰值，不能完全消除焊接残余应力。对于一些大型筒形容器的环缝组装和一些重要管道等，常采用局部热处理来降低结构的焊接残余应力。

2）机械拉伸法

机械拉伸法是采用不同方式在构件上施加一定的拉应力，使焊缝及其附近产生拉伸塑性变形，与焊接时在焊缝及其附近所产生的压缩塑性变形相互抵消一部分，达到松弛焊接残余应力的目的。实践证明，拉伸载荷加得越高，压缩塑性变形量就抵消得越多，残余应力消除得越彻底。在压力容器制造的最后阶段，通常要进行水压试验，其目的之一也是利用加载来消除部分残余应力。

3）温差拉伸法

温差拉伸法的基本原理与机械拉伸法相同，其不同点是机械拉伸法采用外力进行拉伸，而温差拉伸法是采用局部加热形成的温差来拉伸压缩塑性变形区。如图 7-35 为温差拉伸法示意图，在焊缝两侧各用一适当宽度（一般为 100mm～150mm）的氧乙炔焰喷嘴加热焊件，使焊件表面加热到 200℃左右，在喷嘴后面一定距离用水管喷头冷却，以造成两侧温度高、焊缝区温度低的温度场，两侧金属的热膨胀对中间温度较低的焊缝区进行拉伸，产生拉伸塑性变形抵消焊接时所产生的压缩塑性变形，从而达到消除焊接残余应力的目的。如果加热温度和加热范围选择适当，消除焊接残余应力的效果可达 50%～70%。

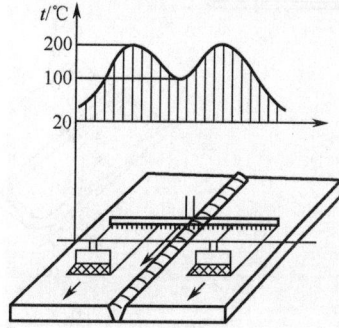

图 7-35　用温差拉伸法消除焊接残余应力示意图

4）锤击焊缝

在焊后用锤子或一定直径的半球形风镐锤击焊缝，可使焊缝金属产生延伸变形，能抵消一部分压缩塑性变形，起到减小焊接残余应力的作用。锤击时应注意施力适度，以免施力过大而产生裂纹。

5）振动法

振动法又称振动时效或振动消除应力法（VSR）。该法利用由偏心轮和变速电动机组成的激振器，使结构发生共振产生的循环应力，用此来降低内应力。其效果取决于激振器、焊件支点位置、激振频率和时间。振动法所用设备简单、价廉，节省能源，处理费用低，时间短（从数分钟到几十分钟），也没有高温回火时的金属表面氧化等问题。故目前在焊件、铸件、锻件中，为了提高尺寸稳定性多采用此方法。

三、焊接变形

1. 焊接变形的种类及其影响因素

焊接变形在焊接结构中的分布是很复杂的。按变形对整个焊接结构的影响程度可将焊接变形分为局部变形和整体变形；按照变形的外观形态来分，可将焊接变形分为图 7-36 所示的 5 种基本变形形式：收缩变形、角变形、弯曲变形、波浪变形和扭曲变形。这些基本变形形式的不同组合，形成了实际生产中焊件的变形。下面将分别讨论各种变形的形成规律和影响因素。

1）收缩变形

焊件尺寸比焊前缩短的现象称为收缩变形。它分为纵向收缩变形和横向收缩变形，如图 7-37 所示。

（1）纵向收缩变形。纵向收缩变形即沿焊缝轴线方向尺寸的缩短。这是由于焊缝及其附近区域在焊接高温的作用下产生纵向的压缩塑性变形，焊后这个区域要收缩，便引起了焊件的纵向收缩变形。

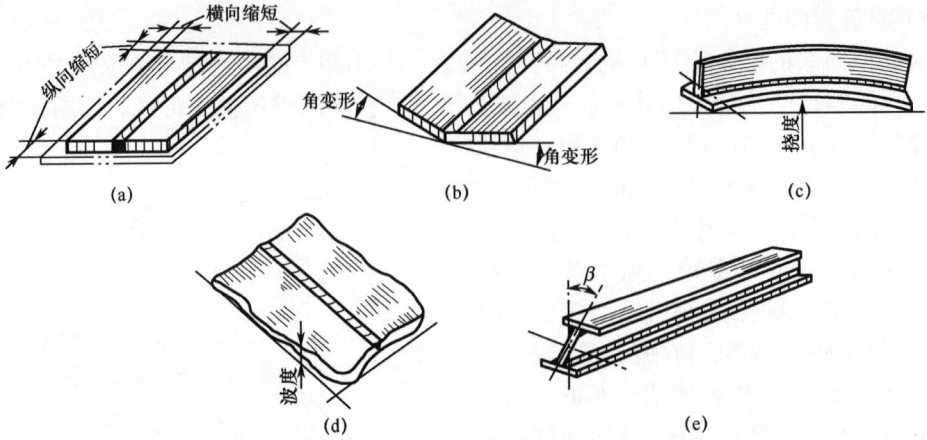

图 7-36　焊接变形的基本变形形式

（a）收缩变形；（b）角变形；（c）弯曲变形；（d）波浪变形；（e）扭曲变形。

　　纵向收缩变形量取决于焊缝长度、焊件的截面积、材料的弹性模量、压缩塑性变形区的面积以及压缩塑性变形率等。焊件的截面积越大，焊件的纵向收缩量越小。焊缝的长度越长，焊件的纵向收缩量越大。从这个角度考虑，在受力不大的焊接结构内，采用间断焊缝代替连续焊缝，是减小焊件纵向收缩变形的有效措施。

　　压缩塑性变形量与焊接方法、焊接参数、焊接顺序以及母材的热物理性质有关，其中以热输入影响最大。在一般情况下，压缩塑性变形量与热输入成正比。同样截面形状和大小的焊缝，可以一次焊成，也可以采用多层焊。多层焊每次所用的热输入比单层焊时要小得多，因此，多层焊时每层焊缝所产生的 A_p（压缩塑性变形区面积）比单层焊时小。但多层焊所引起的总变形量并不等于各层焊缝的 A_p 之和，因为各层所产生的塑性变形区面积是相互重叠的。图 7-38 为单层焊和双层焊对接接头塑性变形区示意图。单层焊的塑性变形区面积为 $ABCD$；双层焊第一层焊道产生的塑性变形区为 $A_1B_1C_1D_1$，第二层的塑性变形区为 $A_2B_2C_2D_2$。由此可以得出结论，对截面相同的焊缝，采用多层焊引起的纵向收缩量比单层焊小，分的层数越多，每层的热输入越小，纵向收缩量就越小。

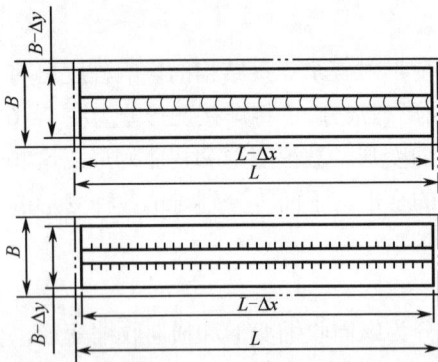

图 7-37　纵向和横向收缩变形

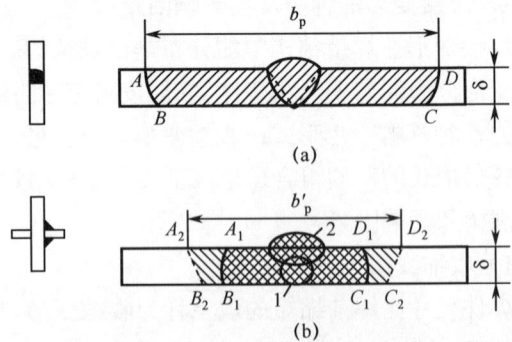

图 7-38　单层焊和双层焊的塑性变形区对比

（a）单层焊；

（b）双层焊；——为第一层焊缝产生的塑性变形区；

---- 为第二层焊缝产生的塑性变形区。

焊件的原始温度对焊件的纵向收缩也有影响。一般来说，焊件的原始温度提高，相当于热输入增大，焊后纵向收缩量增大。但是，当焊件原始温度高到某一程度，可能会出现相反的情况，因为随着原始温度的提高，焊件上的温度差减小，温度趋于均匀化，压缩塑性变形率下降，可使压缩塑性变形量减小，从而使纵向收缩量减小。

焊件材料的线膨胀系数对纵向收缩量也有一定的影响，线膨胀系数大的材料，焊后纵向收缩量大，如不锈钢和铝比碳素钢焊件的收缩量大。

（2）横向收缩变形。横向收缩变形系指沿垂直于焊缝轴线方向尺寸的缩短。构件焊接时，不仅产生纵向收缩变形，同时也产生横向收缩变形，如图 7-37 中的 Δy。产生横向收缩变形的过程比较复杂，影响因素很多，如热输入、接头形式、装配间隙、板厚、焊接方法以及焊件的刚性等，其中以热输入、装配间隙、接头形式等的影响最为明显。

不管何种接头形式，其横向收缩变形量总是随焊接热输入增大而增加。装配间隙对横向收缩变形量的影响也较大，且情况复杂。一般来说，随着装配间隙的增大，横向收缩也增加。

中间留有一定间隙的两块平板对接焊，如图 7-39 所示。焊接时，随着热源对金属的加热，对接边产生膨胀，焊接间隙减小。焊后冷却时，由于焊缝金属很快凝固，阻碍平板两对接边的恢复，则产生横向收缩变形。

如果两板对接焊时不留间隙，如图 7-40 所示。加热时板的膨胀引起板边挤压，使之在厚度方向上增厚，冷却时也会产生横向收缩变形，但其横向收缩变形量小于有间隙的情况。

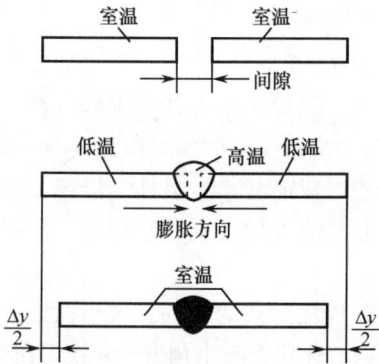

图 7-39 带间隙平板对接焊的横向收缩变形过程

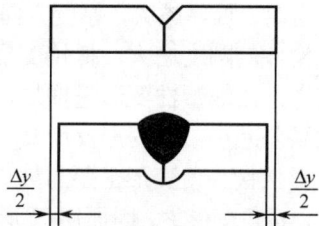

图 7-40 无间隙平板对接焊的横向收缩变形过程

另外，横向收缩量沿焊缝长度方向分布不均匀，因为一条焊缝是逐步形成的，先焊的焊缝冷却收缩对后焊的焊缝有一定挤压作用，使后焊的焊缝横向收缩量更大。一般地，焊缝的横向收缩沿焊接方向是由小到大，逐渐增大到一定程度后便趋于稳定。由于这个原因，生产中常将一条焊缝的两端头间隙取不同值，后半部分比前半部分要大 1mm～3mm。

横向收缩的大小还与装配后定位焊和装夹情况有关，定位焊缝越长，装夹的拘束程度越大，横向收缩变形量就越小。

对接接头的横向收缩量是随焊缝金属量的增加而增大的；热输入、板厚和坡口角度增大，横向收缩量也增加，而板厚的增大使接头的刚度增大，又限制焊缝的横向收缩。

另外，多层焊时，先焊的焊道引起的横向收缩较明显，后焊焊道引起的横向收缩逐层减小。焊接方法对横向收缩量也有影响，如相同尺寸的构件，采用埋弧焊比采用焊条电弧焊其横向收缩量小；气焊的收缩量比电弧焊的大。

角焊缝的横向收缩要比对接焊缝的横向收缩小得多。同样的焊缝尺寸，板越厚，横向收缩变形越小。

2）角变形

中厚板对接焊、堆焊、搭接焊及 T 形接头焊接时，都可能产生角变形，角变形产生的根本原因是由于焊缝的横向收缩沿板厚分布不均匀所致。焊缝接头形式不同，其角变形的特点也不同，如图 7-41 所示，是几种焊接接头的角变形。就堆焊或对接而言，如果钢板很薄，可以认为在钢板厚度方向上的温度分布是均匀的，此时不会产生角变形。但在焊接（单面）较厚钢板时，在钢板厚度方向上的温度分布是不均匀的。温度高的一面受热膨胀较大，另一面膨胀小甚至不膨胀。由于焊接面膨胀受阻，出现较大的压缩塑性变形，这样，冷却时在钢板厚度方向上产生收缩不均匀的现象，焊接钢板一面收缩大，另一面收缩小，故冷却后平板产生角变形。

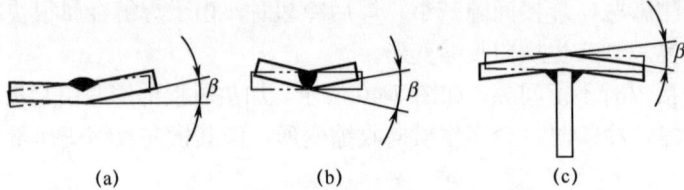

图 7-41 几种接头的角变形

(a) 堆焊；(b) 对接接头；(c) T 形接头。

角变形的大小与焊接热输入、板厚等因素有关，当然也与焊件的刚性有关。当热输入一定时，板厚越大，厚度方向上的温差越大，角变形越大。但当板厚增大到一定程度，此时构件的刚度增大，抵抗变形的能力增强，角变形反而减小。另外，板厚一定，热输入增大，压缩塑性变形量增加，角变形也增加。但热输入增大到一定程度，堆焊面与背面的温差减小，角变形反而减小。

对接接头角变形主要与坡口形式、坡口角度、焊接方式等有关。坡口截面不对称的焊缝，其角变形大，因而用 X 形坡口代替 V 形坡口，有利于减小角变形；坡口角度越大，焊缝横向收缩沿板厚分布越不均匀，角变形越大。同样板厚和坡口形式下，多层焊比单层焊角变形大，焊接层数越多，角变形越大。多层多道焊比多层焊角变形大。

另外，坡口截面对称，采用不同的焊接顺序，产生的角变形大小也不相同，图 7-42（a）所示为 X 形坡口对接接头，先焊完一面后翻转再焊另一面，焊第二面时所产生的角变形不能完全抵消第一面产生的角变形，这是因为焊第二面时第一面已经冷却，增加了接头的刚度，使第二面的角变形小于第一面，最终产生一定的残余角变形。如果采用正反面各层对称交替焊，如图 7-42（b）所示，这样正反面的角变形可相互抵消。但这种方法其焊件翻转次数比较多，不利于提高生产率。比较好的办法是，先在一面少焊几层，然后翻转过来焊满另一面，使其产生的角变形稍大于先焊的一面，最后再翻转过来焊满第一面，如图 7-42（c）所示，这样就能以最少的翻转次数来获得最小的角变形。非对称坡口的焊接如图 7-42（d）所示，应先焊焊接量少的一面，后焊焊接量多的一面，并且注意每

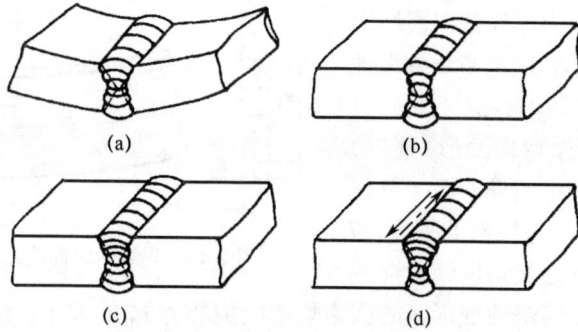

图 7-42　角变形与焊接顺序的关系

（a）对称坡口非对称焊；（b）对称坡口对称交替焊；
（c）对称坡口非对称焊；（d）非对称坡口非对称焊。

一层的焊接方向应相反。

薄板焊接时，正面与背面的温差小，同时薄板的刚度小，焊接过程中，在压应力作用下易产生失稳，使角变形方向不定，没有明显规律性。

T 形接头（见图 7-43（a））角变形可以看成是由立板相对于水平板的回转与水平板本身的角变形两部分组成。T 形接头不开坡口焊接时，其立板相对于水平板的回转相当于坡口角度为 90° 的对接接头，产生的角变形为 β'，如图 7-43（b）所示；水平板本身的角变形相当于水平板上堆焊引起的角变形 β''，如图 7-43（c）所示。这两种角变形综合的结果使 T 形接头两板间的角度发生如图 7-43（d）所示的变化。

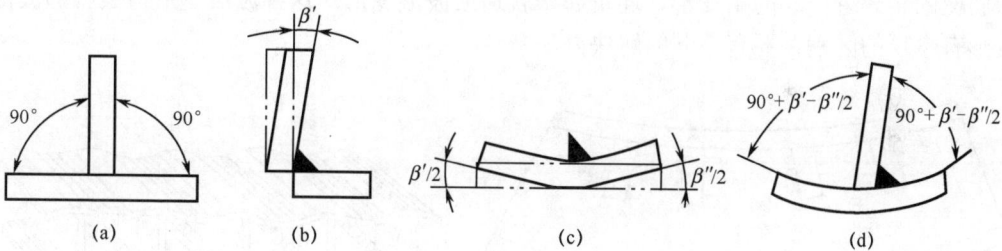

图 7-43　T 形接头的角变形

为了减小 T 形接头的角变形，可通过开坡口来减小立板与水平板间的焊缝夹角，降低 β' 值；还可通过减小焊脚尺寸来减少焊缝金属量，降低 β'' 值。

3）弯曲变形

弯曲变形是由于焊缝的中心线与结构截面的中性轴不重合或不对称，焊缝的收缩沿构件宽度方向分布不均匀而引起的。弯曲变形分两种：焊缝纵向收缩引起的弯曲变形和焊缝横向收缩引起的弯曲变形。

（1）纵向收缩引起的弯曲变形。图 7-44 所示为不对称布置焊缝的纵向收缩所引起的弯曲变形。对于纵向收缩引起的弯曲变形类似于在构件上作用一假想的偏心力 F_p，在 F_p 的作用下构件缩短并产生弯曲变形，其弯矩 $M = F_p s$，由此引起的挠度 f 可用下式求得：

$$f = ML^2/8EI = F_p sL^2/8EI$$

式中：f 为弯曲变形挠度（cm）；E 为弹性模量（MPa）；L 为焊件长度（cm）；F_p 为假想的

201

纵向收缩力（N）；I 为焊件截面惯性矩
（cm^4）；s 为塑性变形区的中心线到焊件
截面中性轴的距离，即偏心距（cm）。

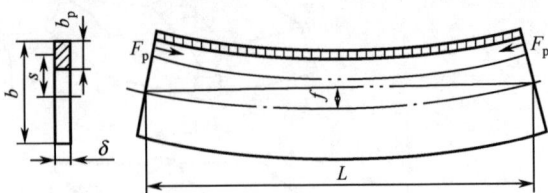

图 7-44　焊缝的纵向收缩引起的弯曲变形

从式中可以看出，弯曲变形（挠度）
的大小与焊缝在结构中的偏心距 s 及假
想偏心力 F_p 成正比，与焊件的刚度 EI
成反比。而假想偏心力又与压缩塑性变
形区有关，凡影响压缩塑性变形区的因素均影响偏心力 F_p 的大小。偏心距 s 越大，弯曲
变形越严重。焊缝位置对称或接近于截面中性轴，则弯曲变形就比较小。

（2）横向收缩引起的弯曲变形。焊缝的横向收缩在结构上分布不对称时，也会引起
构件的弯曲变形。如工字梁上布置若干短肋板（见图 7-45），由于肋板与腹板及肋板与上
翼板的角焊缝均分布于结构中性轴的上部，它们的横向收缩将引起工字梁的下挠变形。

4）波浪变形

波浪变形常发生于板厚小于 6mm 的薄板焊接结构中，又称为失稳变形。大面积平
板拼接，如船体甲板、大型油罐罐底板等，极易产生波浪变形。

防止波浪变形可从两方面着手：①降低焊接残余压应力。如采用能使塑性变形区小
的焊接方法，选用较小的焊接热输入等；②提高焊件失稳临界应力。如给焊件增加肋板，
适当增加焊件的厚度等。

焊接角变形也可能产生类似的波浪变形。如图 7-46 所示，采用大量肋板的结构，每
块肋板的角焊缝引起的角变形，连贯起来就造成波浪变形。这种波浪变形与失稳的波浪
变形有本质的区别，要有不同的解决办法。

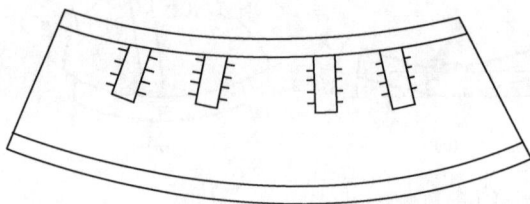

图 7-45　焊缝横向收缩引起的弯曲变形

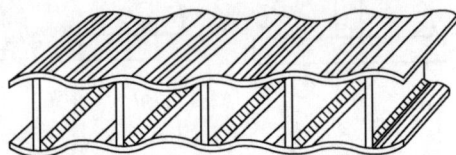

图 7-46　焊接角变形引起的波浪变形

5）扭曲变形

产生扭曲变形的原因主要是焊缝的角变形沿焊
缝长度方向分布不均匀。如图 7-47 中的工字梁，若按
图示 1～4 的顺序和方向焊接，则会产生图示的扭曲
变形，这主要是角变形沿焊缝长度逐渐增大的结果。
如果改变焊接顺序和方向，使两条相邻的焊缝同时向
同一方向焊接，就会克服这种扭曲变形。

以上 5 种变形是焊接变形的基本形式，在这 5
种基本变形中，最基本的是收缩变形，收缩变形再加
上不同的影响因素，就构成了其他 4 种基本变形形

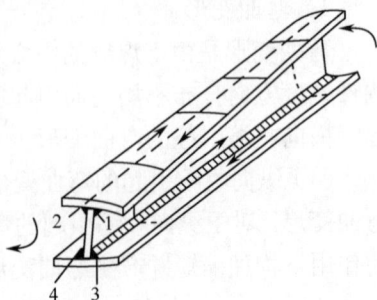

图 7-47　工字梁的扭曲变形

式。焊接结构的变形对焊接结构生产有极大的影响。首先，零件或部件的焊接残余变形，给装配带来困难，进而影响后续焊接的质量；其次，过大的焊接残余变形还要进行矫正，增加了结构的制造成本；另外，焊接变形也会降低焊接接头的性能和承载能力。因此，在实际生产中，必须设法控制焊接变形，使焊接变形控制在技术要求所允许的范围之内。

2．控制焊接变形的措施

从焊接结构的设计开始，就应考虑控制焊接变形可能采取的措施。进入生产阶段，可采用预防焊接变形的措施，以及在焊接过程中适当的工艺措施。

1）设计措施

主要做到以下 3 点。

（1）选择合理的焊缝形状和尺寸。

①选择最小的焊缝尺寸。在保证结构有足够承载能力的前提下，应采用尽量小的焊缝尺寸。尤其是角焊缝尺寸，最容易盲目加大。焊接结构中有些仅起联系作用或受力不大，并经强度计算尺寸甚小的角焊缝，应按板厚选取工艺上可能的最小尺寸。

对受力较大的 T 形或十字形接头，在保证强度相同的条件下，采用开坡口的焊缝比不开坡口的一般角焊缝可减少焊缝金属，对减小角变形有利（见图 7-48）。

②选择合理的坡口形式。相同厚度的平板对接，开 V 形坡口焊缝的角变形大于双 V 形坡口焊缝。因此，具有翻转条件的结构，宜选用两面对称的坡口形式。T 形接头立板端开 J 形坡口比开单边 V 形坡口角变形小（见图 7-49）。

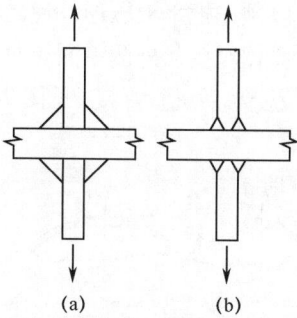

（a）　　　　　　　（b）

图 7-48　相同承载能力的十字接头

（a）不开坡口；（b）开坡口。

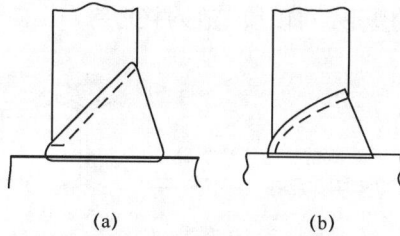

（a）　　　　　　　（b）

图 7-49　T 形接头的坡口

（a）角变形大；（b）角变形小。

（2）减少焊缝的数量。只要条件允许，多采用型材、冲压件。在焊缝多且密集处，采用铸—焊联合结构，就可以减少焊缝数量。此外，适当增加壁板厚度以减少肋板数量，或者采用压形结构代替肋板结构，都对防止薄板结构的变形有利。

（3）合理安排焊缝位置。梁、柱等焊接构件常因焊缝偏心布置而产生弯曲变形。合理的设计应尽量把焊缝安排在结构截面的中性轴上或靠近中性轴，力求在中性轴两侧的变形大小相等方向相反，起到相互抵消作用。图 7-50 是一箱形结构，图 7-50（a）的焊缝集中于中性轴一侧，弯曲变形大，图 7-50（b）、（c）的焊缝安排合理。图 7-51（a）的肋板设计使焊缝多数集中在截面的中性轴下方，肋板焊缝的横向收缩将引起上挠的弯曲变形。改成图 7-51（b）的设计，就能减小和防止这种变形。

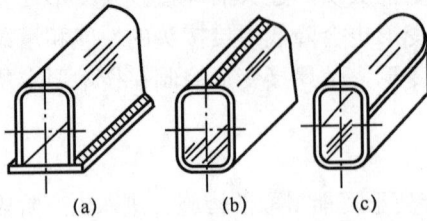

图 7-50　箱形结构的焊缝安排

(a) 不合理；(b)、(c) 合理。

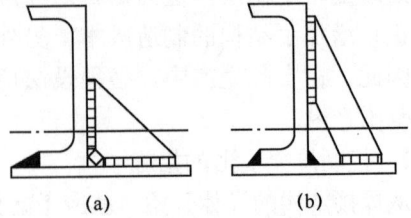

图 7-51　合理安排焊缝位置防止焊接变形

(a) 不合理；(b) 合理。

2）工艺措施

（1）留余量法。此方法就是在下料时，将零件的长度或宽度尺寸比设计尺寸适当加大，以补偿焊件的收缩。余量的多少可根据公式并结合生产经验来确定。留余量法主要是用于防止焊件的收缩变形。

（2）反变形法。此方法就是根据焊件的变形规律，焊前预先将焊件向着与焊接变形的相反方向进行人为的变形（反变形量与焊接变形量相等），使之达到抵消焊接变形的目的。此方法很有效，但必须准确地估计焊后可能产生的变形方向和大小，并根据焊件的结构特点和生产条件灵活地运用。

①无外力作用下的反变形。平板对接焊产生角变形时，可按图 7-52（a）所示的方法；电渣焊产生的终端横向变形大于始端，可以在安装定位时，使接头的间隙下小上大，如图 7-52（b）所示。T 形接头焊后平板产生角变形，可以预先把平板压形，使之具有反方向的变形，然后进行焊接，如图 7-52（c）所示；薄壁筒体对接从外侧单面焊时，产生接头向内凹的变形，可以预先在对接边缘做出向外弯边的反变形后进行焊接（见图 7-52（d））。

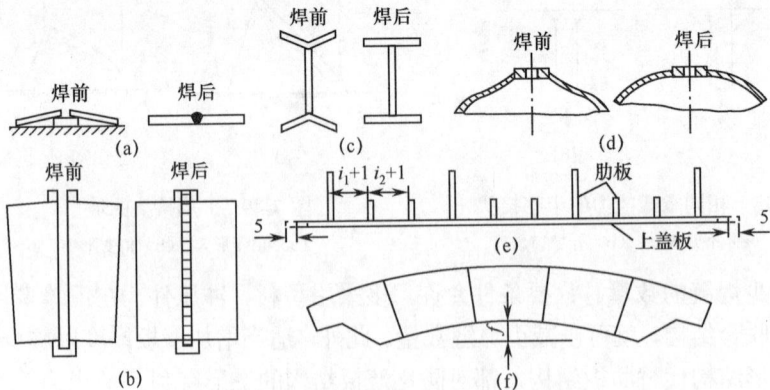

图 7-52　无外力作用下的反变形法

(a) 平板对接焊；(b) 电渣对接立焊；(c) 工字梁翼板反变形；
(d) 壳体焊接的反变形；(e) 箱形梁上盖板预留收缩余量；(f) 箱形梁腹板预制上拱度。

②有外力作用下的反变形。利用焊接胎具或夹具使焊件处在反向变形的条件下施焊，焊后松开胎夹具，焊件回弹后其形状和尺寸恰好达到技术要求。图 7-53 为利用简单夹具做出平板的反变形以克服工字梁焊接引起的角变形；图 7-54（a）、（b）、（c）、（d）所示

的空心构件，均因焊缝集中于上侧，焊后将产生弯曲变形。采用如图7-54（e）所示的转胎，使两根相同截面的构件"背靠背"，两端夹紧中间垫高，于是每根构件均处在反向弯曲情况下施焊。该转胎使施焊方便，而且还提高生产效率。运用外力作用下的反变形法需注意两方面问题。

一是安全问题。所需外力应足够大。因此，所用的胎夹具必须保证强度和刚度。焊件是处在弹性状态下反变形，焊后仍处于弹性状态。松夹时焊件必然回弹，一定要防止回弹时伤人。

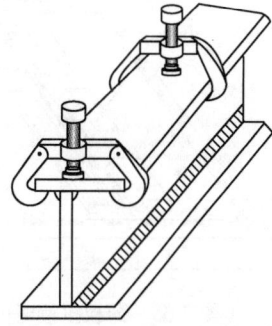

图 7-53　工字梁上翼板强制反变形

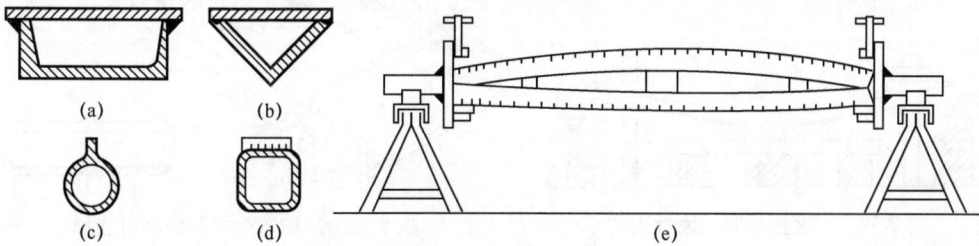

图 7-54　弹性支撑法
（a）、（b）、（c）具有单面纵向焊缝的空心梁；
（d）具有单面横焊缝的空心梁；（e）在焊接转胎上焊接。

二是反变形量的控制。最可靠的办法是用通常的焊接参数，在自由状态下试焊，测出其残余变形量，再以此变形量做适当调整。做到焊件焊后的形状和尺寸恰好就是焊接技术要求的形状和尺寸。

反变形法主要用于控制角变形和弯曲变形。

（3）刚性固定法。采用适当的方法来增加焊件的刚度或拘束度，可以达到减小其变形的目的，这就是刚性固定法。常用的刚性固定法有以下几种。

①将焊件固定在刚性平台上。薄板焊接时，可将其用定位焊缝固定在刚性平台上，并且用压铁压住焊缝附近，如图7-55所示，待焊缝全部焊完冷却后，再铲除定位焊缝，这样可避免薄板焊接时产生波浪变形。

②将焊件组合成刚度更大或对称的结构。如T形梁焊接时容易产生角变形和弯曲变形，图7-56是将两根T形梁组合在一起，使焊缝对称于结构截面的中性轴，同时大大地增加了结构的刚度，并配合反变形法（如图7-56中所示采用垫铁），采用合理的焊接顺序，对防止弯曲变形和角变形有利。

③利用焊接夹具增加结构的刚度和拘束。图7-57为利用夹紧器将焊件固定，以增加构件的拘束，防止构件产生角变形和弯曲变形的应用实例。

④利用临时支撑增加结构的拘束。单件生产中采用专用夹具，在经济上不合理。因此，可在容易发生变形的部位焊上一些临时支撑或拉杆，增加局部的刚度，能有效地减小焊接变形。图7-58是防护罩用临时支撑来增加拘束的应用实例。

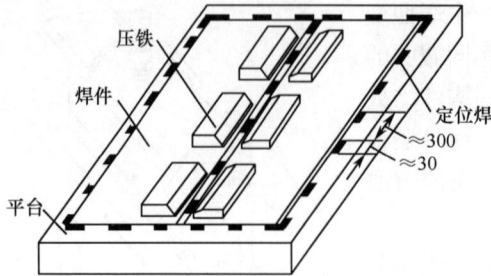

图 7-55　薄板拼接时的刚性固定

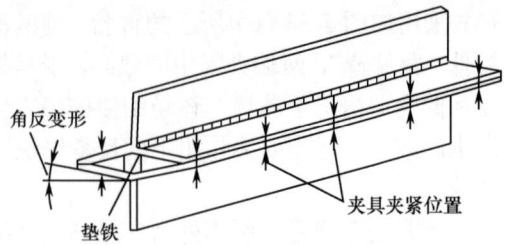

图 7-56　T 形梁的刚性固定与反变形

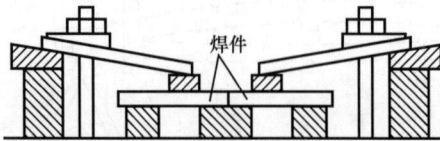

图 7-57　对接拼板时的刚性固定

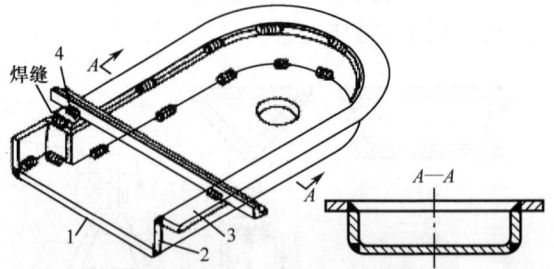

图 7-58　防护罩焊接时的临时支撑

1—底板；2—立板；3—缘口板；4—临时支撑。

（4）选择合理的装配焊接顺序。前面已经介绍，装配焊接顺序对焊接结构变形的影响是很大的，因此，在无法使用胎夹具的情况下施焊，一般都须选择合理的装配和焊接顺序，使焊接变形减至最小。为了控制和减小焊接变形，装配焊接顺序应按以下原则进行。

①大型而复杂的焊接结构，只要条件允许，把它分成若干个结构简单的部件，单独进行焊接，然后再总装成整体。这种"化整为零，集零为整"的装配焊接方案，其优点是：部件的尺寸和刚度已减小，利用胎夹具克服变形的可能性增加；交叉对称施焊要求焊件翻转与变位也变得容易；更重要的是，可以把影响总体结构变形最大的焊缝分散到部件中焊接，把它的不利影响减小或清除。注意，所划分的部件应易于控制焊接变形，部件总装时焊接量少，同时也便于控制总变形。

②正在施焊的焊缝应尽量靠近结构截面的中性轴。如图 7-59（a）所示的桥式起重机的主梁结构。梁的大部分焊缝处于箱形梁的上半部分，其横向收缩会引起梁下挠的弯曲变形，而梁的制造技术中要求该箱形主梁具有一定的上拱度，为了解决这一矛盾，除了前面讲的左右腹板预制上拱度外，还应选择最佳的装配焊接顺序，使下挠的弯曲变形最小。

根据该梁的结构特点，一般先将上盖板与两腹板装成 n 形梁，最后装下盖板，组成封闭的箱形梁。n 形梁的装配焊接顺序是影响主梁上拱度的关键，见图 7-59（b），应先将各肋板与上盖板装配，焊 A 焊缝，然后同时装配两块腹板，焊 C 和 B 焊缝。这时产生的下挠弯曲变形最小。因为使 n 形梁产生下挠弯曲变形的主要原因是 A 焊缝的收缩，A 焊缝离 n 形梁截面中性轴越近，引起的弯曲变形越小。该方案中，在装配腹板之前焊 A 焊缝，结构中性轴最低，因此焊缝 A 距梁的截面中性轴最近，引起的下挠变形就小。因此，该方案是最佳的装配焊接顺序，也是目前类似结构在实际生产中广泛采用的一种方案。

206

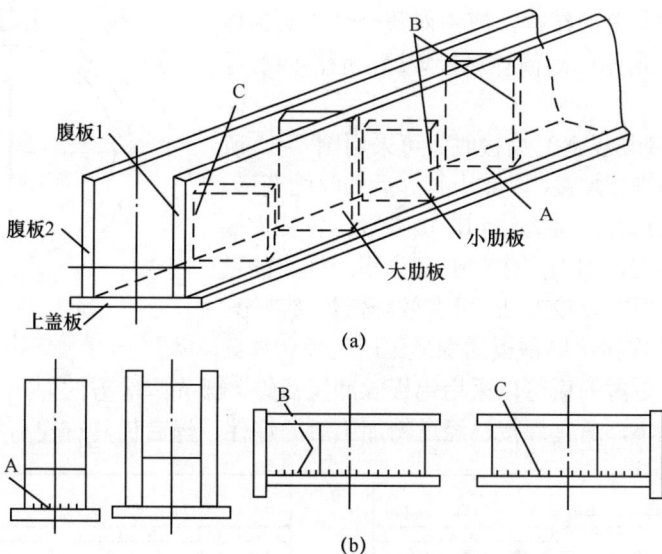

图 7-59 主梁装配焊接

(a) n 形梁结构示意图；(b) n 形梁的装配焊接方案。

③对于焊缝非对称布置的结构，装配焊接时应先焊焊缝少的一侧。如图 7-60 (a) 所示压力机的压型上模，截面中性轴以上的焊缝多于中性轴以下的焊缝，装配焊接顺序不合理，最终将产生下挠的弯曲变形。解决的方法是先由两人对称地焊接 1 和 1'焊缝 (见图 7-60 (b))，此时将产生较大的上拱弯曲变形 f_1，并增加了结构的刚度，再按图 7-60 (c) 的位置焊接焊缝 2 和 2'，产生下挠弯曲变形 f_2，最后按图 7-60 (d) 的位置焊接焊缝 3 和 3'了，产生下挠弯曲变形 f_3，这样 f 近似等于这几项的和，并且方向相反，弯曲变形基本相互抵消。

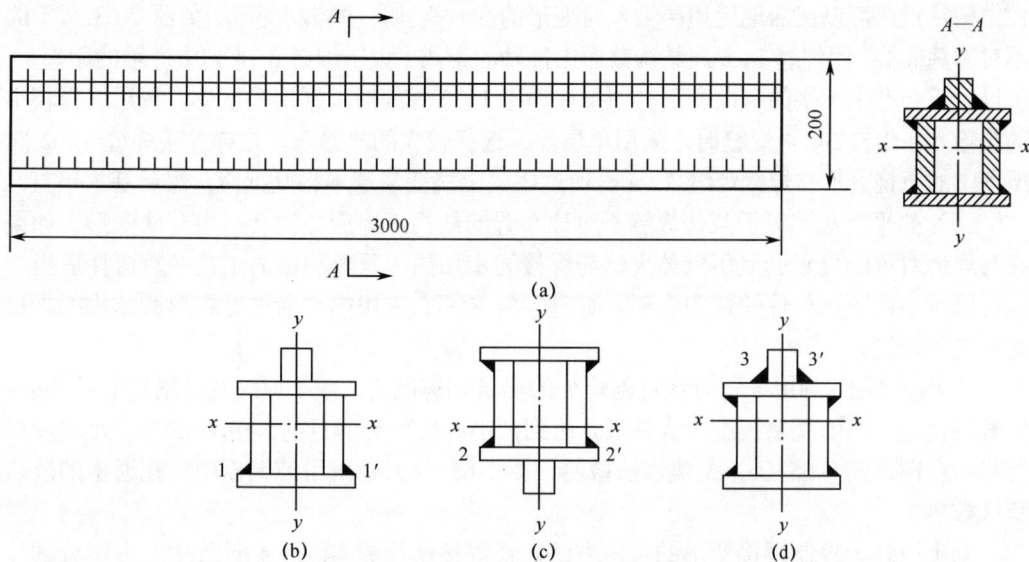

图 7-60 压力机压型上模的焊接顺序

(a) 压型上模结构图；(b)、(c)、(d) 焊接顺序。

④焊缝对称布置的结构，应由偶数个焊工对称地施焊。如图 7-61 所示的圆筒体对接焊缝，应由两名焊工对称地施焊。

⑤长焊缝（1m 以上）焊接时，可采用图 7-62 所示的方向和顺序进行焊接，以减小其焊后的收缩变形。

（5）合理地选择焊接方法和焊接参数。各种焊接方法的热输入不同，因而产生的变形也不一样。能量集中和热输入较低的焊接方法，可有效降低焊接变形。用 CO_2 气体保护焊接中厚钢板的变形比用气焊和焊条电弧焊小得多，更薄的板可以采用钨极脉冲氢弧焊、激光焊等方法焊接。电子束焊的焊缝很窄，变形极小，适宜焊接已经过精加工后的焊件，焊后仍具有较高的精度。

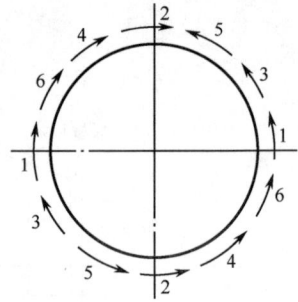

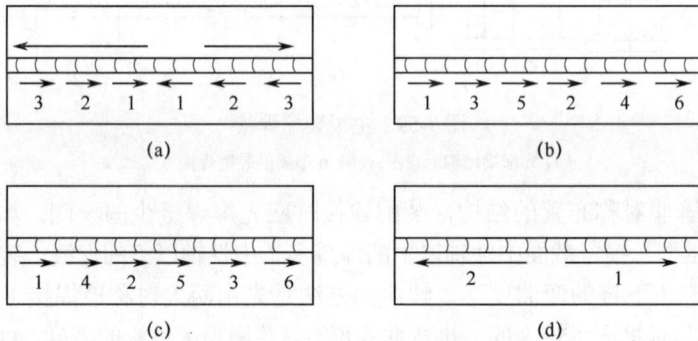

图 7-61　圆筒体对接焊缝的焊接顺序

图 7-62　长焊缝的几种焊接顺序

焊接热输入量是影响变形的关键因素，当焊接方法确定后，可通过调节焊接参数来控制热输入。在保证熔透和焊缝无缺陷的前提下，应尽量采用小的焊接热输入。根据焊件结构特点，可以灵活地运用热输入对变形的影响规律，去控制变形。如图 7-63 所示的不对称截面梁，因焊缝 1、2 离结构截面中性轴的距离 s 大于焊缝 3、4 到中性轴的距离 s'，所以焊后会产生下挠的弯曲变形。如果在焊接 1、2 焊缝时，采用多层焊，每层选择较小的热输入；焊接 3、4 焊缝时，采用单层焊，选择较大的热输入，这样焊接焊缝 1、2 时所产生的下挠变形与焊接焊缝 3、4 时所产生的上挠变形基本相互抵消，焊后基本平直。

（6）热平衡法。对于某些焊缝不对称布置的结构，焊后往往会产生弯曲变形。如果在与焊缝对称的位置上采用气体火焰与焊接同步加热，只要加热的工艺参数选择适当，就可以减小或防止构件的弯曲变形。如图 7-64 所示，采用热平衡法对箱形梁结构的焊接变形进行控制。

（7）散热法。利用各种方法将施焊处的热量迅速散走，减小焊缝及其附近的受热区，同时还使受热区的受热程度大大降低，达到减小焊接变形的目的。图 7-65（a）是水浸法散热示意图，图 7-65（b）是喷水法散热，图 7-65（c）是采用纯铜板中钻孔通水的散热垫法散热。

以上所述为控制焊接变形的常用方法。在焊接结构的实际生产过程中，应充分估计各种变形，分析各种变形的变形规律，根据现场条件选用一种或几种方法，有效控制焊接变形。

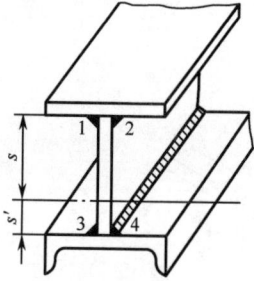

图 7-63　非对称截面结构的焊接

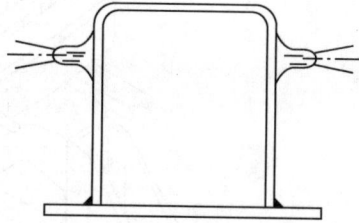

图 7-64　采用热平衡法防止焊接变形

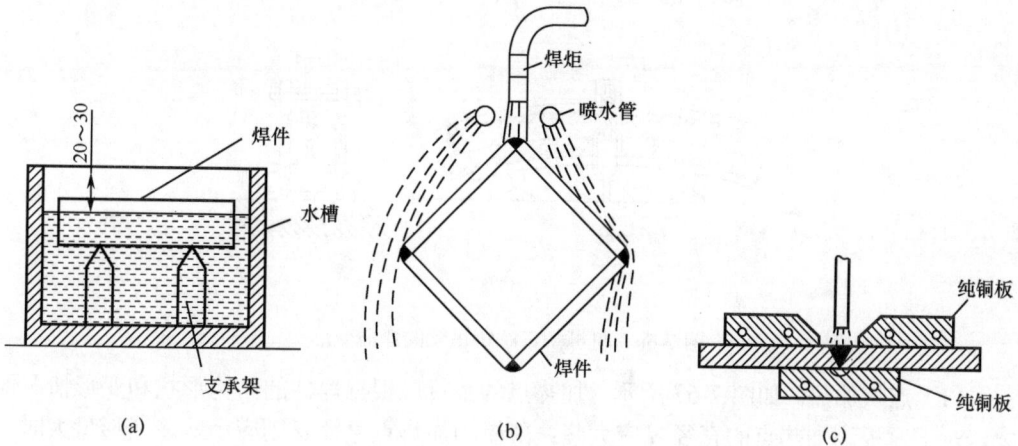

图 7-65　散热法示意图

（a）水浸法散热；（b）喷水法散热；（c）散热垫法散热。

3．矫正焊接变形的方法

在焊接结构生产中，首先应采取各种措施来防止和控制焊接变形。但是焊接变形是难以避免的，因为影响焊接变形的因素太多，生产中无法面面俱到。当焊接结构中的残余变形超出技术要求的变形范围时，就必须对焊件的变形进行矫正。常用的矫正焊接变形的方法如下。

1）手工矫正法

利用锤子、大锤等工具锤击焊件的变形处。主要用于矫正一些小型简单焊件的弯曲变形和薄板的波浪变形。

2）机械矫正法

利用机器或工具来矫正焊接变形。具体地说，就是用千斤顶、拉紧器、压力机等将焊件顶直或压平，如图 7-66 所示。机械矫正法一般适用于塑性比较好的材料及形状简单的焊件。

3）火焰加热矫正法

利用火焰对焊件进行局部加热，使焊件产生新的变形去抵消焊接变形。火焰加热矫正法在生产中应用广泛，主要用于矫正弯曲变形、角变形、波浪变形等，也可用于矫正扭曲变形。

火焰加热的方式有点状加热、线状加热和三角形加热。

209

(a)

(b)

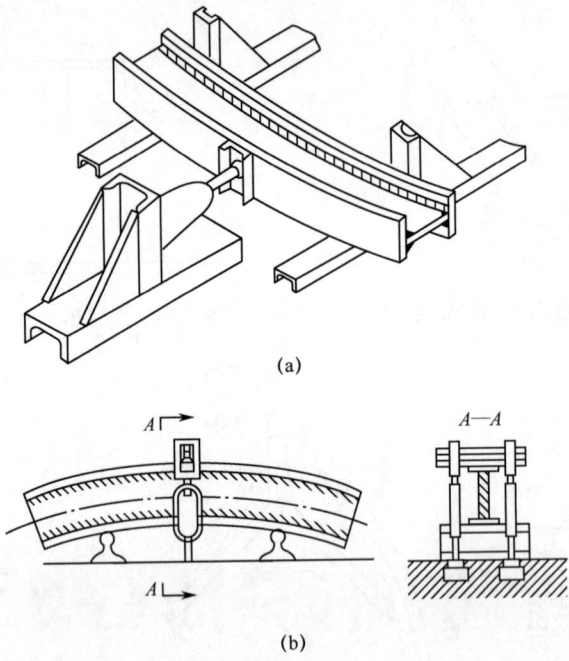

图 7-66　机械矫正法矫正梁的弯曲变形

（1）点状加热。如图 7-67 所示，加热点的数目应根据焊件的结构形状和变形情况而定。对于厚板，加热点的直径 d 应大些；薄板的加热点直径 d 则应小些。变形量大时，加热点之间距离 a 应小一些；变形量小时，加热点之间距离 a 应大一些。

（2）线状加热。火焰沿直线缓慢移动或同时作横向摆动，形成一个加热带的加热方式，称为线状加热。线状加热有直通加热、链状加热和带状加热 3 种形式，如图 7-68 所示。线状加热可用于矫正波浪变形、角变形和弯曲变形等。

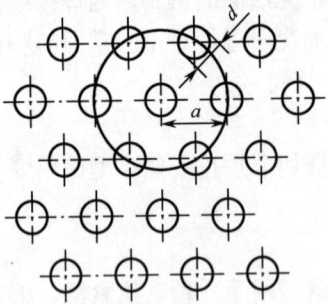

图 7-67　点状加热

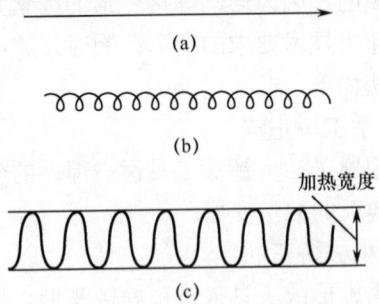

(a)

(b)

加热宽度

(c)

图 7-68　线状加热

(a) 直通加热；(b) 链状加热；(c) 带状加热。

（3）三角形加热。三角形加热即加热区域呈三角形，一般用于矫正刚度大、厚度大的结构的弯曲变形。加热时，三角形的底边应在被矫正结构的拱边上，顶端朝焊件的弯曲方向，如图 7-69 所示。三角形加热与线状加热联合使用，对矫正大而厚焊件的焊接变形效果更佳。

火焰加热矫正焊接变形的效果取决于下列 3 个因素。

①加热方式。加热方式的确定取决于焊件的结构形状和焊接变形形式，一般薄板的波浪变形应采用点状加热；焊件的角变形可采用线状加热；弯曲变形多采用三角形加热。

②加热位置。加热位置的选择应根据焊接变形的形式和变形方向而定。

③加热温度和加热区的面积。应根据焊件的变形量及焊件材质确定，当焊件变形量较大时，加热温度应高一些，加热区的面积应大一些。

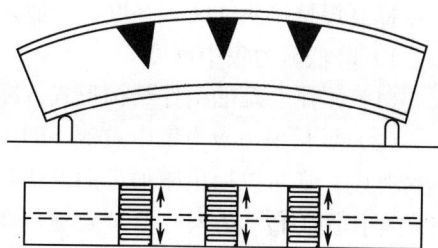

图 7-69　工字梁弯曲变形的火焰矫正

第三节　焊接结构的疲劳破坏和脆性断裂

焊接结构在使用中，除结构强度不够时会导致破坏外，还有其他形式的破坏，如疲劳破坏、脆性断裂等。

一、疲劳破坏

在交变循环应力作用下，会引起裂纹产生和缓慢扩展，最终导致结构突然断裂的现象称为疲劳。疲劳裂纹多发生在承受重复载荷结构中处于应力集中的部位，而焊接结构的疲劳破坏又往往从焊接接头处产生。由于疲劳裂纹发展的最后阶段——失稳扩展（断裂）是突然发生的，难以采取预防措施，所以疲劳裂纹对结构的安全性有很严重的威胁。

1. 影响疲劳强度的因素

影响焊接结构疲劳强度的因素包括应力集中、残余应力、焊接缺陷等。

1）应力集中的影响

焊接结构中，在接头部位由于具有不同类型的应力集中，它们对焊接结构的疲劳强度会产生不同程度的不利影响。

对接接头的应力集中程度比其他形式接头的小，但过大的余高和过小的过渡角都会增大应力集中程度，使接头的疲劳强度下降。T 形（十字）接头在焊缝向母材过渡处截面有明显的变化，其应力集中系数要比对接接头的应力集中系数高，因此，T 形（十字）接头的疲劳强度远低于对接接头。在搭接接头中应力集中很严重，其疲劳强度也很低。

2）残余应力的影响

残余应力对结构疲劳强度的影响取决于残余应力的分布状态。在工作应力较大的区域，如应力集中处，若残余应力是拉力，则降低疲劳强度；反之，若该处存在压缩残余应力，则提高疲劳强度。

3）焊接缺陷的影响

焊接缺陷对疲劳强度的影响大小与缺陷的种类、尺寸、方向和位置有关，片状缺陷（如裂纹、未熔合、未焊透）比带圆角的缺陷（如气孔）影响大；表面缺陷比内部缺陷影响大；位于应力集中区的缺陷比在应力均匀区的缺陷影响大；与作用力方向垂直的片状缺陷的影响比其他方向的大；位于残余拉应力区内的缺陷比残余压应力区内的缺陷影响大。

2. 提高疲劳强度的措施

提高焊接接头的疲劳强度，一般采用下列措施。

1）降低应力集中程度

（1）采用合理的构件结构形式。减小应力集中程度，以提高疲劳强度。

（2）尽量采用应力集中系数小的焊接接头。如对接接头。为进一步提高对接接头的疲劳强度，还可以用机械加工的方法打磨母材与焊缝之间的过渡区，并注意打磨方向，应顺着作用力传递方向打磨，若垂直作用力传递方向打磨，往往将取得相反的效果。

（3）当采用角焊缝时须采取综合措施。如机械加工焊缝端部，合理选择角焊缝形式，保证焊缝根部焊透等，用以提高接头的疲劳强度。

（4）用表面机械加工方法。消除焊缝及其附近的各种刻槽，降低表面粗糙度值。

2）调整残余应力区

消除焊接接头应力集中处的残余应力或使该处产生残余压缩应力，都可以提高接头的疲劳强度。这种方法可分为两种方式：一种是结构整体处理，另一种是接头部分局部处理。

（1）整体处理。包括整体退火或超载预拉伸法。在循环应力较小或应力循环系数较小，应力集中程度较大时，残余拉应力的不利影响增大，退火往往是有利的。

采用超载预拉伸法可降低残余拉应力，甚至在某些条件下，在缺口尖端处可产生残余压应力。因此，往往可以提高接头的疲劳强度。

（2）局部加热或挤压。可以调节焊接残余应力区，在应力集中处产生残余压应力。

（3）改善材料的力学性能。通过表面强化处理，用小辊挤压或用锤轻打焊缝表面及过渡区，或喷丸处理焊缝区，利用形变或强化以提高接头的疲劳强度。

3）采用特殊保护措施

采用特殊的塑料涂层，改善焊接接头疲劳性能是一项新技术，其效果较显著。

二、焊接结构的脆性断裂

脆性断裂一般都是在材料应力低于结构的设计应力和没有明显塑性变形的情况下发生的，并瞬时扩展到结构整体，事先不易发现和预防，因此，往往造成人身伤亡和巨大的财产损失。

1. 影响金属脆断的主要因素

同一种材料，在不同条件下可以显示出不同的破坏形式。金属脆断主要是受到材料状态的内部因素以及应力状态、温度和加载速度等外界条件的影响。

1）材料状态的影响

焊接结构选材时，首先要了解材料本身状态对脆性断裂的重要影响。

（1）材料厚度对脆性断裂的影响。厚板在缺口处容易形成三向应力使材料脆性变大，因此沿厚度方向的收缩和变形受到较大的限制。而当板较薄时，材料在厚度方向能比较自由地收缩，减小厚度方向的应力，使之接近于平面应力。从冶金方面分析，薄板生产时压延量大，轧制温度低，组织致密；而厚板的轧制次数少，终轧温度高，组织疏松，内、外层均匀性差。

（2）脆性断裂通常发生在体心立方和密排六方晶格的金属和合金中，只有在特殊情况下，如应力腐蚀条件下才在面心立方晶格金属中发生。因此，面心立方晶格金属（如奥氏体不锈钢）可以在很低的温度下工作而不发生脆性断裂。

(3)钢中的 C、N、O、H、S、P 等元素均会增大钢的脆性，如果加入适量 Mn、Ni、Cr、V 等元素，则有助于减小钢的脆性。

2）应力状态的影响

物体受外载荷作用时，在主平面上作用有最大正应力 σ_{max}，与主平面成 45°的平面上作用有最大切应力 τ_{max}。如果在 τ_{max} 达到屈服点前，σ_{max} 先达到抗拉强度极限值，则发生脆断；反之，如 τ_{max} 先达到屈服点，则发生塑性变形或延性断裂。

实际结构中，若处于单向或双向拉应力作用下，结构一般呈塑性状态。当处于三向拉应力作用下，结构因不易发生塑性变形而呈脆性状态。三向应力的产生主要与结构几何不连续性以及承受三向载荷等因素的影响有关。例如，虽然整个结构处于单向、双向拉应力状态下，但其局部区域由于设计不佳、工艺不当，往往出现形成局部三向应力状态的缺口效应。当构件受均匀的拉应力时，其中一个缺口根部出现高值的应力和应变集中，缺口越深、越尖，其局部应力和应变也越大。在受力过程中，缺口根部材料的伸长，必然要引起此处材料沿宽度和厚度方向的收缩，如图 7-70 所示。但由于缺口尖端以外的材料受到的应力较小，它们将引起较小的横向收缩。由于横向收缩不均匀，缺口根部横向收缩受阻，结果产生宽度和厚度方向的拉应力 σ_x 和 σ_z，也就是说缺口根部产生了三向拉应力。

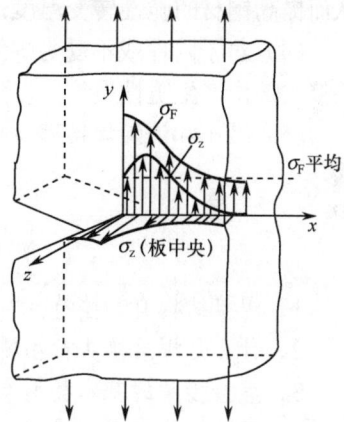

图 7-70　缺口根部应力分布示意图

3）温度的影响

如果把一组开有同样缺口的试样在不同温度下进行试验，就会看到随着温度的降低，它们的破坏方式将从塑性破坏变为脆性破坏。对于一定的加载方式（应力状态），当温度降至某一临界值时，将出现塑性断裂到脆性断裂的转变，这个温度称为脆性转变温度。

4）加载速度的影响

提高加载速度能促使材料脆性破坏，其作用相当于降低温度。在同样加载速率下，当结构中有缺口时，在应力集中的影响下，应变速率将呈现出加倍的不利影响，从而大大降低了材料的局部塑性。这也说明了为什么结构件一旦发生脆性断裂，就很容易产生扩展现象。当缺口根部小范围金属材料发生断裂时，则新裂纹前端的材料突然受到高应力和高应变载荷。换句话说，一旦缺口根部开裂，就有高的应变速率，而不管其原始加载条件是动载还是静载，此时随着裂纹加速扩展，应变速率更急剧增大，致使结构最终破坏。

2．预防焊接结构脆性断裂的措施

1）正确选用材料

选材的基本原则是既要保证结构安全使用，又要考虑经济效益，使选用的钢材和焊接用填充金属在使用温度下具有合格的缺口韧性。

（1）在焊接接头形成后，焊缝、热影响区、熔合区是最容易产生脆断的部位，因此，要求母材应具有一定的止裂性能。

（2）随着钢材强度的提高，断裂韧性和工艺性一般都有所下降。因此，不宜采用比实际需要强度更高的材料，特别不应该单纯追求强度指标而忽视其他性能。材料的选择可通过缺口韧性试验或断裂韧性试验确定。

2）采用合理的焊接结构设计

设计有脆性断裂倾向的焊接结构时，应当注意以下几个原则。

（1）尽量减少结构或焊接接头部位的应力集中现象。

（2）在满足结构使用条件的前提下，尽量减小结构的刚度，以降低应力集中程度和减小附加应力。

（3）不应通过降低许用应力值来减小脆性断裂的危险性，因这样将使厚度过分增大，从而提高钢材的脆性转变温度，降低其韧性，反而易引起脆性断裂。

（4）对于附件或不受力焊缝的设计，应与主要受力焊缝一样给予足够重视，防止这些接头部位产生脆性裂纹，以致扩展到主要的受力元件中，致使结构破坏。

（5）减小和消除焊接残余拉应力的不利影响。必要时应考虑进行消除应力的处理。

复习思考题

1．焊接结构有哪些特点？
2．什么是焊接接头？由哪几部分组成？
3．焊接接头的基本类型有哪些？
4．预防焊接变形的措施有哪几种？各自的道理如何？
5．矫正焊接残余变形的方法有哪几种？简述其原理。
6．影响焊接结构疲劳破坏的因素和预防疲劳破坏的措施是什么？
7．影响焊接结构脆性断裂的因素和防止脆性断裂的措施是什么？

第八章　焊接结构生产工艺

第一节　焊接结构生产工艺过程

焊接结构生产有其自身的特点。它是一个具有多种工艺内容的综合性生产加工过程，除主要的焊接生产外，还须有一系列其他加工过程，诸如机械加工、塑性成形、热处理、表面涂装等工艺；其采用的基本材料是各种经轧制的金属材料，由基本不改变断面特征的金属材料加工制作成各种结构零件后，再经装配和焊接制成整体结构，因此，较之其他机械产品的加工，焊接结构生产具有工序简单、加工量少、省工省时及加工成本低；此外，由于大多焊接结构具有体积大、重量重等状况，故生产中常需采用大型生产设备及装备来制造。

焊接结构的生产工艺过程，是根据生产任务的性质、产品的图样、技术要求和工厂条件，运用现代焊接技术及相应的金属材料加工和保护技术、无损检测技术来完成焊接结构产品的各个工艺过程。由于焊接结构的技术要求、形状、尺寸和加工设备等条件的差异，使各个工艺过程有一定区别，但从工艺过程中各工序的内容以及相互之间的关系来分析，它们又都有着大致相同的生产步骤，即生产准备、材料加工、装配与焊接和质量检验与安全评定。

一、生产准备

为了提高焊接产品的生产效率和质量，保证生产过程的顺利进行，生产前需做好以下准备工作。

1. 技术准备

首先研究将要生产的产品清单。因为在清单中按产品结构进行了分类，并注明了该产品的年产量，即生产纲领。生产纲领确定了生产的性质，同时也决定了焊接生产工艺的技术水平。其次研究和审查产品施工图样和技术要求，了解产品的结构特点，进行工艺分析，制定整个焊接结构生产工艺流程，确定技术措施，选择合理的工艺方法，并在此基础上进行必要的工艺试验和工艺评定，最后制定出工艺文件及质量保证文件。

2. 物质准备

根据产品加工和生产工艺要求，订购原材料、焊接材料以及其他辅助材料，并对生产中的焊接工艺设备、其他生产设备和工夹量具进行购置、设计、制造或维修。

二、材料加工工艺

焊接结构的零件绝大多数是以金属轧制材料为坯料，所以在装配前必须按照工艺要求对制造焊接结构的材料进行一系列的加工。其中包括以下两项内容。

1. 金属材料的预处理

主要包括验收、储存、矫正、除锈、表面保护处理和预落料等工序，其目的是为基本元件的加工提供合格的原材料，以获得优良的焊接产品和稳定的焊接生产过程。

2. 基本元件加工

主要包括划线（号料）、切割（下料）、边缘加工、冷热成形加工、焊前坡口清理等工序。基本元件加工阶段在焊接结构生产中约占全部工作量的 40%～60%，因此，制定合理的材料加工工艺，应用先进的加工方法，保证基本元件的加工质量，对提高劳动生产率和保证整个产品质量有着重要的作用。

三、装配与焊接

装配与焊接在焊接结构生产中是两个相互联系又有各自加工内容的生产工艺。一般来讲，装配是将加工好的零件，采用适当的加工方法，按照产品图样的要求组装成产品结构的工艺过程。而焊接则是将已装配好的结构，用规定的焊接方法和焊接工艺，使零件牢固连接成一个整体的工艺过程。对于一些比较复杂的焊接结构，总是要通过多次装配、焊接的交叉过程才能完成，甚至某些产品还要在现场进行再次装配和焊接。装配与焊接在整个焊接结构制造过程中占有很重要的地位。有关装配的具体工艺及装备参见第九章。

四、质量检验与安全评定

在焊接结构生产过程中，产品质量十分重要，因此生产中的各道加工工序中间都采用不同方法进行不同内容的检验。焊接产品的质量包括整体结构质量和焊缝质量，整体结构质量是指结构产品的几何尺寸、形状和性能，而焊缝质量则与结构的强度和安全使用有关。不论采用工序检查还是成品检查，都是对焊接结构生产的有效监督，也是保证焊接结构产品质量的重要手段。

焊接结构的安全性，不仅影响经济的发展，同时还关系到人民群众的生命安全。因此，发展与完善焊接结构的安全评定技术和在焊接生产中实施焊接结构安全评定，已经成为现代工业发展与进步的迫切需要。图 8-1 所示即是一般焊接结构生产的主要工艺过程。

第二节　典型焊接结构的生产工艺

焊接结构种类繁多，现以工业生产中最典型和最常用的压力容器——圆筒形容器加以介绍。

压力容器是指能承受一定压力作用的密闭容器，如煤气罐或液化气罐、各种换热器、储能器、分离器等。压力容器按承受的压力可分为常压压力容器、中低压压力容器与高压压力容器。下面重点介绍中低压压力容器的生产工艺。

一、圆筒形压力容器的基本结构

根据结构特点和工作要求，圆筒形压力容器主要由筒体、封头及附件（如法兰、补强圈、接管、支座）等部分组成，如图 8-2 所示。

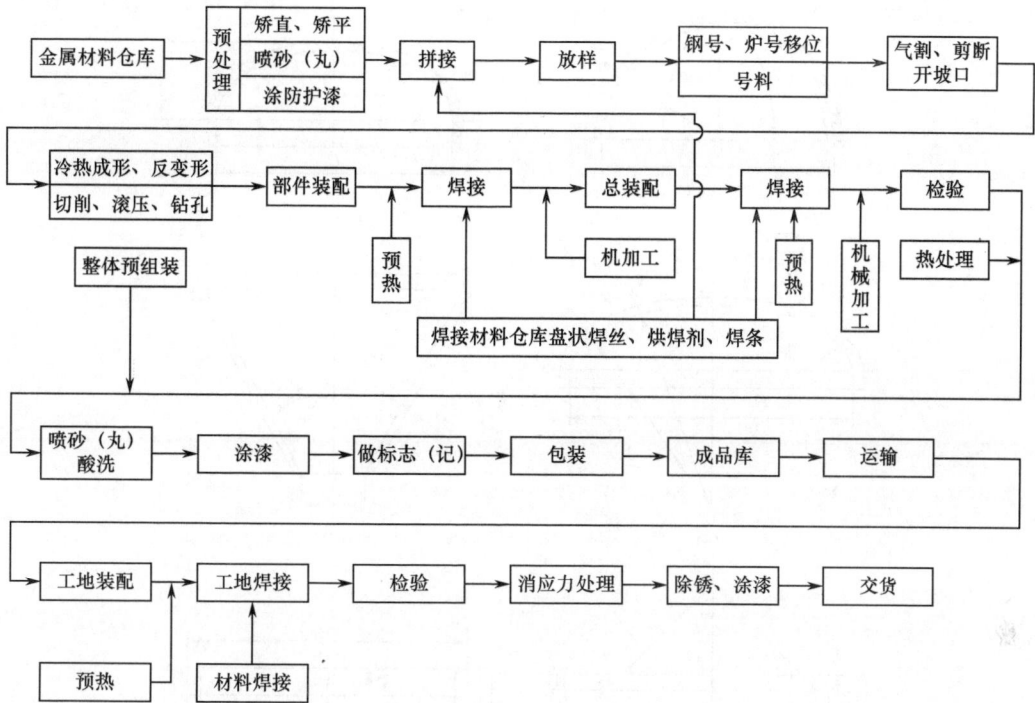

图 8-1　一般焊接结构生产的主要工艺过程

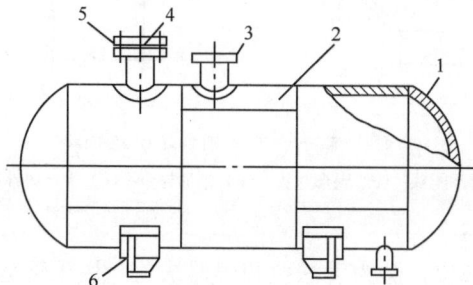

图 8-2　圆筒形压力容器结构图

1—封头；2—筒体；3—接管；4—人孔盖；5—人孔；6—支座。

1．筒体

筒体是圆筒形压力容器的主要承压元件，它构成了完成化学反应或储存物所需的最大空间。筒体一般由钢板卷制或压制成形后组装焊接而成。当筒体直径较小时（小于500mm），可采用无缝钢管制作。对于轴向尺寸较大的筒体，利用环焊缝将几个筒节拼焊制成。根据筒体的承载要求和钢板厚度，其纵向焊缝和环向焊缝可采用开坡口或不开坡口的对接接头。中、低压容器筒体一般为单层结构；对于承受高压的厚壁容器筒体，除了采用单层厚钢板制作外，也可采用层板包扎、热套、绕带或绕板等工艺制作多层筒体结构。

2．封头

封头即是容器的端盖。根据形状的不同，分为球形封头、椭圆形封头、碟形封头、锥形封头和平板封头等结构形式，如图 8-3 所示。

217

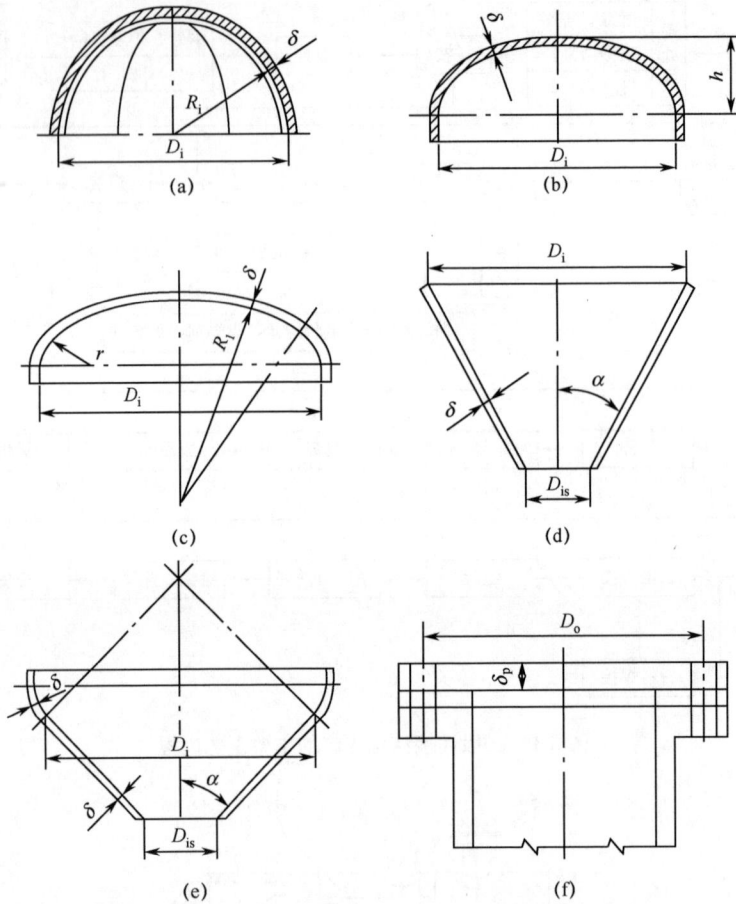

图 8-3　压力容器常用封头结构形式

（a）球形封头；（b）椭圆形封头；（c）碟形封头；（d）锥形封头；（e）带折边锥形封头；（f）平板封头。

3．法兰

法兰按其所联接的部位，分为管法兰和容器法兰。用于管道联接和密封的法兰叫管法兰；用于容器顶盖与筒体联接的法兰叫容器法兰。法兰与法兰之间一般加密封元件，并用螺栓联接起来。

4．开孔与接管

由于工艺要求和检修时的需要，常在某些容器的封头或筒体上开设各种孔或安装接管，如人孔、手孔、视镜孔、物料进出接管，以及安装压力表、液位计、流量计、安全阀等。筒体与封头上开孔后，开孔部位的强度被削弱，一般应进行补强。

5．支座

压力容器靠支座支承并固定在基础上。随着圆筒形容器的安装位置不同，有立式容器支座和卧式容器支座两类。对卧式容器主要采用鞍式支座，对于薄壁长容器也可采用圈座。

二、中、低压压力容器的制造工艺

由于圆筒形压力容器的基本结构都是由容器主体和一些零部件组成，因而各种圆筒

218

形压力容器的制造过程基本相同。下面以图 8-4 所示的典型容器——储槽为例介绍其具体加工工艺过程。

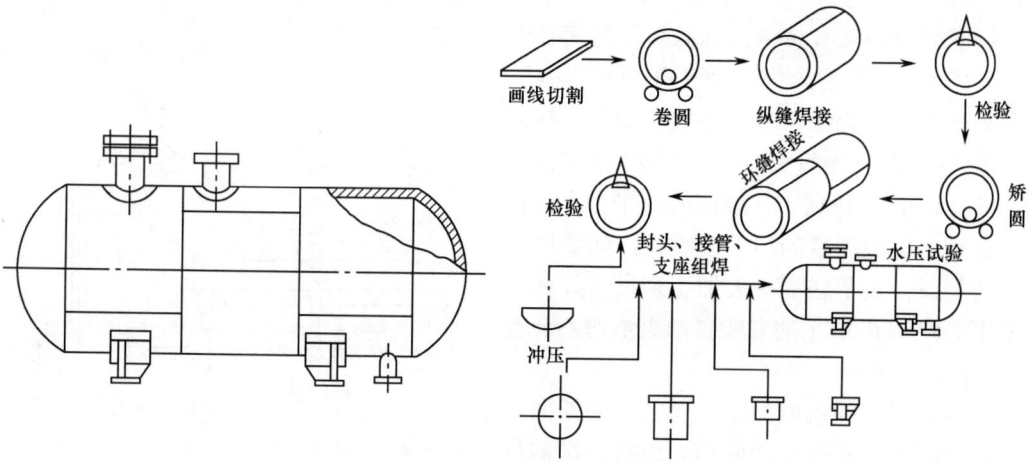

图 8-4　圆筒形压力容器制造工艺流程

1. 基本元件的制造

该容器的主要受力元件是封头和筒体，现介绍它们的生产工艺。

1）封头的制造

目前封头多采用椭圆形结构，它一般由容器制造厂或封头专业加工厂制作。封头的制造工艺大致如下。

（1）坯料拼焊。封头一般多用整块板料冲压，但当钢板宽度不够时，可采用钢板拼接。通常有两种方法：其一是用瓣片和顶圆板拼接而成。这时焊缝方向只允许是径向或环向，如图 8-5 所示。按规范要求，其径向焊缝之间最小距离应不小于厚度 δ_n 的 3 倍，且不小于 100mm；另外一种是用两块或左右对称的三块板材拼焊，其焊缝必须布置在直径或弦的方向上。拼焊后，焊缝不能太高，否则冲压时模具与焊缝间将产生很大的摩擦，阻碍金属流动，同时可能因变形不均匀产生鼓包现象。加上冲压时边缘部分增厚，造成摩擦和压力都很大。为此，靠边缘部分的焊缝也应打磨平整。

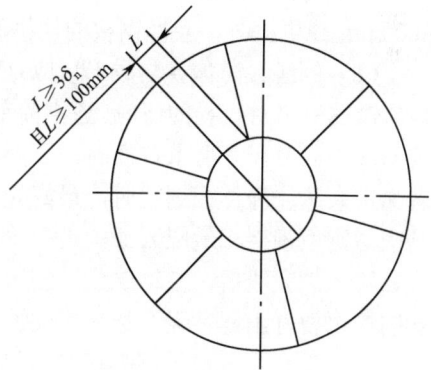

图 8-5　拼焊封头

（2）坯料加热成形。在封头冲压过程中，为避免加热时变形太大和氧化损失过大，以及冲压时坯料丧失稳定性，薄板坯料通常采用冷冲压。绝大多数封头是利用金属坯料塑性变形大的特点，多选择热冲压成形。热冲压时，为保证成形质量，对坯料采用快速加热，并控制加热的起始温度。对低碳钢加热温度为 900℃～1050℃，终止温度约为 700℃。由于冲压变形量大，一般取上限值。另外坯料加热时，为防止脱碳及产生过多的氧化皮等，可在坯料表面涂抹一层加热保护剂。封头压制是在水压机或油压机上，用凹凸模具一次压制成形。在设备条件允许的情况下，还可以采用旋压或爆炸成形的工艺制作封头。

（3）封头边缘的切割加工。由于封头压延变形量很大，坯料尺寸很难确定，因而在压制前坯料必然有余量，同时为了与筒体装配，对已经成形的封头还要正确切削其边缘。有时切割封头边缘可与焊接坡口加工合在同一工序中完成（当封头不再用机械加工方法加工时）。切削边缘时，一般应先在平台上画出保证封头直边高度的加工位置线，然后用氧气切割或等离子切割割去加工余量，具体可采用如图 8-6 所示的立式自动火焰切割装置来完成。

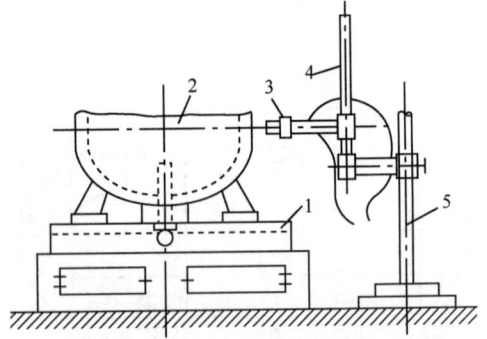

图 8-6　立式自动火焰切割装置
1—花盘；2—封头；3—切割嘴；4—导杆；5—支架。

（4）封头的机械加工。若封头的断面坡口精度要求较高或属其他形式坡口，则需机械加工。可以在立式车床上车削，以适合筒体焊接。如果封头上开设有人孔密封面也可一并加工。封头加工完后，应对主要尺寸进行检验，以保证能与筒体装配焊接。

封头制造的工艺流程如下：划线→下料→拼焊→压制成形→划出余量→余量切割→机械加工→检验。

2）筒节的制造

当筒体直径在 800mm 以下时，可以采用单张钢板卷制圆筒体，这时筒节上只有一条纵向焊缝（筒体纵向焊缝与可供使用的钢板的最大尺寸有关）；当筒体直径为 800mm～1600mm 时，可用两个半圆筒合成，筒体节上有两条纵焊缝；若筒体直径为 1000mm～3000mm 或更大时，应视钢板的规格确定筒节上采用一条或两条纵焊缝。

（1）划线。筒体卷制成形后应是一个精确的圆柱形，因此在划线时，应考虑板厚及坯料弯曲变形对直径的影响。通常筒节下料的展开长度 L 按筒节中性层直径 D_n 作为计算依据。当筒节尺寸要求较高时，还要考虑其他影响尺寸精度的因素。另外还要注意留出各加工余量。筒体在划线时，最好先在图纸上做出划线方案，即确定筒体筒节数（每节长应与钢板规格相适应）、每一节上的装配中心线、焊缝分布位置、开孔位置及其他装配位置等。划完线后，在轮廓线、刨边线上每隔 40mm～60mm 打一个样冲眼。开孔中心和圆周也要打出样冲眼，最后用油漆标出件号及加工符号。

（2）下料。一般采用热切割（包括氧气切割、等离子切割和碳弧气刨）方法下料。薄板可用剪板机下料。

（3）边缘加工。划线下料后的钢板，由于边缘受到气割的热影响，需要刨去热影响区及切割时产生的缺陷；同时考虑坯料加工到规定尺寸和开设坡口，采用刨边机或铣边机进行边缘加工。也可以采取在筒体滚圆后再进行边缘加工的方法。

（4）筒节弯卷。对本例薄壁筒节，可在三辊或四辊卷板机上冷卷制作。卷制过程中常用样板检查曲率，卷制后保证其纵缝处的棱角及径、纵向错边量均符合规范中的有关技术要求。

（5）纵缝组对与焊接。纵缝组对要求比环缝高得多，但纵缝的组对比环缝简单。对薄壁小直径筒节，可在卷板后直接在卷板机上组对焊接。对厚壁大直径筒节要在滚轮架上进行。组对时需要一些装配夹具或机械化装置，如螺旋拉紧器、杠杆螺旋拉紧器等，利用它们来校正两板边的偏移、对口错边量和对口间隙，以保证对口错边量和棱角度的要求。组对好后即可进行定位焊和纵缝焊接，筒节的纵焊缝坡口可以根据焊接工艺要求，在卷制前加工好。筒体纵缝一般采用双面焊，并按照从里到外的顺序施焊。

（6）筒节矫圆。纵向焊缝焊接后，筒节的圆形可能产生变形或偏差，对此需要用卷板机进行滚轧矫形，以满足圆度要求。滚轧矫形可以采用热滚矫形或冷滚矫形。对于壁厚在25mm以上的低碳钢材料，或壁厚在10mm以上的低合金钢材料，一般可采用热滚矫形。然后还应按要求对筒节进行尺寸检验，按技术要求对焊缝进行无损探伤。

筒节制造的工艺流程如下：划线→下料→边缘加工→卷制→纵缝组对→纵缝焊接→矫圆→焊缝检验→缺陷返修。

2．容器的装配

容器装配包括筒节与筒节、筒节与封头以及接管、法兰、人孔、支座等附件的装配。

（1）筒节间的装配。这种装配是在完成筒节纵向焊缝，并对筒节已经检验矫形后进行。筒节间的环缝装配要比纵缝装配困难得多。虽然筒节在前述加工过程中已利用卷板机、推拉夹具等工艺装备对其进行过矫形，但仍有可能还会出现各种不太精确的情况，因此筒节间装配时，仍需要使用压板、螺栓、推撑器等夹具。筒节间的装配一般采用立装或卧装方式，装配前可先测量其周长，然后根据测量尺寸采用选配法进行装配，以减小错边量。也可以在筒体两端使用径向推撑器，把筒节两端撑圆后进行装配。另外，相邻筒节的纵向焊缝应错开一定的距离。

（2）封头与筒节的装配。仍然可以采用立装或卧装。在小批量生产时，封头与筒节一般采用手工的卧式装配方法，如图8-7所示，即在滚轮支架上放置筒体，并使筒节端部伸出支架400mm～500mm以上。在封头上焊一个吊环，用起重机吊起封头，移至筒体端部，相互对准后横跨焊缝焊一些刚性不大的小板，用于固定封头与筒节间的相互位置。移去起重机后，用螺栓压板等将环向焊缝逐段对准到适合于焊接的位置，再用"Π形马"横跨焊缝并用点固焊固定。

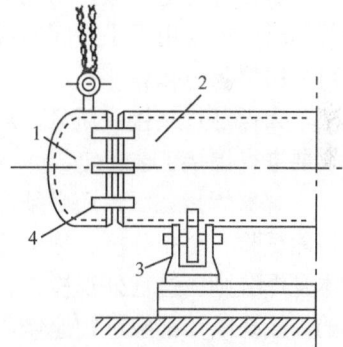

图8-7 封头与筒节的装配
1—封头；2—筒体；3—滚轮；4—搭板。

在成批生产时，用上述装配方法显然很费事，所以一般采用专用的封头装配台来完成。

（3）筒体开孔。容器附件主要是设备上的各种接管、人孔及支座等，附件装焊前要在筒体上按图样要求确定开孔中心，画出中心线和圆周开孔线，打上冲眼，并用色漆标上主中心线的编号，然后切出孔和坡口。按照规定要求，开孔中心位置允许偏差为±10mm。开孔可用手工气割或机械化气割，大型制造厂采用机械自动化气割开孔机开孔。

（4）接管组焊。接管与筒体组对时，先把接管插入筒体开孔内，然后用点焊在短管上的支板或用磁性装配手定位好，如图8-8所示。接下来按筒体内表面形状在短管上画相贯线，将接管多余部分切去，再把接管插入筒体内用磁性装配手或支板定位好，先从内部焊满，而后从外面挑焊根后焊满。对接管上需要连接法兰时，安装接管应保

221

证法兰面的水平和垂直,其偏差不得超过法兰外径的 1%,且不大于 3mm。若设计有专用夹具,可以直接准确地将接管装焊在筒体上。

（5）支座组焊。本例卧式设备采用鞍式支座,其基本结构如图 8-9 所示。在底板上划线,焊上腹板和纵向立肋,组焊时需保证各零件与底板垂直。然后将弯制好的托板与腹板和纵向立肋组焊,最后,将支座组合件焊在筒体预先画好的支座位置线上。

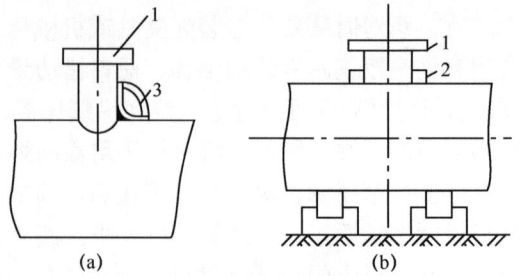

图 8-8　接管在筒体上的安装方法

（a）磁性装配手定位；（b）支板定位。
1—接管；2—支板；3—磁性装配手。

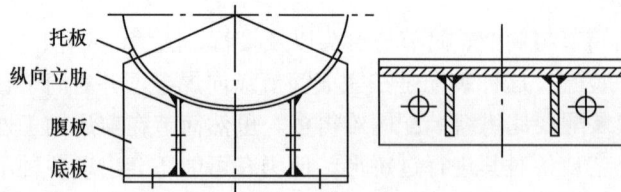

图 8-9　鞍式支座

托板
纵向立肋
腹板
底板

3. 容器的焊接

容器环焊缝焊接,可以采用各种焊接操作机进行双面焊。但在焊接容器最后一道环焊缝时,应采用手工封底的或带垫板的单面自动埋弧焊。其他附件与筒体的焊接,一般可采用焊条电弧焊。

为保证焊接接头质量,对已编制的将用于生产的每项焊接工艺,在容器正式施焊前需要进行焊接工艺评定。

容器焊接完后,还必须用各种方法进行检验,以确定焊缝质量是否合格。对于力学性能试验、金相分析、化学分析等破坏性试验是采用对产品焊接试板的检验；而对容器本身焊缝则应进行外观检查、各种无损探伤、耐压及致密性试验等。凡检验出超过规定的焊接缺陷,都应进行返修,直到重新探伤后确认缺陷已全部清除才算返修合格。焊缝质量检验与返修的各项规定可看 GБ150—1998 的相关内容。

三、高压容器的制造工艺特点

近年来,石油、化工、锅炉等设备都在向大容量、高参数（高压、高温）发展,因此高压容器的容量越来越大,温度和压力越来越高,应用也越来越广泛。高压容器所使用的钢较中、低压容器所使用的钢强度更高,同时壁厚也要大得多。高压容器大体上分为单层和多层结构两大类。在大型容器方面,单层结构制造工艺比较简单,或由于本身结构的需要,其应用较广,譬如电站锅炉汽包。

单层结构容器的制造过程与前面所述的中、低压单层容器大致相同,只是在成形和焊接方法的选取等方面有所不同。单层高压容器由于壁较厚,筒节一般采用加热弯卷,加热矫正成形,由于加热时产生的氧化皮危害较严重,会使钢板内外表面产生麻点和压坑，所以加热前需涂上一层耐高温、抗氧化的涂料，防止卷板时产生缺陷；热卷时钢板在辊筒的压力下会使厚度减小，减薄量为原厚度的 5%～6%，而长度略有增加，因此下料尺寸必须严格控制。始卷温度和终卷温度视材质而定。筒节纵缝可采用开坡口的多层多道埋弧焊，但如果壁厚太大（$\delta > 50mm$），采用埋弧焊则显得工艺复杂，材料消耗大，劳动条件差，这时可采用电渣焊，以简化工艺，降低成本，电渣焊后需进行正火处理。容器环缝多用电渣焊或窄间隙埋弧焊来完成。若采用窄间隙埋弧焊技术，可在宽 18mm～22mm，深达 350mm 的坡口内自动完成每层多道的窄间隙接头。与普通埋弧焊相比，效率大大提高，同时可节约焊接材料。容器焊完后，除需进行外观检查外，所有焊缝还要进行超声波探伤及 X 射线探伤、另外，由于壁较厚，焊后应力较大，因此高压容器焊后均应作消除应力处理。

复习思考题

1. 试述焊接结构生产的主要工艺过程。
2. 圆筒形压力容器有哪些主要部件？
3. 分析中低压压力容器各主要部件的装焊工艺要点。
4. 高压容器的制造有何特点？

第九章 焊接结构装配及焊接工艺装备

装配是将加工好的零、部件按产品图样和技术要求，采用适当工艺方法连接成部件或整个产品的工艺过程；焊接是将已装配好的结构，用规定的焊接方法、焊接参数进行焊接加工，使各零、部件连接成一个牢固整体的工艺过程；而焊接结构的生产与焊接工艺装备之间的关系十分紧密。本章重点介绍装配、焊接工装夹具的种类和组成、定位及夹紧机构、焊接变位机械装置及设备的分类、作用和特点等方面内容。

第一节 焊接结构的装配

装配是金属焊接结构制造工艺中重要的一道工序，装配工作的质量好坏直接影响着产品的最终质量，而且装配工序的工作量大，工艺也较复杂，约占整个产品制造工作量的 30%～40%。所以，选择正确的装配方法和合理的装配工艺，提高装配工作的效率和质量，在缩短产品制造工期、降低生产成本、提高企业经济效益、保证产品质量等多方面，都具有重要意义。

一、基本条件及装配基准

1. 装配的基本条件

进行焊接结构件的装配，必须对零件进行定位、夹紧和测量，这些是完成装配工艺的 3 个基本条件。

（1）定位。定位就是确定零件在空间的位置或零件间的相对位置。

（2）夹紧。夹紧是借助夹具等外力使零件到位，并将定位后的零件固定。

（3）测量。测量是指在装配过程中，对零件间的相对位置和各部件尺寸进行一系列的技术测量，从而鉴定定位的正确性和夹紧力的效果，以便调整。

图9-1所示为工字梁在平台6上的装配。两翼板 4 的相对位置由腹板 3 和挡铁 5 定位，工字梁端部由挡铁 7 定位；翼板与腹板间相对位置确定后，通过调节螺杆 1 调整两翼板的相对平行度；腹板与翼板的垂直度用 90° 角尺 8 测量。

上述三个装配基本条件相辅相成，

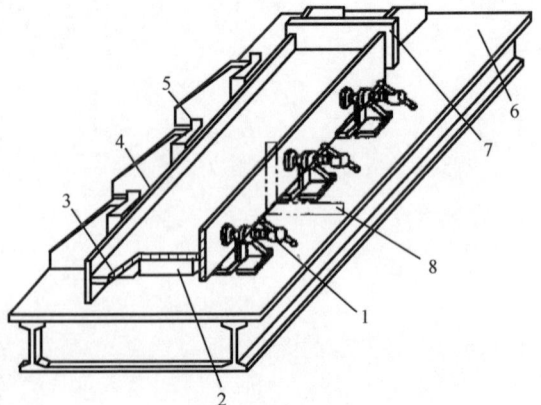

图9-1 工字梁的装配

1—调节螺杆；2—垫板；3—腹板；4—翼板；
5、7—挡铁；6—平台；8—90° 角尺。

缺一不可。若没有定位，夹紧就变成无的放矢；若没有夹紧，就不能保证定位的准确性和可靠性；若没有测量，也无法判断并保证装配的质量。

2．装配基准的选择

基准一般分为设计基准和工艺基准两大类。设计基准是按照产品的不同特点和产品在使用中的具体要求所选定的点、线、面，而其他的点、线、面只能根据它来确定；工艺基准是指工件在加工制造过程中所应用的基准，其中包括定位基准、装配基准、测量基准、检查基准和辅助基准等。

在结构装配过程中，工件在夹具或平台上定位时，用来确定工件位置的点、线、面称为定位基准。合理地选择定位基准，对保证装配质量，安排零、部件装配顺序和提高装配效率均有着重要的影响。图 9-2 示出容器上各接口间的相对位置，接口的横向定位以筒体轴线为定位基准。接口的相对高度则以 M 面为定位基准。若以 N 面为定位基准进行装配，则 M 与接口 I、II 的距离由 (H_2-h_1) 和 (H_2-h_2) 两个尺寸来保证，其定位误差是这两个尺寸误差之和，显然比用 M 作定位基准的误差要大。

装配工作中，工件和装配平台（或夹具）相接触的面称为装配基准面。通常按下列原则进行选择。

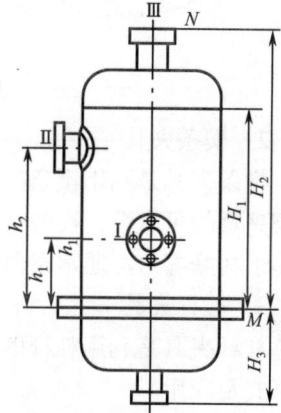

图 9-2　容器上各接口的相对位置

（1）既有曲面又有平面时，应优先选择工件的平面作为装配基准面。

（2）工件有若干个平面时，应选择较大的平面作为装配基准面。

（3）选择工件最重要的面（如经机械加工的面）作为装配基准面。

（4）选择装配过程中最便于工件定位和加紧的面作为装配基准面。

二、装配用工具、量具、夹具与设备

1．装配用工具、量具

常用的工具主要有大锤、小锤、錾子、手砂轮、撬杠、扳手、千斤顶及各种划线用的工具等；所使用的量具有钢卷尺、钢直尺、水平尺、90°角尺、线锤及各种定位样板等。

2．装配夹具

装配夹具，是指在装配中用来对零件施加外力，使其获得可靠定位的工艺装备。它包括通用夹具和装配胎架上的专用夹具。

1）螺旋夹具

螺旋夹具是通过丝杆与螺母间的相对运动来传递外力，以紧固零件。它具有夹、压、拉、顶和撑等多种功能。

弓形螺旋夹具利用丝杠起夹紧作用，选择或设计弓形夹紧器时，应使其工作尺寸 H、B 与被夹紧零件的尺寸相适应（见图 9-3），尽量减轻其重量以便使用，并且还应具有足够的强度和刚度。一般小型的多采用图 9-3（a）、（b）所示的形式，而大型的多采用图 9-3（c）、（d）所示结构形式。

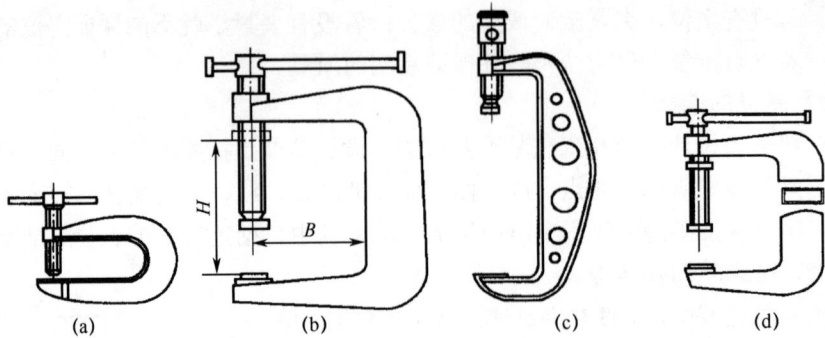

图 9-3　弓形螺旋夹的工作尺寸及形式

2）楔条夹具

楔条夹具是利用楔条的斜面将外力转变为夹紧力，达到夹紧零件的目的。为了保证斜楔夹紧的可靠性，楔条夹具在使用中应能自锁，其自锁条件是楔条（或楔板）的楔角应小于其摩擦角，通常楔角小于 $10°\sim12°$。

3）杠杆夹具

杠杆夹具是利用杠杆的增力作用夹持零件，图 9-4 所示为几种常用的简易杠杆夹具的形式及应用。

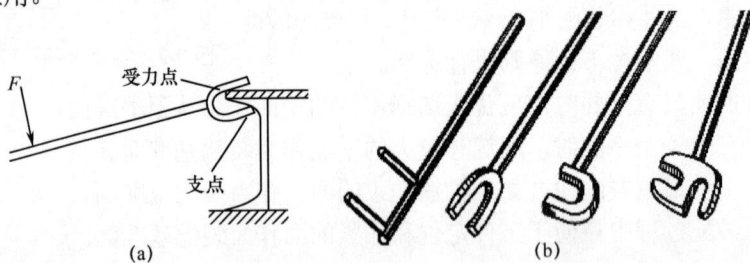

图 9-4　常用的几种简易杠杆夹具

装配过程中对零件的夹紧是通过各种装配夹具实现的。事前必须对所用夹具的类型、数量、作用、位置及夹紧方式等做出正确、合理选择，才能获得较好的夹紧效果和装配质量。

3．装配用设备

装配常用设备有平台、转胎、专用胎架等。

1）对装配用设备的一般要求

（1）平台或胎架等应具备足够的强度和刚度。

（2）平台或胎架要求水平放置，表面应光滑平整。尺寸较大的装配胎架应安置在相当坚固的基础上，以免基础下沉导致胎具变形。

（3）胎架应便于对工件进行装、卸、定位焊等装配操作。

（4）设备构造简单，使用方便、维修容易，成本要低。

2）装配用平台

常用类型有铸铁平台、钢结构平台、导轨平台、水泥平台、电磁平台。

3）胎架

胎架经常用于某些形状比较复杂，要求精度较高的结构件，如船舶、机车车辆底架、

226

飞机和各种容器结构等。所以，它的主要特点是利用夹具对各个零件进行方便而精确的定位。有些胎架还可以设计成可翻转的，把工件翻转到适合于焊接的位置。利用胎架进行装配，既可以提高装配精度，又可以提高装配速度。但由于胎架制作费用较大，故常为某种专用产品设计制造，适用于流水线或批量生产。

装配胎架应符合下列要求。

（1）胎架工作面的形状应与工件被支承部位的形状相适应。

（2）胎架结构应便于在装配中对工件施行装、卸、定位、夹紧和焊接等操作。

（3）胎架上应划出中心线、位置线、水平线和检验线等，以便于装配中对工件随时进行校正和检验。

（4）胎架上的夹具应尽量采用快速夹紧装置，并有适当的夹紧力。定位元件形状及尺寸需正确并耐磨，以保证零件定位保持准确。

三、装配中的测量

装配中的测量项目主要有线性尺寸、平行度、垂直度、同轴度及角度等。测量时为衡量被测点、线、面的尺寸和位置精度而选作依据的点、线、面称为测量基准。当设计基准、定位基准、测量基准三者合一时，可以有效地减小装配误差。一般情况下，多以定位基准作为测量基准。当以定位基准作测量基准不利于保证测量的精度或不便于测量操作时，就应重新选择合适的测量基准。

1. 线性尺寸的测量

线性尺寸是指工件上被测点、线、面与测量基准间的距离。线性尺寸的测量，主要是利用各种刻度尺（卷尺、盘尺、钢直尺等）来完成。

2. 平行度的测量

1）相对平行度的测量

相对平行度是指工件上被测的线（或面）相对于测量基准线（或面）的平行度。测量相对平行度，通常在被测的线（或面）上选择较多的测量点（避免由于零件不直造成误差），与被测量工件的基准线（或面）上的对应点进行线性尺寸的测量，若尺寸相等即平行。有时还需要借助大平尺测量相对平行度，例如测量圆锥台上端面与下端面的平行度。测量时要转换大平尺的方位，以获得多点测量，若测得数据都相等，即圆锥台上下两端面平行。

2）水平度的测量

水平度就是衡量零件上被测的线（或面）是否处于水平位置。许多金属结构件制品，在使用中要求有良好的水平度。例如桥式起重机的运行轨道，就需要良好的水平度，否则，将不利于起重机在运行中的控制，甚至引起事故。施工装配中常用水平尺、软管水平仪、水准仪、经纬仪等量具或仪器来测量零件的水平度。

（1）水平尺测量。将水平尺放在工件的被测平面上，查看水平尺上玻璃管内气泡的位置，如在中间即达水平。使用水平尺时要轻拿轻放，要避免工件表面的局部凹凸不平影响测量结果。

（2）软管水平仪测量。由一根较长的橡皮管（或尼龙管），两端各接一根玻璃管所构成，管内注入液体。加注液体时要从一端注入，防止管内有空气。测量时，观察两玻璃管内的水面高度是否相同。软管水平仪通常用来测量较大结构的水平度。

（3）水准仪测量。由望远镜水准器和基座等组成，利用它测量水平度不仅能衡量各测点是否处于同一水平，而且能给出准确的误差值，便于调整。图 9-5 是用水准仪来测量球罐柱脚水平的例子。球罐柱脚上预先标出基准点，把水准仪安置在球罐柱脚附近，用水准仪测试。如果水准仪测出各基准点的读数相同，说明各柱脚处于同一水平面；若不同，则可根据由水准仪读出的误差值调整柱脚高低。

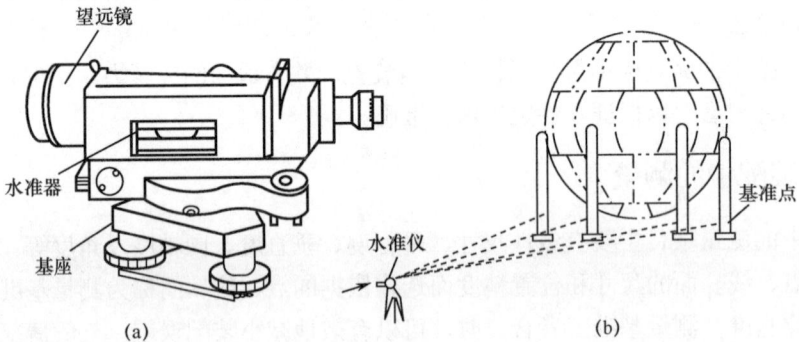

图 9-5　水准仪测量水平

3．垂直度的测量

1）相对垂直度的测量

相对垂直度是指工件上被测的直线（或面）相对于测量基准线（或面）的垂直度。很多产品在装配工作中对其垂直度的要求是十分严格的。例如高压电线铁塔等呈棱锥形的结构，往往由多节组成。装配时，技术要求的重点是每节两端面与中心线垂直。只有每节的垂直符合技术要求之后，才有可能保证总体安装的垂直度。尺寸较小的工件可以利用 90°角尺直接测量；当工件尺寸很大时，可以采用辅助线测量法，即用辅助线测量直角三角形的斜边长。例如，两直角边各为 1000mm，根据勾股定理计算，则斜边长应为 1414.2mm，以此类推。另外，也可用直角三角形直角边与斜边之比值为 3:4:5 的关系测定。当某些部位的垂直度难以直接测量时，可采用间接测量法测量。

2）铅垂度的测量

铅垂度是指测定工件上的线或面是否与水平面垂直。常使用吊线锤与经纬仪。采用吊线锤时，将线的一端拴在支杆上，测量工件与吊线之间的距离来测铅垂度。

当结构尺寸较大而且铅垂度要求较高时，可采用经纬仪来测量铅垂度。经纬仪主要由望远镜、竖直度盘、水平度盘和基座等组成，它可测角、测距、测高、测定直线、测铅垂度等。图 9-6 是用经纬仪测量球罐柱脚的铅垂度实例。先把经纬仪安置在柱脚的横轴方向上，目镜上十字线的纵线对准柱脚中心线的下部，将望远镜上下微动观测。若纵线重合于柱脚中心线，说明柱脚在此方向上垂直，如果发生偏离，就需要调整柱脚。然后，用同样的方法把经纬仪安置在柱脚的纵轴方向观测，如果柱脚中心线在纵轴上也与纵线重合，则柱脚处于铅垂位置。

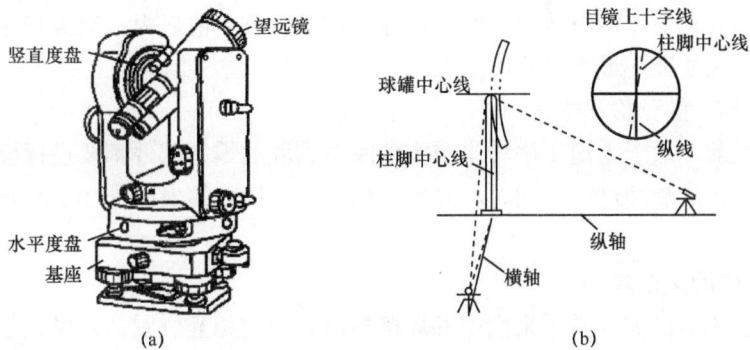

图 9-6　经纬仪及其应用

4．同轴度的测量

同轴度是指工件上具有同一轴线的几个零件，装配时其轴线的重合程度。测量同轴度的方法很多。图 9-7 为三节圆筒组成的筒体，测量它的同轴度时，可在各节圆筒的端面安上临时支撑，在支撑中间找出圆心位置并钻出直径为 20mm～30mm 的孔，然后由两外端面中心拉一根细钢丝，使其从各支撑孔中通过，观测钢丝是否处于各孔中间，测得其同轴度。

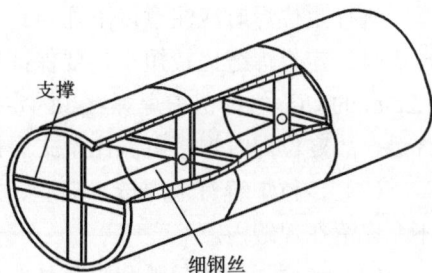

图 9-7　圆筒内拉钢丝测量同轴度

5．角度的测量

装配中，通常是利用各种角度样板测量零件间的角度。

装配测量除上述常用项目外，还有斜度、挠度、平面度等一些测量项目。值得强调的是，测量量具的精确性、可靠性是保证装配结果准确的直接因素。因此，测量中应注意保护量具不受损坏，并经常定期检验其精度的正确性。

四、结构的装配工艺

1．装配前的准备

装配前的准备工作，通常包括如下几方面准备工作。

1）熟悉产品图样和工艺规程

要清楚各部件之间的关系和连接方法，选择好装配基准和装配方法。

2）装配现场和装配设备的选择

依据产品的大小和结构件的复杂程度选择或安置装配平台和装配胎架。装配工作场地应尽量设置在起重机的工作区间内，而且要求场地平整、清洁，人行道通畅。

3）工量夹具等的准备

装配中常用的工、量、夹具和各种专用吊具，都必须配齐并组织到场。此外，根据装配需要配置的其他设备，如焊机、气割设备、钳工操作台、风砂轮等，也必须安置在规定的场所。

4）正确掌握公差标准

制订装配工艺时必须注明结构的特殊要求及公差尺寸。当构件是由若干零件组成时，若这些零件都为正公差，组装成的结构尺寸应在最大公差值之内；当这些零件都为负公差时，则结构尺寸应在最小公差值之上。

5）零、部件的预检和除锈

产品装配前，对于上道工序转来或零件库中领取的零、部件都要进行核对和检查，以便于装配工作的顺利进行。同时，对零、部件的连接处的表面进行去毛刺、除锈垢等清理工作。

2．装配中的定位焊

定位焊也称点固焊，是用来固定各焊接零件之间的相互位置，以保证整个结构件得到正确的几何形状和尺寸。定位焊缝一般比较短小，而且该焊缝作为正式焊缝留在焊接结构之中，故对所使用的焊条或焊丝应与正式焊缝所使用的焊条或焊丝牌号相同，而且必须按正式焊缝的工艺条件施焊。

进行定位焊时应注意以下几点。

（1）定位焊缝比较短小，要保证焊透，故应选用直径小于 4mm 的焊条或直径小于 1.2mm 的 CO_2 气体保护焊焊丝。因定位焊时工件温度较低及输入热量不足，容易产生未焊透，故定位焊时焊接电流比正式焊接时大 10%～15%。

（2）定位焊缝有未焊透、夹渣、裂纹、气孔等焊接缺陷时，应该铲掉并重新焊接，不允许留在焊缝内。

（3）定位焊缝的起弧和收弧处应圆滑过渡，否则，在焊正式焊缝时会在该处造成未焊透、夹渣等缺陷。

（4）定位焊缝的长度尺寸根据板厚选取，金属结构装配时定位焊缝的尺寸可参考表 9-1 确定。对于强行装配的结构，因定位焊缝承受较大的外力，应根据具体情况适当加大定位焊缝长度并缩小间距。对于装配后需吊运的工件，定位焊缝应保证零件不分离，因此对起吊受力部分的定位焊缝，可加大尺寸或数量，或在完成一定的正式焊缝以后吊运，以保证安全。

表 9-1　定位焊缝参考尺寸

焊件厚度/mm	焊缝高度/mm	焊缝长度/mm	间距/mm
≤4	<4	5～10	50～100
4～12	3～6	10～20	100～200
>12	约6	15～30	100～300

3．装配工艺过程的制定

1）装配工艺过程制订的内容

（1）零件、组件、部件的装配次序。

（2）在各装配工艺工序上采用的装配方法。

（3）选用何种提高装配质量和生产率的装备、胎夹具和工具。

由于装配和焊接是密切联系的两个工序，在很多场合下是交错进行的，故在制订装配工艺过程中，要全面分析，使所拟定的装配工艺过程对以后各工序都带来有利的影响。如使施焊处于有利位置，各焊缝的可达性好，并有利于控制焊接应力与变形等；同时装配时还要注意定位基准面和零件公差的选择。

2）装配工艺方法的选择

零件备料及成形加工的精度对装配质量有着直接的影响，但加工精度越高，其工艺成本就越高。因此，选择装配工艺方法的同时也要兼顾工件的生产成本。根据不同产品和不同生产类型的条件，工厂中经常采用的零件装配的工艺方法，主要有互换法、选配法和修配法等几种。

（1）互换法。用控制零件的加工误差来保证装配精度。采用这种装配方法时零件是完全可以互换的，装配过程简单，生产率高，对装配工人的技术水平要求不高，便于组织流水作业，但要求零件的加工精度较高。

（2）选配法。将零件按一定经济精度制造（即零件的公差带放宽了），装配时需挑选合适的零件进行装配，以保证规定的装配精度要求。这种方法对零件的加工工艺要求放宽，便于零件加工，但装配时要由工人挑选，增加了装配工时和装配难度。

（3）修配法。零件预先留出修配余量，在装配过程中修去该零件上多余部分的材料，使装配精度满足技术要求。此法零件的制作精度可放得较宽，但增加了手工装配的工作量，而且装配质量取决于工人的技术水平。

在选择装配工艺方法时，应根据生产类型和产品种类等方面来考虑。一般单件、小批量生产或重型焊接结构生产，常以修配法为主，互换件的比例较少，工艺的灵活性大，大多使用通用工艺装备，常为固定式装配；成批生产或一般焊接结构，主要采用互换法，也可灵活采用选配法和修配法；工艺划分应适应批量的均衡生产，使用专用工艺装备，可组织流水作业生产。

4. 焊接结构装配次序的确定

在焊接结构生产时，确定结构或部件的装配次序，不能单纯从装配工艺角度考虑。还需从两个方面来确定装配—焊接次序：①考虑从事装配工作是否方便、焊接的方法及可达性；②对焊接应力与变形的控制是否有利及其他一系列生产问题。恰当地选择装配—焊接次序是控制焊接应力与变形的有效措施之一。例如，选择工字梁肋板的装配次序可有两种不同的方案。一种是将肋板与工字梁的翼缘板、腹板一起装配完毕后再进行焊接，这时翼缘焊缝对工字梁翼缘板引起的角变形是比较小的，但是四条较长的翼缘焊缝就不能采用自动焊接来完成；而在生产工字梁对采用自动焊接是合理的，为了解决上述矛盾，达到提高生产效率和改善焊接质量的目的，应考虑另一个方案，即先不将肋板装配到工字断面上，待4条翼缘焊缝完成自动焊接后，再焊肋板。后一方案的缺点是翼缘板角变形相当严重，为使其变形减少，需要采取预先反变形来加以预防或者采取焊后再矫正的办法。

五、装配基本方式与方法

焊接生产中应用的装配方式与方法可根据结构的形状和尺寸复杂程度以及生产性质等进行选择。

按定位方式分为划线定位装配法和工装定位装配法；按装配地点分为工装固定式装配法和工装移动式装配法；按装配—焊接次序分为部件组装法和零件组装法（随装随焊法及整装整焊法）。

1. 划线定位装配法

划线定位装配法是利用在零件表面或装配台表面划出工件的中心线、接合线、轮廓线等作为定位线，来确定零件间的相互位置，以定位焊固定进行装配。这种装配，通常用于简单的单件小批量装配或总装时的部分较小型零件的装配。

2. 工装定位装配法

1）样板定位装配

它是利用样板来确定零件的位置、角度等的定位，然后夹紧并经定位焊完成装配的装配方法。常用于钢板与钢板之间的角度装配和容器上各种管口的安装。

图9-8所示为斜T形结构的样板定位装配，根据斜T形结构立板的斜度，预先制作样板，装配时在立板与平板接合线位置确定后，即以样板去确定立板的倾斜角度，使其得到准确定位后实施定位焊接。

断面形状对称的结构，如钢屋架、梁、柱等结构，可采用样板定位的特殊形式——仿形复制法进行装配，图9-9所示为简单钢屋架部件装配过程：先用"地样装配法"将半片屋架装配完，然后吊起翻转后放置在平台上，再以这半片钢屋架为样板（称仿模），在其对应位置放置对应的节点板和各种杆件，用夹具卡紧后定位焊，便复制出与仿模对称的半片新屋架。这样连续地复制装配出一批屋架，与原先用地样装配的屋架相互组合后，便成为一片片完整的钢屋架。

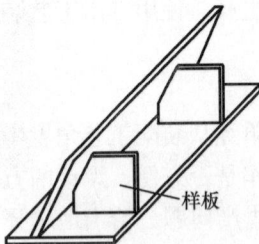

图9-8 样板定位装配

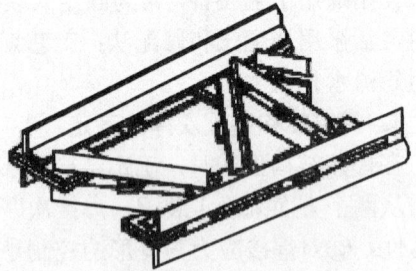

图9-9 钢屋架仿形复制装置

2）定位元件定位装配法

用一些特定的定位元件（如板块、角钢、销轴等）构成空间定位点来确定零件的位置，并用装配夹具夹紧装配。它不需划线，装配效率高，质量好，适用于批量生产。

应当注意的是，用定位元件定位装配时，如图9-9钢屋架仿形复制装配要考虑装配后工件的取出问题。因为零件装配是逐个分别安装上去的，自由度大，而装配完后，零件与零件已连成一个整体，如定位元件布置不适当时，则装配后工件难以取出。

3）胎夹具（又称胎架）装配法

对于批量生产的焊接结构，若需装配的零件数量较多，内部结构又不很复杂时，可将工件装配所用的各定位元件、夹紧元件和装配胎架三者组合为一个整体，构成装配胎架。

图9-10所示为汽车横梁结构及其装配胎架。装配时，首先将角形铁6置于胎架上，用活动定位销11定位并用螺旋压紧器9固定，然后装配槽形板3和主肋板5，它们分别用挡铁8和螺旋压紧器9压紧，再将各板连接处定位焊。该胎架还可以通过回转轴10

(a) 汽车衡量

(b) 焊接夹具

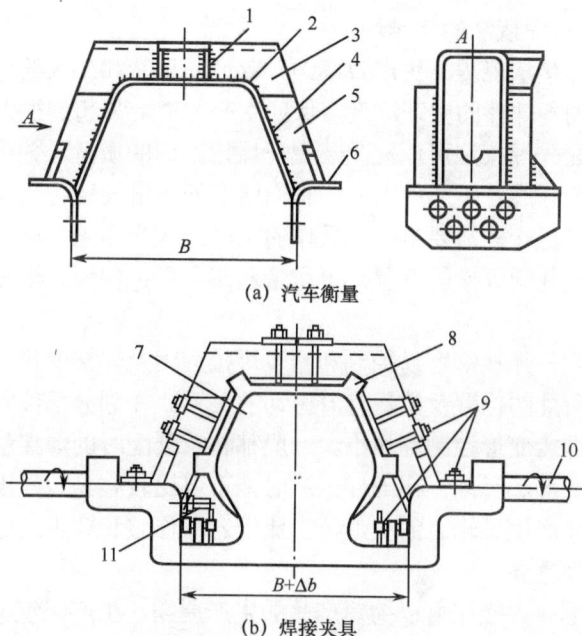

图 9-10　汽车横梁及其装配胎架

1、2—焊缝；3—槽形板；4—拱形板；5—主肋板；6—角形板；
7—胎架；8—挡铁；9—螺旋压紧器；10—回转轴；11—定位销。

回转，把工件翻转到使焊缝处于最有利的施焊位置焊接。

利用装配胎架进行装配和焊接，可以显著提高装配工作效率，保证装配质量，减轻劳动强度，同时也易实现装配工作的机械化和自动化。

3. 随装随焊法

随装随焊法是先将若干个零件组装起来，随之焊接相应的焊缝，然后再装配若干个零件，再进行焊接，直至全部零件装完并焊完，并成为符合要求的构件。这种方法是装配工人与焊接工人在一个工位上交替作业，影响生产效率，也不利于采用先进的工艺装备和先进的工艺方法。因此，此种方法适用于单件、小批量生产和复杂的结构生产。

4. 整装整焊法

整装整焊法是将全部零件按图样要求装配起来，然后转入焊接工序，将全部焊缝焊完。此种方法的特点是装配工人与焊接工人各自在自己的工位上完成工作，可实行流水作业，停工损失很小。装配时可采用装配胎架进行，焊接也可采用滚轮架、变位器等工艺装备，有利于提高装配—焊接质量。这种方法适用于结构简单、零件数量少、大批量生产。

5. 部件组装法

部件组装法是将整个结构分解成若干个部件，先由零件装配成部件，然后再由部件装配—焊接成结构件，最后再把它们总装焊成整个产品结构。这种方法适用于批量生产，且可分解成若干个部件的复杂结构，如机车车辆底架、船体结构等。可实行流水作业，几个部件可同步进行，有利于应用各种先进工艺装备，有利于控制焊接变形，有利于采用先进的焊接工艺方法。

1）分部件装配—焊接法的优越性

分部件装配—焊接法能提高生产效率，改善产品质量和工人的劳动条件。同时，对加强生产管理，协调各部件的生产进度，保证生产的节奏都起到很大的促进作用。

（1）分部件装配—焊接法可以提高装配—焊接工作的质量，并可改善工人的劳动条件。把整体的结构划分成若干部件以后，它们就变得重量较轻、尺寸较小、形状简单，因而便于操作。同时把一些需要全位置操作的工序改变为在正常位置的操作，即这些部件的焊缝容易处于有利于焊接的位置，可尽量避免立焊、仰焊、横焊，并且可将角焊缝变为船形位置。

（2）分部件装配—焊接法容易控制和减少焊接应力及焊接变形。焊接应力和焊接变形与焊缝在结构中所处的位置及数量有着密切的关系。在划分部件时，要充分考虑到将部件的焊接应力与焊接变形控制到最小。一般都将总装配时的焊接量减少到最小，以减少可能引起的焊接变形。另外，在部件生产时，可以比较容易地采用胎架或其他措施来防止变形，即使已经产生了较大的变形，也比较容易修整和矫正。这对于成批和大量生产的构件，显得更为重要。

（3）分部件装配—焊接法可以缩短产品的生产周期。生产组织中各部件的生产是平行进行的，避免了工种之间的相互影响和等候。生产周期可缩短 1/3～1/2，对于提高工厂的经济效益是非常有利的。

（4）分部件装配—焊接法可以提高生产面积的利用率，减少和简化总装时所用的胎位数。

（5）在成批和大量生产时可广泛采用专用的胎架，分部件以后可以大大简化胎架的复杂程度，并且使胎架的成本降低。另外，工人有专门的分工，熟练程度可提高。

2）部件的划分

部件的合理划分是发挥上述优越性的关键，划分部件时应从以下几方面考虑。

（1）尽可能使各部件本身的结构形式是一个完整的构件，便于各部件间最后的总装。另外，各部件间的结合处应尽量避开结构上应力最大的地方，从而保证不因划分工艺部件而损害结构的强度。

（2）最大限度发挥部件生产的优点，合理选择部件，使装配工作和焊接工作方便；同时在工艺上便于达到技术条件的要求，如焊接变形的控制，防止因结构刚性过大而引起裂纹的产生等。

（3）考虑现场生产能力和条件的限制，主要指划分的部件在重量上、体积上的限制。如：在建造船体时，分段划分必须考虑到起重设备的能力和车间装配—焊接场地的大小。对焊后要进行热处理的大部件，要考虑到退火炉的容积大小等问题。

（4）在大量生产的情况下，考虑生产节奏的要求。

6. 工件固定式装配法

工件固定式装配方法是指装配工作在一处固定的工作位置上装配完成全部零、部件，这种装配方法一般用在重型焊接结构产品或产量不大的情况下。

7. 工件移动式装配法

工件移动式装配方法是指工件沿着一定的工作地点按工序流程进行装配。在工作地点上设有装配的胎位和相应的工人。这种方式不完全限于用在轻小型的产品上，有时为了使用某些固定的专用设备也常采用这种方式。在产量较大的生产中或流水线生产中通常也采用这种方式。

第二节　焊接工艺装备的作用及分类

焊接工艺装备是在焊接结构生产的装配与焊接过程中起配合及辅助作用的夹具、机械装置或设备的总称，简称焊接工装。其中夹具主要包括定位器、夹紧器、推拉装置等；机械装置或设备主要包括焊件变位机、焊机变位机、焊工变位机等。在现代焊接结构生产中，积极推广和使用与产品结构相适应的焊接工装，对提高产品质量，减轻焊接工人的劳动强度，加速焊接生产实现机械化、自动化进程等诸方面起着非常重要的作用。

一、焊接工装的地位和作用

焊接结构生产全过程中，纯焊接所需作业工时仅占全部加工工时的 20%～30%，其余是用于备料、装配及其他辅助工作。这些工作影响了焊接结构生产进度，特别是伴随高效率焊接方法的应用，这种影响日益突出。解决这一问题的最佳途径，是大力推广使用机械化和自动化程度较高的焊接工装。

焊接工装的正确选用，是生产合格焊接结构的重要保证。除解决上述谈到的对生产进度的影响外，其主要作用还表现在如下几方面。

（1）准确、可靠的定位和夹紧，可以减轻甚至取消下料和装配时的划线工作。减小制品的尺寸偏差，提高零件的精度和互换性。

（2）有效地防止和减小焊接变形，从而减轻了焊接后的矫正工作量，达到减少工时消耗和提高劳动生产率的目的。

（3）能够保证最佳的施焊位置。焊缝的成形性优良，工艺缺陷明显降低，焊接速度提高，可获得满意的焊接接头。

（4）采用焊接工装，实现以机械装置取代装配零部件的定位、夹紧及工件翻转等繁重的工作，改善工人的劳动条件。

（5）可以扩大先进工艺方法和设备的使用范围，促进焊接结构生产机械化和自动化的综合发展。

二、焊接工装的分类

焊接工装的形式多种多样，以适应品种繁多、工艺性复杂、形状尺寸各异的焊接结构生产的需要。焊接工装可按其功能、适用范围或动力源等进行分类。

1. 按功能分类

可分为装配—焊接夹具；焊接变位机械（焊件变位机、焊机变位机和焊工变位机）；焊接辅助装置及设备等。

（1）装配—焊接夹具主要是对工件进行准确定位和可靠夹紧作用。功能单一，结构简单，多由定位元件、夹紧元件和夹具体组成。手动夹具便于携带和挪动，适于现场安装或大型金属结构的装配和焊接生产使用。

（2）焊件变位机又称焊接变位器。焊件被夹持在可变位的台（架）上，该变位台（架）由机械传动机构使其在空间变换位置，适于结构紧凑、焊缝短而分布不规则的焊件装配和焊接时使用。

（3）焊机变位机又称焊接操作机。焊机或焊接机头通过该机械实现平移、升降等运动，使之到达施焊位置并完成焊接。可以和焊件变位机配合使用，完成变位有困难的大型金属结构的焊接。

（4）焊工变位机又称焊工升降台。由机械传动机构实现升降，将焊工送至施焊位置。适用于高大焊接产品的装配、焊接和检验等工作。

（5）焊接辅助装置及设备是指通常不与焊件直接接触，但又密切为焊接服务的各种装置，如焊丝处理、焊剂回收、焊剂垫等装置以及各类吊具、地面运输设备、起重机、运输机等。

2. 按适用范围分类

可分为专用工装、通用工装、半通用工装、组合式工装等。

（1）专用工装是指只适用于一种焊件的装配和焊接。多用在有特殊要求或大批量生产的场合。

（2）通用工装又称万能工装。一般不需调整即能适用于各种焊件的装配或焊接，其结构简单，如定位器、夹紧器等。

（3）半通用工装介于专用与通用工装之间，适用于同一系列但不同规格产品的装配或焊接，使用前需做适当调整。

（4）组合式工装具有万能性质，但必须在使用前将各夹具元件重新组合才能适用于另一种产品的装配与焊接。

3. 按动力能源分类

可分为手工工装、气动工装、液动工装、电动工装（电磁工装及电动机工装）。

（1）手动工装靠工人手臂之力去推动各种机构实现焊件的定位、夹紧或运动，适于夹紧力不大、小件、单件或小批量生产场合。

（2）气动工装利用压缩空气作动力源，气压一般在 1MPa 以内，传动力不大，适用于快速夹紧和变位场合。

（3）液动工装是用液体压力作动力源，传动力大且平稳，但速度较慢，成本高，适用于传动精度高、工作要求平稳、尺寸紧凑的场合。

（4）电磁工装是利用电磁铁产生的磁力作动力源来夹紧焊件，用于夹紧力要求小的场合。

（5）电动机工装是利用电动机的扭矩作动力去驱动传动机构，可实现各种动作，效率高、省力、易于自动化，适于批量生产。

三、焊接工装的特点

焊接工装的使用与焊接结构产品的各项技术及经济指标（如产品的质量、产量、成本等）有着密切的联系。

1. 焊接工装与备料加工的关系

焊接结构零件加工具有工序多（如矫正、划线、下料、边缘加工、弯曲成形等）与工作量大的特点。采用工装进行备料加工，要与零件几何形状、尺寸偏差和位置精度的要求相匹配，尽可能使零件具有互换性，提高坡口的加工质量以及减小弯曲成形的缺陷。

2．焊接工装与装配工艺的关系

利用定位器和夹紧器等装置进行焊接结构的装配，其定位基准和定位点的选择与零件的装配顺序、零件尺寸精度和表面粗糙度有关。例如：尺寸精度高，表面粗糙度低的零件，装配时应选用具有刚性固定的定位元件，快速而夹紧力不太大的夹紧元件；对于尺寸精度较差、表面粗糙度较高的零件，所选用的定位元件应具有足够的耐磨性并可及时拆换和调整；当零件表面不平时，可选用夹紧力较大的夹紧器。

3．焊接工装与焊接工艺的关系

不同的焊接方法对焊接工装的结构和性能要求也不尽相同。采用自动焊生产时，一般对焊接机头的定位有较高的精度要求，以保证工作时的稳定性，并可以在较宽的范围内调节焊接速度。当采用手工焊接时，则对工装的运动速度要求不太严格。

4．焊接工装与生产规模的关系

焊接结构的生产规模和批量，对工装的专用化程度、完善性、效率及构造具有一定的影响。单件生产时，一般选用通用的工装夹具，这类夹具无需调整或稍加调整就能适于不同焊接结构的装配或焊接工作。成批量生产某种产品时，通常选用较为专用的工装夹具，也可以利用通用的、标准夹具的零件或组件，使用时只需将这些零件或组件加以不同的组合即可。对于专业化大量生产的结构产品，每道装配、焊接工序都应采用专门的装备来完成，例如采用气压、液压、电磁式等快动夹具；采用机械化、自动化装置以及焊接机床等；用以形成专门生产线。

第三节　工件的焊接夹具

在焊接结构生产中经常采用的夹具有装配—定位焊夹具、焊接夹具、矫正夹具等。一个完整的工装夹具，一般由定位器、夹紧机构和夹具体 3 部分组成。夹具体起着连接定位元器件和夹紧元器件的作用，有时还用于对焊件的支承。其中，定位是夹具结构设计的关键，定位方案一旦确定，则其他组成部分的总体配置也基本随之而定。

一、工件的定位及定位器

1．定位原理

在装焊作业中，使工件按图样或工艺要求在夹具中得到确定位置的过程称为定位。工件能否在夹具中获得准确而快速的定位，关键在于科学地运用定位原理和恰当选择工艺基准。

自由物体在空间直角坐标系中有 6 个自由度，即沿 Ox、Oy、Oz 三个轴向的相对移动和 3 个绕轴的相对转动。要使工件在夹具中具有准确和固定不变的位置，则必须限制这 6 个自由度。每限制一个自由度，工件就需要与夹具上的一个定位点相接触，这种以 6 点限制工件 6 个自由度的方法称为"六点定位规则"。如图 9-11（a）所示，在 xOz 面上设置了 3 个定位点，可以限制工件沿 Oy 轴方向的移动和绕 Ox 轴、Oz 轴的转动，即限制了 3 个自由度；在 yOz 面上设有两个定位点，可以限制工件沿 Ox 轴方向的移动和绕 Oy 轴的转动，即限制了两个自由度；在 xOy 面上设置一个定位点，用以限制工件沿 Oz 轴方向的移动，即限制了一个自由度。

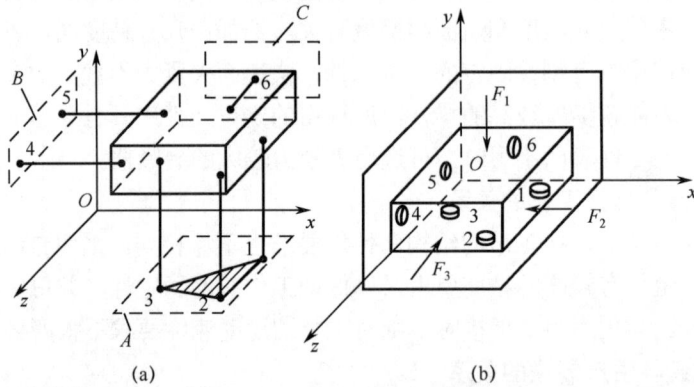

图 9-11　六方体零件的定位

若将坐标平面看作是夹具平面，将支承点（如图 9-11（b）中的小圆块）视为定位点，依靠夹紧力 F_1、F_2、F_3 来保证零件与夹具上支承点间的紧密接触，则可得到零件在夹具中完全定位的典型方式。利用零件上具体表面与夹具定位元件表面接触，达到消除零件自由度的目的，从而确定了零件在夹具上的位置。零件上这些具体表面在装配过程中叫做定位基准。根据图 9-11 可做如下分析。

（1）表面 A 上的三个支承点限制了零件的三个自由度，这个表面称为主要定位基准。连接 3 个支承点所得到的三角形面积越大，零件的定位越稳定，也越能保证零件间的位置精度，所以通常是选择零件上最大表面作为主要定位基准。

（2）表面 B 上的两个支承点限制了零件的两个自由度，这个表面称为导向定位基准。表面 B 越长，这两个支承点间的距离越远，零件对坐标平面的位置就越准确、可靠。所以通常选取零件上最长的表面作为导向定位基准。

（3）表面 C 上有一个支承点，可以限制零件最后一个自由度，这个表面称为止推定位基准或定程定位基准。通常是选择零件上最短、最窄的表面作为止推定位基准。

（4）工件的 6 个自由度均被限制的定位称为完全定位；工件被限制的自由度少于 6 个，但仍能保证加工要求的定位称为不完全定位。在焊接生产中，为了调整和控制产生的焊接应力与变形，有些自由度是不宜限制的，故可采用不完全定位的方法；在夹具设计中，按加工要求应限制的自由度而没有被限制是不允许的，这种定位称为欠定位；选用两个或更多的支承点限制一个自由度的方法称为过定位，过定位容易使位置变动，夹紧时造成工件或定位元件的变形，影响工件的定位精度，因此一般不宜采用。

2．定位基准的选择

定位基准的选择是定位器设计中的一个关键问题。零件进行装配或焊接时的定位基准，是由工艺人员在编制产品结构的工艺规程时确定的。夹具设计人员进行夹具设计时，也是以工艺规程中所规定的定位基准作为研究和确定零件定位方案的依据。若工艺规程确定的定位基准对夹具结构制造和应用有不利影响时，夹具设计人员应以减少定位误差和简化夹具结构为目的再另行选择定位基准。

选择定位基准时需着重考虑以下几点：

（1）定位基准应尽可能与焊件设计基准重合，以便消除由于基准不重合而产生的误差，当零件上的某些尺寸具有配合要求时，如孔中心距、支承点间距等，通常可选取这些地方作为定位基准，以保证配合尺寸的尺寸公差。

（2）应选用零件上平整、光洁的表面作为定位基准。当定位基准面上有焊接飞溅物、焊渣等造成表面不平整时，不宜采用大基准平面或整面与零件相接触的定位方式，而应采取一些突出的定位块以较小的点、线、面与零件接触的定位方式，有利于对基准点的调整和修配，减小定位误差。

（3）指向定位基准的夹紧力的作用点应尽量靠近焊缝区。其目的是使零件在加工过程中受夹紧力或焊接热应力等作用所产生的变形最小。

（4）据焊接结构的布置、装配顺序等综合因素来考虑基准的分布。当焊件由多个零件组成时，某些零件可以利用已装配好的零件进行定位。

（5）应尽可能使夹具的定位基准统一，这样，便于组织生产和有利于夹具的设计与制造。尤其是产品的批量大，所应用的工装夹具较多时，更应注意定位基准的统一性。

3. 定位器及其应用

定位器可作为一种独立的工艺装置，也可以是复杂夹具中的一个基本元件。定位器的制造和安装精度对工件的精度和互换性产生直接的影响，因此保证定位器本身的设计合理性、加工精度和它在夹具中的安装精度，是设计和选用定位器的重要环节。定位器的形式有多种，如挡铁、支承钉或支承板、定位销及 V 形块等。使用时，可根据工件的结构形式和定位要求进行选择。

1）平面定位用定位器

工件以平面定位时常采用挡铁、支承钉（板）等进行定位。

（1）挡铁。一种应用较广且结构简单的定位元件，除平面定位外，也常利用挡铁对板焊结构或型钢结构的端部进行边缘定位。

①固定式挡铁。图 9-12（a）可使工件在水平面或垂直面内固定，其高度不低于被定位件截面重心线。

②可拆式挡铁。当固定挡铁对焊件的安装和拆卸都非常不便利时使用图 9-12（b）所示的可拆式挡铁。

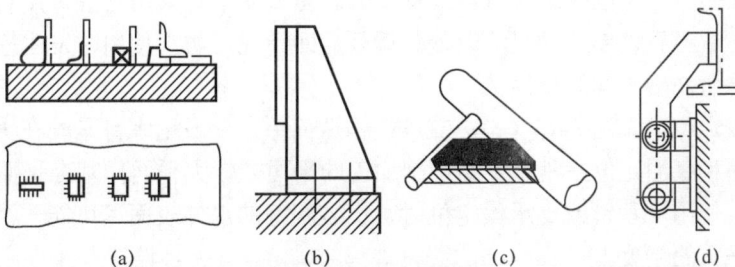

图 9-12　挡板的结构形式

（a）固定式；（b）可拆式；（c）永磁式；（d）可退出式。

③永磁式挡铁。图9-12（c）采用永磁性材料制成，使用非常方便，一般可定位30°、45°、70°、90°夹角的铁磁性金属材料。

④可退出式挡铁。如图9-12（d）所示，为适应焊接结构形式的多种多样性，保证复杂的结构件经定位焊或焊接后，能从夹具中顺利取出而设计的挡铁。

挡铁的定位方法虽简便，但定位精度不太高，所用挡铁的数量和位置，主要取决于结构形式、选取的基准以及夹紧装置的位置。对于受力（重力、热应力、夹紧力等）较大的挡铁，必须保证挡铁具有足够的强度，使用时受力挡铁与零件接触线的长度一般不小于零件接触边缘厚度的一倍。

（2）支承钉和支承板。主要用于平面定位。支承钉（板）的形式有多种。

①固定式支承钉。见图9-13（a），一般固定安装在夹具上，其配合尺寸为H7/r6或H7/n6。根据功能不同又分3种类型：平头支承钉用来支承已加工过的平面定位；球头支承钉用来支承未经加工、粗糙不平毛坯表面或焊件窄小表面的定位，此种支承钉的缺点是表面容易磨损；带齿纹头的支承钉多用在工件侧面，增大摩擦系数，防止工件滑动，使定位更加稳定。

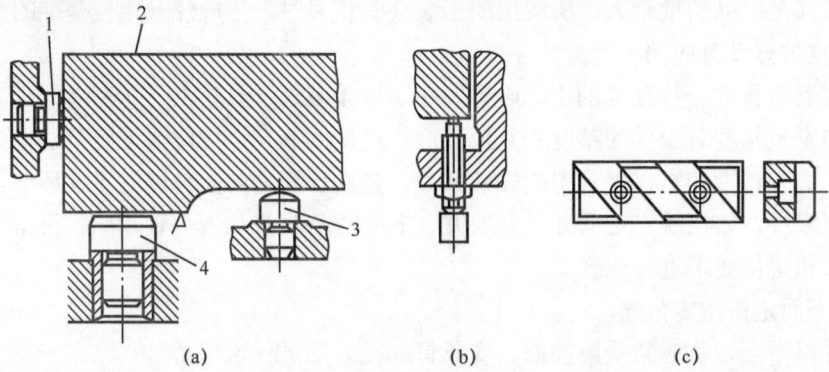

图9-13　支承钉（板）的结构形式

（a）固定式支承钉；（b）可调式支承钉；（c）支承板。

1—带齿纹头支承钉；2—工件；3—球头支承钉；4—平头支承钉。

固定式支承钉可采用衬套与夹具骨架配合的结构形式，当支承钉磨损时，可更换衬套，避免因更换支承钉而损坏夹具。支承钉多用于刚性较大的焊件定位。

②可调式支承钉。见图9-13（b），对于零件表面未经加工或表面精度相差较大，而又需以此平面做定位基准时选用可调式支承钉。可调支承钉采用与螺母旋合的方式按需要调整高度，适当补偿零件的尺寸误差。调好后即锁死，防止使用时发生松动。多用于装配形状相同而规格不同的焊件。

③支承板定位。见图9-13（c），支承板构造简单，一般用螺钉紧固在夹具上，可进行侧面、顶面和底面定位，常用于经切削加工的平面或较大平面作基准平面的场合。

应注意：使用支承钉或支承板定位时，已装配好的焊件表面尽可能一次加工完成，以保证定位平面的精度。

2）圆孔定位用定位器

利用零件上的装配孔、螺钉或螺栓孔及专用定位孔等作为定位基准时多采用定位销定位。销钉定位限制零件自由度的情况，视销钉与工件接触面积的大小而异。一般销钉直径大于销钉高度的短定位销起到两个支承点的作用，限制了工件沿 x 轴、y 轴的移动，即限制了两个自由度；销钉直径小于销钉高度的长定位销可起到 4 个支承点的作用，限制了工件沿 x 轴、y 轴的移动和绕 x 轴、y 轴的转动，即限制了 4 个自由度。定位销种类有固定式定位销、可换式定位销、可拆式定位销、可退出式定位销等几种。

利用圆锥定位销对孔进行定位，可以消除因定位基准（孔）的偏差所引起的径向定位误差，如图 9-14（a）所示。零件定位基准的直径从最小极限直径 D_0^{-a} 到最大极限直径 D_0^{+a}，始终保持与定位销的紧密接触，而且零件的孔中心线与圆锥形定位销重合，即径向定位误差为零（应注意孔在轴线方向的位移）。使用圆锥定位销时应尽量减小圆锥角，使插入圆锥定位销的零件孔壁发生弹性变形，保持零件与定位销之间的面接触，见图 9-14（b），从而消除由于线接触而产生的零件偏斜误差，见图 9-14（c）。

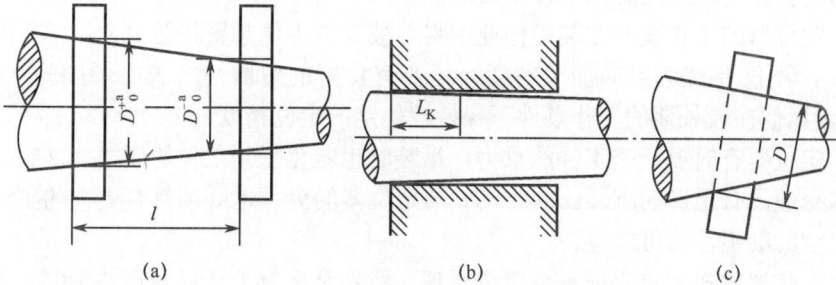

图 9-14　用圆锥定位销定位圆锥孔

（a）孔径的偏差；（b）接触面变形定位；（c）零件偏斜。

定位销一般按过渡配合或过盈配合压入夹具体内，其工作部分应根据零件上的孔径按间隙配合制造。

3）外圆表面定位用定位器

生产中，圆柱表面的定位多采用 V 形块。V 形块的优点较多，应用广泛。

V 形块上两斜面的夹角，一般选用 60°、90°、120° 三种。焊接夹具中 V 形块两斜面夹角多为 90°。V 形块的定位作用与零件外圆的接触线长度有关。一般短 V 形块起两个支承点的作用，长 V 形块起 4 个支承点的作用。常用 V 形块的结构有以下几种。

（1）固定式 V 形块。其对中性好，能使工件的定位基准轴线在 V 形块两斜面的对称平面上，而不受定位基准直径误差的影响。V 形块安装方便，粗、精基准都可使用。

（2）调整式 V 形块。用于同一类型但尺寸有变化的工件，或用于可调整夹具中。

（3）活动式 V 形块。一般用于定位夹紧机构中，起消除一个自由度的作用，常与固定 V 形块配合使用。

对于阶梯外圆柱表面和轴线交叉圆柱表面的定位，可采用 V 形块和其他定位器组合应用的方式解决，如图 9-15 所示。图 9-15（a）是带阶梯的零件，需要沿两个不同轴径定位，采用了 V 形块和可调支承钉的综合支承定位。图 9-15（b）是轴线交叉零件表面的定位方式，通过固定 V 形块和支承钉作用，限制了 5 个自由度（除沿 V 形块轴线方向的移动未定位外）。

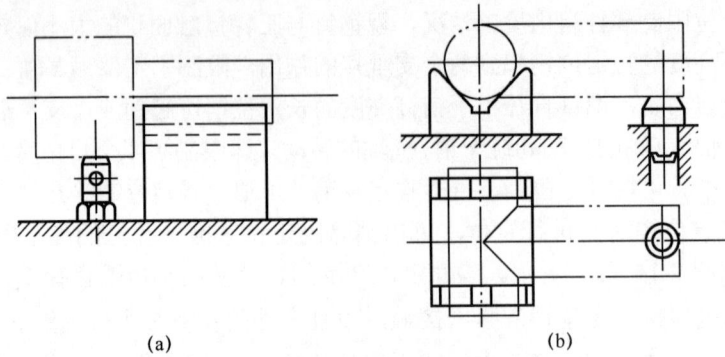

(a)   (b)

图 9-15   V 形块的应用示例

4）应用定位器的技术要点

应用定位器时还应注意以下技术要点。

（1）定位器的工作表面在装配作业中将与被定位零件频繁接触且为零部件的装配基准，因此，不仅要有适当的加工精度，还要有良好的耐磨性（表面硬度为 40HRC～65HRC），以便在较长期的工作条件下保持较稳定的定位精度。

（2）定位器有时要承受工件的重力，吊装时也难免受到工件的碰撞或冲击，因此，定位器本身应具有足够的刚性；同时，安装定位器的夹具也必须具有更大的刚性，以确保工件定位的准确性与可靠性。

（3）定位器的布置首先应符合定位原理，特别是在有工艺反变形要求时，定位器的配置更要精心设计。有时为满足装配零部件的装卸，还需将定位器设计成可移动、可回转或可拆装的形式。

（4）定位精度和质量不仅取决于定位器工作面（装配基准）的加工精度和耐磨性，也取决于工件定位面的状况，应优先选择工件本身的测量基准、设计基准。必要时也可能专门为解决定位精度而在工件上设置装配孔、定位块等。

当工件尺寸较大特别是采用中心柱销定位时，操作者不便观察工件的对中情况，这时，定位器本身应具有适应对中偏差的导入段，如在定位器端部加工出锥面、斜面或球面导向，以辅助工件的对中并导入工件。

各种定位元件在与夹紧器配合完成焊接工作过程中，常受到各种外力因素的影响，因此，凡受力定位元件一般要进行强度和刚度计算。定位元件上的定位基准应具有足够的精度，且加工性能良好，结构简单，便于制造和安装。

二、工件在夹紧机构中夹紧

1．夹紧的作用

利用某种施力元件或机构使工件达到并保持预定位置的操作称为夹紧。用于夹紧操作的元件或机构就称为夹紧器或夹紧机构。

夹紧操作在表现形式上都是对被夹持的工件实施力的作用，但其工艺内涵却不尽相同，其具体作用有以下几方面。

（1）用于实现工件的可靠定位。定位器的合理选择和布置为实现工件的正确定位提供了必要条件，但不是充分条件。只有与恰当的夹紧力相配合，将工件表面贴紧在定位面上，才能产生最终的定位效果。

（2）用于实现工艺反变形。在解决焊接构件的挠曲变形、角变形等工艺问题时，经常采用装配反变形工艺措施。为了有效控制工件的形状、变形量及位置稳定性等，首先必须通过某些夹具使工件整体稳固，然后再运用专门设置在特定部位的夹具对工件施加反变形力。

（3）用于保证工件的可靠变位。在焊接工序中，有时需借助焊接变位机对工件进行倾斜或回转。这时，吊装在变位机工作台或翻转机上的工件也必须采取可靠的夹紧措施，以确保操作过程的安全，防止工件在焊接过程中产生相对窜动。

（4）用于消除工件的形状偏差。目前"冲压—焊接"结构应用较广泛。由于各种工艺因素的影响，经冲压成形的板壳类零件往往产生不同程度的形状偏差。为了消除这些不良影响，有效控制产品的装配质量（如装配间隙控制、工件圆度控制），在装配工序中利用一些专用夹具来弥补工件本身存在的形状及尺寸偏差，降低废品率。

总之，在焊接结构的装配、焊接过程中，夹紧操作是十分重要的环节，它决定产品的质量，也涉及生产过程的安全。

2．夹紧机构的设计要点

选用夹紧机构的核心问题是如何正确施加夹紧力，即确定夹紧力的大小、方向和作用点3个要素。

1）夹紧力作用方向的确定

夹紧力的方向主要和零件定位基准的配置及零件所受外力的作用方向有关。夹紧力一般应垂直于主要定位基准，使这一表面与夹具定位元件的接触面积最大，即接触点的单位压力相应减小，定位稳定牢靠，有利于减小零件因受夹紧作用而产生的变形。

焊接时，夹具常受到工件重力、控制焊接变形所需的力、工件移动或转动引起的惯性力以及离心力等的影响。因此，夹紧力的方向应尽可能与所受外力的方向相同，使所需设计的夹紧力最小，因此主要定位基准的位置最好是水平的。

2）夹紧力作用点的确定

作用点的位置主要考虑如何保证定位稳固和最小的夹紧变形。作用点应位于零件的定位支承之上或几个支承所组成的定位平面内，以防止支承反力与夹紧力或支承反力与重力形成力偶造成零件的位移、偏转或局部变形。

夹紧力的作用点应安置在零件刚性最大的部位上，必要时，可将单点夹紧改为双点夹紧或适当增加夹紧接触面积。此外，作用点的布置还与工件的薄厚有关。对于薄板（$\delta \leqslant 3mm$）的夹紧力作用点应靠近焊缝，并且沿焊缝长度方向上多点均布，板材越薄均布点的距离越密。厚板的刚性较大，作用点远离焊缝可以减小夹紧力。

3）夹紧力大小的确定

确定夹紧力的大小需考虑以下几方面因素。

（1）当焊件在夹具上有翻转或回转动作时，夹紧力要足以克服重力和惯性力的影响，保证焊件的稳固性。

（2）需要在工件上实现反变形时，夹紧装置就应具有使零件获得预定反变形量所需的夹紧力大小。

（3）夹紧力要足以应付焊接过程热应力引起的约束应力。

（4）夹紧力应能克服零件因备料、运输等造成的局部变形，以便于结构的装配。

图 9-16 说明零件自重 W、焊接热作用力 F 对夹紧力 F' 的影响。图 9-16（a）装配零件的主要定位基准是水平的，且夹紧力与热作用力和自重同向且垂直于定位基准面，因此夹紧力可最小。图 9-16（b）热作用力是水平的，其夹紧力的大小需满足下式要求

$$F' \geqslant \frac{F}{\mu} - W \tag{9-1}$$

式中：μ 为摩擦系数，其值与表面粗糙度有关，一般取 $\mu = 0.1$

图 9-16（c）所需的夹紧力最大，其关系式为

$$F' \geqslant F + W \tag{9-2}$$

在式（9-1）和式（9-2）中，由焊接热引起的作用力 F 很难精确计算，只能粗略估计，因此一般将估算的理论值提高 1 倍～2 倍作为夹具的夹紧力。

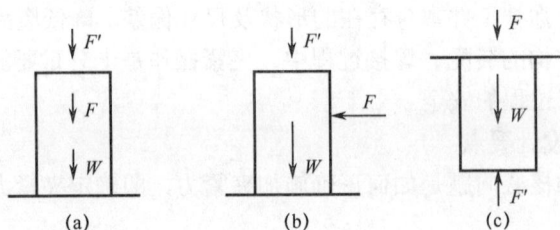

图 9-16　零件自重及焊接热作用力对夹紧力的影响

3．对夹紧机构的基本要求

（1）夹紧作用准确，处于夹紧状态时应能保持自锁，保证夹紧定位的安全可靠。

（2）夹紧动作迅速，操作方便省力，夹紧时不应损坏零件表面质量。

（3）夹紧件应具备一定的刚性和强度，夹紧作用力应是可调节的。

（4）结构力求简单，便于制造和维修。

4．夹紧机构的组成

典型的夹紧装置基本上由 3 部分组成，包括力源装置、中间传动机构和夹紧元件。力源装置（如图 9-17 中气缸）是产生夹紧作用力的装置，通常是指机械夹紧时所用的气压、液压、电动等动力装置；中间传动的机构（如图 9-17 中斜楔）起着传递或转变夹紧力的作用，工作时可以通过它改变夹紧作用力的方向和大小，并保证夹紧机构在自锁状态下安全可靠；夹紧元件（如图 9-17 中压板）是夹紧机构的最终执行元件，通过它和零件受压表面直接接触完成夹紧。一般手动夹具，主要由中间传动机构和夹紧元件组成。

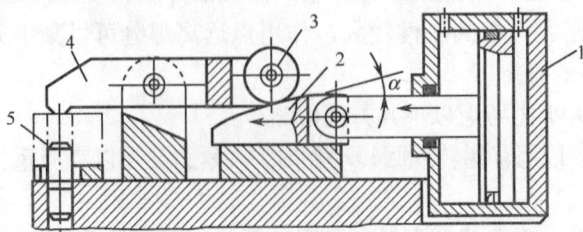

图 9-17　夹紧装置组成示例

1—气缸；2—斜楔；3—辊子；4—压板；5—零件。

5．常用夹紧机构

夹紧装置的种类很多，常用的结构形式有以下几种。

1）楔形夹紧器

楔形夹紧器是一种最基本、最简单的夹紧元件。工作时，主要通过斜面的移动所产生的压力夹紧工件。

2）螺旋夹紧器

螺旋夹紧器一般由螺杆、螺母和主体 3 部分组成，配合使用的有压块、手柄等零件。使用时，通过螺杆与螺母的相对旋动达到夹紧工件的目的。旋压时，若螺杆直接压紧工件，容易造成零件表面的压伤和产生位移，因此，通常是在螺杆的端部装有可以摆动的压块，既可使夹紧的零件不随螺旋拧动而转动，又不致压伤零件。

螺旋夹紧器根据零件形状和工作环境的差异具有多种形式，生产中最常见的是弓形夹紧器。

3）偏心轮夹紧器

偏心轮是指绕一个与几何中心相对偏移一定距离的回转中心而旋转的零件。偏心轮夹紧器是由偏心轮或凸轮的自锁性能来实现夹紧作用的。常见的偏心轮有两种：圆偏心轮和曲线偏心轮。曲线偏心轮的外轮廓为一螺旋线，制造麻烦，很少采用；圆偏心轮应用较多。

4）杠杆夹紧器

杠杆夹紧器由 3 个点和两个臂组成，这是一种利用杠杆作用原理，使原始力转变为夹紧力的夹紧机构。杠杆夹紧器的夹紧动作迅速，而且通过改变杠杆的支点和力点的位置，可起到增力的作用。

图 9-18 是一个典型的杠杆夹紧器。当向左推动手柄时，间隙增大，工件则被松开；当向右扳动手柄时，则工件夹紧。

杠杆夹紧器自锁能力差，受振动时易松开，所以常采用气压或液压作夹紧动力源或与其他夹紧元件组成复合夹紧机构，充分发挥杠杆夹紧器可增力、快速及改变力作用方向的特点。

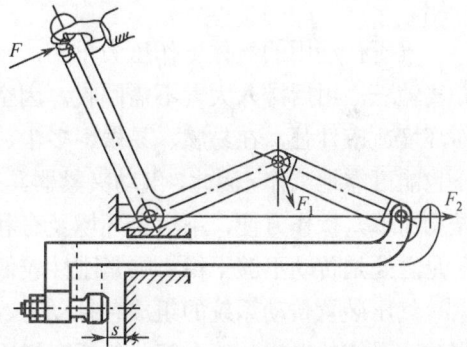

图 9-18　杠杆夹紧器

5）铰链夹紧机构

铰链夹紧机构是用铰链把若干个杆件连接起来实现夹紧工件的机构。其结构与工作特点如图 9-19 所示，夹紧杆 1 是一根杠杆，一端与带压块的螺杆 5 连接，以便压紧工件，另一端用铰链 D 与支座 4 连接；手柄杆 2 也是一根杠杆，用铰链 A 与支座 4 连接。夹紧杆 1 和手柄杆 2 通过连杆 3 用两个铰链 C 和 B 连接，包括支座在内共同组成一个铰链四连杆机构。连接这些杆件的铰链 A、B、C、D 的轴线都相互平行，在夹紧和松开过程中，这几个杆件都在垂直铰链轴线的平面内运动。图中位置是工件正处在被夹紧状态，这时 A、B、C 要处在一条直线上（即"死点"位置），该直线要与螺杆 5 的轴线平行而且都垂直夹紧杆 1。工件之所以能维持夹紧状态是靠工件弹性反作用力来实现，该反作用力被手柄杆 2 对夹紧杆 1 的作用力所平衡。反作用力的大小决定螺杆 5 对工件压紧的程度，它通过调节螺母改变螺杆伸出长度来控制。在夹紧杆上设置一限位块 E，是防止手柄杆越过该位置而导致夹紧杆 1 提升而松夹。用后退出时，只需把手柄往回扳动即可。

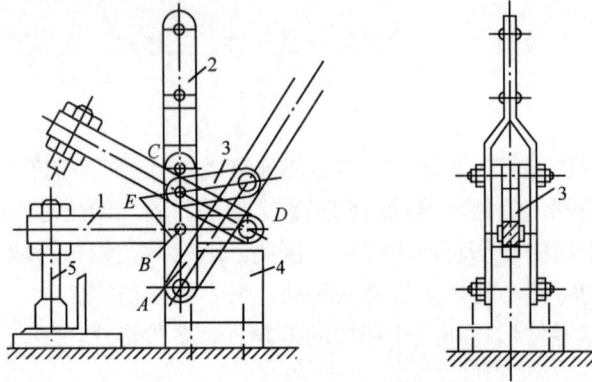

图 9-19　连杆式铰链快速夹紧装置
1—夹紧杆；2—手柄杆；3—连杆；4—支座（架）；5—螺杆。

铰链夹紧机构的夹紧力小，自锁性能差，怕振动。但夹紧和松开的动作迅速，可退出且不妨碍工件的装卸。因此，在大批量的薄壁结构焊接生产中广泛采用。

6. 气动与液压夹紧器

气动夹紧器是以压缩空气为传力介质，推动气缸动作实现夹紧作用。液压夹紧器是以压力油或水为传力介质，推动液压缸动作实现夹紧。下面以气动夹紧器为例加以介绍。

气压传动用的气体工作压力不高，一般为 0.4MPa～0.6MPa。气体便于集中供应和远距离输送，用后排入大气不需回收。因空气阻力小，气动动作迅速，反应快。气压系统对环境适应性强，在易燃、易爆、多尘、强磁、辐射、潮湿、振动及温度变化大的场合下也能可靠地工作。因此，气动夹紧器具有夹紧动作迅速（3s～4s 完成），夹紧力可调节，结构简单，操作方便，不污染环境及有利于实现程序控制操作等优点。但气动夹紧器的不足之处是传动不够平稳、夹紧刚性较低、气缸尺寸较大等。

气压装置传动系统的组成包括动力、控制、执行和辅助 4 个部分。图 9-20 是气压装置传动系统的组成，动力部分包括空气压缩机 2、冷却器 3、贮气罐 4、过滤器 5 等。控制部分中各组成元件的作用是当压缩空气经过分水滤气器 6 时可降低气体的湿度；调压阀 7 用来调整和稳定压缩空气的工作压力；油雾器 9 可使润滑油雾化随气一同进入传动系统，起着润滑元件的作用；单向阀 10 起到安全保护作用，防止气源突然中断或气压降低时松脱夹紧机构；配气阀 11 控制压缩空气对气缸的进气和排气方向；调速阀 12 可调节压缩空气的流速和流量，并以此控制活塞的移动速度。执行机构部分包括气缸 13 以及各类夹紧元件等，主要完成对焊件的夹紧工作。

7. 专用夹具

专用夹具是指具有专一用途的焊接工装夹具，是针对某种产品的装配与焊接需要而专门制作的。专用夹具的组成基本上是根据被装焊零件的外形和几何尺寸，在夹具体上按照定位和夹紧的要求，安装了不同的定位器和夹紧机构。

246

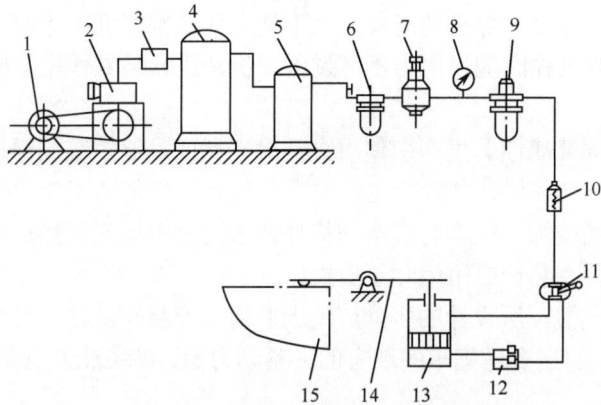

图 9-20　气压装置传动系统示意图

1—电动机；2—空气压缩机；3—冷却器；4—贮气罐；5—过滤器；

6—分水滤气器；7—调压阀；8—压力表；9—油雾器；10—单向器；

11—配气阀；12—调速阀；13—气缸；14—压板；15—工件。

8．组合夹具

组合夹具是由一些规格化的夹具元件，按照产品加工的要求拼装而成的可拆式夹具。对于品种多、变化快、批量少，且生产周期短的生产场合，采用拼装灵活、又可重复使用的组合夹具大有益处。

组合夹具按照基本元件的连接方式不同，可分为两大系统：①槽系统，是指组合夹具的元件之间主要依靠槽来进行定位和紧固；②孔系统，是指组合夹具的元件之间主要依靠孔来进行定位和紧固。组合夹具中按照元件的功用不同可以分为基础件、支承件、定位件、导向件、压紧件、紧固件、合成件以及辅助件 8 个类别。

9．磁力夹具

磁力夹紧器是借助磁力吸引铁磁性材料的零件来实现夹紧的装置。按磁力的来源可分为永磁式和电磁式两种；按工作性质可分为固定式和移动式两种。

电磁夹紧器具有装置小、吸力大（如质量为 12kg 的电磁铁，吸力可达 80kN）、运作速度快、便于控制且无污染的特点。值得注意的是，使用电磁夹紧器时应防止因突然停电而可能造成的人身和设备事故。焊接生产中，采用自动焊进行板材直缝的拼接时，常在拼缝的两侧平台上布置长条状的电磁铁吸紧钢材，一般称其为电磁平台。

三、工装夹具设计的基本知识

1．工装夹具设计的基本要求

由于产品结构的技术条件、施焊工艺以及工厂具体情况等的不同，对所选用及设计的夹具均有不同的要求。目前，就焊接结构生产中所使用的多数夹具而言，其共性的要求有以下几方面。

（1）工装夹具应具备足够的强度和刚度。夹具在投入使用时要承受多种力的作用，例如焊件的自重、夹紧反力、焊接变形引起的作用力、翻转时可能出现的偏心力等，所以夹具必须有一定的强度与刚度。

（2）夹紧的可靠性。夹紧时不能破坏工件的定位位置，并要保证产品形状、尺寸符合图样要求。既不能允许工件松动滑移，又不使工件的拘束度过大而产生较大的拘束应力。因此，手动夹具操作时的作用力不可过大，机动压紧装置作用力应采用集中控制的方法。

（3）焊接操作的灵活性。生产中使用夹具时应保证足够的装配焊接空间，使操作人员有良好的视野和操作环境，使焊接生产的全过程处于稳定的工作状态。

（4）便于焊件的装卸。操作时应考虑构件在装配定位焊或焊接后能顺利地从夹具中取出，还要注意构件在翻转或吊运时不受损坏。

（5）良好的工艺性。所设计的夹具应便于制造、安装和操作，便于检验、维修和更换易损零件。设计时，还要考虑车间现有的夹紧动力源、吊装能力以及安装场地等因素，降低夹具制造成本。

2．工装夹具设计的基本方法

为保证用设计出的夹具能生产出符合要求的工件，就要了解工件在生产中及本身构造上的特点及要求，这是设计夹具的依据，是设计人员应细致研究并掌握的原始资料。夹具设计的原始资料包括以下内容。

1）夹具设计任务书

任务书中说明工件图号、夹具的功用、生产批量、对该夹具的要求以及夹具在工件制造中所占地位和作用。任务书是夹具设计者接受任务的依据。

2）工件图样及技术条件

研究图样是为了掌握工件尺寸链的结构、尺寸公差及制造精度等级。此外，还需了解与本工件有配合关系的零件，它们在构造上有何联系。研究技术条件是为了明确在图样上未完全表达的问题和要求，对工件生产技术要求获得一个完整的概念。

3）工件的装配工艺规程

工艺规程是产品生产的指导性技术文件，是工艺编制的核心。夹具是直接为工艺规程服务的工具，因此夹具设计者应当明确所设计的夹具必须满足工艺规程中的一切要求。

4）夹具设计的技术条件

这是装配焊接工艺人员根据工件图样和工艺规程对夹具提出的具体要求，一般应包括如下内容。

（1）夹具的用途、使用该夹具的工序与前后工序的联系。

（2）所装配工件在夹具中的位置、工件定位基准、定位尺寸、说明工件接头尺寸属于中间尺寸（注明加工余量）或最后尺寸。

（3）制造和安装夹具时，应考虑工件在夹具中的装卸方向，并考虑水、气管道等辅助设备的位置。

（4）对夹具的构造形式，是否翻转和移动以及夹具所用定位及夹紧件的机械化程度等提出原则性意见。

（5）规定工件焊接收缩量大小，以确定定位件和夹紧件的位置。

（6）焊接装配夹具的标准化和规格化资料，包括国家标准、企业标准和规格化夹具结构图册等。

需要指出的是，装配焊接生产中所使用的大型机械装备，如变位机械、操作机械等大多由专门的生产厂家提供，此节中主要针对一般较为常用的装配焊接夹具的设计加以介绍。

3．工装夹具设计的步骤

首先要确定夹具结构方案，然后绘制草图。绘制草图阶段的主要工作内容如下。

1）选择夹具的设计基准

夹具设计基准应与被装配结构的设计基准一致；有装配关系的相邻结构的装焊夹具尽可能选择同一设计基准，如选用基准水平线和垂直对称轴线作为同一设计基准。

2）绘制工件图

设计基准确定后，在图纸上按设计基准用双点划线绘制出被装配工件图，包括工件轮廓及工件要求的交点接头位置（注意包括收缩余量）。

3）定位件和夹紧件设计

确定零件的定位方法及定位点，零件的夹紧方式和对夹紧力的要求，并根据定位基准选择定位件和夹紧件的结构形式、尺寸及其布置。

4）夹具体（骨架）设计

夹具体是夹具的基础件，在它上面安装组成该夹具所需的各种元件、机构和装置等，起着支承、连接作用。其形状和尺寸取决于工件的外廓尺寸、各类元器件与装置的布置情况以及加工的性质。因此，设计时需要满足装焊工艺对夹具的刚度要求，并根据夹具元件的剖面形状和尺寸大小来确定夹具体的结构方案和传动方案，如确定夹具结构的组成部分有哪些，夹具体的制造方法以及采用几级传动形式等。

夹具体设计的基本要求主要包括 6 点。

（1）具有足够强度和刚度。保证夹具体在装配或焊接过程中正常工作，在夹紧力、焊接变形拘束力、重力和惯性力等作用下不致产生不允许的变形和振动。

（2）结构简单、轻便。在保证强度和刚度的前提下结构尽可能简单紧凑，体积小、质量轻和便于工件装卸；在不影响强度和刚度的部位可开窗口、凹槽等，以减轻结构质量，特别是手动式或移动式夹具，其质量一般不超过 10kg。

（3）安装稳定牢靠。夹具体可安放在车间的地基上或安装在变位机械的工作台（架）上。为了稳固，其重心尽可能低。若重心高，则支承面积相应加大，在底面中部一般挖空，让周边凸出。

（4）结构的工艺性好。应便于制造、装配和检验。夹具体上各定位基面和安装各种元件的基面均应加工。若是铸件应铸出 3mm～5mm 的凸台，以减少加工面积。不加工的毛面与工件表面之间应保证有一定空隙，常取 8mm～15mm，以免与工件发生干涉；若是光面，则取 4mm～10mm。

（5）尺寸要稳定且具有一定精度。对铸造的夹具体要进行时效处理，对焊接的夹具体要进行退火处理。各定位面、安装面要有适当的尺寸和形状精度。

（6）清理方便。在装配和焊接过程不可避免有飞溅、烟尘、渣壳、焊条头、焊剂等杂物掉进夹具体内，应便于清扫。

夹具体毛坯的制造方法，应以结构合理性、工艺性、经济性和工厂具体条件综合考虑后确定，表 9-2 列出常用几种毛坯制造方法。

夹具体的形状与尺寸在绘制夹具总图时，根据工件、定位元件、夹紧装置及其他辅助机构等在夹具体上的配置大体上可以确定，一般不做复杂计算，常参照类似夹具结构按经验类比法估计。然后根据强度和刚度要求选择断面的结构形状和壁厚尺寸。受到集中力的部位可以用肋板加强。按经验，铸造夹具体的壁厚一般取 8mm～25mm 左右，焊接夹具体取 6mm～10mm，加强肋的厚度一般取壁厚的 0.7～0.9。加强肋的高度在铸造条件下，一般不大于壁厚的 5 倍。

表 9-2　夹具体毛坯制造方法

制造方法	特　　　点	常用材料	适 用 场 合
铸造	能铸出复杂结构形状，抗压和抗震性能好，易于加工。但制造周期长，单件生产成本高	HT150 HT200	小型、复杂、批量大的夹具体和有振动的场合
锻造	可用强度较高的钢材，常用自由锻方法制成，其加工量较大	低碳钢 中碳钢	形状简单。尺寸不大。对强度和刚度要求高的场合
焊接	可用钢板、管材和型钢组合成刚性大的夹具体，生产周期短、成本低、质量轻	Q235 等	单件、小批、大型的夹具体或新产品试制用的夹具体

5）完成设计草图

在充分考虑夹具的整体结构布局之后进行必要的设计计算，并绘制出夹具的设计草图。

6）绘制夹具工作总图阶段

草图设计经过讨论审查通过后，便可绘出夹具的正式工作总图。完成此阶段工作应注意以下几点。

（1）总图上的主视图应尽量选取与操作者正面对的位置。夹具的工作原理和构造以及主要元件结构和它们之间的相互装配位置关系应在基本视图上表达出来，各视图的布置除严格按照制图标准外，要空出零件编号及标注尺寸的位置，总体布局合理美观。

（2）总图上应标注的主要尺寸，应包括装配尺寸、配合尺寸、外形尺寸及安装尺寸。

（4）编写技术条件。一些在视图上无法表示的关于制造、装配、调整、检验和维修等方面的技术要求，应标注在总图上。

（5）标出夹具零件的编号，填写零件明细表和标题栏。

7）绘制装配焊接夹具零件图阶段

夹具中的非标准零件要绘制零件图，零件的结构形式、尺寸、公差和技术条件应与夹具总图相符合。

8）编写装配焊接夹具设计说明书

设计说明书包括夹具设计计算、分析整理和总结等，也是图样设计的理论根据。其主要内容是：目录；夹具设计任务书；产品要求分析；夹具设计技术条件；夹具设计基准的确定；夹具设计方案的分析；夹具技术经济效益评定；参考资料等。

必要时，还需编写装配—焊接夹具使用说明书，包括夹具的性能、使用注意事项等内容。

4．工装夹具制造的精度要求

焊接结构的精度除与各零件备料的精度和加工工序中间的尺寸精度有关外，在很大程度上也取决于装配—焊接夹具本身的精度。而夹具的精度主要是指夹具定位件的定位尺寸及位置尺寸的公差大小而言，这要根据被装配工件的精度决定。因此，可以看出焊接结构的精度与工装夹具的精度有着密切的联系。

1）夹具的尺寸公差

通常根据夹具元件的功用及装配要求不同可将夹具元件分为 4 类。

第一类是直接与工件接触，并严格确定工件的位置和形状的，主要包括接头定位件、V 形铁、定位销等定位元件。

第二类是各种导向件。此类元件虽不与工件直接接触，但它确定第一类元件的位置。

以上两类夹具元件的精度，不仅与定位工件的精度要求有关，还受到工件定位表面选择、加工方法及工件几何形状等因素的影响。在确定夹具公差时，一般取所装配工件的相应部分尺寸公差的 0.5 倍～0.75 倍，即保证工件被定位表面与定位件的定位表面之间留有最小间隙，保证间隙配合。表 9-3 所列公差关系仅供参考。

表 9-3　夹具直线尺寸公差与产品公差的关系

产 品 公 差	夹 具 公 差	产 品 公 差	夹 具 公 差
0.25	0.14	0.65	0.28
0.28	0.16	0.70	0.32
0.30	0.18	0.75	0.32
0.32	0.18	0.85	0.35
0.36	0.20	0.91	0.42
0.38	0.20	0.95	0.42
0.40	0.21	1.00	0.50
0.42	0.21	1.50	0.65
0.50	0.23	2.00	0.90
0.55	0.23	2.50	1.10
0.60	0.28	3.00	1.35

第三类属于夹具内部结构间相互配合的元件，如夹紧装置各组成零件之间的配合尺寸公差。

第四类是不影响工件位置，也不与其他元件相配合，如夹具的主体骨架等。

第三、四类的尺寸公差无法从相应的加工尺寸的公差中计算求得，应按其在夹具中的功用和装配要求选用。

2）制定夹具公差的注意事项

（1）以工件的平均尺寸作为夹具相应尺寸的基本尺寸。标注公差时，一律采用双向对称分布公差制。例如，工件孔距为 250_0^{+1}mm，选择夹具公差为 0.5mm；若夹具尺寸标注成（250.00±0.25）mm，夹具孔距最小尺寸为 249.75mm，超出工件公差范围，显然是错误的。正确标注是先求出工件孔距平均尺寸为［（250+250+1）/2］mm=250.55mm，夹具孔距（25.50±0.25）mm。

（2）定位元件与工件定位基准间的配合，一般都按基孔制间隙配合来选用；若工件的定位孔或定位外圆不是基准孔或基准轴时，则在确定定位销或定位孔的尺寸公差时，应注意保持其间隙配合的性质。

（3）采用工件上相应工序的中间尺寸作为夹具基本尺寸。中间尺寸应考虑到焊后产生的收缩变形量、重要孔洞的加工余量等因素，与图样上标注的尺寸有所不同。

（4）夹具上起导向作用并有相对运动的元件间的配合及没有相对运动的元件间的配

合,一般的选用范围见表 9-4,详细内容在设计时可参阅有关夹具零部件标准等设计资料。

表 9-4　夹具常用配合的选择

工 作 形 式	精 度 选 择	示 　 例
定位元件与工件 定位基准间	H7/h6,　H7/g6,　H8/h7, H8/f7,　H9/h9	定位销与工件基准间
有导向作用并有 相对运动元件间	H7/h6,　H7/g7,　H8/h6, H8/f7,　H9/d9	滑动定位与导套
没有相对运动元件间	H7/n6（无紧固件）H7/k6,　HT/js6（有紧固件）	支承钉/定位销及其衬套固定

5. 夹具结构工艺性

夹具结构的制造、检测、装配、调试及维修等方面,都可作为夹具结构工艺性好坏的评定依据。

1）对夹具良好工艺性的基本要求

（1）整体夹具结构的组成,应尽量采用各种标准件和通用件,制造专用件的比例应尽量少,减少制造劳动量和降低费用。

（2）各种专用零件和部件结构形状应容易制造和测量,装配和调试方便。

（3）便于夹具的维护和修理。

2）合理选择装配基准

正确选择夹具装配基准的原则有两点。

（1）装配基准应该是夹具上一个独立的基准表面或线,其他元件的位置只对此表面或线进行调整和修配。

（2）装配基准一经加工完毕,其位置和尺寸就不应再变动。因此,那些在装配过程中自身的位置和尺寸尚需调整或修配的表面或线不能作为装配基准。

图 9-21（a）中,A、B、C、D 四个尺寸是以孔的中心为基准,孔加工好后,以孔中心作装配基准来检验和调整定位销和支承板时,各元件彼此间不发生干扰和牵连,检验和调整很方便。图 9-21（b）中,调整尺寸 D、B 时,尺寸 A、C 也受到影响,造成检验和调整工作复杂且难以保证夹具精度要求。

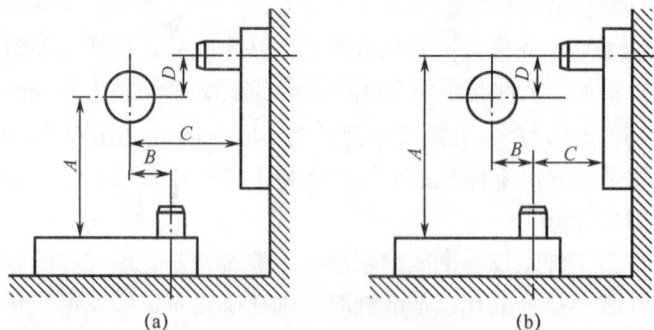

图 9-21　正确选择装配基准示例

3）结构的可调性

夹具中的定位件和夹紧件一般不宜焊接在夹具体上,否则,造成结构不便于加工和调整。经常采用的是依靠螺栓紧固、销钉定位的方式，调整和装配夹具时，可对某一元件尺寸较方便地修磨。还可采用在元件与部件之间设置调整垫圈、调整垫片或调整套等来控制装配尺寸，补偿其他元件的误差，提高夹具精度。

4）维修工艺性

夹具使用后的保养、维修，起延长夹具使用寿命的作用。进行夹具设计时，应考虑到维修方便的问题。

第四节 焊接变位机械

焊接变位机械的主要作用：①通过改变焊件、焊机及焊接工人的操作位置，达到和保持焊接位置的最佳状态；②利于实现机械化和自动化生产。焊接变位机械的主要类型有焊件变位机、焊机变位机和焊工变位机等几种，每种类型又按其结构特点或作用分成若干种类。

一、焊件变位机

焊件变位机主要应用于框架形、箱形、盘形和其他非长形机件的焊接，如减速箱体、机座、齿轮、法兰、封头等。根据结构形式和承载能力的不同，主要有以下几种基本类型。

1. 翻转机

焊接翻转机是将工件绕水平轴翻转或倾斜，使之处于有利装焊位置的焊件变位机械。焊接生产中将沉重的工件翻转到最佳施焊位置是困难的，使用车间现有的起重设备不仅费时，增加劳动强度，还可能出现意外事故。采用翻转机工作可以提高生产效率，改善结构焊接质量。焊接翻转机主要适用于梁、柱、框架及椭圆容器等工件的装配和焊接。常见的焊接翻转机有头尾架式、框架式、链条式和转环式等多种。

1）头尾架式翻转机

这种翻转机由主动的头架与从动的尾架组成。带主动卡盘的头架固定，带从动卡盘的尾架可移动，它们之间的距离据所支承工件的长度可进行调节。图 9-22 是一种典型的头尾架式翻转机，在头架 1 的枢轴上装有工作台 2、卡盘 3 或专用夹紧器；头架为固定式安装驱动机构，可以按翻转或焊接速度转动，并且能自锁于任何位置，以便获得最佳焊接位置；尾架 6 可以在轨道上移动，其枢轴还可以伸缩，便于调节卡盘与焊件间的位置。该翻转机最大载重量为 4t，加工工件直径 1300mm。头尾架翻转机的不足之处是工件由两端支承，翻转时在头架端要施加扭转力，因而不适用于刚性小、易挠曲的工件。安装使用时应注意使头尾架的两端枢轴在同一轴线上，减小扭转力。对于较短的工件装焊时，可采取不用尾架，单独使用头架固定翻转。

2）框架式翻转机

图 9-23 是一台可升降的框架式翻转机。支承与夹持工件的是框架，焊件装卡在回转框架 2 上，框架两端安有两个插入滑块中的回转轴。滑块可沿左右两支柱 1 和 3 上下移动，动力由电动机 7、减速器 6 带动丝杠旋转，进而使与滑块固定在一起的丝杠螺母升降。框架 2 的回转是由电动机 4 经减速器 5 带动光杠上的蜗杆（可上下滑动）旋转，使

与它啮合的蜗轮及与蜗轮刚性固定的框架旋转，实现工件的翻转。为了转动平衡，要求框架和工件合成重心线与枢轴中心线重合。

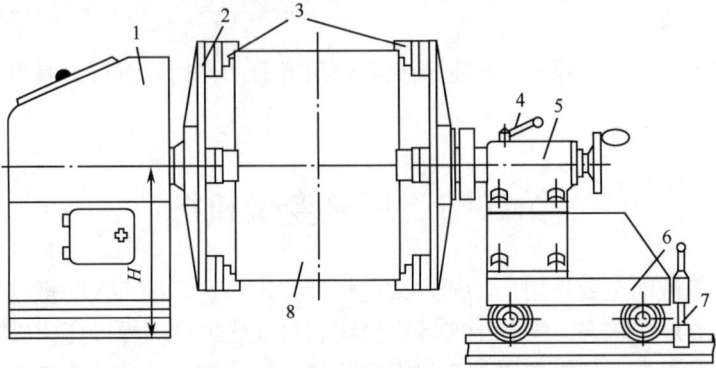

图 9-22　头尾架式翻转机

1—头架；2—工作台；3—卡盘；4—锁紧装置；
5—调节装置；6—尾架台车；7—制动装置；8—焊件。

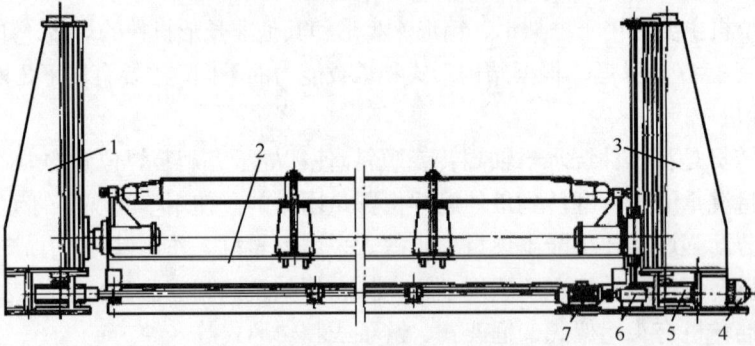

图 9-23　升降框架翻转机

1、3—支柱；2—回转框架；4、7—电动机；5、6—减速器。

3）转环式翻转机

将工件夹紧固定在由两个半圆环组成的支承环内，并安装在支承滚轮上，依靠摩擦力或齿轮传动方式翻转的机构，称为转环式焊接翻转机。

生产中应用转环式翻转机时应注意以下几点。

（1）正确安放焊件，使其重心尽可能与转环的中心重合。

（2）支承环的位置应以不影响焊件的正常焊接工作为准。

（3）采用电磁闸瓦制动装置时，应避免因支承环的偏心作用而自行旋转。

（4）一般采用两个支承环同时担负对焊件的支承，一为主动环，一为被动环。

4）链条翻转机

链条翻转机主要用于经装配定位焊后自身刚度很强的梁柱等，如Π形、I形和口形截面焊件的翻转变位。工作时，主动链轮带动链条上的工件翻转变位；从动链轮上装有制动器，以防止焊件自重而产生的滑动；无齿链轮用以拉紧链条，防止焊件下沉。链条翻转机的结构简单，工件装卸迅速，但使用时应注意因翻转速度不均而产生的冲击作用。

5）液压双面翻转机

图 9-24 是 12t 液压双面翻转机结构，主要应用于小车架、机座等非长形板结构、折架结构的倾斜变位。工作台 1 可向两面倾斜 90°，并可停留在任意位置。

液压双面翻转机结构的工作特点是，在台车底座的中央设置翻转液压缸 2，上端与工作台 1 铰接。当工作台倾斜时，先由 4 个辅助液压缸（图中未画出）带动 4 个推拉式销轴 4 动作，两个拉出，两个送进。然后向翻转液压缸供油，推动工作台绕销轴转动倾斜。使用时为防止工件倾倒，工件应紧固在工作台面上。

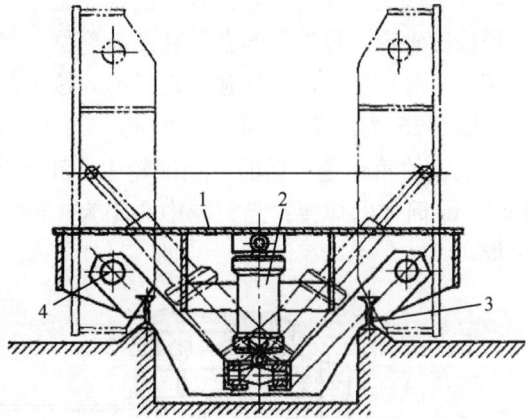

图 9-24　12t 液压双面翻转机
1—工作台；2—翻转液压缸；3—台车车座；4—推拉式销轴。

2. 回转台

焊接回转台是将工件绕垂直轴或倾斜轴回转的焊件变位机械。其工作台一般处于水平或固定在某一倾斜位置，形成专用的变位机械。工作台能保证焊件回转，其均匀可调。通常回转台适用于高度不大、有环形焊缝的焊件或封头的切割工作。

3. 滚轮架

焊接滚轮架是借助主动滚轮与工件之间的摩擦力带动筒形工件旋转的焊件变位机械，主要应用于筒形工件的装配和焊接。根据产品需要，适当调整主、从动轮的高度，还可进行锥体、分段不等径回转体的装配和焊接。焊接滚轮架按结构形式不同有以下几种类型。

1）整体式滚轮架

图 9-25 为载重量 2t、加工工件直径 300mm～1900mm 的整体式滚轮架。驱动滚轮布置在一侧，用长轴相连，由电动机经减速后驱动。为保证所需要的焊接速度，电动机常选用直流或电磁调速电动机。为适应不同直径筒体的焊接，从动轮与驱动轮之间的距离可以调节。由于支承的滚轮较多，适用于长度大的薄壁筒体，而且筒体在回转时不易打滑，能较方便地对准两节筒体的环形焊缝。此种滚轮架的不足之处是设备位置固定，占地面积大。

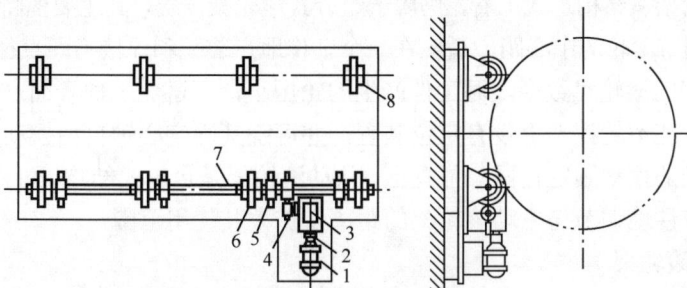

图 9-25　整体式滚轮架
1—电动机；2—联轴器；3—减速器；4—齿轮对；
5—轴承；6—主动滚轮；7—公共轴；8—从动滚轮。

2）组合式滚轮架

这是一种由电动机传动的主动轮对与一个或几个从动轮对组合而成的滚轮架结构，每对滚轮都是独立地固定在各自的底座上。生产中，选用滚轮对的多少可根据焊件的重量和长度确定。焊件上的孔洞和凸起部位，可通过调整滚轮位置避开。此滚轮架使用方便灵活，对焊件的适应性强，是目前焊接生产中应用最广泛的一种结构形式。

图 9-26 是承载能力可达 50t，由一对主动和一对从动滚轮组成的组合式焊接滚轮架。每对滚轮的轮距是可调的，当滚轮中心距调为 1000mm 时，适用于直径为 1000mm～1200mm 筒体的焊接；当滚轮中心距为 1500mm 时，适用于 2000mm～3000mm 筒体的焊接。

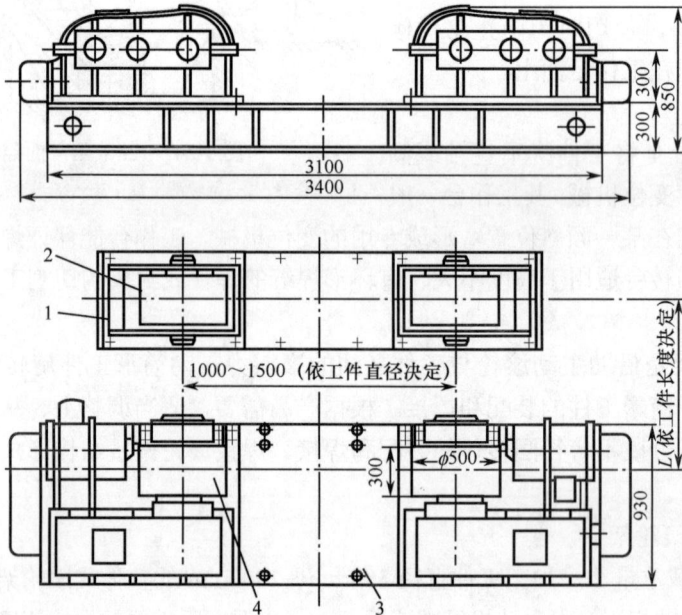

图 9-26　组合式焊接滚轮架

1—从动轮底座；2—从动滚轮；3—主动轮底座；4—主动滚轮。

3）自调式滚轮架

自调式滚轮架从结构形式上看，仍属于组合式滚轮架一类，其主要的特点是可根据工件的直径自动调节滚轮的中心距，适应在一个工作地点装配和焊接不同直径筒体的生产。

此类滚轮架的滚轮对数多，对工件产生的轮压小，可避免工件表面产生冷作硬化现象或压出印痕。在滚轮摆架上设有定位装置，并可绕其固定心轴自由摆动，左右两组滚轮可以通过摆架的摆动固定在同一位置上。从动滚轮架是台车式结构，可在轨道上移行，根据工件长度方便地调节与主动滚轮架的距离，扩大其使用范围。

4）履带式滚轮架

工作时，大面积的履带与焊件相接触，接触长度可达到工件圆周长度的 1/6～1/3，有利于防止薄工件的变形，且传动平稳。适用于轻型、薄壁大直径的焊件及有色金属容器。此种滚轮架不足之处是工件容易产生螺旋式轴向窜动。

4．变位器

变位器是综合了上述翻转（或倾斜）和回转功能于一身的变位机械。翻转和回转分别由两根轴驱动，夹持工件的工作台除能绕自身轴线回转外，还能绕另一根轴做倾斜或翻转。因此，可将焊件上各种位置的焊缝调整到水平或"船形"易施焊位置。根据结构形式和承载能力的不同，组成不同的焊件变位机。常见类型如下：

1）伸臂式焊件变位机

此种变位机主要用于焊接筒形工件的环缝。为防止变位机的侧向倾覆以及不使整机结构尺寸过大，其载重量一般设计为 1t，最大不超过 3t。图 9-27 是一台 0.5t 伸臂式焊件变位机的结构形式。

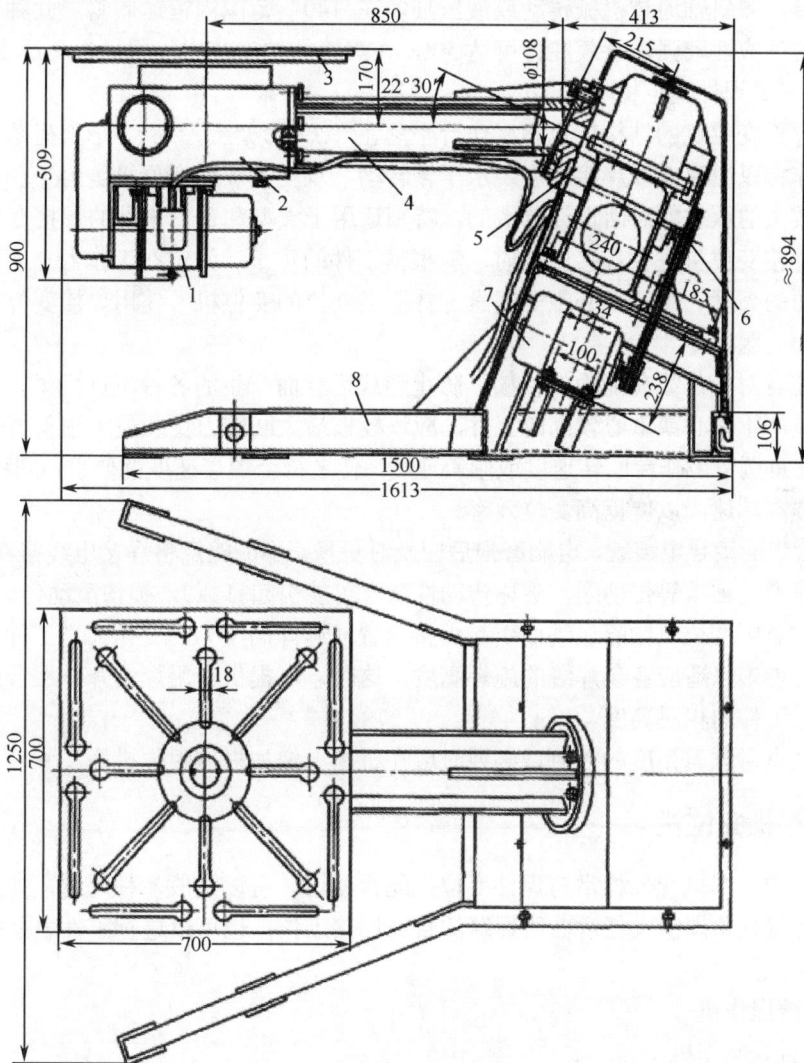

图 9-27　伸臂式焊件变位机

1、7—电动机；2—工作台回转结构；3—工作台；

4—旋转伸臂；5—伸臂旋转减速器；6—皮带传动机构；8—底座。

伸臂式焊件变位机的工作特点是，带有 T 形沟槽的工作台 3，由电动机 1 经过回转机构 2 带动回转，并按照工作台的回转速度调整，以充分满足不同焊接速度的需求。在工作台回转机构中安装了测速发电机和导电装置，测速发电机可以进行回转速度反馈，使工作台能以稳定的焊接速度回转，以便获得优良的焊缝成形。导电装置的作用是防止焊接电流通过轴承、齿轮等各级机械传动装置时造成电弧灼伤，影响设备的精度和寿命。旋转伸臂 4 通过电动机 7、皮带传动机构 6 以及伸臂旋转减速器 5 传动旋转。伸臂旋转时，其空间轨迹为圆锥面，因此，在改变工件的倾斜位置的同时将伴随着工件的升高或下降，以满足获得最佳施焊位置的需求。

2）座式焊件变位机

座式焊件变位机的结构特点是工作台连同回转机构支承在两边的倾斜轴上，工作台以焊速回转，倾斜轴通过机械传动或液压缸多在 140°范围内恒速倾斜。此种变位机对工件生产的适应性较强，承载能力可达 50t，在焊接结构生产中应用最为广泛。

3）双座式焊件变位机

此类焊件变位机的结构特点是工作台坐落在"U"形架上，"U"形架坐落在两侧机座上，工作台以恒速或以焊接速度绕水平轴转动。双座式焊件变位机是为了获得较高的稳定性和较大的承载能力而设计制造的，特别适用于大型和重型工件的焊接变位。

应用焊接变位机进行焊接生产时，应根据工件的重量、固定在工作台上工件的重心距离、台面的高度、重心偏心距等因素选择适当吨位的变位机。使用焊接变位机时应注意以下几个问题。

（1）注意对变位载荷能力的校核，防止超载运行而产生的各种不良后果。更换工件时，尤其是严重偏心或重心较高的工件，应该校核最大回转力矩和最大倾斜力矩。

（2）注意调节工作台回转速度或倾斜速度，使之符合焊接速度的要求；回程（变位）时可适当提高转速，以便提高变位效率。

（3）恰当配接导电装置，电刷磨损后应及时更换。不能随意将焊接电缆搭在机架上，防焊接电流通过轴承等传动副，破坏传动性能（可能引起打弧），损伤滚动体。

（4）注意因变位机倾斜运动而引起焊接位置（施焊高度）的变化。当工件尺寸较大时，焊工可能难以适应各条焊缝的施焊高度。这时，可提供专用焊工升降平台或是采用地坑来降低工件的相对高度。

（5）注意对倾斜角度的控制，必要时应在机体上增加机械限位措施。

二、焊机变位机

在生产中，焊机变位机常与焊件变位机配合使用，可以完成多种焊缝，如纵缝、环缝、对接焊缝、角焊缝及任意曲线焊缝的自动焊接工作，也可以进行工件表面的自动堆焊和切割工艺。

1. 焊接操作机

1）平台式操作机

平台式操作机的基本结构形式是将焊接机头 1 放置在平台 2 上，可在平台的专用轨道上作水平移动。如图 9-28 所示，平台安装在立架 3 上且可沿立架升降。立架坐落在台车 4 上，台车沿地轨运行。平台式操作机有单轨式和双轨式两种类型，为防止倾覆，单轨式须在车间的墙上或柱上设置另一轨道，见图 9-28（a）；双轨式放在台车上或支架上放置配重 5 平衡，见图 9-28（b），以增加操作机工作的稳定性。平台操作机主要用于筒形容器的外纵缝和外环缝的焊接。焊接外纵缝时，容器横放置平台下固定不动，焊机在平台上沿专用轨道以焊接速度移动完成焊接。当焊接外环缝时，焊机固定，容器放置滚轮架上回转完成焊接。台车的移动可以调整平台与容器之间的位置，使容器吊装方便。一般平台上还设置起重电葫芦，目的是吊装焊丝、焊剂等重物，从而保证生产的连续性。

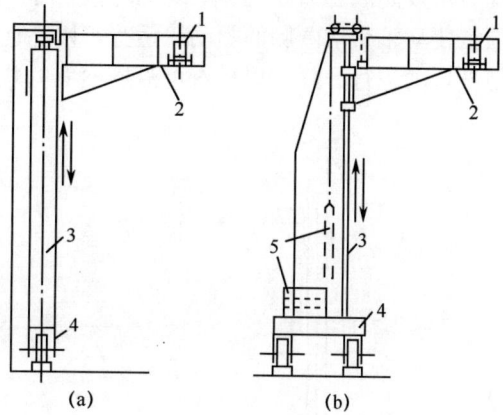

图 9-28　平台式操作机示意图

（a）单轨式；（b）双轨式。

1—焊接机头；2—平台；3—立架（柱）；4—台车；5—配重。

2）悬臂式操作机

如图 9-29 所示，此种操作机的焊接机头 1 安装在悬臂 2 的一端并可沿悬臂移动，悬臂安装在立柱 3 上，可绕立柱回转和沿立柱升降。焊机可随悬臂用台车 4 沿地轨 5 作纵向运动。当它与焊件翻转装置（如焊接滚轮架）配合使用时，可以焊接不同直径容器的纵、环焊缝。应当指出的是，生产中采用立柱及台车沿地轨运动作为焊接速度是不恰当的，因地轨的纵向运动仅用作调整悬臂与容器之间的相对位置。

3）伸缩臂式操作机

伸缩臂式操作机是在悬臂操作机的基础上发展起来的，其结构也基本相仿。此类伸缩臂式操作机的工作特点如下。

（1）该操作机具有台车行走，立柱回转，伸缩臂伸缩与升降 4 个运动。作业范围大，机动性强。

（2）操作机的伸缩臂能以焊速运行，当与变位机、滚轮架等配合，可以完成筒体、封头内外表面的堆焊以及螺旋焊缝的焊接。

（3）在伸缩臂的一端除安装焊接机头外，还可安装割炬、磨头、探头等工作机头，可完成切割、打磨和探伤等作业，扩大该机的适用范围。

（4）该机可以完成各种工位上内外环缝和内外纵缝的焊接任务。

（5）操作机的各种运动平稳，无卡楔现象，运动速度均匀。

4）折臂式操作机

这种操作机的结构特点如图 9-30 所示，它的横臂 2 与立柱 4 通过两节折臂 3 相连接，整个折臂可沿立柱升降，因而能方便地将安装在横臂前端的焊接机头移动到所需要的焊接位置上。采用折臂结构还能在完成焊接后及时将横臂从工件位置移开，便于吊运工件。折臂式操作机的不足之处是：由于两节折臂的连接、折臂与横臂的连接以及折臂与立柱的连接均采用铰接的方式，因此导致横臂在工作时不太平稳。

5）门桥式操作机

门桥式操作机是将焊机或焊接机头安装在门桥的横梁上，工件置于横梁下面，门桥跨越整个工件，通过门桥的移动或固定在某一位置后以横梁的上下移动及焊机在横梁上运动来完成高大工件的焊接。图 9-31 是一种焊接容器用门桥式操作机，它与焊接滚轮架配合可以完成容器纵缝和环缝的焊接。门桥的两立柱 2 可沿地轨行走，由电动机 5 驱动。通过传动轴带动两侧的驱动轮运行，以保证左右轮的同步。横梁 3 由电动机 4 带动两根螺杆传动进行升降。焊机 6 可沿横梁上的轨道沿长度方向行走。

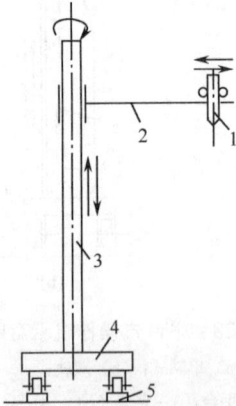

图 9-29　悬臂式焊接操作机

1—焊接机头；2—悬臂；

3—立柱；4—台车；5—地轨。

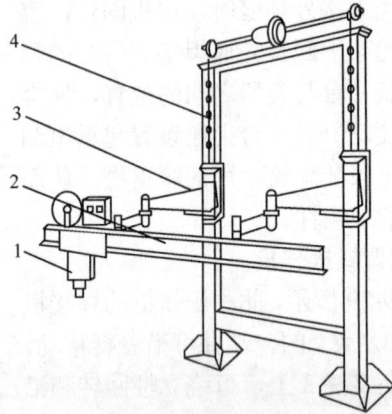

图 9-30　折臂式操作机

1—焊剂；2—横臂；3—折臂；4—立柱。

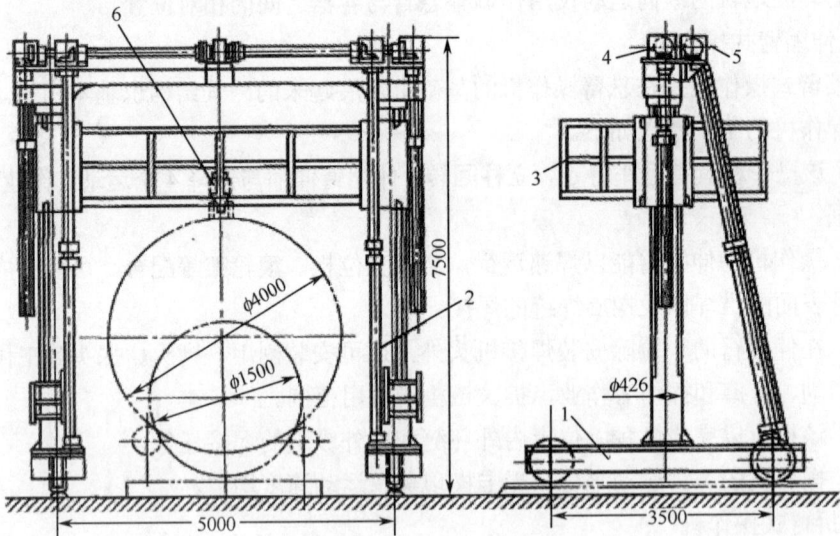

图 9-31　门桥式操作机

1—走架；2—立柱；3—平台式横梁；4、5—电动机；6—焊机。

当门桥式操作机仅完成钢板的拼接或平面形的焊接任务时，横梁的高度一般是不可调的，而是依靠焊接机头的调节对准焊缝。门桥式操作机的几何尺寸大，占用车间面积多，因此使用不够广泛，主要适用于批量生产的专业车间。

2．电渣焊立架

焊接生产中，许多厚板材的拼接以及厚板结构焊接常采用电渣焊方法。电渣焊生产时，焊缝多处于立焊位置，焊接机头沿专用轨道由下而上运动。由于产品结构的多样化，通常需要根据产品的结构形式与尺寸设计配备一套专用的电渣焊机械装置—电渣焊立架，在立架上安装标准的电渣焊机头进行焊接。

图 9-32 是专为焊接小直径筒节纵缝的电渣焊立架。供电渣焊机头爬行的导轨安装在厚 20mm 钢板及槽钢制成的底座 1 上，底座上有台车轨道，以便安置可移动的台车 2。台车上固定可带动筒节回转的回转台 6，圆盘上有 3 个调节筒节水平的螺栓，台车一端装有制动器 3。这套电渣焊立架装置可以完成壁厚 60mm、长 250mm 筒节的纵缝焊接。

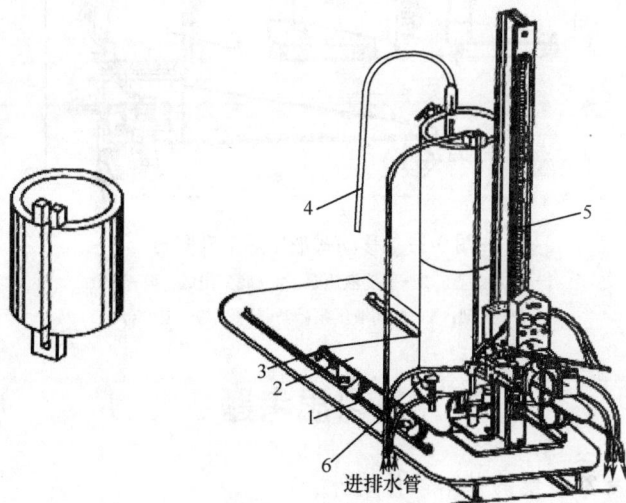

图 9-32　电渣焊立架

1—底座；2—台车；3—制动器；4—电缆线；5—齿条；6—回转台。

三、焊工变位机

这是改变操作工人工作位置的机械装置，它有多种形式。图 9-33 是一台移动式液压焊工升降台，负荷为 200kg，工作台离地面高度可在 1700mm～4000mm 范围内调节，同时工作台的伸出位置也可改变。底架组成 3 和立架 5 都采用了板焊结构，具有较强的刚性且制造方便。使用时，手摇液压泵 2 可驱动工作台 8 升降，还可以移动小车的停放位置，并通过支承装置 1 固定。必须指出的是，首先，设计和使用焊工升降台时安全至关重要，工作台当平稳移动，工作时不应逐渐或突然改变原定位置；其次，还应考虑到装置移动是否灵活、调节方便，快速准确地到达所要求的焊接位置，并具有足够的承载能力。

四、变位机械装备的组合应用

在大批量的焊接结构生产中，各类机械装备采用了多种多样的组合运用形式，这不仅可满足某种单一产品的生产要求，同时也能为具有同一焊缝形式的不同产品服务。通过组合可更加充分发挥焊接机械装备的作用，提高装配—焊接机械化水平，实现高质量、高效率的生产。在前面介绍的内容中，已多次提到这种组合形式的应用。

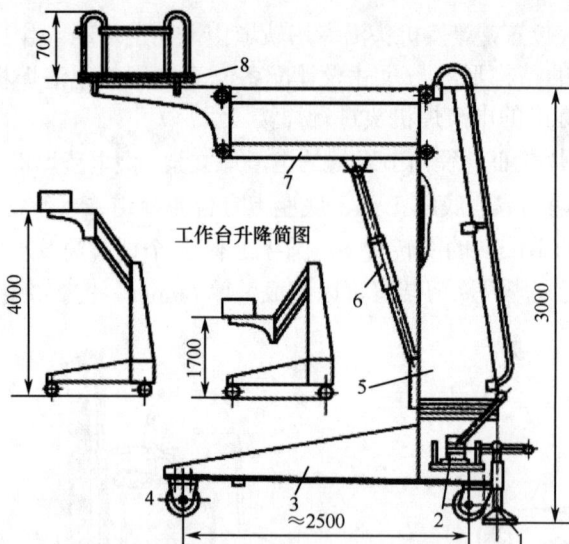

工作台升降简图

图 9-33　移动式液压焊工升降台

1—支承装置；2—手摇液压泵；3—底架组成；4—走轮；
5—立架；6—柱塞液压泵；7—转臂；8—工作台。

复习思考题

1．什么叫装配？装配的基本条件是什么？

2．什么叫定位？零件在工装夹具中不动就叫定位吗？结合实例谈谈你对六点定位准则的理解。

3．装配中常用的定位方法有哪些？定位元器件有哪些？

4．压夹器主要有哪些类别？在实际应用中应该怎样选用？

5．工装夹具设计的基本要求是什么？简述夹具设计的方法和步骤。

6．什么是焊接变位机械？焊接变位机械有哪几种类型？

参 考 文 献

[1] 机械工业学会焊接学会. 焊接手册（第1~3卷第2版）. 北京：机械工业出版社，2001.

[2] 英若采. 熔焊原理及金属材料焊接. 北京：机械工业出版社，2005.

[3] 叶琦. 焊接技术. 北京：化学工业出版社，2005.

[4] 忻鼎乾. 电焊工. 北京：中国社会劳动保障出版社，2004.

[5] 宇永福，张德生. 金属材料焊接. 北京：机械工业出版社，2000.

[6] 张文钺. 金属熔焊原理及工艺（上册）. 北京：机械工业出版社，1985.

[7] 张文钺. 焊接冶金学（基本原理）. 北京：机械工业出版社，1995.

[8] 陈伯蘮. 焊接冶金原理. 北京：清华大学出版社，1991.

[9] 周振丰，张文钺. 焊接冶金与金属的焊接性（第2版）. 北京：机械工业出版社，1988.

[10] 李志勇. 不锈钢焊缝组织的舍夫勒图预测软件开发. 中北大学学报，2006，27（6）：550-553.

[11] 李志勇，李俊岳，王宝. 抗氧化腐蚀专用焊条. 焊接学报，2003，24(6):81~84.

[12] 李志勇，王宝. 干扰因素下药芯焊丝 CO_2 气保护焊焊接过程特征电信号的提取与分析. 焊接，2007，1.

[13] 薛迪甘. 焊接概论（第3版）. 北京：机械工业出版社，1995.

[14] 唐伯钢，等. 低碳钢与低合金高强度钢焊接材料. 北京：机械工业出版社，1987.

[15] 李志勇，王宝，张汉谦. 稀土氧化物对焊缝金属抗高温氧化腐蚀性能的影响. 稀土，1999.20 (2)：57~59.

[16] 兰州长虹焊条厂，甘肃工业大学. 不锈钢焊条工艺性能研究及新型高效不锈钢焊条的研制. 1985.

[17] 曾采主编. 现代焊接技术手册. 上海：上海科学技术出版社，1993.

[18] 俞尚知. 焊接工艺人员手册. 上海：上海科学技术出版社，1991.

[19] 贺运佳. 金属材料熔焊工艺. 西安：西北工业大学出版社，1988.

[20] 吴世初. 金属可焊性试验. 上海：科学技术文献出版社，1983.

[21] 雷世明. 焊接方法与设备. 北京：机械工业出版社，2000.

[22] 陈云祥. 焊接工艺. 第2版. 北京：机械工业出版社，2002.

[23] 赵熹华，冯吉才. 压焊方法及设备. 北京：机械工业出版社，2005.

[24] 赵熹华. 压力焊. 北京：机械工业出版社，1989.

[25] 李志远，钱乙余，张九海. 先进连接方法. 北京：机械工业出版社，2000.

[26] 李亚江，王娟等. 特种焊接技术及应用. 北京：化学工业出版社，2003.

[27] 李力钧. 现代激光加工及其装备. 北京：北京理工大学出版社，1993.

[28] 中国搅拌摩擦焊中心技术资料 http://www.cfswt.com/

[29] 刘金合. 高能束流焊接技术的最新进展. 第十次全国焊接会议论文集.

[30] 张启运，庄鸿寿. 钎焊手册（第二版）. 北京：机械工业出版社，2008.

[31] 赵越. 钎焊技术及应用. 北京：化学工业出版社，2004.

[32] 杜长华. 电子微连接技术与材料. 北京：机械工业出版社，2008.

[33] 白培康，等. 材料连接技术. 北京：国防工业出版社，2007.

[34] 李志勇.吴志生.特种连接方法及工艺，北京：北京大学出版社，2011.

[35] 杨立军.材料连接设备及工艺. 北京：机械工业出版社，2009.

[36] 吴志生，杨立军，李志勇. 现代电弧焊接方法及设备. 北京：化学工业出版社，2010.

[37] 邢晓林. 焊接结构生产. 北京：化学工业出版社，2002.